건물자산환경관리론

김 일 효 저

남두도서

남두(南斗) : 남두육성(南斗六星)

은하의 중심인 사수자리에 있는 국자모양의 여섯 개의 별로서, 인간의 탄생을 결정하는 별로 알려져 있다.

머리말

도시화와 산업화 그리고 도시인구집중으로 특징되는 현대사회는 경제개발 제일주의를 앞세운 인간활동의 영향으로 환경파괴, 생태계파괴가 급속도로 진행됨으로써 지구온난화현상과 이상기후현상, 오존층파괴와 자연재해를 유발하여 지구환경 위기에 직면하게 됨에 따라 환경문제는 더 이상 방치할 수 없는 범지구적 문제이자 범세계적 문제로 대두하여 마침내 인류생존마저 위협하고 있다. 이는 전적으로 경제적 부를 얻기 위한 인간탐욕의 결과로서 경제발전을 위해서는 자연환경의 파괴와 생태계 훼손이 불가피하다는 인간 중심적 자연관의 소산으로 판단된다.

이와 같은 인간중심의 환경관에 기초한 인간의 탐욕은 건물의 설계나 시공에 있어서도 자연환경과 조화롭지 못한 채 경제개발 제일주의로 진행되어 예상되는 건물자산의 환경문제를 등한시하여 건물 실내공기환경마저 소홀히 함으로써 업무와 생활의 지장은 물론 건물사용자의 생명과 건강에도 부정적인 현상이 나타나고 있으며, 현실적으로는 새집증후군과 헌집증후군을 유발하여 재실자의 생명건강문제까지도 심각하게 유발하고 있다.

특히, 건물 실내의 석면, 라돈, 미생물 부유분진, VOC 재실자의 흡연 등은 실내공기를 악화시켜 천식, 두통, 피로촉진, 알레르기 등을 유발하여 건물사용자와 관리자 및 이용자의 업무생산성을 떨어뜨림으로써 건물자산의 사용성과 사용가치를 후퇴시켜 결국 건물자산의 상태보존과 기능유지 및 건물자산 경제가치의 보존유지와 극대화에도 부정적으로 작용하고 있다.

현대사회의 건물과 환경 간의 상호관계는 일정지점에 하나의 건물이 존재하는 경우 제일 먼저 건물이 위치한 인근지역과 인접 도시환경의 영향을 받으나, 이차적으로는 건물이 위치한 나라와 인근 국가환경의 영향을 받으며, 3차적으로 범지구적 자연환경의 영향을 받는 상관관계에 있으므로 건물의 실내공기오염으로 인한 환경문제는 한 지역, 한 도시의 특정 건물만의 환경문제 범주를 훨씬 넘어 전 지구적 환경과 무관하지 않음을 알 수 있다.

이와 같이 건물자산의 환경문제는 한 건물의 개별적 환경문제만은 아닌 관계로 국제사회는 범지구적으로 환경문제 해결에 능동적으로 대처하고 있다.

건물자산관리에 있어서 대두되고 있는 환경문제는 건물자산의 경제환경문제인 동시에 실내공기환경문제이자 건축환경문제로서 업무 및 생활환경문제로 집약되며, 재실자의 생명 · 건강과 사무 생산성 및 사용가치, 나아가 경제가치와 상관관계가 존재하므로 건물자산의 환경문제 요인을 분석하고 개선 또는 해결방안을 도출하여 건물자산 환경문제를 해결할 필요가 있다.

이 책은 이와 같은 건물자산환경관리의 필요성에 기초하여 건물자산의 취득단계 / 보유 및 운영관리 단계 / 처분단계에서 건물자산관리학의 관점에서 환경관리의 대상인 건물자산의 유지 보존과 경제가치와 그 건물자산과 관계되는 사람의 생명과 건강에 영향을 미치거나 직접 또는 간접으로 작용하는 건물자산 외부환경의 비생물적 자연환경의 오염문제와 건물자산의 물리적 환경, 사회적 환경에 대하여 그리고 건물자산의 내부환경의 범주에 있는 건축환경, 실내공기환경, 보건위생환경 등 각각의 내외부환경 분야별로 환경문제 원인의 분석과 함께 개선이론을 도출하고 개선방법이나 해결방안을 추론하여 건물자산환경관리 활동에 접목함으로써 건물의 쾌적성과 안전성, 미관성과 청결성, 보건성 등의 환경가치를 높여 건물자산의 사용가치를 증대하며 경제가치를 높여 건물자산의 경제가치를 유지하거나 보존 또는 극대화시키기 위한 환경 측면의 건물자산관리 이론서이자 건물자산관리학의 환경관리분야 각론의 용도로 집필되었다.

이 책의 구성은 3개편과 12개장으로 구성하고 제 I 편에 건물자산환경관리 총설, 제II편과 제III편에 건물자산 외부환경관리편과 내부환경관리편 등으로 편성하였으며, 건물자산 외부환경편은 다시 건물자산의 자연환경과 물리적 환경, 사회적 환경 등으로 세분하여 설명하고 건물자산 내부환경편에서는 건축환경, 실내공기환경, 보건위생환경, 업무 및 생활환경, 에너지 환경 등으로 세분하여 환경오염문제와 실내공기오염문제 그리고 경제가치에 영향을 주는 업무 및 생활환경, 건축환경, 보건위생환경, 에너지 환경 등에 대하여 설명함으로써 환경관리에 필요한 이론을 제공하고 있다.

그러나 국내에서 처음으로 시도되는 건물자산의 환경관리교과서 개발인지라 자료의 부족과 참고문헌의 어려움으로 충실한 내용이 수록되지 못하였음을 독자 제현에게 고백하는바 부디 이해와 지도 편달을 바라며 후일 계속 연구하여 보다 충실한 건물자산환경관리 교과서가 되도록 약속드린다.

이 책의 출판에 즈음하여 특별히 몇 분에게 감사드리고자 한다. 우선 먼저 건물자산관리학의 교육과 연구의 장을 제도적으로 마련해 준 동원대학 이정은 총장님께 진심으로 감사를 드리고 건물자산관리학 발전에 헌신하고 있는 극동대학의 유한수 교수와 동원대학의 김원규 교수, 경민대학의 유병조 교수 세 분과 극동대학교 대학원에서 건물자산관리학을 전공하고 있는 제자 모두에게도 감사드린다. 특히 보건위생관리와 환경미화관리에 필요한 문헌과 자료를 제공하여 준 극동대 외래교수 목진호 후배에게 감사한다. 또한 이 책의 출판을 기꺼이 허락해 준 남두도서 남승우 사장님께 감사드리고 학문연구에 전념하도록 언제나 인내와 지원을 다하고 있는 가족 모두에게 감사한다.

끝으로 이 작은 한 권의 책에 영광이 있다면 저자가 믿고 의지하는 하나님께 모든 영광을 올려 드린다.

2010. 6
저자 김일효 씀

차 례

제 I 편 건물자산환경관리 총설

제 Ⅱ 편 건물자산 외부환경관리

제 I 편

건물자산 환경관리 총설

제 I 편 건물자산환경관리 총설편은 제 II 편 건물자산 외부환경관리와 제III편 건물자산 내부환경관리를 이론적으로 뒷받침하기 위하여 제1장과 제2장을 두고, 건물자산환경관리 기초이론과 환경관리의 기본이 되는 환경관리의 보호대상과 환경요소 상호관계를 설명하고 있다.

제1장

건물자산환경관리의 이론적 기초

제1장은 제Ⅰ편의 첫 장으로서 일곱 개의 절을 두고 건물자산의 환경개념과 중요성, 건물자산환경의 구성체계, 건물자산환경관리의 대상, 건물자산환경관리의 필요성과 목적, 환경관리영역과 업무, 환경관리의 원칙, 환경관리의 목표 등을 중심으로 건물자산환경관리의 이론적 기초를 제공하고 있다.

제1장은 제2장의 건물자산환경요소의 상호관계와 함께 건물자산환경관리의 기초를 구축하고, 제Ⅱ편 건물자산 외부환경관리편과 제Ⅲ편 건물자산 내부환경관리편에 대하여 이론적으로 지원하고 있다.

제1절 건물자산환경관리의 개념과 중요성

1 건물자산의 환경개념

건물자산을 경영관리함에 있어서 건물자산의 환경개념을 토대로 건물자산관리업무의 복합성 중 환경성 업무를 가장 경제적 방법으로 안전하게 효율적으로 적합하게 관리하여 건물사용자와 이용자의 생명과 건강을 보호하고 사무생산성을 증진하며 건물자산의 경제가치 유지보존과 극대화를 합리적으로 도모하려면 건물자산 복합개념 중 하나인 건물자산의 환경개념과 환경성 업무에 대한 정확한 이해가 선행되어야 한다.

그러나 건물자산의 환경개념과 환경성 업무를 이해하기 위해서는 선행적으로 건물자산환경관리의 개념화가 요구되고 있으나, 환경의 여러 관념 속에서 공통적 요소를 뽑아 종합하여 얻은 하나의 보편적 관념으로 건물자산의 환경개념을 개념화하고 정의하는 지적 작업은 말과 같이 쉬운 작업이 아닌 것으로 인식된다.

왜냐하면 국내외 문헌에서 소개되고 있는 환경개념의 설명이나 정의는 학문적 관점의 주제, 연구자의 입장, 문화, 시대상황, 연구분야 등에 따라 여러 가지 내용으로 설명되고 정의되고 있어 건물자산의 환경관리의 기초로서 건물자산환경의 개념화와 구성체계화는 다소 어려운 점이 있기 때문이다. 또한 환경의 개념은 매우 포괄적인데다가 견해와 관점에 따라 해석이 매우 다양하기 논의될 수 있기 때문이다.

그럼에도 불구하고 건물자산을 관리함에 있어서 필수적으로 대두되는 환경관리문제를 효과적으로 개선 또는 해결하기 위해서는 환경에 대한 문헌을 조사하고 분석하여 건물자산의 환경을 개념화하고 정의하여 환경관리의 보편적 개념으로 설명할 수 있어야 한다.

일반적으로 환경(environment)이라 함은 생명체가 생명을 유지하는 동안 영향을 끼치는 모든 요인[1]으로 설명되고 있으나, 환경의 사전적 의미는 생활체를 둘러싸고 직접 또는 간접으로 영향을 주는 자연 또는 사회적 조건이나 형편 그리고 주위의 사물이나 사정 등으로 설명하고 있다.

그러나 18세기 백과사전판에 의하면 환경이란 원래 물리학의 용어로서 어떤 물질이 운동할 때 물질이 통과하는 공간을 의미하며, 중간 장소로서 주체인 운동물질과 객체

1) 최영길 외 14인, 「환경과 인간」, (서울, 교학사, 1999.) p.2.

인 물질통과 공간으로 설명하고 있다.[2)]

그러므로 물리학 측면의 환경이란 주체와 외계의 객체로 양분되는 상대적 개념으로서 주체의 존재를 중심으로 상대적으로 존재하는 외계(외부)와의 성립을 인정하고 외계(외부)를 주체에 대한 환경으로 인식하고 있다. 이를 인간중심의 환경개념으로 확대해석하면 인간생활의 외부요인을 환경으로 인식할 수 있다.

중국의 경우에도 환경을 둘러싸다의 환(環)과 장소의미의 경(境)의 합성어로 특정주체를 둘러싸거나 에워싸고 있는 객체를 환경으로 인식하고 있다. 따라서 인간중심의 환경은 인간생활체 중심을 둘러싸고 있는 유형무형의 둘레를 환경이라 할 수 있다.

환경개념의 변천과 최초의 정의를 살펴보면 물리학 분야에서 17세기 파스칼(Pascal)이 정의한 바와 같이 운동하는 물체를 둘러싸고 있는 유동체로 알려지고 있으며, 중앙과 주변의 상호관계와 수직 수평의 주체 중심의 상대적 위치와 공간을 환경으로 설명하고 있다.

이와 같은 환경개념은 다윈과 라마크에 의해 생물학에 도입되었으며 버클에 의해 역사철학에 도입되고 스펜서에 의하여 사회학에 원용되었다. 그 후 파스칼의 환경개념은 의학, 건축, 공학, 교육학 등에 이전되어 다양한 형태로 활용되고 있다.

생물학 측면의 환경개념은 인간과 동식물을 둘러싸고 있는 모든 것으로 해석하고 있으며 이에는 자연환경요소와 인공환경요소로 분류하고 있다.

또한 국내환경법(환경정책기본법)의 환경개념은 지하, 지표(해양 포함) 지상의 모든 생물과 이들을 둘러싸고 있는 비생물적인 것을 포함한 자연상태(생태계 및 자연경관 포함)를 의미하는 자연환경과 대기, 물, 폐기물, 진동, 악취, 일조, 소음 등 일상생활과 관계되는 생활환경 등으로 설명하고 있다.[3)]

뿐만 아니라 국제환경운동의 중추기관인 유엔환경계획(UNEP)에서는 대기, 대양, 물, 암석권, 육상 생태계의 자연환경과 인구, 주거, 건강, 생물계의 인간환경으로 해석하고 있다.

결론적으로 환경의 개념은 전술한 바와 같이 학문적 관점의 주체나 개인의 입장과 견해, 시대나 연구주제, 문화 등에 따라 달라질 수 있으며 정치, 경제, 사회의 상황이나 사상에 따라 다양하게 정의될 수 있다. 다시 말하면 환경개념은 매우 포괄적이며 다양하게 해석되고 설명될 수 있다. 그러나 이상과 같은 환경개념은 특정분야에서 도출된 환경개념이므로 건물자산의 환경개념을 정의화하기 위하여 인접 학문과 문헌의

---

2) (정종대 2004), "친환경 건축의 평가지표와 인증체계에 관한 연구", 서울대학교 대학원 박사학위논문, p.10.
3) 대한민국, 「환경정책기본법」 제3조제1항 · 제2항 · 제3항

이론을 차용하여 이 책의 키워드인 건물자산의 환경개념을 추론해 볼 필요가 있다.

따라서 이상과 같은 매우 다양한 환경개념의 해석과 설명을 바탕으로 종합식 접근 방법에 의하여 건물자산의 환경요소들을 모아 종합하여 보편적으로 관념화하고 이를 전체의 하나로 개념화하면 다음과 같은 건물자산 환경개념의 정의를 추론할 수 있다.

첫째, 건물자산의 환경은 건물자산 중심의 내 · 외부 주변을 의미한다. 따라서 건물자산의 환경은 외부환경과 내부환경으로 분류할 수 있다.

건물자산은 위치하고 있는 인근지역과 도시 및 국가와 범지구적 둘레로부터 비생물적 자연환경요소인 태양, 바람, 눈과 비, 토양, 기후 등의 영향을 받고 있으며, 한나라의 CO_2, 프레온가스 과다 발생은 오존층을 파괴하고 기후 이상을 가져 오는 요인으로 작용하고 있어 건물자산 외부둘레는 위치하는 국가, 도시, 지역환경에 국한하지 아니하고 범지구적 둘레에 영향을 미치고 영향을 받아 변화된 자연환경으로 다시 영향을 받고 있다.

또한 건물 외부둘레와 건물내부주변(실내)의 상관관계로 건물재실자는 건물자산 외부둘레로부터 자유롭지 못한 가운데 건축환경조건과 실내 공기질의 문제, 청정도 요인 등으로부터 나타나는 오염과 온도, 습도, 기류, 부유분진, 소음, 악취 등의 실내 내부환경으로부터도 영향을 직접 받고 있다.

둘째, 건물자산의 환경은 건물자산의 보존유지와 경제가치 중심의 외부둘레(외부환경)와 사용자, 이용자, 점유자, 재실자 등 사람의 생활 또는 업무중심의 실내 내부여건(내부환경) 등 복합환경의 특성으로 인하여 건물자산의 보존유지와 경제가치 영향요인과 사람의 생명 · 건강과 생활 및 업무환경요인을 포괄하고 있다.

따라서 건물자산의 보존유지와 경제가치에 긍정적 또는 부정적 영향을 직접 또는 간접으로 주거나 건물사용자(재실자)와 이용자의 생활과 업무 및 생명 · 건강에 영향을 미치거나 작용하는 외부요인과 내부요인 모두를 건물자산의 환경으로 해석할 수 있다.

이상의 설명을 바탕으로 건물자산의 환경을 개념화하여 정의하면 다음과 같다.

건물자산의 환경이란 '건물자산의 외부둘레와 내부주변으로서 건물자산의 유지보존과 경제가치 및 건물사용자와 이용자 등의 생활과 업무 및 생명 · 건강에 직접 또는 간접으로 영향을 미치는 자연적 · 인공적 내 · 외부 요인'으로 정의할 수 있다.

따라서 건물자산의 유지보존과 경제가치 및 건물자산 사용자와 이용자(재실자) 등의 생명 · 건강 및 생활과 업무에 직접 또는 간접으로 영향을 미치는 비생물적 자연환경요인과 물리적 환경요인 및 사회적 환경요인 그리고 건축환경, 에너지환경, 보건위생환경, 법제도환경, 경제환경, 생활환경 중심의 환경요인 등이 주요 건물자산 환경요인이라 인식할 수 있으므로 환경관리이론의 체계화나 실무 역시 추론된 건물자산의 환경개념에 기초하여 연구되고 환경관리활동이 수행되도록 함이 타당할 것으로 판단된다.

2 건물자산환경관리의 중요성

건물자산은 인간의 삶과 생활과 일의 영위에 있어 필수적 재화이자 터전이고 기반이므로 인간의 욕구나 목적에 따라 기획 · 설계되고 건축되는 것으로서 건물자산 경영관리활동을 통하여 최유효사용과 수익을 통하여 인간의 욕구나 목적을 충족하게 된다.

이와 같이 인간의 욕구나 목적을 효과적으로 충족하려면 환경 측면의 문제가 없어야 하고 건물의 사용과 수익활동에 필요한 쾌적성과 보건성, 청결성과 미관성 등의 양호한 건물환경이 인간의 삶과 생활과 일의 영위에 적합하게 유지되어야 한다.

특히, 건물의 환경이 문제가 있거나 열악한 경우, 소유자와 사용자 및 이용자, 점유자, 재실자 등 모두의 생명 · 건강에 악영향을 주어 건물을 기반으로 하는 삶과 생활과 일의 영위를 정면으로 저해할 뿐 아니라, 건물자산의 사용과 수익활동에 지장을 초래하여 건물의 유지보존은 물론 경제가치마저 저하시키는 직접 요인으로 작용하게 되므로 건물자산환경관리는 매우 중요한 건물자산관리업무 중 하나로 인식할 수 있다.

제2절 건물자산환경의 구성체계

환경의 구성체계는 학문의 관점이나 연구자의 입장 등에 따라 매우 다양하게 구성할 수 있으므로 참고문헌상에 소개되고 있는 환경구성체계를 살펴보고 이를 토대로 건물자산환경의 체계를 도출해 보고자 한다. 또한 환경개념을 보다 폭넓게 이해하기 위하여 견해를 달리하는 참고문헌의 관점에 따라 환경의 구성체계를 살펴보면 다음과 같다.

1 생물학의 환경구성체계

생물환경에 초점을 맞추고 있는 생물학의 환경구성체계는 〈표 1-1〉과 같다.[4]

〈표 1-1〉 생물학의 환경구성체계

환경	자연환경	생물적 환경	생물상호간의 관계, 인간의 영향 등
		비생물적 환경	빛, 온도, 물, 공기, 기류, 토양 등
	인공환경	물리적 환경	건축물, 도로, 도시시설물, 인공호수, 댐 등
		사회적 환경	법, 제도, 인구, 주거, 정치, 경제, 사회, 조직, 체계 등
		심리적 환경	환경관, 가치관, 윤리관, 공공의식 등

(자료 : 최영길 외, 환경과 인간(서울, 교학사, 1999) p.5. 인용)

2 환경법의 환경구성체계

환경보전을 위한 환경오염과 환경훼손을 예방하고 환경을 적정하고 지속 가능하게 보전하여 국민이 건강하고 쾌적한 삶을 누릴 수 있도록 제정된 환경정책기본법의 환경구성체계는 〈표 1-2〉와 같다.

〈표 1-2〉 환경법의 환경구성체계

환경	자연환경	지하, 지표, 해양의 모든 생물과 이들을 둘러싸고 있는 비생물적 자연의 생태
	생활환경	대기물, 폐기물, 소음, 진동, 악취, 일조 등 사람의 일상 생활과 관계되는 환경

3 유엔환경계획의 환경구성체계

유엔환경운동의 중추기관인 유엔환경계획(UNEP)의 환경구성체계는 〈표 1-3〉과 같다.

---

4) 최영길 외, 전게서, p.5. 인용 및 재구성

〈표 1-3〉 유엔환경계획의 환경구성체계

- 환경
  - 자연환경 — 대기, 대양, 물, 암석권, 육상 생태계
  - 생활환경 — 인구, 주거, 건강

4 건물자산관리의 환경구성체계

건물자산관리의 지식체계로서 자산가치 극대화의 원리와 건물자산관리활동의 최유효화 기술을 연구하고 응용하는 종합응용과학인 건물자산관리학은 건물자산환경의 상태보존과 기능의 유지 및 건물자산환경관리 대상으로 건물자산(물건)과 건물자산이해관계자인 사용자와 이용자, 점유자, 재실자 등 사람으로 상정하고 건물자산의 상태의 보존과 기능의 유지 및 가치에 긍정적 또는 부정적 영향을 적극적 또는 소극적으로 미치는 외부요인(외부환경)과 재실자의 업무 및 생활과 생명·건강에 부정적 또는 긍정적으로 영향을 미치는 내부요인(내부환경)을 환경구성요소의 범주로 인식하고 있다.

이와 같이 환경과 건물자산과 그 건물자산을 사용하는 인간과의 관계에 초점을 맞춘 관점에서 건물자산의 환경구성체계를 정리하면 〈표 1-4〉와 같다.

〈표 1-4〉 건물자산관리의 환경구성체계

- 건물자산환경
  - 건물자산 외부환경
    - 자연환경 : 토양, 눈, 비, 바람, 태양 등
    - 물리적 환경 : 국가도시·지역의 토지, 건축물, 시설물, 구축물, 구조물 등
    - 사회적 환경 : 법, 제도, 경제, 정책, 협약 인구, 주거, 조직체계 등
  - 건물자산 내부환경
    - 건축환경 : 열, 빛, 공기, 음, 수(물) 등
    - 보건위생환경 : 먼지, 쓰레기, 오물, 폐기물, 모기, 바퀴벌레, 개미, 쥐 등
    - 실내공기환경 : 온도, 습도, 기류, 청정도 등
    - 업무 및 생활환경 : 사무자동화설비, 통신설비, 소음, 진동, 악취 등
    - 에너지 환경 : 전기, 유류, 가스 등

제3절 건물자산환경관리의 대상

1 환경관리 대상의 개념

환경관리의 대상이라 함은 환경관리활동의 객체를 의미한다. 이에는 외부환경관리 대상과 내부환경관리 대상이 있다.

2 환경관리 대상의 종류와 내용

1) 외부환경관리 대상

외부환경이라 함은 건물자산관리 대상 건물자산의 외부둘레로서 건물 외적 요소로서 구성된 환경요소들을 말한다. 이에는 건물자산의 자연환경과 물리적 환경 그리고 사회적 환경 등이 있다.

자연환경은 주로 비생물적 환경요소인 토양, 태양(빛), 비, 바람, 물, 온도, 기류 중심의 이화학적 요인들을 포함하는 자연현상과 생태계의 환경을 의미한다.

물리적 인공환경은 국토의 토지를 제외하고는 자연환경개념에 대한 상대적 환경개념인 인공환경(인위적 환경)에 해당하는 환경요소로서 사람에 의하여 인위적으로 만들어진 건축물, 시설물, 구조물 등의 물질환경을 의미한다. 물리적 인공환경에는 댐, 인공호수, 항만 등의 구조물, 건축물, 시설물, 구축물 등이 있으며 건물자산 역시 전체적으로는 물리적 인공환경으로 간주된다.

사회적 인공환경 역시 물리적 환경과 더불어 인공환경에 해당하는 인위적 환경으로서 법제도나 정책, 국제협약, 조직과 체계, 주거, 인구 등이 이 범주에 해당된다.

이상과 같은 환경요소들은 건물자산의 외부환경요소로서 건물자산의 상태의 보존과 기능의 유지 및 경제가치와 소유자, 사용자, 이용자, 재실자, 점유자 등 사람의 생명과 건강에 직접 영향을 주게 된다.

2) 내부환경관리의 대상

내부환경이라 함은 건축물 중심의 환경으로서 이에는 건축환경, 실내환경, 위생환경, 업무 및 생활환경, 에너지환경 등이 이 범주에 해당된다.

건축환경관리의 대상에는 쾌적한 건물사용에 필요한 열, 빛, 공기, 음, 물 등이 있으며 실내환경의 관리대상에는 온도, 습도, 기류, 청정도 등이 있다.

또한 보건위생환경의 대상에는 보건성과 청결성, 유지 등을 위한 환경관리 대상으로서 이에는 먼지, 쓰레기, 오물, 폐기물, 모기, 바퀴벌레, 쥐 등이 있다.

그리고 업무 및 생활환경관리 대상에는 사무자동화설비, 통신설비, 소음, 악취 등이 있다. 또한 에너지 환경관리의 대상에는 전기, 유류, 가스 등이 있다.

제4절 건물자산환경관리의 필요성과 목적

1 환경관리의 필요성

건물자산관리는 물건(건물)관리와 권리 중심의 재산권 경영으로 이루어지며 건물자산의 복합개념을 바탕으로 건물자산관리 6대 복합성 업무를 체계적으로 경영관리하여 최종적으로 건물자산의 사용가치와 수익가치를 유지, 보존, 개량하여 자산가치를 극대화하고 최유효 건물자산 사용수익화를 효과적으로 도모하고자 하는 경영관리활동이자 원리인 동시에 기술을 의미한다.

따라서 건물자산의 6대 복합성 업무 중 하나인 환경관리업무를 전문적으로 관리하여 환경사고의 예방과 환경문제의 개선을 통하여 건물자산의 핵심관리분야인 수익중심의 경제관리와 기초관리분야인 사용가치 중심의 기술관리를 지원하여 사용자, 이용자 등의 재실자(사람)의 생명 · 건강과 재산 모두를 보호해야 하므로 건물자산의 환경관리는 생명 · 건강과 재산보호 및 최유효 건물자산 사용 · 수익화를 위하여 절대적으로 필요하다. 따라서 환경관리의 필요성을 요약하여 정리하면 다음과 같다.

첫째, 건축환경과 실내공기질관리 및 보건위생관리에 의한 쾌적성과 보건성, 청결성과 미관성 등을 확보하여 재실자의 사무생산성 증대와 생명 · 건강을 보호하기 위하여 환경관리가 필요하다.

둘째, 환경문제를 개선하고 환경사고를 방지하여 수익가치 중심의 경제관리와 사용가치 중심의 기술관리(시설관리)를 각각 지원하여 건물자산의 사용가치 증대와 수익가치 중심의 건물자산 경제가치의 유지보존과 극대화를 위하여 환경관리가 필요하다.

셋째, 건물자산의 양호한 상태보존과 기능의 유지 및 물리적 내구성의 장기화를 위하여 환경관리가 필요하다.

2 환경관리의 목적

건물자산환경관리의 목적이라 함은 환경관리활동을 통하여 얻고자 하는 것이나 도달하고자 하는 목표와 방향을 의미한다. 환경관리의 목적에는 1차적 목적과 2차적 목적이 있다.

환경관리의 1차적 목적은 내부환경(실내환경)을 쾌적화하고 안전화하여 안전성과 쾌적성, 편리성과 보건성, 청결성과 미관성 등의 실내 쾌적 환경조건을 확보하여 재실자의 사무생산성(업무생산성)을 증대하게 하고 생명 · 건강을 보호하는데 있으며, 2차적 목적은 건물자산 외부환경을 체계적으로 관리하여 건물자산의 물리적 내구화와 경제내용연수의 장기화로 건물자산의 양호한 상태의 보존과 정상적 기능유지 및 물리적 보호와 경제가치를 보호하는 데 있다.

이와 같은 환경관리의 1, 2차적 목적은 재실자(사람)와 건물자산의 물리적 보존유지와 경제가치를 동시에 보호하는 것이므로 이를 위한 건물자산 환경관리활동은 가장 경제적 방법으로 안전하게 효율적으로 적합하게 건물자산의 환경관리활동을 수행해야 한다.

제 5 절 건물자산환경관리영역과 환경관리업무

1 건물자산관리의 4분야와 6대 관리영역 및 환경관리영역

건물자산관리 분야는 핵심관리분야인 경제관리영역을 중심으로 기초관리 분야인 기술관리영역 그리고 건물자산법률관리영역과 행정관리영역 중심의 사무행정적 지원분야와 건물자산 위험관리영역과 환경관리영역 중심의 기술기능적 지원분야 등 4분야가 있

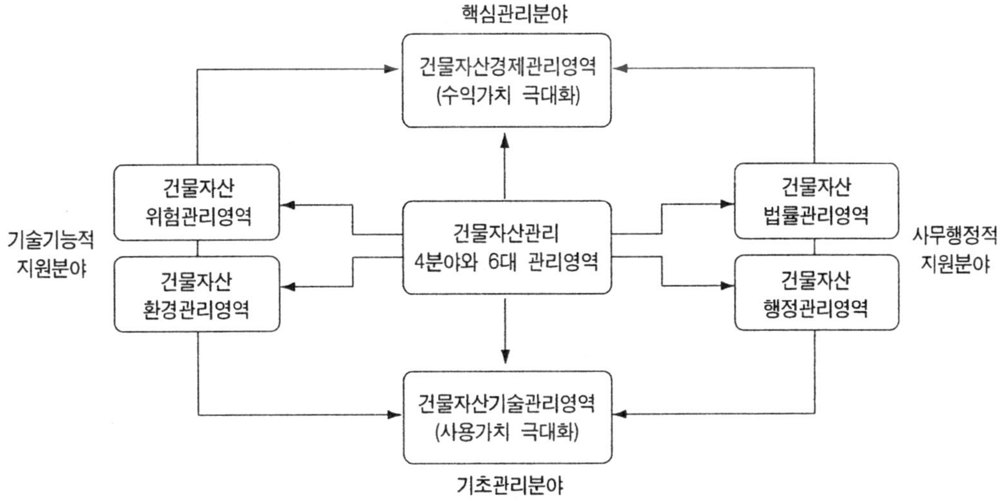

[그림 1-1] 건물자산관리 4분야와 6대 관리영역 및 환경관리영역

으며, 4분야에는 다시 경제관리영역, 법률관리영역, 행정관리영역, 기술관리영역, 위험관리영역 그리고 환경관리영역 등 6대 관리영역을 [그림 1-1]과 같이 포괄하고 있다.

환경관리영역은 건물자산관리 4분야의 기술기능적 지원분야에 해당하는 것으로서 6대 자산관리영역을 건물자산관리의 환경성 업무를 체계적으로 관리하여 환경 측면에서 경제관리와 기술관리(시설관리)를 각각 지원하고 있다.

환경관리는 쾌적성과 청결성 및 보건성 등 환경성 확보와 제공을 통하여 건물자산 경제관리와 기술관리를 지원함으로써 환경관리영역은 결국 건물자산관리 분야 중 기술기능적 지원분야라 할 수 있다. 이를 그림으로 정리하면 [그림 1-1]과 같다.

2 환경관리업무

환경관리업무라 함은 건물자산관리의 복합업무 중 환경성 관리업무를 의미한다.

건물자산관리의 환경성 관리업무에는 내부환경관리업무와 외부환경관리업무로 대별되며 그 내용은 다음과 같다.

1) 내부환경관리업무

건물자산의 내부환경관리업무라 함은 건축환경과 실내환경, 보건위생환경 등의 환경관리업무를 의미하는 것으로 그 내용은 다음과 같다.

(1) 건축환경관리업무

건축환경관리업무는 내부환경업무 중 하나로서 열환경, 빛환경, 음환경, 수환경 등의 환경관리업무를 의미한다. 구체적 내용은 건물자산 내부환경관리편에서 설명하기로 한다.

(2) 실내공기환경관리업무

실내공기환경관리업무라 함은 실내의 온도, 습도, 기류, 청정도 등 쾌적성 요소에 대한 관리업무로서 실내공기환경관리업무를 총칭하고 있으며 구체적인 내용은 건물자산 내부환경관리편에서 설명하기로 한다.

(3) 업무 및 생활환경관리업무

업무 및 생활 등을 위하여 요구되는 편리성, 쾌적성, 안전성 등에 관계되는 환경관리업무를 의미한다. 구체적인 내용은 후술하는 내부환경관리편에서 설명하기로 한다.

(4) 보건위생환경관리업무

건물실내(내부)의 청소, 소독, 구서 등을 통하여 청결성, 보건성, 미관성 등의 보건위생성 확보를 위한 일련의 생명 · 건강과 관련되는 환경관리업무를 의미한다. 구체적인 내용은 건물자산 내부환경관리편에서 설명하기로 한다.

(5) 에너지 환경관리업무

건물사용을 위한 열, 공기, 기류 등의 실내공기환경을 조성하기 위하여 사용되는 전기, 유류, 가스 등의 에너지 사용을 체계적 · 효율적으로 관리하여 에너지 사용으로 인한 공기오염과 대기오염을 방지하여 자연환경과 적합하도록 관리하는 환경업무로서 구체적인 내용은 건물자산 내부환경관리편에서 설명하기로 한다.

2) 외부환경관리업무

건물자산의 환경관리에 있어서 외부환경관리업무라 함은 외적 영향요소를 통하여 건물자산의 경제가치와 건물재실자(사람)의 생명 · 건강에 영향을 미치는 자연환경관리업무와 사회적 환경관리업무, 물리적 환경관리업무 등을 의미한다.

(1) 자연환경관리업무

자연환경관리환경이라 함은 건물자산 외부환경의 하나로서 건물외부의 건물자산이 위치하고 있는 국가와 그 국가에 영향을 미치는 범지구적 토양, 태양, 바람, 눈, 비 등 비생물적 자연환경요소에 대한 환경사고와 환경오염을 예방하거나 방지하는데 요구되는 일련의 지구환경관리업무를 의미한다. 구체적인 내용은 건물자산 외부환경관리편에서 설명하기로 한다.

(2) 물리적 환경관리업무

물리적 환경이라 함은 건물자산 외부환경 중 하나로서 자연적인 국토(토지)와 인위적으로 만들어진 건축물, 도로, 항만 등 외적 환경요소로서 물리적으로 영향을 미치는 토지 및 그 토지에 정착된 시설물, 구조물, 구축물, 건축물 등의 자연적 · 인위적 환경을 의미한다.

특히, 건축물 외부환경은 건축환경과 함께 생활환경 요소 중 하나인 주(住)환경으로서 건물재실자의 생활과 업무(사무) 그리고 생명과 건강에 지대한 영향을 주며 종국적으로는 건물자산의 경제가치에 영향을 주는 요인으로서 인간에 의하여 인위적으로 만들어진 매우 중요한 물리적 인공환경이라 할 수 있다. 이와 같은 물리적 환경관리에 있어서 환경성 확보에 요구되는 일련의 관리업무를 물리적 환경관리업무라 하며 건물자산 외부환경관리편에서 설명할 예정이다.

(3) 사회적 환경관리업무

사회적 환경이라 함은 건물자산 외부환경의 하나로서 인위적으로 만들어진 것으로서 경제사회환경, 문화환경, 기술환경, 법제도환경, 정책환경, 국제환경 등을 의미한다. 또한 이에 대한 환경 측면의 관리업무를 사회적 환경관리업무라 한다. 사회환경 중 환경법, 제도환경, 국제(협약)환경, 환경정책을 중심으로 건물자산 외부환경관리편에서 설명하기로 한다.

제 6 절 건물자산환경관리의 원칙

1 환경관리원칙의 개념

환경관리원칙이라 함은 환경관리 연구나 건물자산의 내 · 외부 환경관리활동을 함에 있어서 반드시 지켜야 하거나 준수해야 하는 법칙을 의미하는 것으로서 이에는 환경관리 경제화의 원칙, 환경관리 안전화의 원칙, 환경관리 효율화의 원칙, 그리고 환경관리효과 적합화의 원칙 등이 있다.

2 환경관리 경제화의 원칙

환경관리 경제화의 원칙이라 함은 환경관리의 연구나 환경관리활동을 함에 있어 가장 적은 비용으로 가장 바람직한 환경관리효과 창출을 해야 한다는 법칙을 의미한다.

바람직한 환경관리효과라 함은 건물자산 환경관리자가 건물자산 내 · 외부 환경에 대한 환경성 업무를 체계적으로 관리하여 건물재실자나 사용자 또는 소유자의 사용이나 소유목적에 부합하는 환경관리 서비스, 즉 쾌적성과 보건성, 청결성과 미관성을 적절히 확보하거나 환경문제를 효과적으로 해결 또는 개선하고 환경오염의 사전방지와 환경사고를 예방함으로써 재실자의 쾌적한 생활을 보장하고 사무생산성을 증진하며, 생명 · 건강에 필요한 양질의 환경성을 제공함은 물론 건물자산으로 하여금 외 · 내부 환경과의 조화를 통하여 자산가치의 보존유지와 극대화에 이바지하는 등 환경 측면의 서비스 생산과 제공을 의미한다.

결론적으로 환경관리경제화의 원칙이란 환경관리의 연구나 환경관리활동을 함에 있어서 가장 적은 비용으로 가장 바람직한 환경 서비스를 생산제공해야 한다는 원칙을 의미한다.

1) 환경관리 안전화의 원칙

환경관리 안전화의 원칙이란 환경관리의 연구나 환경관리활동을 통한 바람직한 환경 서비스를 생산제공함에 있어서 환경관리자의 생명, 사망, 위해, 상해, 부상 또는 질병의 감염 없이 생산 제공해야 하며 환경 서비스를 제공받는 건물재실자나 사용자 또한 생명, 사망, 위해나 상해, 부상, 질병의 감염으로부터의 자유토록 양질의 환경 서비스를 생산하고 제공해야 한다는 원칙을 의미한다.

2) 환경관리 효율화의 원칙

환경관리 효율화의 원칙이란 환경관리를 연구하거나 환경관리활동을 통한 환경 서비스를 생산함에 있어서 투입(input)되는 시간, 노력의 양, 비용 등의 투입요인보다 산출되는(생산되는 output) 환경 서비스의 양과 질이 커야 한다는 원칙을 의미한다.

생산된 환경 서비스가 아무리 양질의 환경 서비스라 하더라도 비효율적으로 생산 제공되는 경우에는 바람직한 환경관리 서비스라 할 수 없다. 따라서 양질의 환경 서비스는 가장 효율적으로 생산 제공되어야 한다는 법칙을 환경관리 효율화의 원칙이라 한다.

3) 환경관리효과 적합화의 원칙

환경관리효과 적합화의 원칙이란 환경 서비스를 제공받아 소비하는 건물사용자나 소유자 또는 재실자로 하여금 생활, 사무(업무), 생명건강, 경제활동 등의 욕구나 목적에 적합한 환경 서비스를 생산 제공해야 한다는 원칙을 의미한다.

비록 가장 경제적 방법으로 안전하게 효율적으로 환경 서비스를 생산하고 제공했다 하더라도 환경 서비스를 제공받아 소비하는 환경소비 주체의 욕구나 목적 또는 용도에 적합하지 않는 경우에는 바람직한 양질의 환경 서비스라 할 수 없다. 따라서 환경 서비스의 소비주체에게 각각 필요하고 적합한 환경 서비스를 생산하고 적절히 제공해야 한다.

이상과 같은 환경관리 4대 원칙은 환경관리활동을 통하여 환경 서비스를 생산하는 환경관리 실무자나 환경관리 이론과 기술 등을 연구하는 건물자산환경관리 연구자 모두가 환경관리 실무활동을 수행하거나 연구활동함에 있어서 반드시 적용하고 지켜져야 할 원칙이라 할 수 있다.

제7절 건물자산환경관리의 목표

1 환경관리목표의 의의

환경관리목표라 함은 건물자산의 환경관리목적을 달성하기 위한 세부방침이나 방향을 의미한다.

건물자산관리 6대 관리영역 중 건물자산의 환경개념과 건물자산관리의 환경성 업무를 관리의 대상으로 설정하고 있는 환경관리의 목적은 건물자산의 유지보존과 경제가치 및 건물자산관리활동에 지장을 초래하거나 악영향을 줄 수 있는 자연환경 오염문제와 인공적 환경요소의 문제점을 체계적이고 전문적 관리로 대응하여 자연환경과 인공적 환경의 피해를 최소화하고 인공적 환경문제를 적극적으로 개선하여 소극적으로는 건물자산 환경문제로 인한 건물자산 환경피해를 최소화하고 적극적으로는 건물자산의 환경가치를 극대화하여 건물자산의 물리적 보호와 경제가치 보호 및 건물재실자(사람)의 생명 · 건강을 보호하는데 환경관리의 목적이 있으며 이를 위하여 건물자산이 위치하고 있는 주변의 자연환경과 지역 및 도시와 자연적 인공적으로 상호조화가 되게 하여 건물자산의 사용성과 사용가치를 높여 궁극적으로 건물자산의 경제가치를 극대화하는데 이바지하고 환경친화적으로 관리하여 건물자산의 소유자, 사용자, 이용자, 재실자, 입주자, 관리자 모두에게 양질의 쾌적성과 보건성, 미관성과 청결성을 두루 제공하는데 환경관리의 목표가 설정되고 지켜져야 한다.

2 환경관리목표의 종류와 내용

건물자산관리의 범주 안에서 건물자산 환경문제를 예방하고 개선하여 건물자산 환경피해를 최소화하고 건물자산의 환경가치를 극대화하고자 하는 건물자산환경관리의 목표는 건물자산환경관리 활동을 함에 있어서 환경관리원칙을 반드시 적용하고 수행되어야 한다. 이를 건물자산환경관리의 목표라 하며 구체적인 내용은 다음과 같다.

1) 자연친화적 건물환경

건물은 인간이 생산한 재화이긴 하나 자연환경의 일부로서 비생물적 자연환경요소들이 허용하는 조건이나 자연현상으로부터 절대적으로 영향을 받을 뿐 아니라, 자연환경요소와 친하지 않는 경우 건물자산의 사용이나 수익활동이 전혀 불가능한 인공적 공간에 불과하다.

따라서 자연환경 특히 비생물적 자연환경요소인 토양환경, 대기환경, 수질환경 등의 오염을 적극적으로 방지하고 그 피해를 최소화하도록 해야 하며, 자연환경과 친화되어 상생할 수 있도록 자연친화적으로 건물자산 환경관리활동을 수행해야 한다. 그러므로 건물자산의 환경관리활동을 함에 있어서 자연친화적 건물환경 목표가 우선적으로 달성되도록 환경관리자는 최선을 다해야 한다.

2) 인간 · 건물친화적 환경

건물은 인간의 삶과 생활과 일을 위하여 존재한다. 따라서 건물은 인간 스스로의 삶과 생활과 일의 영위에 있어서 기반이 되고 터전이 되며 보금자리가 된다. 이와 같이 인간의 건물로부터 얻어지는 주(住)측면의 지원으로 생존을 영위해 가고 있으며 삶과 생활과 일의 영위에 필요한 건물의 유익과 기능을 통하여 비로소 주(住)생활이 영위된다.

따라서 건물은 인간을 위하여 존재하므로 인간의 삶과 생활과 일의 영위에 필요한 인간건물 친화적 환경으로 조성할 필요가 있다. 그러므로 건물환경을 인간과 친화되도록 환경을 조성하고 건물친화적 환경관리목표를 견지해야 한다.

3) 인근 도시지역 조화적 환경

건물의 기획이나 설계는 그 지역의 토지공법상 허용되는 규정에 따라 기획 설계되고 건축되며 사용승인된다. 또한 완성된 건물은 준공 즉시 그 도시의 구성요소가 되어 해당 지역과 도시의 기능에 일익을 담당하는 사회공공성을 가지게 된다. 따라서 건물자산의 환경관리에 있어서 건물이 위치한 인근 지역과 도시와 반드시 조화되도록 기획설계되고 시공되어야 하고 관리되어야 한다. 그러므로 건물환경관리는 인근 도시지역과 조화적 환경이 유지되도록 하는 환경관리목표가 반드시 설정되고 관리되어야 한다.

4) 건물 내·외 공간쾌적화 환경

건물자산환경관리에 있어서 건물 내·외 공간 쾌적화 환경관리목표라 함은 건물사용자, 거주자, 재실자, 이용자, 관리자 등 건물사용자들로 하여금 건물사용에 필요한 온도, 습도, 기류, 청정도, 조도, 냄새, 진동, 음용수 등의 조건이 사용자의 몸과 마음에 알맞아 기분이 아주 좋은 상태의 최유효사용이 가능한 환경목표를 의미한다. 따라서 건물사용자의 최유효사용을 위하여 건물 내·외공간의 쾌적화 목표가 합리적으로 달성되도록 해야 한다.

쾌적화의 직접 요인에는 온도, 습도, 기류, 청정도 등이 있으며 간접 요인에는 소음, 진동, 악취, 조도, 색상 등이 있다. 따라서 건물자산환경관리자는 실내외 환경 쾌적화의 직접요인과 간접요인들을 체계적으로 관리하여 건물사용자나 이용자가 건강하고 기분 좋은 상태로 건물의 사용과 이용이 이루어지도록 건물자산 실내공간 쾌적화의 환경관리목표를 반드시 준수해야 한다.

5) 건물 내·외 공간청결화 환경

건물자산의 사용이나 이용에 있어서 먼지나 오물, 쓰레기, 폐기물 등이 산적한 경우 건물자산의 본래 용도대로 사용 수익할 수 없게 되어 청결문제로 인한 자산가치의 감소와 사용, 이용의 경쟁력이 저감되어 경제적 불이익을 자초하게 된다.

따라서 건물자산환경관리에 있어서 환경관리의 대상인 건물자산을 청소관리를 통하여 언제나 청결한 건물상태가 유지되도록 건물 내·외 공간 청결화의 환경관리목표가 지켜져야 한다.

6) 건물 내·외 공간보건화 환경

공공 건물자산이나 사회성을 가지고 있는 대부분의 건물의 경우 다수의 재실자와 이용자의 출입이 빈번하여 병균의 이동과 바이러스의 감염에 항상 노출된 공간이라 할 수 있다. 따라서 모든 건물에는 전염병에 감염될 개연성이 항상 존재하고 있으므로 정기적으로 소독과 위생점검 및 청소활동 등으로 건물자산환경을 위생적 상태로 유지해야 한다. 그러므로 건물자산의 환경관리를 함에 있어 건물사용자나 이용자 등이 항상 질병감염으로부터 자유토록 건물 내·외 공간보건화 환경의 환경관리목표가 항상 지켜져야 한다.

7) 건물 내 · 외 공간미관화 환경

현대 건축물은 기능, 공간, 환경, 에너지 요소와 함께 미(美)의 요소를 크게 강조하고 있다. 왜냐하면 아름다움(美)이 없는 건물은 건축물이 아니기 때문이다. 특히 현대 건물은 종합예술의 산물로서 건축물을 종합예술작품으로 인식하고 있으며, 건물사용자나 이용자 모두에게 건물사용과 이용의 역할 외에 건물의 아름다움을 제공하여 건물사용자나 이용자로 하여금 건물사용과 이용의 편리함과 함께 아름다움을 선물하고 있다.

이와 같은 건축물의 미(美)가 언제나 유지되도록 조경시설물, 설치미술작품, 그림, 조각, 예술품 등을 체계적으로 관리하여 미적 환경을 유지하는 이른바 건물 내 · 외 공간미관화 환경의 환경관리목표가 건물자산환경관리현장에서 언제나 지켜져야 한다.

8) 사무생산성 지원환경

사무나 업무생산 등을 수행하는 공간의 환경관리는 사무생산성을 높이고 업무생산성을 효율적으로 증가시키는 데 이바지하는 사무생산 지원환경이 요구된다. 따라서 사무생산성 제고 지원환경의 관리목표가 설정되고 지켜져야 한다.

9) 환경가치 보호환경

건물자산의 환경관리는 건물자산관리 6대 관리영역 중 환경관리영역으로서 건물자산의 환경가치를 적극적으로 유지보존하고 극대화 효과가 나타나도록 건물자산의 환경을 보호해야 한다. 따라서 환경가치 보호와 무관한 환경관리는 의미 없는 환경관리라 판단된다.

그러므로 건물자산의 환경관리는 건물자산의 환경가치가 증가되고 살아있도록 환경가치 보호의 환경관리목표를 설정하고 관리해야 한다.

10) 자연친화적 에너지 환경

건물사용을 위한 에너지 사용은 불가피하나 비효율적 과도한 에너지 사용은 유지관리비용의 비경제화와 열손실 및 대기환경을 오염시키는 주범이 된다. 따라서 건물에너지 사용은 자연과 친화되도록 에너지 환경관리목표를 설정하여 관리해야 한다.

제2장

건물자산환경요소의 상호관계 분석

제 1 절　건물자산관리와 환경관리 간의 상호관계

제 2 절　사람과 비생물적 자연환경과의 상호관계

제 3 절　사람 및 건물자산 경제가치와 외부환경요소와의 상호관계

제 4 절　사람 및 건물자산 경제가치와 내부환경요소와의 상호관계

제 5 절　사람 및 건물자산 경제가치와 내부 · 외부환경요소와의 상호관계

환경관리의 보호대상에는 사람의 생명 · 건강과 건물자산의 경제가치 등이 있다. 특히 비생물적 자연환경요소와 생태계의 사람과는 매우 밀접한 상호관계를 가지고 있다. 또한 건물자산관리의 큰 틀의 관점에서 건물환경관리 소영역과의 관계를 살펴보면 상호관계가 성립되며 상호작용하고 있음을 알 수 있다. 이와 같은 상호관계에서 주고받은 영향의 정도와 작용에 대하여 미치는 환경영향은 건물자산환경관리 관점에서 고찰하고 탐구해볼 가치가 있다.

이 장에서는 5개절을 두고 환경관리의 보호대상과 환경요소 및 큰 틀의 건물자산관리 대영역과 환경관리 소영역의 상호관계를 살펴 환경관리활동에 필요한 이론을 제공하고 있다.

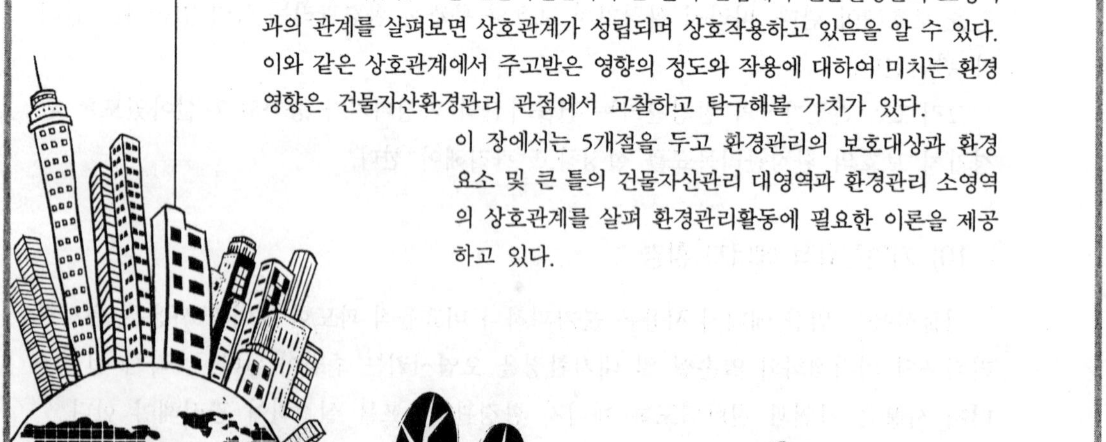

제 1 절 건물자산관리와 환경관리 간의 상호관계

1 건물자산관리 4분야와 6대 관리영역 상호관계

건물자산관리라 함은 건물자산의 전생애단계에 걸쳐 전략적 의사결정과 실행으로 최적 건물자산의 취득, 효율적 보유와 운영관리 그리고 합리적 처분 등을 통한 건물자산 경제가치의 보전, 유지 및 극대화와 건물자산 최유효사용수익화의 자산경영관리 목적을 가장 경제적 방법으로 안전하게 효율적으로 적합하게 달성하는데 요구되는 경영관리기술이자 원리인 동시에 활동을 의미한다.[1]

또한 건물자산의 경영관리의 목적은 건물자산관리 4분야와 6대 관리영역의 건물자산관리활동을 통하여 달성된다. 환경관리영역은 건물자산관리 4분야 중 하나인 기술기능적 지원분야에 해당하는 관리영역으로서 건물자산 환경 측면에서 기술기능적으로 건물자산관리를 지원하는 역할을 하고 있다.

또한 건물자산환경관리는 건물자산관리 6대 관리영역의 틀 속에 위치하고 있는 건물자산의 환경관리이므로 건물자산의 경제가치에 직접 또는 간접으로 영향을 미치거나 작용하고 있는 외부환경과 내부환경 등을 체계적이고 전문적으로 관리하여 소극적으로는 환경피해를 최소화하고 쾌적성과 보건성, 미관성과 청결성 등을 유지보전하고 적극적으로는 건물자산의 환경가치를 높여 건물의 사용성과 경제가치를 높임으로써 재실자 사람의 생명 · 건강 보호와 건물자산의 경제적 가치를 보전, 유지, 극대화 하는데 요구되는 환경 측면의 기술, 기능적 지원활동을 수행하고 있다.

따라서 환경관리는 큰 틀의 건물자산관리 개념 속에 포괄적으로 존재하는 것으로서 환경 측면의 관리 대상을 체계적이고 전문적인 환경관리활동을 통하여 바람직한 환경관리효과를 창출함으로써 궁극적으로 건물자산관리의 목적달성을 환경적 측면에서 지원하는 보조적 지원기능을 하고 있다.

그러므로 환경관리 분야는 큰 틀의 건물자산관리 범주에 해당되며 전체 건물자산관리 6대 영역 중 하나의 소영역으로 위치하고 있으며, 환경관리활동을 통하여 건물자산관리 전체 대영역을 지원하는 관계와 유기적으로 상호의존하고 작용하는 상호관계를 가지고 있다. 이를 그림으로 정리하면 [그림 2-1]과 같다.

1) 김일효, 「건물자산관리학총론」 (서울, 남두도서, 2008), p.14.

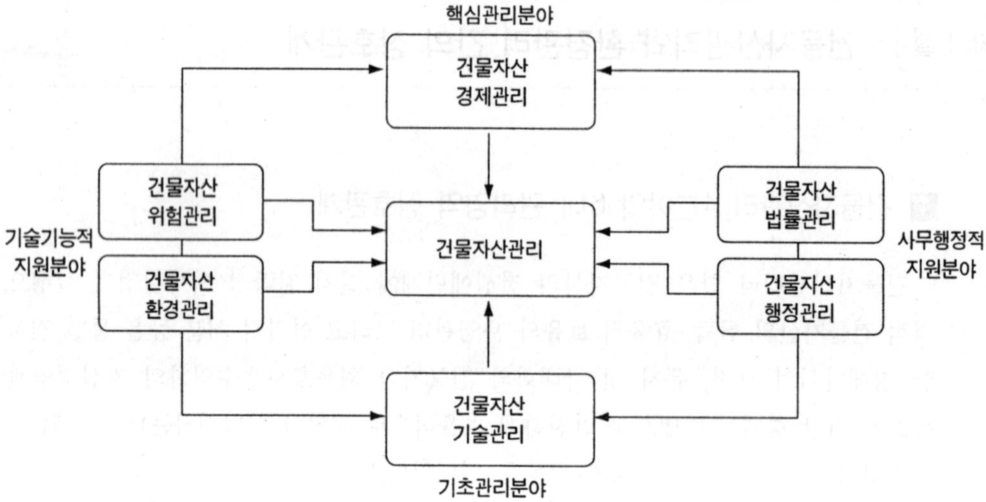

[그림 2-1] 건물자산관리 4분야와 6대 관리영역

2 건물자산관리 대영역과 환경관리 소영역의 상호관계

큰 틀의 건물자산관리 대영역 중 기술기능적 지원분야에 위치하고 있는 환경관리는 소영역으로서 건물자산관리 핵심 목표달성을 위한 경제관리와 기초관리 목표달성을 환경 측면에서 기술기능적으로 각각 지원하는 것을 통하여 전술한 바와 같이 건물자산관리를 지원하는 밀접한 상호관계를 형성하고 있다.

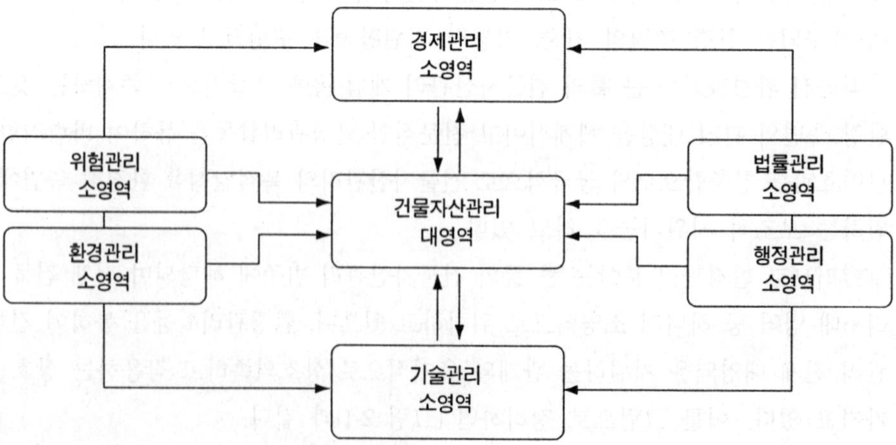

[그림 2-2] 건물자산관리 대영역과 환경관리 소영역의 상호관계

환경관리영역은 환경관리활동을 통하여 창출하는 양질의 환경관리효과를 수익가치 극대화를 지향하는 경제관리와 사용가치 극대화를 추구하는 기술관리 양 분야를 환경 측면에서 지원함으로써 궁극적으로 건물자산관리의 목적달성을 지원하고 있다.

이를 그림으로 정리하면 [그림 2-2]와 같다.

제 2 절 사람과 비생물적 자연환경과의 상호관계

1 생태계의 개념과 순환원리

생태계란 기권, 지권, 수권과 함께 생명활동을 하면서 살아가는 동물, 식물, 사람 등 일정한 지역의 생물공동체와 이들의 생명유지의 근원이 되는 무기적 환경이 서로 복잡한 상호의존관계를 유지하면서 균형과 조화를 이루는 자연의 체계를 의미한다.

생태계는 생물환경에 좇아서 생태변화를 계속하며 먹이연쇄에서 일정한 지위를 가지는 특성이 있다. 이와 같은 생태계는 비생물적 자연환경의 절대적 영향권 아래 있으며 작은 부분이나마 생태계에도 영향을 주고 있다.

또한 무기물 → 생산자 → 소비자 → 분해자 → 무기물 순으로 순환하는 자연생태계 순환원리를 가지고 있다. 사람도 자연 생태계의 일종으로서 지구의 지권과 수권 및 지권의 상호작용과 복합적인 도움으로 생명활동을 유지하고 있으며, 탄소동화작용으로 광합성식물과 같은 생산자가 생산하는 식물과 1차 소비자, 2차 소비자를 먹이사슬로 하는 가장 높은 단계의 3차 소비자의 지위를 누리고 있다.

2 비생물적 자연환경과 사람의 생명 · 건강과의 상호관계

전술한 바와 같이 사람은 대기권의 공기(산소)를 마시고 탄산가스를 배출하며 지구상의 물을 마시고 식물과 동물을 섭취하므로 얻는 영향을 체내에서 에너지화하여 소비함으로써 생명활동을 영위하고 있으며 전술한 바와 같이 무기물 → 생산자 → 소비자 → 분해자 → 무기물 순환의 자연순환원리에 따라 탄생되고 사망하는 과정을 계속 반복하고 있다.

다시 말하면 생태계의 중심인 사람은 기권과 수권 그리고 지권에 둘러싸여 있으면서 비생물적 자연환경요소의 절대적인 도움으로 생명활동을 영위하고 있다. 따라서 1차적으로 사람과 비생물적 자연요소와 상호 밀접한 상호관계를 가지며, 2차적으로 비생물적 자연환경요소 상호간의 자정능력과 복원능력으로 깨끗한 공기와 물 그리고 토양상태를 유지할 때 비로소 사람의 생명은 유지될 수 있다.

만약 사람에 의하여 물과 공기 그리고 토양이 오염되는 경우 생태계가 교란되고 파괴되어 지구상의 모든 생태계(식물, 동물, 사람 등)는 생명활동의 제한을 받거나 생명을 상실하게 된다.

따라서 비생물적 자연환경요소 상호간에도 서로 상호관계를 유지한 채 작용하고 있으며 어느 하나의 비생물적 자연환경요소가 오염되는 경우 즉각적으로 다른 비생물적 자연환경요소에 악영향을 제공하여 오염시킴으로써 전체적으로 나쁜 영향을 생태계에 제공하게 된다.

결론적으로 비생물적 자연환경요소는 개별적 요소라기보다는 생태계를 위한 복합요소의 성격을 가지고 상호의존적 상호관계 속에 밀접하고도 유기적인 상호작용을 계속 유지하고 있으며 생태계 특히 사람과 밀접한 상호관계를 유지하고 있다. 이를 그림으로 정리하면 [그림 2-3]과 같다.

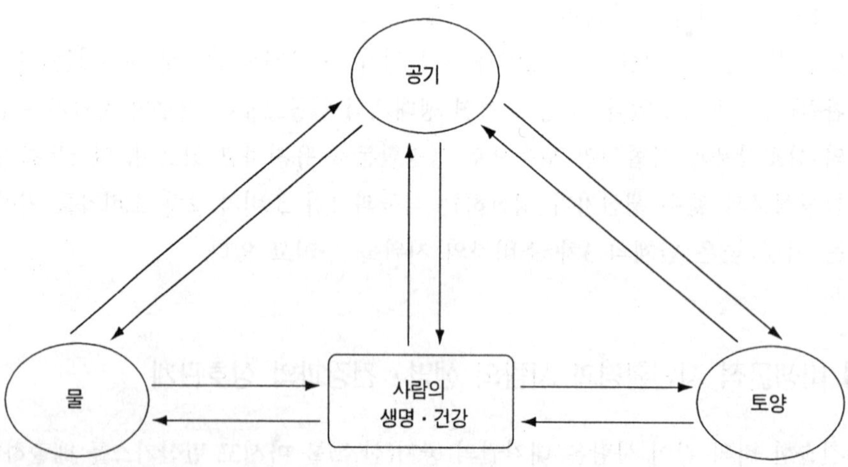

[그림 2-3] 비생물적 자연환경과 사람의 생명 · 건강과의 상호관계

제3절 사람 및 건물자산 경제가치와 외부환경요소와의 상호관계

1 외부환경요소의 개념

외부환경요소는 건물자산관리학의 환경체계 중 하나로서 건물자산의 가치와 사람의 생명 · 건강에 대하여 외부둘레의 위치에서 환경적 영향을 주는 비생물적 자연환경요소와 물리적 인공환경요소 그리고 사회적 인공환경요소들을 의미한다.

이와 같은 외부환경요소들은 체계를 이루는 요소들인 자연환경요소와 인공환경요소 상호간에도 서로 작용하면서 환경관리의 보호대상인 건물자산의 가치와 건물자산 이해관계자인 사람의 생명과 건강에 관한 영향력을 행사하게 된다.

2 상호관계

전술한 바와 같이 외부환경요소는 요소 상호간 작용을 계속할 뿐 아니라 작용결과 건물자산의 가치와 사람의 생명 · 건강에 부정적 또는 긍정적 영향을 미치어 환경관리 대상에게 변화를 유도하기도 한다. 이를 그림으로 정리하면 [그림 2-4]와 같다.

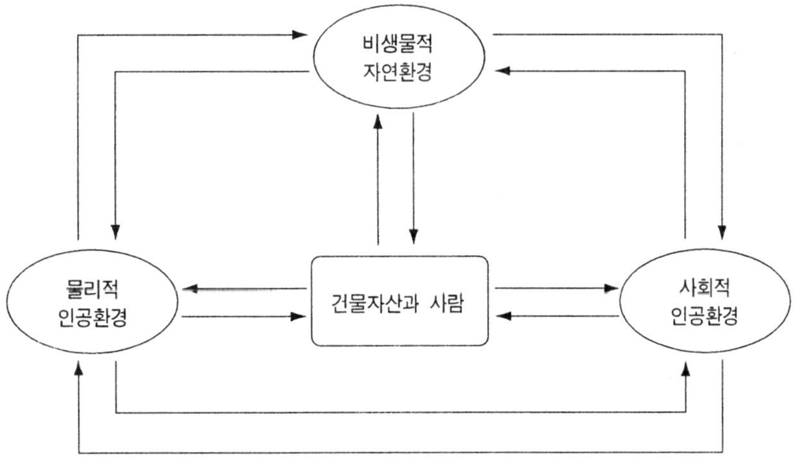

[그림 2-4] 외부환경요소와 사람 및 건물자산과의 상호관계

제4절 사람 및 건물자산 경제가치와 내부환경요소와의 상호관계

1 내부환경요소의 개념

내부환경은 외부환경과의 상대적 개념이나 외부환경과 함께 건물자산의 환경체계를 구성한다. 내부환경은 건물자산환경관리 보호대상인 사람의 생명과 건강 그리고 건물자산의 경제가치에 여러 가지 모습으로 영향을 주고 있다.

내부환경은 건물자산의 내부 둘레로서 건축환경, 실내공기환경, 에너지 환경, 보건위생환경업무 및 생활환경 등이 있다.

2 상호관계

내부환경요소 상호간의 작용과 사람의 생명 · 건강 및 건물자산의 경제가치에 미치는 상호관계를 그림으로 정리하면 [그림 2-5]와 같다.

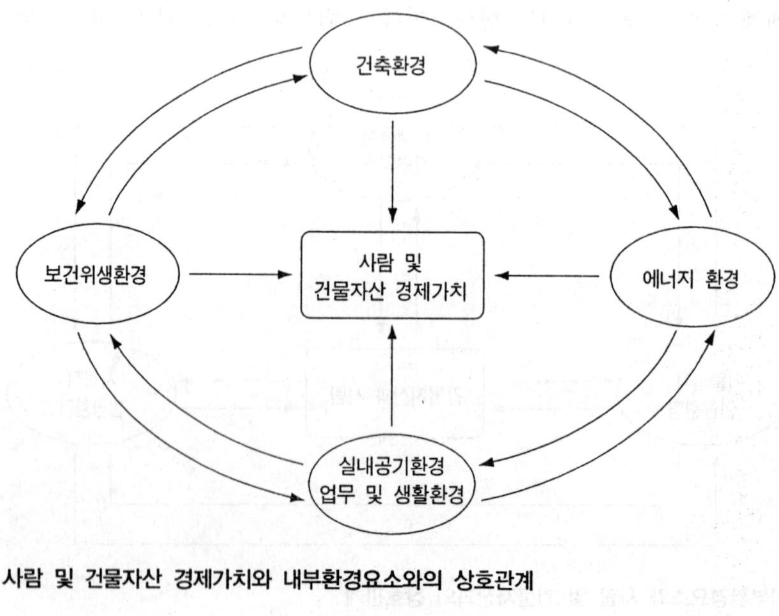

[그림 2-5] 사람 및 건물자산 경제가치와 내부환경요소와의 상호관계

제5절 사람 및 건물자산 경제가치와 내부 · 외부환경요소와의 상호관계

1 내부 · 외부환경요소의 개념

내부 · 외부환경요소라 함은 건물자산과 재실자 사람을 중심으로 내부둘레와 외부둘에의 환경요소들을 의미한다. 내부 주요 환경요소에는 건축환경, 실내공기환경, 보건위생환경, 에너지 환경 등이 있고 외부환경요소에는 비생물적 자연환경과 물리적 인공환경 그리고 사회적 인공환경 등이 있다.

2 상호관계

건물자산 환경체계인 내부환경과 외부환경 요소들은 내 · 외부 독립적으로 작용하거

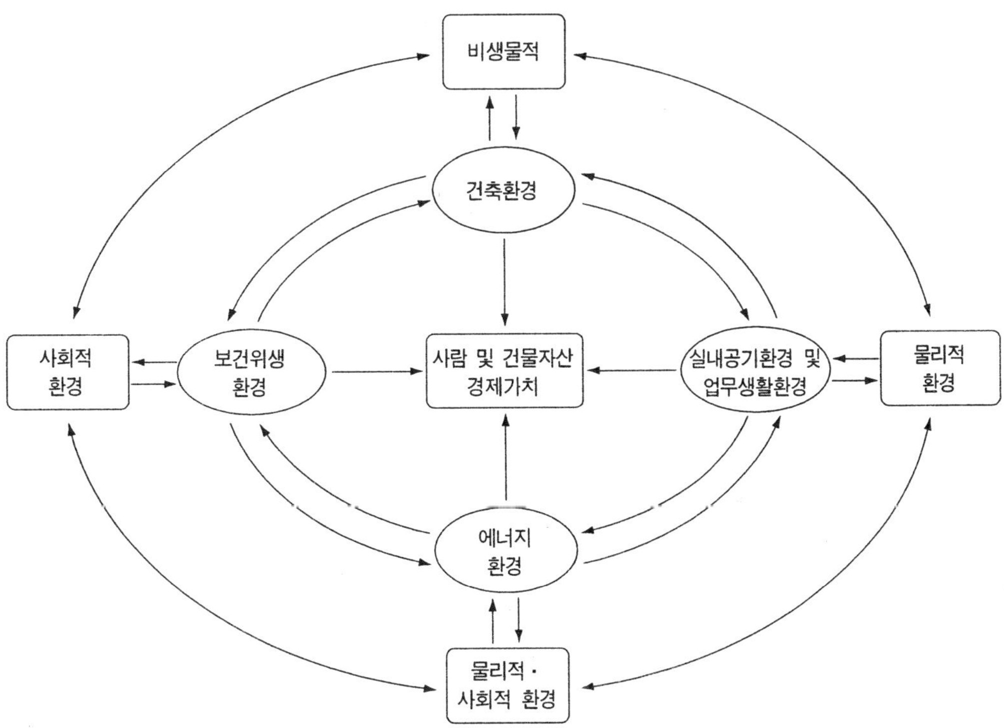

[그림 2-6] 내부 · 외부환경요소와 사람 및 건물자산 경제가치와의 상호관계

나 환경관리 보호대상에게 영향을 미치고 있으나 일반적으로 외부의 환경요소의 영향에 의하여 내부환경요소가 악화되기도 하고 건강한 상태를 유지하기도 한다.

다시 말하면 외부환경요소를 독립변수로 하고 내부환경요소가 종속변수의 성질을 띄게 되어 외부환경의 변화는 곧 내부환경의 변화를 가져온다.

내 · 외부 환경요소의 상호관계를 그림으로 정리하면 [그림 2-6]과 같다.

제 Ⅱ 편

건물자산 외부환경관리

제II편은 건물자산 외부환경관리편으로서 4개장을 두고 건물자산의 물리적 유지보존과 경제가치 그리고 사람의 생명·건강에 영향을 주고 있는 비생물적 자연환경요소 중심의 자연환경, 물리적 환경과 사회적 환경에 대한 환경관리이론과 실무를 동시에 설명하고 있다.

건물자산환경관리의 대상인 건물자산의 물리적 유지보존과 경제가치 및 건물자산의 점유자와 사용자 그리고 이용자 등 사람의 생명·건강에 미치는 환경적 영향이 외적이냐 또는 내적이냐에 따라 외부환경과 내부환경으로 분류된다.

외부환경은 건물자산환경관리의 대상에 대하여 외적으로 영향을 미치는 외부환경변수로서 자연환경, 물리적 환경 그리고 사회적 환경을 외부환경의 범주로 인식하고 있다.

제3장

건물자산 외부환경관리의 기본개념

제3장은 제II편 건물자산 외부환경관리편의 첫 장으로서 외부환경관리의 범주인 건물자산의 자연환경과 물리적 환경 그리고 사회적 환경에 대한 기본관리개념과 특성 및 방법론 등을 3개절을 통하여 설명하고 있다.

제 1 절 건물자산 외부환경관리의 개념과 범주

1 외부환경관리의 개념

건물자산의 경영관리에 있어서 환경관리는 건물자산의 복합개념과 건물자산관리업무의 복합성 원리에 따라 건물자산의 환경개념과 환경성 업무를 체계적으로 관리하여 환경관리의 목적인 건물자산의 물리적 보호와 경제가치의 보호 및 건물자산 사용자인 점유자나 재실자 또는 이용자 등 사람의 생명과 건강을 환경 측면에서 보호하고자 하는 광의의 건물자산관리활동이라 할 수 있다.

건물자산의 환경관리에 있어서 외부환경관리(outside environment of building asset management)라 함은 건물자산 내부환경관리(inside environment of building asset management)의 상대적 환경관리개념으로서 건물자산 환경관리의 목적인 건물자산의 물리적 유지보존과 경제가치 및 건물자산의 사용자나 점유자 또는 이용자 등 사람의 생명 · 건강에 외적으로 영향을 미치거나 작용하는 외부환경요인들을 가장 경제적 방법으로 안전하게 효율적으로 적합하게 관리하여 외부환경의 악영향을 최소화하고 환경문제를 개선 또는 해결하여 경영관리대상인 건물자산의 상태의 보존과 기능의 정상적 유지 및 경제가치의 감소나 멸실로부터 보호하고 나아가 건물자산 사용자나 점유자 또는 이용자 등 사람의 생명 · 건강을 외부환경요인으로 인한 사망, 상해, 위해, 부상 또는 질병으로부터 자유토록 보호하는 이른바 환경 측면의 건물자산관리활동을 의미한다.

외부환경의 범주에 해당하는 자연환경은 건물자산의 유지보존 및 경제가치와 건물자산 사용자와 점유자 그리고 이용자 등 사람의 생명 · 건강 모두에 대하여 절대적 영향을 미치는 외부환경 요인으로서 과학적 관리가 크게 요구되고 있는 환경관리 분야이다. 또한 외부환경의 범주 중 물리적 환경과 사회적 환경은 물리적 환경의 토지를 제외하고는 주로 건물자산의 경제가치(사용가치와 교환가치)에 영향을 미치는 인위적 환경이라는 점에서 자연환경과는 큰 상이성을 가지고 있다.

건물자산 외부환경의 구성요소인 자연환경은 자연 스스로의 변화에 따라 건물자산과 사람에게 유익한 영향을 주고 있으나 경제 제일주의를 앞세운 인간의 탐욕과 산업화를 지향하는 기업에 의한 토양오염, 대기오염, 수질오염 등으로 지구온난화, 생태계 파괴, 환경파괴, 이상기후 현상이 자주 나타나고 있으며 해일, 태풍, 폭설과 함께 온도가 심각하게 급상승과 급하강을 반복하여 사람의 생명과 건강에 치명적인 악영향을 끼치고 있으므로 자연 스스로의 변화를 관찰과 예측으로 적절히 대응하여 자연환경의 악영향을 적극적으로 최소화함이 현명하다.

특히 현대사회의 사람에 의한 인위적 환경오염은 사람의 생존차원에서 적극적으로 예방하거나 방지함으로써 환경피해를 최소화해야 함이 크게 요구되고 있다. 따라서 자연환경관리는 건물자산의 경제가치의 유지보전과 극대화에 부합되도록 자연환경을 이용하여야 하며 자연환경의 악영향은 최소화하고 선영향을 크게 하여 건물자산의 물리적 상태보존가 기능의 유지 그리고 경제가치보호에 이용할 필요가 있다.

왜냐하면 건물자산은 자연환경 속에 완전히 노출되어 있으므로 자연환경의 영향을 떠나 존재할 수 없으며, 자연환경의 영향을 배제할 수 없는 관계로 자연환경의 영향은 자연환경 속에 100% 노출되어 있는 건물자산의 물리적 유지보존과 경제가치에 대하여 플러스 영향과 마이너스 영향을 제공하고 있다. 그러므로 건물자산 환경관리자는 관리대상 건물자산의 관리함에 있어서 자연환경과 조화되게 관리할 필요가 있다.

그러나 건물자산 외부환경의 요소 중 다른 요소인 물리적 환경과 사회적 환경은 인위적 환경으로서 자연환경과는 달리 현실적으로 관리대응이 어느 정도 가능한 분야이므로 사전관리가 가능한 분야라 할 수 있다. 따라서 물리적 환경과 사회적 환경 등의 인위적 외부환경관리는 사전예지와 예측이 어느 정도 가능하므로 계획을 세워 체계적 관리대응이 용이하다.

2 외부환경관리의 범주

제 I 편 제1장에서 설명하고 있는 바와 같이 건물자산의 환경구성체계는 외부환경과 내부환경으로 구성되어 있다.

건물자산관리학의 환경개념 설정은 건물자산관리학이 추구하는 건물자산의 물리적 보호와 경제가치보호 및 재실자를 포함한 사용자와 점유자 등 사람의 생명 · 건강보호 관점에서 이들에게 영향을 미치는 요소들을 관찰하고 인식하여 외적, 내적 환경의 범주를 규정하고 있다.

결론적으로 건물자산의 환경은 영향을 미치는 범주에 따라 외부환경과 내부환경으로 분류된다. 외부환경의 범주를 다시 세분하면 건물자산의 자연환경과 물리적 환경, 사회적 환경 등으로 분류할 수 있다.

1) 건물자산의 자연환경

자연의 의미는 사람의 손에 의하지 아니하고 존재하는 것과 사람에 의하지 아니하고 존재하는 것으로부터 일어나는 현상을 의미하며 건물자산의 자연환경은 건물자산을 둘러싸고 있는 자연환경으로서 건물자산에 영향을 미치는 비생물적 자연환경을 말한다.

건물자산 자연환경관리의 대상에는 태양, 토양, 비, 바람, 눈, 공기 등을 구성요소로 하는 대기환경, 수질환경, 토양환경 등이 있다.

2) 건물자산의 물리적 환경

물리적 환경은 사람의 손에 의하지 아니하고 존재하는 국토(토지)와 사람의 손에 의하여 건설된 물질환경으로서 생산된 도로, 항만, 댐 등의 시설물, 건축물, 구조물, 구축물 등 자연적 · 인위적 물질환경을 의미한다.

따라서 물리적 환경관리의 대상에는 건물자산이 위치하고 있는 국가의 토지(국토)와 그 국토의 기반시설 관리 및 도시의 도로, 철도, 항만 통신시설 등의 도시 인프라에 해당되는 시설물, 건축물 등이 이 범주에 해당된다.

3) 건물자산의 사회적 환경

사회적 환경이란 관념적으로 건물자산 외부에 존재하는 것으로서 건물자산의 물리적 유지보존과 경제가치 및 건물자산의 점유자, 사용자, 이용자 등 사람의 생명과 건강에 영향을 미치는 법제도환경, 경제사회환경, 기술환경 등 인위적 환경요소 등을 의미한다.

사회적 환경관리의 대상에는 법, 제도환경, 인구, 주거산업 등의 경제사회환경 그리고 국제협약, 조약 등의 국제환경 등이 있다.

제 2 절 건물자산 외부환경관리의 특성

1 건물자산 외부환경관리 특성의 의의

건물자산 외부환경의 특성이라 함은 외부환경이 지니고 있는 특별한 성격을 의미한다. 건물자산 외부환경의 특성에 대한 이해의 목적은 외부환경의 특성을 파악하고 인식하여 외부환경을 특성에 적합하게 관리함으로써 건물자산환경관리의 목적인 건물자산의 경제가치 보호와 건물자산의 점유자나 사용자 또는 이용자 등 사람의 생명 · 건강보호에 이바지 하는 데 있다. 외부환경의 특성을 살펴보면 다음과 같다.

첫째, 외부환경의 범주 중 자연환경(토지, 물, 공기 등)은 신의 창조물로서 인간이 자연을 대상으로 직접 지배하거나 적극적으로 관리하는 것이 원천적으로 불가능하다는 점이다. 왜냐하면 자연은 온도를 조절하기 위하여 스스로 대기권을 두고 대류권, 성층권, 중간권과 열권 등을 두고 있다.

또한 지구는 스스로 지표면으로부터 1000km까지의 공간을 대기권을 설정하고 온도에 따라 수직구조 형태로 배열하여 대류권(troposphere), 성층권(stratosphere), 중간권(mesosphere) 그리고 열권(thermosphere) 등 4개 권역을 가지고 권역별로 온도의 차이를 보여 주고 있다. 특히 지표면으로부터 10km까지의 대류권은 인간과 동식물의 생존에 필요한 공기는 산소 20.98%와 질소 78.08%, 아르곤 0.93% 이산화탄소 0.03% 기타 0.01%의 성분으로 구성되어 있어 생태계의 생명활동에 긍정적으로 작용하고 있다.

따라서 건물자산환경관리의 객체인 건물자산과 건물자산관계자 사람의 생명 · 건강에 미치는 대류권의 영향은 환경관리자의 의도와 목적대로 원칙적으로 관리할 수 없다.

또한 자연환경의 생물적 자연환경의 범주인 생태환경에서도 생산자와 소비자, 분해자의 존재와 역할이 이미 정해져 있을 뿐 아니라 상호관계를 유지함으로써 비로소 상호간의 생존이 가능해지므로 이를 인위적으로 조절하기나 통제하기가 불가능하다. 특히, 비생물적 자연환경 중 비, 바람, 눈, 외기온도, 습도, 태풍, 태양, 토양, 해양 등의 자연요소는 인위적 통제나 관리가 전혀 불가능한 존재이므로 환경관리자의 관리의도와 목적을 훨씬 벗어나고 있다.

따라서 건물자산 외부환경 범주의 하나인 자연환경은 건물자산 내부환경의 요소와는 큰 차이가 있음을 알 수 있다. 뿐만 아니라 인접 국가 사막에서 발생하는 황사현상은 바람에 의하여 이동하여 떨어짐으로써 건물자산의 경제가치와 사람의 생명 · 건강에 위협적으로 피해를 주고 있으나 환경관리자의 의도와 목적대로 적극적 관리대응이 불가능하다.

이상의 사례를 종합해 볼 때 건물자산 외부환경 범주의 하나인 자연환경관리는 원칙적으로 직접 지배하거나 적극적 관리대응이 전혀 불가능한 한계성을 가지고 있다. 다시 말하면 건물자산 자연환경의 관리는 소극적으로 그 영향(피해)를 최소화하는 범위 내에서 건물자산의 경제가치 보호와 그 건물자산 관계자 사람의 생명 · 건강을 보호해야 하는 한계를 가지고 있다.

둘째, 건물자산 외부환경의 또 다른 범주인 물리적 환경과 사회적 환경 역시 건물자산 내부환경과 차이점이 있으므로 환경관리상의 복합성이 존재하고 있다.

물리적 환경은 건물자산이 위치하고 있는 국가나 도시의 물리적 환경이므로 이미 자연적으로 존재하는 국토와 완공된 시설물, 구축물, 건축물, 구조물 등으로 형성된 물리적 환경은 관리대상 건물자산의 물리적 경제적 보호와 건물자산 관계자 사람의 생명과 건강을 보호하기 위해 환경관리자의 의도와 목적대로 사전 통제하거나 사후 개선하기란 말과 같이 쉽지 아니하다.

따라서 물리적 환경 역시 환경관리자가 적극적으로 사전통제가 불가능하고 사후개선 역시 쉽지 않은 환경관리상의 한계가 존재하고 있다.

뿐만 아니라 사회적 환경 역시 입법, 사법, 행정 등의 기관이 그들의 정책과 목적대로 만들어지는 법, 제도환경이나 경제원리에 의하여 만들어지는 경제환경, 과학의 발전에 의하여 조성되는 기술환경, 그리고 국제간의 조약이나 협약에 의하여 조성되는 국제환경 등은 건물자산 환경관리자의 의도와 목적과는 전혀 상관없이 만들어진 인공환경이므로 이들 또한 사전통제나 사후개선이 매우 어렵다. 따라서 사회적 환경 또한 건물자산 환경관리자자의 의도와 목적대로 계획적으로 적극적 관리대응이 매우 어려운 관리상의 한계를 가지고 있음을 알 수 있다.

2 자연환경관리 특성의 내용

이상에서 자연환경특성에 대하여 부분적으로 설명하였으나 자연환경관리의 특성의 내용을 요약하면 다음과 같다.

1) 자연환경관리의 현실적 한계성과 제한성

자연환경은 자연의 의미에서 알 수 있듯이 사람의 손에 의하지 아니하고 존재하거나 그 존재의 현상이므로 엄밀히 말하면 적극적 관리의 대상에서 벗어나 있는 존재라 할 수 있다. 따라서 자연환경관리에는 엄청난 한계성과 제한성이 현실적으로 존재하고 있다.

그러므로 건물자산 환경관리자는 환경관리의 목적이 환경 측면의 자산보호와 사람의 생명 · 건강보호는 자연환경관리의 한계성과 제한성의 범위 내에서 자연환경과의 조화를 통하여 한계와 제한적 범위 내에서 환경관리의 목적을 달성해야 한다. 왜냐하면 건물자산의 보호나 사람의 생명 · 건강보호는 자연환경이 주어진 조건하에서만 비로소 가능하기 때문이다.

19세기 산업혁명 이후 21세기 현대사회에 이르기까지 급속도로 진행된 산업화와 도시화는 생태계 파괴와 수질오염, 토양오염 외에 이산화탄소의 급증으로 인한 대기의 공기오염과 온난화 현상으로 이어져 마침내 지구전체의 기후를 교란시켜 수면상승과 폭풍, 해일, 허리케인 같은 자연재해를 일으킴으로써 지구 곳곳에 지속적으로 침수와 붕괴, 파괴, 멸실, 수몰, 사망, 부상, 질병의 감염 등의 자연재해가 발생하여 건물자산과 사람의 생명 · 건강에 심각한 영향을 끼쳐 큰 피해를 주고 있다.

이와 같은 자연재해와 재앙의 피해방지는 인간의 노력이나 관리적 대응만으로는 한계가 있으며 제한적임을 세계 곳곳의 자연재해 피해현장이 웅변으로 증명해주고 있다.

2) 자연환경관리 국제공조의 필요성

자연환경은 국지적 환경성도 있으나 범지구적 환경성을 가지고 있다. 따라서 자연환경은 특정지역이나 국가의 자연환경 범주에서 벗어나 범지구적 환경임이 분명하다. 왜냐하면 어느 지역의 환경문제나 원인은 시간의 경과나 자연변화에 범지구적으로 영향을 미치기 때문이다.

예컨대, 중국 내 몽고사막의 모래바람은 몇 시간 뒤 한국과 일본의 상공에 황사현상을 일으키며, 특정지역의 과다 탄소매출은 지구의 온도상승에 영향을 주어 남국의 얼음을 녹게 하고 남극 얼음의 해빙은 바다수면을 상승시켜 남태평양 섬나라를 수몰시키는 이른바 자연재해 연쇄파급 현상은 자연환경관리의 국제공조의 필요성을 잘 설명해주고 있다.

따라서 자연환경관리는 특정 국가나 도시 및 지역의 문제를 벗어난 환경관리문제이므로 전 세계적, 범지구적 환경관리의 공조가 필연적으로 이루어질 때 비로소 가능할 것으로 인식된다. 그러므로 건물자산의 환경관리자는 범지구적으로 대응이 요구되는 자연환경문제는 관리상의 한계와 제한성이 존재함을 인식하고 국제공조에 의한 자연환경문제개선의 필요성을 인식하고 이에 부분적이나마 협력하는 자세를 견지해야 한다.

3) 자연환경요소 복합적 관리의 필요성

자연환경은 생물적 요소(동식물 간의 상호작용, 생태계)와 비생물적 요소(태양, 눈, 비, 바람, 토양, 공기 등)들로 구성되어 있다.

자연환경요소의 관리는 전술한 바와 같이 관리상의 한계성과 제한성, 국가간의 세계적 공조의 필요성 등과 같은 관리상의 특성이 존재하고 있는 가운데 비생물적 자연환경요소 중 하나의 요소만을 건물자산보호와 사람의 생명과 건강보호에 적합하게 관리된다 가정해도 수많은 자연환경조건과 형편에 적합하지 않거나 조화되지 않는 경우 건물자산보호나 사람의 생명 · 건강보호에 실효성이 없게 된다.

따라서 자연환경관리는 한계성이 허용하는 범위 내에서 건강한 생태계가 유지되도록 해야 하는 동시에 태양, 바람, 눈, 비, 토양, 공기 등을 건물자산환경관리의 목적대로 건물자산의 보호와 건물자산 관계자 사람의 생명 · 건강보호에 이바지할 수 있도록 관리해야 함이 중요하다.

제 3 절 건물자산 외부환경관리의 방법론

1 외부환경관리방법론의 의의

방법의 사전적 의미는 어떤 목적을 달성하기 위하여 취하는 수단을 의미하며 방법론의 원래 의미는 학문적으로 연구방법의 의론을 의미하므로 외부환경관리의 방법론 또한 외부환경관리의 목적을 달성하기 위한 방법을 의미한다.

외부환경관리의 범주가 전술한 바와 같이 크게 건물자산의 자연환경관리, 물리적 환경관리 그리고 사회적 환경관리 등이므로 이에 대한 방법론의 검토가 필요하다.

2 외부환경관리방법론의 내용

1) 자연환경관리의 방법론

자연환경 특히 비생물적 자연환경요소는 원칙적으로 인위적 관리의 한계를 벗어난 관리대상들이므로 매우 제한적 관리방법들이 요구되고 있다. 건물자산환경관리는 환경관리의 범주에 해당되는 환경관리업무 중 적절한 관리방법에 따라 적합하게 수행하여 건물자산의 물리적 보호와 경제가치의 보호 및 건물자산 관계자 사람의 생명 · 건강을 보호하는 효과를 창출해야 한다. 이를 위한 자연환경관리의 적절한 관리방법은 다섯가지가 같다.

첫째, 환경오염원 배출통제방법이 있다. 환경오염원 배출통제방법은 토양오염, 수질오염, 대기오염 등의 오염원 배출을 환경법과 환경관리세도를 통하여 원친적으로 차단하여 최소화함으로써 환경오염으로 인한 건물자산의 물리적 기능의 저하와 노후화 그리고 경제가치 저하 및 사람의 건강 악화를 방지하는 방법이다. 환경오염원 배출통제의 구체적 방법은 제4장 자연환경관리편에서 설명하기로 한다.

둘째, 자연현상 예측 및 대응방법이 있다. 건물자산 환경관리자는 기존의 기상분석자료와 계절적 기상현상의 경험치, 기상현상에 관한 연구문헌 등을 통하여 자연현상을 관찰하고, 예측하여 미리 대응함으로써 건물자산의 피해를 방지하거나 사람의 생명 · 건강의 환경위험을 최소화하는 조치를 미리 취하는 일련의 자연환경문제 사전관리 방법을 자연환경 예측 및 대응방법이라 한다.

셋째, 신개념 환경관의 도입과 적용방법이 있다. 환경관이라 함은 인간이 자연환경에 대한 관념이나 견해를 의미하는 것으로서 인류 초기에서부터 중세 이전까지는 자연과 인간은 하나라는 동일사고가 지배하여 왔으나 중세 이후 기독교 사상의 등장으로 현재의 서양 자연관이 확립되어 인간우월주의, 자연정복주의 자연환경관을 형성되어 왔다. 이로 인하여 인간중심적 환경론이 대두됨으로써 자연은 인간을 위하여 개발되거나 관리 또는 정복의 대상으로 간주하여 산업발전을 우선시하는 환경관이 점차 팽배되어 왔다.

이와 같은 인간중심의 자연관경관은 현대사회의 문제인 인구의 폭발적 증가, 자원의 한정과 고갈, 환경오염문제와 함께 인간중심적 이기적 가치관 등을 낳아 지구위기를 계속 점증시키고 있다.

따라서 현대를 지배하고 있는 인간중심의 자연환경관(서양의 자연관)을 지양하고 하늘과 땅 그리고 인간이 하나라는 공자의 천지인합일론(天地人合一論)을 내용으로 하는 동양자연 환경관을 도입하여 적용함으로써 인간 스스로 자연을 보호하도록 하여 현대 사회문제 중 하나인 환경오염방지를 통한 자연환경문제를 개선하는 것이 매우 바람직한 방법으로 판단된다.

넷째, 자연환경 순응방법이 있다.

자연환경은 환경 자체의 변화를 거듭하면서 운행하고 있다. 인간의 활동에 의한 환경오염현상도 나타나고 있으나 한편 인간에 의한 환경오염 없이도 자연 스스로 환경 변화를 계속 하고 있으므로 변화하는 자연환경에 순응하고 적응하는 건물자산의 자연 환경관을 도모해야 할 필요가 있다.

다섯째, 자연환경조화의 관리방법이 있다.

자연은 동식물 상호간의 작용과 생태계의 생존원리에 따라 적자는 생존하고 비적자는 자연도태되는 원리가 작용하고 있다. 따라서 식물이 생산자로서 존재해야 동물은 1, 2차 소비자로서 생존이 가능하고 동물이 생존해야 3차 소비자인 사람의 생존도 가능해진다.

이와 같이 자연생태환경은 환경과 동식물 그리고 사람의 생명활동과 무관하지 않음을 알 수 있다. 또한 건물자산 역시 주변 생태환경과 기후조건, 수질환경 그리고 토양환경 등과 전혀 무관하지 않음을 상고할 때 건물자산 환경관리자는 건물자산환경관리를 함에 있어서 자연생태계의 환경과 대기환경, 수질환경 그리고 토양환경 등과 조화되게 관리해야 한다.

2) 물리적 · 사회적 환경관리의 방법론

물리적 환경과 사회적 환경은 자연환경의 영향보다는 매우 제한적이고 영향력이 크지 않으나, 건물자산의 유지보존 및 경제가치와 건물자산 관계자인 사람의 생명과 건강에 일정한 범위 내에서 어느 정도 영향을 미치는 건물자산의 외부환경요소이자 외적 여건과 사정이므로 이에 관한 적절한 관리방법론의 도출과 적용이 요구되고 있다.

(1) 물리적 환경관리의 방법론

물리적 환경은 물리적으로 존재하는 건물자산의 외부둘레로서 위치한 건물자산에 대하여 물리적으로 넓은 둘레가 되기도 하고 좁은 둘레가 되는 이른바 국가 차원의 물리적 환경과 도시 지역차원의 물리적 환경을 함께 가지고 있다.

문제는 광의의 물리적 환경과 협의의 물리적 환경 모두 건물자산의 경제가치(사용가치와 교환가치)에 영향을 준다는 관점에서는 차이가 없으나, 관리대상 건물자산이 위치하고 있는 도시나 지역의 물리적 환경이 국가의 물리적 환경보다 월등히 영향을 미치고 있다는 점은 사실이다.

따라서 건물자산의 경제가치 보호관점에서는 위치하고 있는 도시와 지역의 토지와 시설물 등 물리적 환경을 조사하고 분석하여 도시지역의 물리적 환경과 조화되도록 관리해야 한다.

왜냐하면 도시의 건물은 완공 즉시 그 도시의 구성요소가 되고 물리적 환경요소로서 인프라의 기능을 담당하며 전체 도시, 지역의 물리적 환경의 하나가 되기 때문에 도시지역의 토지와 상관관계 속에서 인식되는 건물이기 때문이다. 또한 건물자산 관계자, 즉 사람의 생명 · 건강보호 관점에서도 국가차원의 물리적 환경보다는 그 건물이 위치하고 있는 도시, 지역의 물리적 환경의 영향이 크게 나타나고 있음이 현실생활에서도 잘 나타나고 있다.

따라서 건물자산의 환경관리자는 관리대상 건물이 존재하는 도시와 지역의 토지와 시설물 등 물리적 환경을 철저히 조사분석하고 파악하여 환경오염의 원인을 분석하고 개선하는 방안을 도출하여 도시와 지역의 물리적 환경을 바람직하게 개선함으로써 건물자산 물리적 유지보존과 경제가치 보호 및 사람의 생명 · 건강을 보호하는 관리방법들을 도출하고 적용해야 한다.

(2) 사회적 환경관리의 방법론

사회적 환경은 물리적 인공환경과는 달리 관념적으로 존재하는 건물자산의 둘레로서 주로 건물자산의 경제가치에 영향을 미치고 있는 인위적 외부환경요소이다. 사회적 환경은 법제도 환경이나 경제환경 등과 같이 수시로 변화되는 가운데 폐지되거나 개정되어 강화되기도 하며 경제환경과 같이 호황과 불황의 변화를 주기적으로 보여주기도 하므로 기계적 관리방법으로 일정하게 계획적, 통일적으로 관리하기가 쉽지 않다.

따라서 사회적 환경의 범주에 해당하는 주요 관리대상인 법제도환경, 경제사회환경, 건축기술환경 등의 관리는 변화 속도와 방향을 예측하고 대안을 도출하여 건물자산의 물리적 보호와 경제가치 보호에 적절히게 접목해야 한다.

특히 물리적 환경과 사회적 환경관리에 대한 유의할 점은 변화하는 속도와 방향을 놓치거나 방치하는 경우 변화된 물리적 환경과 사회적 환경이 관리대상 건물자산의 경제가치에 물리적 기능유지와 상태보존 및 악영향을 주어 전체적으로 건물자산보호에 큰 문제가 나타날 수 있다는 점이다. 그러므로 건물자산관리에 있어서 환경관리는 매우 중요한 관리영역이라 할 수 있다.

제4장

건물자산의 자연환경관리

제 1 절　자연환경관리의 개념과 범주
제 2 절　대기환경관리
제 3 절　수질환경관리
제 4 절　토양환경관리

제II편 제4장은 건물자산의 자연환경관리의 장으로서 건물자산 외부환경요소 중 하나로 4개절을 통하여 비생물적 자연환경요소 중심의 대기환경관리, 수질환경관리 그리고 토양환경관리의 원리와 개념을 탐색하고 관리방법들을 도출하여 환경관리의 목적인 건물자산의 물리적, 경제적 보호와 건물자산 관계자 사람의 생명 · 건강 보호에 필요한 자연환경관리이론과 실무를 소개하고 있다.

제 1 절 자연환경관리의 개념과 범주

1 자연환경관리의 개념

건물자산이나 인간은 건강한 자연환경의 도움 없이는 존재도 생존도 모두 불가능하다. 왜냐하면 인간의 경우 삶과 생활과 일의 영위에 있어서 대기환경, 토양환경, 수질환경 등 자연환경과 적합하지 않는 경우 생명 · 건강은 물론이려니와 생존을 위한 삶, 생활, 일의 영위는 절대적으로 불가능하기 때문이다.

뿐만 아니라 인간은 고등동물이신 하나 허파로 숨 쉬는 허파동물인 동시에 호거성 생물이므로 공기 중에 분포되어 있는 산소의 흡입과 탄산가스의 배출로 이어지는 숨쉼을 통하여 생존도 건강도 유지하며 살아가고 있기 때문이다.

그러므로 공기 중에 산소가 희박하거나 오염되는 경우 숨을 쉴 수 있는 상태가 되지 못하여 결국 건강을 잃거나 사망에 이르게 되며 살아 있다 하더라도 산소부족으로 뇌사상태에 빠지게 된다.

또한 수질오염이나 토양오염의 경우에도 대기오염과 같이 자연 스스로의 균형을 상실하는 경우 지구환경 본래의 기능인 자정능력과 복원능력을 상실하거나 저하되어 인간은 물론 동물과 식물 모두의 생존에 필요한 깨끗한 공기, 깨끗한 물, 건강한 토양 등 자연환경의 도움을 제공하지 못하게 되는 지구환경의 원리를 가지고 있다.

건물자산의 경우 또한 예외는 아니다. 건물자산은 인간의 생존(삶/생활/일)을 지원하기 위한 보금자리인 동시에 터전이자 기반이므로 삶과 생활과 일에 필요한 사용가치와 수익가치를 끊임없이 창출하고 제공해야 하는 존재 이유와 기능을 가지고 있다.

이와 같은 인간에 대한 건물자산의 존재이유와 기능은 스스로의 기능이나 존재만으로 불가능하다. 왜냐하면 건물자산은 인간의 사용수익의 도구이므로 인간이 삶과 생활과 일의 영위에 적합하게 도양환경, 대기환경, 수질환경이 조성되고 뒷받침될 때 비로소 건물자산의 존재가 가능하고 인간의 생존에 필요한 건물의 기능을 다할 수 있기 때문이다.

그러나 약 300년 전인 1700년대 지구의 인구는 약 5억 명이었으나 불과 230년이 경과한 1930년에 약 20억 명으로 증가하였다가 1975년에는 무려 1930년의 2배인 약 40억 명으로 폭증하였으며 최근의 2009년에는 약 65억 명의 폭발적인 인구증가현상을 보여주고 있다. 인구에 관한 한 연구보고서에 의하면 50년 이내에 약 120억 명에 육박할 것으로 추정하고 있어 폭발적인 인구증가문제가 현대사회의 4대 문제로 부상하여 환경파괴, 생태파괴, 대기와 수질 및 토양오염을 가중시키고 있다.

이와 같은 세계 인구의 폭발적인 증가는 18세기에 시작된 산업혁명과 도시집중화로 화석연료를 무차별적으로 개발이용함으로써 탄소량을 크게 증가시켜 기후온난화를 조장하고 육식을 주로 섭취하는 식문화는 소, 돼지 등의 대량 동물사육으로 이어져 사육동물의 매탄 방출량을 크게 증가시킴으로써 대기 중의 산소와 결합하여 화학작용을 일으켜 오존층을 파괴하고 지구에 자외선의 대량유입과 지구 복사열을 만들어 지구온난화를 계속 가속시킴에 따라 해양의 바닷물을 빠른 속도로 증발시켜 지구 곳곳에 가공할 홍수피해를 야기하여 인명과 재산의 피해를 자연재앙 차원으로 가져다주고 있다.

또한 지구온난화는 남극, 북극의 얼음을 해빙시켜 바닷물의 수위를 높임으로써 연안해일(쓰나미)과 도시와 나라 국토를 침수와 함께 수몰시키고 있다.

또한 해양오염은 지구 전체 산소의 약 80%를 저장하고 있는 식물성 플랑크톤과 해초림을 파괴시켜 산소공급의 균형을 크게 저해하고 있으며 아마존과 같은 원시림의 무분별한 벌목과 파괴는 대기환경의 파괴를 가져 오고 홍수의 범람의 단초를 제공하고 있다.

결론적으로 지구의 대기환경, 수질환경 그리고 토양환경 등 자연환경의 오염을 방치하거나 개선하지 않는 경우 인간의 생존은 크게 위협받게 되며 인간생존의 필수적 사용수익 도구인 건물자산의 존재이유나 기능도 상실하거나 저감하게 된다.

그러므로 자연환경관리 문제는 어느 국가, 어느 도시, 어느 개인의 문제가 아니므로 인간의 생존을 위해서는 그리고 인간 생존의 필수적 도구인 건물자산의 물리적, 경제적 가치를 유지보존하도록 하기 위해서는 범지구적으로 대처할 필요가 있다.

이상과 같은 자연환경관리 필요성의 배경을 토대로 건물자산환경관리 측면의 자연환경의 기능을 살펴보기로 한다.

건물은 비록 인간이 건설한 인공적 3차원의 공간이긴 하나 자연환경을 둘레를 가지고 대기, 토양, 수질환경 등 자연환경의 도움을 받아 존재하는 필수적 생존의 도구이다. 그러므로 건물자산의 존재와 기능은 자연환경과 밀접한 상관관계를 가지고 있다.

따라서 자연의 지원 없이는 생활공간의 기능이 매우 제한적이고 존재 자체가 보장되지 않을 뿐 아니라 경제가치조차 논할 수 없게 되는 것은 자명한 사실이다.

더구나 건물과 더불어 살아가는 사람의 생명과 건강은 자연환경의 조건과 상태에 따라 유지되기로 하고 건강해질 수도 있으며 반대로 생명과 건강이 위험해지기도 하다.

따라서 건물자산환경관리자는 자연환경이 인간의 생명과 건강보호에 유익하도록 필요한 조치를 마련하고 노력해야 하며 자연환경 속에 노출된 건물자산의 최유효사용수익화와 경제가치 보호에 긍정적으로 작용하도록 자연환경을 적절하게 관리해야 한다.

이와 같은 관점에서 자연환경관리의 의의는 건물자산환경관리의 목적인 건물자산의 경제가치보호와 사람의 생명 · 건강보호 관점에서 매우 중요한 의의를 가지고 있다 하겠다.

따라서 건물자산 자연환경관리란 건물자산의 외부환경과 내부환경을 적절히 관리하여 건물자산의 경제가치와 사람의 생명 · 건강에 미치는 자연환경문제를 개선함으로써 건물자산의 경제가치 보호와 건물자산관계자(점유자, 사용자, 이용자) 사람의 생명 · 건강을 보호하는 환경관리활동이라 할 수 있다.

자연환경관리의 중심은 자연환경이 생물적 환경요소와 비생물적 환경요소로 환경체계를 이루고 있으나 건물자산환경관리의 목적관점에서 건물자산의 경제가치와 사람의 생명 · 건강에 지대한 영향을 미치는 비생물적 환경요소(태양, 토양, 물, 눈, 비, 바람, 공기 등)를 중심으로 자연환경 관리활동을 체계적으로 수행해야 함이 현명하다.

2 자연환경관리의 범주

건물자산의 환경관리에 있어서 자연환경관리는 건물자산 외부환경의 범주에 해당하는 환경영역으로서 외적으로 건물자산과 건물자산 관계자 사람에게 영향을 미치는 외부 영향요소라 할 수 있다.

따라서 자연환경관리는 비생물적 자연환경 특히 대기환경과 수질환경 그리고 토양환경 등을 환경관리의 범주로 상정하고 있으며 자연환경의 특성과 관리상의 한계 때문에 대기오염, 수질오염, 그리고 토양오염을 예방하거나 개선하는 방법으로 자연환경을 관리해야 한다.

이와 같은 환경오염의 예방과 개선은 곧바로 건물자산을 보호하게 되며 사람의 생명 · 건강보호에도 바람직하게 작용하게 된다. 자연환경관리의 범주와 구체적 관리방법은 후술하는 이 장의 제2절과 제3절 그리고 제4절에서 설명하기로 한다.

제2절 대기환경관리

1 대기환경의 개념

대기라 함은 지구중력에 의해 지구둘레를 싸고 있는 기체나 공기를 의미하며 천체의 표면을 둘러싸고 있는 기체를 말한다. 대기는 45억 년의 세월을 거쳐 생물권과의 상호작용과 조화를 통하여 서서히 형성되어 왔다. 지구표면으로부터 1000km까지의 공간을 대기권이라 하며 주요 성분에는 질소, 산소, 물, 아르곤, 이산화탄소 등으로 구성되어 있다.

대기권의 구조는 온도에 의한 수직적 배열로 되어 있으며 지구 표면으로부터 대류권, 성층권, 중간권 그리고 열권으로 구조화되어 있다. 대류권과 성층권 사이에 대류권계면이 있으며 성층권과 중간권 사이에 성층권계면이 있고 중간권과 열권 사이에 중간권계면이 있다. 대류권은 지구표면에서 지상 10km까지의 대기권역으로서 대기권 중 밀도가 가장 높은 층으로서 대기 기체량의 약 80%를 차지하고 있다.

대류권의 건조공기는 질소 78.08%, 산소 20.95%, 아르곤 0.93%, 이산화탄소 0.03%, 기타 0.01%로 조성되어 있다. 대류권의 특징은 지표면으로부터 고도가 상승할수록 온도가 급격히 하강한다는 점이다. 예컨대, 지표면에서 10km의 고도까지는 100m 상승시마다 평균 0.7℃ 하강하고 최대로는 1℃씩 하강한다.

대기에는 에어로졸[1]이 부유하고 있으며 에어로졸은 바람을 타고 올라간 토양입자, 파도에 의한 소금입자, 화산으로 인한 화산재, 화산먼지, 연소부산물, 대기광학성 물질, 부유먼지 등으로 형성되어 있다. 에어로졸의 밀도는 장소와 시간 등에 따라 달라질 수 있으며 전원의 경우 $1cm^3$당 10^4 정도가 되나 공기오염이 심한 도시지역의 경우에는 $1cm^3$당 10^5 이상이 된다.

대류권이 대류권계면(지구표면에서 약 10km와 12km)에 도달되면 53℃에서 63℃ 온도범위를 가지는 온도가 가장 낮은 대류권계만이 나타나게 되며 지구표면에서 고도상승에 따라 온도의 하강상태를 보이던 대류권에 비해 대류권계면은 고도상승에 따라 온도하강이 줄어들어 기온이 변하지 않으므로 안정적 기온을 유지하게 된다.

대류권계면을 지나 지구표면에서 약 20km와 50km 사이에 성층권이 형성하게 된다.

1) 에어로졸(aerosol)은 대기 중에 화학성분과 크기를 가진 것으로 부유하고 있는 미립자들을 의미한다.

성층권에서는 대류권계면과는 달리 온도가 다시 상승하게 되는데 그 이유는 지구표면 15km에서 30km 높이에 위치하고 있는 오존층이 오존에 의하여 태양광선을 흡수하고 있기 때문인 것으로 해석되고 있다.

성층권에서는 공기의 흐름은 거의 없는 편이고 부유분진의 체류시간은 다른 층에 비해 비교적 느린 편이다. 성층권이 지나면 성층권계면이 나타나고 성층권계면이 지나면 기온이 급하강하는 중간권이 나타나고 중간권에서가장 낮은 온도를 보이는 중간권계면(-143℃～-43℃)이 나타나게 디며 중간권계면이 지나면 온도가 다시 상승하는 열권이 나타나게 된다.

열권의 범위는 지구표면 90km 이상의 대기권으로서 수백 킬로미터에 달하고 있다. 대기권은 통상 지구표면으로부터 1000km까지의 공간을 의미하므로 지구표면으로부터 1000km 이상의 권역을 외기권으로 분류하고 있다.

건물자산환경관리 측면에서 대기권의 개념을 이해해야 하는 이유는 대류권과 성층권이 지구에 미치는 영향이 엄청나므로 대류권의 대기가 오염되는 경우 사람의 생명·건강은 물론 사람의 생존도구인 건물 또한 그 존재와 기능을 상실하거나 훼손되기 때문에 이를 이해하고 대기환경을 적절히 관리하고자 하는 데 있다.

2 대기오염관리

1) 우리나라 4대 도시 대기환경 오염도 상태

건물자산환경관리 관점에서 건물자산과 건물자산 관계자(소유자, 점유자, 사용자, 이용자 등) 사람의 생명과 건강에 미치는 대기환경물질의 오염방지와 개선을 위하여 환경관리 기초자료로서 우리나라 4대 도시의 대기환경 오염도 분석자료를 살펴보면 <표 4-1>과 같다[2]. <표 4-1>에서 알 수 있듯이 4대 도시 모두 대기오염의 정도가 심각한 것으로 나타나고 있다.

인천의 경우 아황산가스(SO_2)가 전국 주요 도시 중 최악의 오염상태를 보여주고 있으며 대구의 경우에는 미세먼지(PM_{10}) 오염도가 최악의 상태에 있음을 알 수 있다.

또한 부산의 경우 이산화질소(NO_2)의 오염도가 큰 것으로 나타나고 있으며 서울의 경우에는 오존(O_3)의 오염도가 전국에서 최고로 심각한 상태임을 보여주고 있다.

2) 환경부, 2008 환경통계연감, pp.172～226. 통계인용

〈표 4-1〉 우리나라 4대 도시 대기환경 오염도 상태

(2007년 기준)

오염원 \ 4대 도시	서울		부산		대구		인천	
	평균	최고	평균	최고	평균	최고	평균	최고
아황산가스(SO_2) / (ppm)	0.006	0.026	0.006	0.044	0.006	0.028	0.008	0.067
미세먼지(PM_{10}) / ($\mu g/m^3$)	61	619	57	1,019	53	1,110	64	737
일산화탄소(CO) / (ppm)	0.7	6.2	0.4	2.9	0.7	4.0	0.6	4.8
이산화질소(No_2) / (ppm)	0.038	0.182	0.022	0.206	0.024	0.119	0.031	0.202
오존(O_3) / (ppm)	0.018	0.192	0.024	0.024	0.122	0.126	0.022	0.160

(자료 : 환경부, 2008 환경통계연감, pp.172~226. 인용)

전체적으로 보면 우리나라는 대기오염도가 매우 심각한 상태에 있어 대기오염원의 체계적 관리가 크게 요구되고 있다.

2) 대기오염원

대기환경관리는 대기오염원관리로부터 시작된다. 대기오염은 산업활동이나 인간생활에서 생기는 유독물질이 대기 속에 섞여 생물체나 기물 등에 해를 끼칠 만큼 더러워진 현상을 의미한다. 대기오염(매연)[3]의 역사는 그리스 불의신화에서 나타나고 있으나 역사적으로는 AD61년 세나가의 무거운 로마공기의 기록에서 시작된다.

대기를 오염시키는 오염원에는 1차 오염원과 2차 오염원이 있다.

1차 오염원은 자연계로부터 대기권에 유입된 것이거나 인간활동 또는 산업활동에 의해서 대기권으로 유입된 오염원을 의미하고, 2차 오염원은 대기권에 유입된 오염물질이 대기권에서 물리적으로 화학적 반응결과로 생성된 오염원을 말한다.

실제의 오염원은 1차 오염원만을 의미하며 자연계의 오염물질(화산활동, 자연화재, 생물학적 활동)이 약 90% 정도이고 인간활동이나 산업활동에 의한 오염원은 약 10% 정도로 파악되고 있다.

19세기 이후 현대사회에 이르는 동안 세계 각국은 경제제일주의, 산업우선정책을 앞장세운 인간의 탐욕으로 인하여 인간활동에 의한 오염발생량이 급속도로 증가되어 생태계파괴와 생물학적 순환(생산자 - 소비자 - 분해자)에도 악영향을 끼치고 있다.

3) 자연현상이나 산업활동이나 인간의 활동에 의하여 생성되는 물질로서 직접 또는 간접으로 대기권에 유입되어 생태계와 인간에게 악영향을 주는 물질을 의미한다. 오염원은 외부로부터 유입되거나 대기권의 광화학 반응에 의하여 주로 형성된다.

〈표 4-2〉 인간활동에 의한 대기오염발생원과 발생정도

대기오염발생원	발생정도
교통수단	50~60%
에너지 생산	10~15%
산업용 보일러	15~20%
가정연료	10%
폐자재 소각	5%

(자료 : 최영길 외, 환경과 인간, 교학사, p.45 인용)

특히 건물자산의 환경관리 측면에서 살펴볼 때 건물자산의 물리적, 경제적 가치와 건물자산관리 관계자 사람의 생명 · 건강에도 여러 가지 문제를 제공하고 있다. 따라서 인간활동에 의한 대기환경 오염원관리에 대한 연구가 필요하다.

인간의 활동에 의하여 주로 생성되는 주요 오염물질에는 일산화탄소(CO), 이산화탄소(CO_2), 아황산가스(SO_2), 황산화물(SOx), 질소산화물(NOx), 탄화수소(Hydrocarbons), 분진(liquid and particles) 등이 있다. 인간활동에 의하여 생성되는 대기오염원의 발생원과 발생정도는 〈표 4-2〉와 같다.

3) 대기오염원의 발생원인과 영향

(1) 일산화탄소

일산화탄소(CO)는 무연탄과 자동차 연료의 불완전연소에서 주로 발생하며 식물에는 별 피해가 없으나 사람의 인체와 동물에게는 혈액 중 헤모글로빈과 결합하여 산소결핍증을 유발시켜 생명 · 건강에 악영향을 주는 대기환경 오염물질이다.

(2) 아황산가스

아황산가스(SO_2)는 화석연료(석탄, 석유 등)의 황분이 연소과정에서 발생하는 가스로서 건물의 난방용의 석유, 가정용 무연탄, 공업용 연료 등에서 주로 배출되고 자동차 배기에서 나타나고 있다. 아황산가스가 인제에 흡입되면 호흡기의 세포파괴, 기능저하 등을 일으켜 저항력을 크게 떨어뜨린다.

아황산가스의 농도가 0.02~0.004ppm의 상태가 되면 만성호흡기환자가 발생하며 평균농도가 24시간 0.5ppm에 이르면 호흡기환자 병세가 크게 악화되는 것으로 조사되고 있다. 식물의 경우도 연평균 0.03ppm이 되면 만성적 피해가 나타나는 것으로 조사되고 있다.

(3) 탄화수소

탄화수소(HydroCarbons)는 탄소와 수소의 화합물로서 연료의 불완전 연소로 인하여 나타난다. 탄화수소는 발암물질로서 0.15ppm인 경우 안구에 자극을 주게 된다. 탄화수소 용염의 문제점 중 하나는 햇빛과 만나면 광화학반응을 일으키므로 광화학 스모그를 만드는 데 있다.

스모그(smog)는 매연(smoke)과 안개(fog)의 혼합으로 만들어지는 유해물질로서 기온역전현상을 일으켜 지상공장에서 배출된 연기의 희석을 막아 도시 저상공 옆으로 퍼지게 함으로써 도시 전체를 덮게 되고 태양빛을 전면 차단하여 암흑도시를 만들며 대기의 확산을 막아 정체시킴으로써 매연농도와 아황산의 농도를 5배 내지 6배 증가시켜 사람의 호흡기에 치명적인 악영향을 주게 된다.

스모그로 인한 대기환경 피해사례는 1952년 12월 4일 발생한 영국 스모그 사고로서 호흡장애와 질식 등으로 수백 명이 사망하였다. 이와 같은 스모그는 산성비를 만들어 산림파괴, 호수, 하천의 수질마저 파괴하고 먹는물의 수질도 크게 악화시키고 있다.

(4) 질소산화물

질소산화물(NOx)은 고온에서 연료가 연소할 때 연소 공기 중의 질소산화로 발생하고 있다. 그러므로 질소산화물은 자동차, 발전소, 공장 등에서 주로 발생하고 있다.

질소산화물에는 산화질소(NO)와 이산화질소(NO_2)의 두 종류가 있다.

산화질소는 인체에 도움이 되는 물질이나 산화질소가 대기 중에서 이산화질소가 되면 인체 혈액 중 헤모글로빈과 결합하여 산소결핍증을 유발시키게 된다.

특히 질소산화물 농도(단기농도)가 0.15ppm 이상이 되면 호흡기질환에 악영향을 주게 된다.

(5) 광화학산화제

광화학산화제는 자동차 배기가스와 이산화질소 등에서 생기는 탄화수소가 햇빛과 결합하여 광분해함으로써 발생된다. 주요 발생산화제 물질로는 알데히드, 오존, PBN (Peroxy Benzyl Nitrate)과 PAN(Peroxyacetyl nitrate) 및 과산화물 등이 있다.

밤에는 점차 없어지는 산화제는 햇빛이 강한 낮시간대에 생성되며 장기적으로 노출되는 겨우 돌연변이를 일으키고 노화를 촉진시키며 호흡기질환 유발과 식물에게도 피해를 주게 된다.

(6) 부유분진

부유분진(TSP)이라 함은 먼지나 쓰레기 소각시 발생먼지 등 비산먼지를 의미하며 불완전연소, 자동차배기가스, 쓰레기소각 등에서 주로 발생한다.

분진은 아황산가스와 결합하면 상승작용을 하게 되어 호흡기질환, 건축노화 촉진, 건물과 옷의 때, 낮은 습도 유발, 가시거리 단축 등을 일으킨다. 특히 건물의 분진은 산성오염물질(질소산화물, 아황산가스 등)을 흡수하므로 건축물의 노화를 촉진하게 되어 분진이 쌓이지 않도록 청소에 관심을 가져야 한다.

최근에는 인접국가 사막에서 날아오는 황사로 인하여 부유분진의 농도가 심각한 상태를 보이고 있어 이에 관한 대책도 시급한 과제라 할 수 있다. 참고로 최근 우리나라 주요 도시의 황사발생현황은 〈표 4-3〉과 같다.[4)]

〈표 4-3〉 주요 도시 황사발생 횟수현황

(2007년 기준)

서울	부산	대구	대전	광주
7(12)	2(5)	5(9)	5(11)	5(10)

비고 : ( ) 안은 발생일수임

한국 주요 도시 중 서울이 황사발생 국가와 인접한 관계로 전국 주요도시 중 가장 발생횟수가 많으며 발생일수 또한 가장 긴 편으로 분석되고 있다. 그러나 부산지역은 거리상의 문제로 전국 주요 도시 중 황사발생빈도는 가장 낮은 것으로 조사되고 있다.

이상과 같은 주요 대기오염물질 외에도 석면폐증으로 폐암, 호흡기질환, 천식, 신장질환을 일으키는 석면과 납중독으로 인한 빈혈, 신경염, 뇌손상을 일으키는 휘발유의 납, 플라스틱 소각으로 발생되는 염산과 유기염소화학물 등의 유독물질 등도 대기를 오염시키는 물질로 작용하고 있어 이에 관한 체계적 관리가 요망되고 있다.

3 대기환경관리기준

우리나라 대기환경관리의 기준은 환경관계법에서 규정하고 있으며 그 내용은 〈표 4-4〉와 같다. 대기환경관리는 대기환경기준에 따라 관리해야 한다.

4) 환경부, 2008 환경통계연감, p.226.

〈표 4-4〉 대기환경기준

항목 item	기 준 (standards)			측정방법 (method of measurement)
	구분	2001.1.1부터	2007.1.1부터	
아황산가스(SO_2) Sulfur Dioxide	• 연간평균치 • 24시간 평균치 • 1시간 평균치	0.02ppm 이하 0.05ppm 이하 0.15ppm 이하	0.02ppm 이하 0.05ppm 이하 0.15ppm 이하	자외선형광법 (pulse U.V. fluorescence method)
일산화탄소(CO) Carbon Monoxide	• 8시간 평균치 • 1시간 평균치	9ppm 이하 25ppm 이하	9ppm 이하 25ppm 이하	비분산 적외선분석법 (non-dispersive infrared method)
이산화질소(NO_0) Nitrogen Dioxide	• 연간평균치 • 24시간 평균치 • 1시간 평균치	0.05ppm 이하 0.08ppm 이하 0.15ppm 이하	0.03ppm 이하 0.06ppm 이하 0.10ppm 이하	화학발광법 (chemiluminescent method)
미세먼지(PM_{10})	• 연간 평균치 • 24시간 평균치	70$\mu g/m^3$ 이하 150$\mu g/m^3$ 이하	50$\mu g/m^3$ 이하 100$\mu g/m^3$ 이하	베타선 흡수법 (β-Ray absorption method)
오존(O_3) (Ozone)	• 8시간 평균치 • 1시간 평균치	0.06ppm 이하 0.1ppm 이하	0.06ppm 이하 0.1ppm 이하	자외선광도법 (U.V. photometric method)
납(Lead)	• 연간평균치	0.5$\mu g/m^3$ 이하	0.5$\mu g/m^3$ 이하	원자흡광도법 (atomic absorption spectrophotometry)
벤젠	• 연간평균치	–	5$\mu g/m^3$ 이하	가스크로마토그래프법 (gas chromatography)

(자료 : 환경부 환경전략실 기후대기정책관실 대기정책과, 2008 환경통계연감, p.467.)

4 대기환경오염의 문제점

대기환경오염으로 인하여 지구온난화와 산성비의 출현, 오존층의 파괴 등 심각한 환경문제가 제기되고 있으며 이로 인하여 인간의 생명·건강이 위협받고 있는 가운데 건물자산의 물리적, 경제적 가치보호에도 부정적으로 작용하여 적지 않은 경제적 손실을 초래하고 있다.

1) 지구온난화

지구온난화는 온실가스 농도증가가 주요 원인으로 지적되고 있다. 온실가스에 해당되는 이산화탄소(CO_2), 이산화질소(N_2O), 메탄가스(CH_4), 염화불화탄소(CFCs) 등은 장파장을 흡수하고 단파장은 통과시키는 특성으로 인하여 우주공간으로 방출되어야 하는 물질을 흡수하고 차단하여 저층의 대기중으로 방출함으로써 지표면의 대기온도를 상승시키는 작용을 한다.

원리적으로 태양광량 100%가 대기권으로 유입되면 대기권과 구름에 19%가 흡수되고 대기권에 의한 반사 6%, 구름에 의한 반사 20% 그리고 지표면에 의한 반사 등 49%가 흡수와 반사에 의하여 방출되고 오직 51%만이 지구의 표면에 도달하게 된다.

그러나 온실가스의 농도가 증가하면 흡수와 반사물을 저감시켜 태양광량이 51% 이상 증가하여 지구표면에 도달하게 되므로 지구온난화현상이 일어나게 된다.

지난 100년간 대기의 온도가 약 1℃ 상승한 것으로 조사되고 있어 최후 빙하기 이후 1000년에 1℃ 상승한 것과 비교해보면 기후 상승속도가 무려 10배나 빨리 진행되고 있음을 알 수 있다.

지구온난화는 이상 기후현상을 가져와 홍수와 가뭄, 혹서와 폭실, 해일, 국토의 침수 등을 유발시켜 자연재앙을 몰고 오고 있다. 뿐만 아니라 지구의 온난화는 해수면을 상승시켜 남태평양 여러 섬이 물에 침식되어가고 있으며 지구의 온난화는 해수의 온도를 상승시켜 라니냐 현상과 엘니뇨 현상이 해일을 동반한 태풍을 몰고와 해안도시를 잠식하고 있다. 특히 우리나라의 지구온난화는 아열대성기후를 가져와 명태, 대구 등의 한류성 어종마저 감소시키고 있으며 난류성 어종만이 잡히고 있다.

따라서 지구온난화는 한 지역이나 국가의 환경문제가 아닌 범지구적 환경문제로서 지금 바로 범지구적 대응이 요구되고 있다. 이를 방치하면 지구의 황폐화는 시간문제로서 불을 보듯 분명하다. 지구온난화의 주범인 온실가스의 변화추이는 〈표 4-5〉와 같다.

〈표 4-5〉 온실가스 변화추이

온실가스	1950	현재	농도변화추이	발생원
이산화탄소	280ppm	360ppm	29%↑	유기물분해, 산불, 화산폭발, 화석염료 연소
메탄	0.70ppm	1.70ppm	143↑	유류분해, 유기물분해, 습지, 농작물 재배
이산화질소	280ppm	310ppm	11%↑	토양, 해양, 비료, 화석연료연소, 초원
염화물화탄소	0	900ppt	–	냉장고, 세척제
오존	–	대기권별 차이 없음	지표면근처(대류권) 증가, 성층권 감소	태양광선에 의한 광화학적 반응

(자료 : 최영길 외 환경과 인간, 교학사, p.54, 표 3~4 인용 및 재구성)

2) 산성비

산성비란 대기 중의 이산화탄소의 농도증가와 기타 산성화 요인들의 작용으로 pH 값이 5.6 이하의 비를 말한다. 산성비의 원인물질은 질산화원과 황산화물이며 산성비의 피해는 산성비로 인한 산림의 황폐화, 농작물의 감소, 동식물의 멸종, 건축물의 부식과 자동차의 부식, 물고기의 떼죽음, 금속, 대리석, 화강암의 동상 유적이나 시멘트 구조물의 부식 등을 들 수 있다.

우리나라 서울과 광역시의 경우 강우 평균 pH값은 5.31~5.71로 나타나고 있어 산성비의 성질이 있음을 알 수 있다. 특히 산업개발도상국에 있는 인접 중국으로부터 날아오는 저질의 화학연료 오염물질의 이동은 심각하게 취급되어야 한다.

3) 오존층의 파괴

염화물화탄소(CFC), 사염화탄소(CCl_4), 염화메틸(CH_3Cl), 염화브롬화탄소($HOCO_2$) 등 염소화합물과 메탄, 산화질소 등이 성층권에 존재하는 경우 고활성원소(염소, 불소, 수소, 질소, 브론 등)가 생성되어 오존과 상호 반응함에 따라 오존층이 파괴된다.

오존층 파괴의 피해는 오존층이 지구상의 생물에게 유해한 태양의 자외선 파장만을 차단하는 기능이 떨어져 많은 양의 유해 자외선이 지표면에 도달하게 되며 인간에게 백내장, 피부암, 각막염 등의 병을 유발시키고 병의 면역력을 감소시킨다. 또한 오존층 파괴로 자외선이 증가하면 생태계교란이 일어나고 사람과 동물의 건강의 위협과 농작물 수확이 감소된다.

5 대기환경오염의 관리방안

전술한 바와 같이 대기환경의 오염은 지구온난화, 산성비, 오존층의 파괴 등으로 인간의 생명건강에 위협이 되고 있으며 하나 밖에 없는 지구를 황폐화시키고 해수면의 상승으로 낮은 해안지역을 수몰시키며 생태계를 파괴시켜 동식물이 부분적으로 멸종되고 있는가 하면 농작물의 생산량도 크게 감축시켜 한마디로 인간의 생존을 위협하여 정상적인 삶과 생활과 일의 영위를 어렵게 하고 있다.

이는 전적으로 인간의 탐욕에 의한 환경파괴와 이기적인 편리성의 추구, 경제제일주의를 앞세운 잘못된 환경관에 기인한 것으로서 자연재앙을 자초하고 있다. 이는 참으로 범지구적 환경문제로서 하루 빨리 개선하거나 대응하지 않으면 자연으로부터 큰

대가를 요구받게 될 것이 자명하게 되었다.

그러므로 범지구적으로 세계 각국이 모여 환경문제해결에 골몰하고 있으나 자국 이익만을 고집하여 범지구적 환경문제해결은 아직도 요원한 실정에 있다.

작은 범위나마 건물자산환경관리 측면에서 대기환경 오염문제를 해결하거나 개선하여 건물자산환경관리의 목적인 건물자산의 물리적, 경제적 보호와 건물자산 관계자 사람의 생명건강보호 관점에서 대기환경오염 관리방안을 제시하면 다음과 같다.

① 친환경건축물인증 권장
② 열효율 1등급 건축물인증 권장
③ 건축물 크리닝서비스 KS인증 권장
④ 저탄소 배출정책 기술개발
⑤ 국내 산업대기오염원 배출통제
⑥ 국제적 환경오염관리 협력
⑦ 대기환경오염의 심각성 대국민 홍보와 교육
⑧ 대기환경오염규제법과 제도 강화
⑨ 친환경 우수기업제도 계속 시행
⑩ 환경오염 강력 처벌강화
⑪ 환경관리자 선임 및 환경관리활동 지속적 강화
⑫ 환경운동단체 지속적 환경감시

제 3 절 수질환경관리

1 물의 성질과 기능

물은 만물의 근원으로서 생명의 유지와 생명활동에 없어서는 안 될 무기물질이다. 물의 성질을 살펴보면 물은 2개의 수소원자와 한 개의 산소원자로 구성되어 있으며 H_2O로 표기된다.

물은 분자체의 물리화학적 성질과 수서생물의 대사활동에 의하여 물의 성질이 결정된다. 그리고 물은 온도, 색소, 탁도, 냄새, 맛, 현탁입자를 가지고 있으며 이들로부터 영향을 받는 성질을 가지고 있다. 비열이 높은 관계로 육상의 온도변화와는 달리 크게 변화되지 않는 성질을 가지고 있으며 평지의 비점과 빙점은 100℃와 -0℃이므로 물은 100℃에서 기체가 되고 -0℃에서 고체로 변하며 그 범위 내에서 액체로 존재한다.

또한 물은 화학적 성질이 있어 액체로 존재할 수 있는 범위가 다른 물질에 비해 매우 큰 성질이 있어 물질의 결합력을 보유하고 있다. 물은 액체로 유지하고 있으나 온도에 따라 수증기와 같은 기체로 변화될 수 있으며 지구상에 존재하는 물질 중 가장 풍부한 액체물질이라 할 수 있다.

물의 사용용도는 매우 다양하며 사람의 음용수로 사용될 뿐 아니라 생활용수, 농업수, 산업수, 유지수 등으로 사용되고 있으며 소방수나 건물 냉 · 난방용수로 사용되는 매우 귀중한 무기물질이다.

인간은 스스로의 생존을 영위하기 위해서는 깨끗한 대기환경, 토양환경 그리고 수환경(수질환경)을 조성할 필요가 있다. 따라서 물은 모든 생명체(생물)가 생존하는데 필수적 요소이므로 인간은 보통사람의 경우 4.5L의 물을 지니고 있으며 4.5L 중 매일 약 2.5L의 물을 교체하고 있다. 일일 1L 내지 2L 정도의 물을 마셔야 하고 물을 1주일 이상 마시지 않는 경우 생존이 불가능하게 된다.

우리 몸의 약 70%가 물이므로 양질의 물을 매일 마셔야 하나 먹는물조차 오염되어 깨끗하게 정수된 물을 사서 마셔야 하는 시대에 직면하고 있으며 오염의 정도가 심할 경우 농업용수나 공업용수로도 사용할 수 없어 농업과 공업에 점차 물부족 사태를 야기시키고 있다. 특히 심각한 수질오염의 심각성은 대기의 영향과 토양오염, 물의 오염과 함께 고갈상태로 내몰고 있어 물환경관리의 필요성이 어느 시대보다 요구받고 있다. 물의 존재형태는 바다의 해수와 육지의 연호수, 내해빙하, 만년설, 지하수, 담수, 토양수분, 하천수 그리고 대기 중의 수증기, 구름 및 생체 속의 물 등으로 존재하며 범지구적 물의 양은 $1.4 \times 10^{18} m^3$로 조사되고 있다.

물은 수자원으로서 수자원 총양 중 해수가 무려 97.20%를 차지하고 있으며 육지의 물은 2.52%이나 대기 중의 물은 0.001%이며 생체 속의 물은 겨우 0.0001%에 불과하다.

물의 주요 기능을 살펴보면 다음과 같다.

첫째, 용매의 기능으로서 노폐물의 수송과 영양물질의 수송 그리고 수용액상의 생화학적 반응을 유도하는 기능을 한다.

둘째, 용해기능으로서 영양물질과 대사중간물질 용해여건을 제공하는 기능을 한다.

셋째, 유지기능으로서 세포막을 유지하는 기능을 한다.

넷째, 관여기능으로서 물분자가 분자반응에 직접 관여하여 식물의 광합성활동에 관여한다.

다섯째, 구성기능으로서 세포를 구성하는 기능을 한다.

여섯째, 물은 환경 자정기능을 가지고 있어 오염물질을 희석하는 기능과 모래층이나 자갈층으로 여과 침전시켜 오염물질 정화기능을 담당한다.

일곱째, 열과 산소흡수 저장기능으로서 태양열을 흡수하고 대기 중의 산소를 저장하는 기능을 담당한다.

여덟째, 온도조절기능을 담당한다.

아홉째, 물은 순환기능과 조절기능을 담당한다. 물은 강수와 증발을 통해 지권, 수권, 기권을 순환하며 물을 조절한다.

열 번째, 생명의 유지기능과 생명활동 지원기능을 담당한다.

열한번째, 물은 자원의 기능을 담당한다. 즉, 물은 수자원으로서 생활용수, 농업용수, 산업용수 등으로 기능한다.

열두번째 물은 오물을 씻어 깨끗하게 하고 열을 주어 데우면 압력을 높여 공기를 따뜻하게 하여 난방효과를 준다. 반대로 열을 제하면 냉방효과로 나타난다.

열세번째, 물질을 녹이거나 산화시키며 중화시킨다. 썩게 하는 부패기능도 가지고 있으며 분해하는 기능도 가지고 있다.

열네번째, 토양과 결합하여 토양을 단단하게 하여 지지기능을 보강시켜 준다.

열다섯번째, 물은 한 방울일 때는 압력이 없으나 수천 방울이 모이면 압력이 커지며 물리적 큰 힘을 가져 댐을 파괴하고 강이나 호수의 둑을 무너뜨리며 심한 홍수가 되면 마을과 도시 전체를 초토화시켜 인명과 재산에 막대한 피해를 준다. 따라서 물은 불보다 무서운 힘을 가지고 있다.

2 수환경의 개념과 수질오염의 문제점

1) 수환경의 개념

수환경이라 함은 지구상의 수권으로서 물 형태로 인간과 동물 및 식물 등 생명체를 둘러 싸고 있는 물의 환경을 의미한다.

인간을 비롯한 생명체는 기권과 암권과 함께 수권 등의 비생물적 자연환경 요소들로부터 필요한 물질을 제공받아 다시 환경으로 순환시키는 물질순환 시스템 가운데 생존하고 있어 대기환경, 토양환경과 함께 수질환경의 균형과 안정이 크게 요구되고 있다. 따라서 생물체를 중심으로 대기환경, 토양환경 그리고 수환경(수질환경)의 균형과 안정을 통하여 이루어지는 자연환경 보호가 크게 강조되어야 한다.

2) 수질오염의 문제점

전술한 바와 같이 물은 만물의 근원이자 생물체의 생명유지와 생명활동에 필수적 무기물로서 없어서는 안 될 물질이다. 또한 물은 생활과 농업, 산업 등에 자원으로서 사용되는 물질이므로 인간의 생활과 경제활동에도 없어서는 안 될 요소이다. 따라서 이와 같은 용도와 기능을 가진 물은 오염 없는 깨끗한 물로서 존재할 때 물의 본래 기능을 다할 수 있다.

그러나 유감스럽게도 잘못된 인간활동으로 지구상의 대부분의 물이 오염되어 먹는 물조차 사서 먹어야 하는 수질오염 시대에 직면하게 됨으로써 생명과 건강의 위협요인이 되고 있으며 바람직한 경제활동에 필요한 물의 자원으로서 기능도 점차 상실되어 가고 있다. 따라서 수질오염의 문제점은 무엇이고 그 원인은 무엇인지를 살펴 수질오염의 개선방안을 모색할 필요가 있다.

수질오염은 첫째, 생명유지와 생명활동에 결정적인 영향을 주어 사망을 일으키게 하고 수명을 단축하게 하며 건강을 악화시킨다. 세계 장수촌의 장수요소는 깨끗한 공기와 물이므로 생명유지와 생명활동에 있어서 물은 필수적 요소이다. 그러나 물이 오염되면 음용수로서 기능이 상실되며 오염된 물을 마시는 경우 각종 질병의 원인이 되어 생명과 건강유지에 치명적인 요인이 된다. 물의 오염으로 고갈되는 경우 사람은 물론 동물도 식물 모두 죽게 됨은 물론이다.

둘째, 수질오염은 생산활동에 치명적인 지장을 초래한다.

물은 농업, 공업 등의 생산활동에 있어서 없어서는 안 될 자원이므로 오염된 자원은 생산활동 자원으로 사용할 수 없다. 따라서 수질의 오염은 적게는 생산활동을 위축시키고 크게는 생산활동을 중단하게 만든다.

셋째, 수질오염은 환경질환과 공해병을 유발시켜 건강생활을 크게 악하시킨다.

넷째, 수질오염은 식물의 광합성 활동에 지장을 초래하여 생산기능을 저하 또는 상실시켜 1차 소비자의 번식과 성장을 막고 자동적으로 2차 소비자와 3차 소비자의 영양

공급을 제한시켜 생태계의 교란과 파괴를 초래한다.

다섯째, 수질오염은 물의 자정능력과 복원능력을 저하시키거나 상실시킨다.

여섯째, 물은 오염된 상태가 아니라도 물 그 자체로 인해 건축물에 여러 가지 피해를 주고 있다. 예컨대, 습기수분에 의한 곰팡이, 건축마감 목재부재와 굴속 철재의 부식, 배관부식, 건물기능오손, 동결, 중성화, 도막분화, 수관파열, 녹, 결로, 바닥동결, 융해파괴 등 물로 인한 건물 피해사례가 많이 있다.

3 수질오염원

수질오염원이라 함은 수질을 악화시키는 요인을 제공하는 것을 의미하며 오염원에는 축산폐수, 산업폐수, 생활폐수 그리고 기타 오염원(비료, 농약, 합성세제 등) 등이 있다.

생화학적 산소요구량(Biochemical Oxygen Demend : BOD) 측면에서 가장 큰 수질오염원은 산업폐수가 차지하고 있다. 우리나라 수자원 총량에 대한 유엔국제인구행동연구소의 조사연구보고서에서 개발가능잠새 수자원 모두를 포함하여 630억m^3으로 추정했다.

1990년 인구를 기준으로 환산하면 연간 1인당 사용가능한 용수는 1447m^3에 불과해 우리나라는 물부족 국가에 분류되고 있다.5)

4 수질오염의 지표

수질오염 정도를 측정하는 지표에는 화학적, 물리적, 생물학적 지표가 활용된다.

화학적 지표로는 BOD, COD, PH, 알칼리도 등이 사용되며 물리적 지표에는 미각, 후각, 시각에 관계되는 맛, 냄새, 탁도, 고형물, 부유 등의 지표가 활용된다. 그리고 생물학적 지표에는 병원균과 대장균군 등이 활용된다.

5) 유엔국제인구행동연구소(PAI) 자료에 따르면 물활용량이 1인당 2000m^3 이상인 경우는 물풍요 국가로 분류되고, 1인당 1000~2000m^3 사이인 경우는 물부족국가로 분류되며, 1인당 1000m^3 미만인 경우에는 물기근 국가로 분류하고 있다.

5 수질관리기준

수질을 관리하기 위하여 환경관련법에서 규정하고 있는 주요 수질관리기준에는 수질환경기준, 지하수 수질기준, 방류수 수질기준, 먹는물의 수질기준, 중수도 수질기준 등이 있다.

1) 수질환경기준

하천, 호소, 지하수, 해역 등의 수질환경기준은 다음과 같다.

(1) 하천(river)

등 급		상 태 (캐릭터)	기 준							
			수소이온 농도 (pH)	생물화학적 산소요구량 (BOD) (mg/L)	화학적 산소요구량 (COD) (mg/L)	부 유 물질량 (SS) (mg/L)	용존 산소량 (DO) (mg/L)	총인 (T-P) (mg/L)	대장균군 (군수/100mL)	
									총 대장균군	분원성 대장균군
매우 좋음	Ia		6.5~8.5	1 이하	2 이하	25 이하	7.5 이상	0.02 이하	50 이하	10 이하
좋음	Ib		6.5~8.5	2 이하	4 이하	25 이하	5.0 이상	0.04 이하	500 이하	100 이하
약간 좋음	II		6.5~8.5	3 이하	5 이하	25 이하	5.0 이상	0.1 이하	1,000 이하	200 이하
보통	III		6.5~8.5	5 이하	7 이하	25 이하	5.0 이상	0.2 이하	5,000 이하	1,000 이하
약간 나쁨	IV	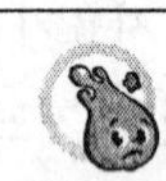	6.0~8.5	8 이하	9 이하	100 이하	2.0 이상	0.3 이하	–	–
나쁨	V	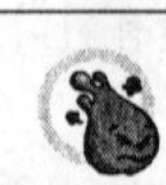	6.0~8.5	10 이하	11 이하	쓰레기 등이 떠있지 아니할 것	2.0 이상	0.5 이하	–	–
매우 나쁨	VI		–	10 초과	11 초과	–	2.0 미만	0.5 초과	–	–

(2) 호 소

등 급		상 태 (캐릭터)	기 준								
			수소이온 농도 (pH)	화학적 산소요구량 (COD) (mg/L)	부유 물질량 (SS) (mg/L)	용존 산소량 (DO) (mg/L)	총인 (T-P) (mg/L)	총질소 (T-N) (mg/L)	클로로필-a (Chl-a) (mg/m^3)	대장균군 (군수/100mL)	
										총 대장균군	분원성 대장균군
매우 좋음	Ia		6.5~8.5	2 이하	1 이하	7.5 이상	0.01 이하	0.2 이하	5 이하	50 이하	10 이하
좋음	Ib		6.5~8.5	3 이하	5 이하	5.0 이상	0.02 이하	0.3 이하	9 이하	500 이하	100 이하
약간 좋음	II		6.5~8.5	4 이하	5 이하	5.0 이상	0.03 이하	0.4 이하	14 이하	1,000 이하	200 이하
보통	III		6.5~8.5	5 이하	15 이하	5.0 이상	0.05 이하	0.6 이하	20 이하	5,000 이하	1,000 이하
약간 나쁨	IV		6.0~8.5	8 이하	15 이하	2.0 이상	0.10 이하	1.0 이하	35 이하	–	–
나쁨	V		6.0~8.5	10 이하	쓰레기 등이 떠있지 아니할 것	2.0 이상	0.15 이하	1.5 이하	70 이하	–	–
매우 나쁨	VI		–	10 초과	–	2.0 미만	0.15 초과	1.5 초과	70 초과		

비고 : 1. 총인, 총질소의 경우 총인에 대한 총질소의 농도비율이 7 미만일 경우에는 총인의 기준을 적용하지 아니하며, 그 비율이 16 이상일 경우에는 총질소의 기준을 적용하지 아니한다.
2. 등급별 수질 및 수생태계 상태는 가목(2) 비고란 제1호와 같다.
3. 상태(캐릭터) 도안 모형 및 도안 요령은 가목(2) 비고란 제2호와 같다.

(3) 지하수(groundwater)

지하수 환경기준항목 및 주질기준은 「먹는물관리법」 제5조 및 「수도법」 제18조의 규정에 의하여 환경부령이 정하는 수질기준을 적용한다. 다만, 환경부장관이 고시하는 지역 및 항목은 적용하지 아니한다.

(4) 해 역

등 급	기 준						
	수소이온 농도 (pH)	화학적 산소요구량 (COD) (mg/L)	용존산소량 (DO) (mg/L)	총대장균군 (총대장균군수/ 100mL)	용매추출 유분 (mg/L)	총질소 (mg/L)	총인 (mg/L)
Ⅰ	7.8~8.3	1 이하	7.5 이상	1,000 이하	0.01 이하	0.3 이하	0.03 이하
Ⅱ	6.5~8.5	2 이하	5.0 이상	1,000 이하	0.01 이하	0.6 이하	0.05 이하
Ⅲ	6.5~8.5	4 이하	2.0 이상		-	1.0 이하	0.09 이하

등 급	항 목	기준(mg/L)
전 수역	6가크롬(Cr^{+6})	0.05
	비소(As)	0.05
	카드뮴(Cd)	0.01
	납(Pb)	0.05
	아연(Zn)	0.1
	구리(Cu)	0.02
	시안(CN)	0.01
	수은(Hg)	0.0005
	폴리클로리네이티드비페닐(PCB)	0.0005
	다이아지논	0.02
	파라티온	0.06
	말라티온	0.25
	1.1.1－트리클로로에탄	0.1
	테트라클로로에틸렌	0.01
	트리클로로에틸렌	0.03
	디클로로메탄	0.02
	벤젠	0.01
	페놀	0.005
	음이온계면활성제(ABS)	0.5

비고 : 1. 등급Ⅰ은 참돔·방어 및 미역 등 수산생물의 서식·양식 및 해수욕에 적합한 수질을 말한다.
2. 등급Ⅱ는 해양에서의 관광 및 여가선용과 숭어 및 김 등 등급Ⅰ의 해역에서 서식·양식에 적합한 수산생물 외의 수산생물의 서식·양식에 적합한 수질을 말한다.
3. 등급Ⅲ은 공업용 냉각수, 선박의 정박 등 기타 용도로 이용되는 수질을 말한다.

(자료 : 환경정책기본법 시행령 제2조 [별표 1])

2) 지하수 수질기준

지하수를 먹는물 용도를 제외한 생활수, 농업용수, 어업용수, 공업용수 용도로 이용하는 경우의 지하수 수질기준은 〈표 4-6〉과 같다.

〈표 4-6〉 지하수 수질기준

(단위 : mg/L)

항목 \ 이용목적별		생활용수	농업용수 · 어업용수	공업용수
일반 오염물질 (5개)	수소이온농도(pH)	5.8~8.5	6.0~8.5	5.0~9.0
	대장균군수	5,000 이하 (MPN/100mL)	–	–
	질산성질소	20 이하	20 이하	40 이하
	염소이온	250 이하	250 이하	500 이하
	일반세균	1mL 중 100CFU 이하	–	–
특정 유해물질 (15개)	카드뮴	0.01 이하	0.01 이하	0.02 이하
	비소	0.05 이하	0.05 이하	0.1 이하
	시안	불검출	불검출	0.2 이하
	수은	불검출	불검출	불검출
	유기인	불검출	불검출	불검출
	페놀	0.005 이하	0.005 이하	0.01 이하
	납	0.1 이하	0.1 이하	0.2 이하
	6가 크롬	0.05 이하	0.05 이하	0.1 이하
	트리클로로에틸렌	0.03 이하	0.03 이하	0.06 이하
	테트라클로로에틸렌	0.01 이하	0.01 이하	0.02 이하
	1.1.1-트리클로로에탄	0.15 이하	0.3 이하	0.5 이하
	벤젠	0.015 이하	–	–
	톨루엔	1 이하	–	–
	에틸벤젠	0.45 이하	–	–
	크실렌	0.75 이하	–	–

비고 : 1. 생활용수 : 가정용 및 가정용에 준하는 목적으로 이용되는 경우로서 음용수 · 농업용수 · 어업용수 · 공업용수 이외의 모든 용수를 포함한다.
2. 농업용수 · 어업용수 : 농업 · 농촌기본법시행령 제2조의 규정에 의한 농업 및 농어촌 발전특별조치법시행령 제2조제3호의 규정에 의한 어업의 목적으로 이용되는 경우를 말한다.
3. 공업용수 : 수질환경보전법 제2조제5호의 규정에 의한 폐수배출시설을 설치한 사업장에서 사업활동 목적으로 이용되는 경우를 말한다.
4. 어업용수 및 지하수의 이용목적상 염소이온의 농도가 인체에 해가 되지 아니하는 것으로 환경부장관이 인정하는 용도로 지하수를 이용하는 경우 염소이온의 기준을 적용하지 아니한다.
5. 공통사항 : 농업용수 · 어업용수 · 공업용수일지라도 생활용수의 목적으로도 함께 이용되는 경우에는 생활용수의 수질기준을 적용한다.

(자료 : 환경부 물환경정책국 상하수도정책관실 토양지하수과)

3) 방류수(폐수종말처리시설 방류수) 수질기준

폐수종말처리시설의 방류수 수질기준은 〈표 4-7〉과 같다.

〈표 4-7〉 방류수(폐수종말처리시설 방류수) 수질기준

구 분	적용기간 및 수질기준			
	2007.12.31까지	2008.1.1~ 2010.12.31	2011.1.1~ 2012.12.31	2013.1.1 이후
생물화학적 산소요구량(BOD) / (mg/L)	30(30) 이하	20(30) 이하	20(30) 이하	10(10) 이하
화학적 산소요구량(COD) / (mg/L)	40(40) 이하	40(40) 이하	40(40) 이하	40(40) 이하
부유물질량(SS) / (mg/L)	30(30) 이하	20(30) 이하	20(30) 이하	10(10) 이하
총 질소(T-N) / (mg/L)	60(60) 이하	40(60) 이하	40(60) 이하	20(20) 이하
총 인(T-P) / (mg/L)	8(8) 이하	4(8) 이하	4(8) 이하	2(2) 이하
총대장균군(총대장균수 / mL)	–	3,000 이하	3,000 이하	3,000(3,000) 이하
생태독성(TU)	–	–	1(1) 이하	1(1) 이하

비고 : 1. 산업단지 및 농공단지의 폐수종말처리시설의 페놀류 등 수질오염물질의 방류수 수질기준은 위 표에도 불구하고 해당 처리시설에서 처리할 수 있는 수질오염물질 항목으로 한정하여 별표 13 제2호 나목의 표 중 특례지역에 적용되는 배출허용기준의 범위에서 해당 처리시설 설치사업시행자의 요청에 따라 환경부장관이 정하여 고시한다.

2. 적용기간에 따른 수질기준란의 ()는 농공단지의 경우 폐수종말처리시설의 방류수 수질기준을 말한다.

3. 생태독성 항목의 방류수 수질기준은 물벼룩에 대한 급성독성시험을 기준으로 한다.

(자료 : 환경부 물환경정책국 산업수질관리과)

4) 먹는물의 수질기준

먹는물의 수질 및 검사에 관한 규칙에서 규정하고 있는 먹는물의 수질기준은 〈표 4-8〉과 같다.

〈표 4-8〉 먹는물의 수질기준

1. 미생물에 관한 기준

가. 일반세균은 1mL 중 100CFU(Colony Forming Unit)를 넘지 아니할 것. 다만, 샘물의 경우에는 저온일반세균은 20CFU/mL, 중온일반세균은 5CFU/mL를 넘지 아니하여야 하며, 먹는 샘물 및 먹는 해양심층수의 경우에는 병에 넣은 후 4℃를 유지한 상태에서 12시간 이내에 검사하여 저온일반세균은 100CFU/mL, 중온일반세균은 20CFU/mL를 넘지 아니할 것

나. 총 대장균군은 100mL(샘물·먹는 샘물 및 먹는 해양심층수의 경우에는 250mL)에서 검출되지 아니할 것. 다만, 제4조제1항제1호나목 및 다목에 따라 매월 또는 매 분기 실시하는 총 대장균군의 수질검사 시료(試

料) 수가 20개 이상인 정수시설의 경우에는 검출된 시료 수가 5퍼센트를 초과하지 아니하여야 한다.

다. 대장균·분원성 대장균군은 100mL에서 검출되지 아니할 것. 다만, 샘물·먹는 샘물 및 먹는해양심층수의 경우에는 적용하지 아니한다.

라. 분원성 연쇄상구균·녹농균·살모넬라 및 쉬겔라는 250mL에서 검출되지 아니할 것(샘물·먹는 샘물 및 먹는 해양심층수의 경우에만 적용한다)

마. 아황산환원혐기성포자형성균은 50mL에서 검출되지 아니할 것(샘물·먹는 샘물 및 먹는 해양심층수의 경우에만 적용한다)

바. 여시니아균은 2L에서 검출되지 아니할 것(먹는물 공동시설의 경우에만 적용한다)

2. 건강상 유해영향 무기물질에 관한 기준

가. 납은 0.01mg/L를 넘지 아니할 것

나. 불소는 1.5mg/L(샘물 및 먹는 샘물의 경우에는 2.0mg/L)를 넘지 아니할 것

다. 비소는 0.01mg/L(샘물의 경우에는 0.05mg/L)를 넘지 아니할 것

라. 셀레늄은 0.01mg/L를 넘지 아니할 것

마. 수은은 0.001mg/L를 넘지 아니할 것

바. 시안은 0.01mg/L를 넘지 아니할 것

사. 크롬은 0.05mg/L를 넘지 아니할 것

아. 암모니아성 질소는 0.5mg/L를 넘지 아니할 것

자. 질산성 질소는 10mg/L를 넘지 아니할 것

차. 카드뮴은 0.005mg/L를 넘지 아니할 것

카. 보론은 1.0mg/L를 넘지 아니할 것

타. 브롬산염은 0.01mg/L를 넘지 아니할 것(먹는 샘물 및 먹는 해양심층수의 경우에만 적용한다)

파. 스트론튬은 4mg/L를 넘지 아니할 것(먹는 해양심층수의 경우에만 적용한다)

3. 건강상 유해영향 유기물질에 관한 기준

가. 페놀은 0.005mg/L를 넘지 아니할 것

나. 다이아지논은 0.02mg/L를 넘지 아니할 것

다. 파라티온은 0.06mg/L를 넘지 아니할 것

라. 페니트로티온은 0.04mg/L를 넘지 아니할 것

마. 카바릴은 0.07mg/L를 넘지 아니할 것

바. 1,1,1-트리클로로에탄은 0.1mg/L를 넘지 아니할 것

사. 테트라클로로에틸렌은 0.01mg/L를 넘지 아니할 것

아. 트리클로로에틸렌은 0.03mg/L를 넘지 아니할 것

자. 디클로로메탄은 0.02mg/L를 넘지 아니할 것

차. 벤젠은 0.01mg/L를 넘지 아니할 것

카. 톨루엔은 0.7mg/L를 넘지 아니할 것

타. 에틸벤젠은 0.3mg/L를 넘지 아니할 것

파. 크실렌은 0.5mg/L를 넘지 아니할 것

하. 1,1-디클로로에틸렌은 0.03mg/L를 넘지 아니할 것

거. 사염화탄소는 0.002mg/L를 넘지 아니할 것

너. 1,2-디브로모-3-클로로프로판은 0.003mg/L를 넘지 아니할 것

더. 1,4-다이옥산은 0.05mg/L를 넘지 아니할 것

4. 소독제 및 소독부산물질에 관한 기준(샘물·먹는 샘물·먹는 해양심층수 및 먹는물공동시설의 물의 경우에는 적용하지 아니한다)

가. 잔류염소(유리잔류염소를 말한다)는 4.0mg/L를 넘지 아니할 것

나. 총트리할로메탄은 0.1mg/L를 넘지 아니할 것

다. 클로로포름은 0.08mg/L를 넘지 아니할 것
라. 브로모디클로로메탄은 0.03mg/L를 넘지 아니할 것
마. 디브로모클로로메탄은 0.1mg/L를 넘지 아니할 것
바. 클로랄하이드레이트는 0.03mg/L를 넘지 아니할 것
사. 디브로모아세토니트릴은 0.1mg/L를 넘지 아니할 것
아. 디클로로아세토니트릴은 0.09mg/L를 넘지 아니할 것
자. 트리클로로아세토니트릴은 0.004mg/L를 넘지 아니할 것
차. 할로아세틱에시드(디클로로아세틱에시드와 트리클로로아세틱에시드의 합으로 한다)는 0.1mg/L를 넘지 아니할 것

5. 심미적 영향물질에 관한 기준
가. 경도(硬度)는 300mg/L(먹는 샘물의 경우 500mg/L, 먹는 해양심층수의 경우 1,200mg/L)를 넘지 아니할 것. 다만, 샘물의 경우에는 적용하지 아니한다.
나. 과망간산칼륨 소비량은 10mg/L를 넘지 아니할 것
다. 냄새와 맛은 소독으로 인한 냄새와 맛 이외의 냄새와 맛이 있어서는 아니될 것
라. 동은 1mg/L를 넘지 아니할 것
마. 색도는 5도를 넘지 아니할 것
바. 세제(음이온 계면활성제)는 0.5mg/L를 넘지 아니할 것. 다만, 샘물·먹는 샘물 및 먹는 해양심층수의 경우에는 검출되지 아니하여야 한다.
사. 수소이온 농도는 pH 5.8 이상 pH 8.5 이하이어야 할 것
아. 아연은 3mg/L를 넘지 아니할 것
자. 염소이온은 250mg/L를 넘지 아니할 것
차. 증발잔류물은 500mg/L를 넘지 아니할 것. 다만, 샘물의 경우에는 적용하지 아니하며, 먹는 샘물 및 먹는 해양심층수의 경우에는 미네랄 등 무해성분을 제외한 증발잔류물이 500mg/L를 넘지 아니하여야 한다.
카. 철은 0.3mg/L를 넘지 아니할 것. 다만, 샘물의 경우에는 적용하지 아니한다.
타. 망간은 0.3mg/L(수돗물의 경우 0.05mg/L)를 넘지 아니할 것. 다만, 샘물의 경우에는 적용하지 아니한다.
파. 탁도는 1NTU(Nephelometric Turbidity Unit)를 넘지 아니할 것. 다만, 수돗물의 경우에는 0.5NTU를 넘지 아니하여야 한다.
하. 황산이온은 200mg/L를 넘지 아니할 것
거. 알루미늄은 0.2mg/L를 넘지 아니할 것

(자료 : 먹는물 수질 및 검사에 관한 규칙 제2조 [별표 1])

5) 중수도 수질기준

수세식 변소용수, 상수용수, 조경용수 그리고 세차와 청소용수로 사용되는 중수도의 수질기준은 〈표 4-9〉와 같다.

〈표 4-9〉 중수도 수질기준

구 분	수세식 변소용수	살수용수	조경용수	세차 · 청소용수
대장균군수	불검출 / 100mL	불검출 / 100mL	불검출 / 100mL	불검출 / 100mL
잔류염소(결합)	0.2mg/L 이상일 것	0.2mg/L 이상일 것	–	0.2mg/L 이상일 것
외관	이용자가 불쾌감을 느끼지 아니할 것	이용자가 불쾌감을 느끼지 아니할 것	이용자가 불쾌감을 느끼지 아니할 것	이용자가 불쾌감을 느끼지 아니할 것
탁도	2NTU를 넘지 아니할 것	2NTU를 넘지 아니할 것	2NTU를 넘지 아니할 것	2NTU를 넘지 아니할 것
생물학적 산소요구량 (BOD)	10mg/L를 넘지 아니할 것	10mg/L를 넘지 아니할 것	10mg/L를 넘지 아니할 것	10mg/L를 넘지 아니할 것
냄새	불쾌한 냄새가 나지 아니할 것	불쾌한 냄새가 나지 아니할 것	불쾌한 냄새가 나지 아니할 것	불쾌한 냄새가 나지 아니할 것
pH	5.8~8.5	5.8~8.5	5.8~8.5	5.8~8.5
색도	20도를 넘지 아니할 것	–	–	20도를 넘지 아니할 것
화학적 산소요구량 (COD, Mn기준)	20mg/L를 넘지 아니할 것	20mg/L를 넘지 아니할 것	20mg/L를 넘지 아니할 것	20mg/L를 넘지 아니할 것

비고 : 1. 총대장균군, 잔류염소, 탁도, 냄새는 먹는물 공정 시험방법에 따라 분석하여야 한다.
2. 생물학적 산소요구량, pH, 색도, 화학적 산소요구량은 수질오염 공정 시험방법에 따라 분석하여야 한다.

(자료 : 수도법 시행규칙 제4조 [별표 1])

6 수질오염 방지대책

수질오염은 생물농축, 호수의 부영양화, 지하수오염 등을 유발하여 오염피해를 키움으로써 사람의 생명 · 건강은 물론 동식물의 생명활동에 크게 악영향을 줄 뿐 아니라 산업활동에도 치명적인 피해를 주게 되므로 수질오염은 원천적으로 관리해야 한다.

수질오염의 관리방법에 여러 가지 방법이 활용될 수 있으나 효과적 관리방법으로 평가되는 주요 수질오염 관리대책과 방지대책을 소개하면 다음과 같다.

1) 수질오염물질의 관리대책

수질오염물질은 수질을 오염시키는 물질로서 생태계에 많은 피해는 주는 물질이다. 수질오염물질은 다음과 같은 것들이 같다.

첫째, 탄수화물 합성세제 등의 유기물질
둘째, 기생충, 박테리아, 진균류, 원생동물 등의 병원성 미생물
셋째, 유기염소, 농약 등의 유해성 화학물질
넷째, 질산염, 인산염 등의 영양소
다섯째, 방사성동위원소 등의 방사성 물질
여섯째, 수은, 납, 구리, 아연, 크롬, 카드뮴 등의 중금속
일곱째, 휘발유, 벙크C유, 디젤류, 윤활류, 원유 등의 유류
여덟째, 스티로폼, 거품, 나무조각, 폐플라스틱, 나뭇잎 등의 부유물질
아홉째, 진흙, 모래, 자갈 등의 침전물질
열번째, 공업단지, 화력발전소, 원자력발전소의 배출, 열폐수

이상과 같은 수질오염물질은 물과 만나면 수질이 오염을 일으키며 오염된 수질은 즉시 생물체에게 악영향을 끼쳐 피해를 유발하게 된다. 수질오염물질에 의한 수질검사방법에는 생물화학적 산소요구량(BOD) 측정방법과 용존산소요구량(DO) 측정방법을 통하여 측정이 가능하다. 이와 같은 오염물질에 의한 수질오염을 방지하기 위해서는 수질오염원의 관리를 함부로 하수구나 유수에 방류하여 바다나 강, 호수 등으로 흘러들어가지 않도록 관리함이 현명하다.

2) 해양오염의 방지대책

해양오염은 유류와 연안 공장개발에 의해 주로 발생되고 있다. 따라서 유조선의 충돌, 파선, 침몰 등도 방지해야 하고 연안 공장개발을 방지하여 공장폐수가 해양으로 흘러들어가지 않도록 정책적으로 방지해야 한다.

1977년에 제정된 해양오염방지법을 더욱 강화하여 부산연안, 울산연안, 진해만과 광안만 외에도 인천, 평택, 포함, 속초, 묵호 등 서해와 동해에 오염특별해역을 확장하여 특별관리함이 해양오염 방지대책으로 유효하다. 또한 해양은 여러 나라에 걸쳐 있어 해양오염의 국제공조의 협력도 필요하다. 이런 점에서 1972년에 국제사회는 이미 런던협약을 체결한 바 있다.

3) 하천오염 방지대책

하천오염은 산업폐수와 함께 생활폐수가 주된 원인이 되고 있다.

생활폐수(생활하수)에는 유기물질, 질소와 인, 음식물찌꺼기, 부유물질 그리고 거품이 방류되어 하천을 오염시키고 특히 거품은 대기 중의 산소가 하천수의 용해를 막아 하천바닥을 썩게 만들고 악취를 유발시키고 있다.

생활하수 오염은 무분별한 합성세제 과다사용으로 인하여 나타나므로 종전의 하드형 합성세제 중 물에 잘 분해가 잘되는 천연물질에 가까운 알코올 계통의 합성세제로 대체 사용하는 방법이 유효하다.

또한 하천오염은 고의 또는 과실로 오염물질의 방류가 또 하나의 원인이 되므로 법적강화로 고의 또는 과실에 의한 오염물질 방류를 엄격하게 단속할 필요가 있다.

4) 호수오염 방지대책

호수 스스로가 보유하고 있는 자체 자정능력을 초과하는 오염물질이 만약 유입되면 호수는 오염되기 시작한다. 호수오염의 원인에는 공장폐수나 농업폐수, 가정하수 등이 있다. 따라서 호수오염의 방지를 위해서는 공장폐수, 농업폐수 그리고 가정폐수 유입을 관리함이 현명하다.

5) 수처리대책

자연수의 오염으로 수인성 질병이 나타나고 건강장애를 가져옴으로 마음 놓고 마실 수 없게 됨에 따라 정부는 환경부로 하여금 국민이 안심하고 마실 수 있는 관계기관과 합동으로 수도사업을 시작하였다.

수돗물을 원수로 취수하여 도수와 송수과정과 정수과정을 거쳐 배수시설을 통하여 수용자나 사용처에 급수되므로 고도의 정수처리와 위생적 배수와 급수가 보장되어야 한다. 따라서 수처리는 수돗물의 원수 취득에서부터 각 수용자의 수도꼭지에 이르기까지 철저한 정수와 배수, 급수가 위생적으로 처리되어 공급, 사용되도록 힘이 무엇보다 중요하다.

6) 하수와 폐수처리대책

하수와 폐수의 유입은 강, 호수, 해양 그리고 지하수에 이르기까지 오염시키므로 활성슬러지법, 살수여상과 회전원탄법 그리고 생물막법 등의 처리방법으로 종말처리시설을 통해 1차 처리, 2차 처리, 3차 처리 과정을 거쳐 정화한 후 흘러 보내도록 해야 한다.

7) 먹는물의 수질관리대책

(1) 급수시설 설치

① 상수도 또는 간이상수도에 의하여 먹는물을 공급하는 경우에는 저수조를 경유하지 아니하고 직접 수도꼭지에 연결하여 공급할 것(직접 수도꼭지에 연결하기가 곤란한 경우는 제외한다.)
② 지하수 등에 의하여 먹는물을 공급하는 경우에는 저수조 등의 시설을 경유할 것

(2) 급수시설관리

① 급수시설 · 설비는 항상 위생적으로 관리하여야 하며, 저수조는 매월 1회 이상 정기점검과 연 2회 이상 청소를 실시할 것
② 지하수 등을 먹는물로 사용하는 경우에는 원수의 수질 안정성 확보를 이하여 노력하여야 하며, 정기적으로 소독을 실시할 것

(3) 먹는물의 공급 등

공급하는 먹는물은「먹는물관리법」제5조의 규정에 의한 수질기준에 적합한 물을 제공하되, 가급적 끓여서 제공할 것

(4) 지하수 등의 수질검사

상수도 또는 간이상수도 외에 지하수 등에 의하여 공급하는 먹는물에 대하여는「먹는물관리법」제35조의 규정에 의한 먹는물 수질검사기관의 수질검사를「먹는물 수질기준 및 검사 등에 관한 규칙」제4조제2항의 규정에 준하여 실시할 것

제4절 토양환경관리

1 토양환경의 개념

토양은 물과 공기와 함께 인간 생존요소로서 기반이 되는 귀중한 자원이다. 또한 토양은 식물생명 활동의 원천이 되고 식물을 지지하여 계속 생존을 보장해주는 매질이다. 뿐만 아니라 토양은 산림과 농경의 기지로서 육상 생태계의 존립기반이 되고 인간생존의 기반이 되며 지상 모든 시설물의 존립기반이 된다.

물리학적 과정과 화학적 과정 그리고 생물학적 과정을 거쳐 오랜 세월 동안 암석이 중력과 풍화작용, 신장과 응축, 온도차이에 의한 균열, 생물체의 도입 등으로 암석이 암석조각으로 그리고 작은 입자로 변화되는 토양화 과정을 거쳐 토양으로 나타나게 된다.

토양의 구성은 광물질과 유기물질, 공기와 물로 구성되며 토양의 형성은 분해되지 않은 유기물질로 구성된 최상층토, 부식토로 형성된 표토층, 용찰된 무기물이 물에 용해되어 만들어지는 하층토, 그 아래 모래암과 최하부에 기반암으로 형성되어 있다.

토양은 전술한 바와 같이 모든 생명체의 존립기반이 되므로 식물이나 동물 그리고 인간에 있어서 없어서는 안 될 매우 중요한 생존자원의 기능과 역할을 하고 있다.

그러나 토양의 기능과 역할은 오염되기 이전의 건강상태를 유지할 때 비로소 가능하므로 오염된 토지는 토양의 기능과 역할이 크게 저하되거나 상실하게 되어 지구상의 모든 생물체에게 치명적인 타격을 주게 된다.

따라서 토양의 오염관리는 인류 공동의 과제로서 매우 중요하게 다루어져야 한다.

건물자산의 환경관리 측면에서 토양오염관리의 필요성에 대한 인식은 사람의 생명·건강과 건물자산의 유지보존에 유해한 영향을 미치기 때문이다.

2 토양오염의 원인

토양오염의 원인에는 하수폐수에 의한 수질오염, 매연먼지에 의한 대기오염, 농경과 골프장 등에 의한 화학비료와 농약오염, 폐기물 분뇨 등에 의한 폐기물오염, 유독물,

석유류의 누출에 의한 저장물오염 등을 들 수 있다.

토양오염원인을 제공하는 주된 오염지역을 살펴보면 폐기물 매립지역, 군사 주둔지역, 농축산 폐기물 발생지역, 농약살포지역(골프장, 농경지 등) 휴폐광산지역, 제련소 밀집지역, 공장밀집지역 등을 들 수 있다.

토양오염의 유형을 고찰하면 농약에 의한 토양오염, 중금속에 의한 토양오염, 산성화에 의한 토양오염 그리고 영양물질에 의한 토양오염 등으로 분류할 수 있다.

3 토양오염의 관리기준

토양이 오염되면 지구상의 식물과 동물은 물론 사람의 생존이 위협받게 되며 생물농축으로 질병을 유발시켜 생명 · 건강을 위협하게 되며 지하수를 오염시키며 생산성 하락과 농작물 성장발육을 저해하며 자연적 복원을 막아 모든 생명체에게 심각한 악영향을 주게 된다.

따라서 우리나라에서도 토양환경보전법을 제정하여 토양오염의 기준을 2원화하여 토양오염 우려기준과 토양오염 대책기준을 마련하고 더 이상 토양오염이 진행되지 않도록 법적 규제를 가하고 있다.

토양오염 우려기준은 토양오염이 더 이상 악화되는 것을 예방하기 위한 기준을 의미하고 토양오염 대책기준은 토양오염의 정도가 동식물의 생육과 사람의 생명 · 건강에 지장을 초래할 우려가 있는 경우 토지 이용중지나 시설물의 설치금지 등의 규제조치로 필요한 토양오염 관리기준을 말한다.

토양환경보전법이 규정하고 있는 토양오염 우려기준과 대책기준은 〈표 4-10〉, 〈표 4-11〉과 같다.

〈표 4-10〉 토양오염 우려기준

(단위 : mg/kg)

물 질	1지역	2지역	3지역
카드뮴	4	10	60
구리	150	500	2,000
비소	25	50	200
수은	4	10	20
납	200	400	700
6가크롬	5	15	40
아연	300	600	2,000
니켈	100	200	500
불소	400	400	800
유기인화합물	10	10	30
폴리클로리네이티드비페닐	1	4	12
시안	2	2	120
페놀	4	4	20
벤젠	1	1	3
톨루엔	20	20	60
에틸벤젠	50	50	340
크실렌	15	15	45
석유계총탄화수소(TPH)	500	800	2,000
트리클로로에틸렌(TCE)	8	8	40
테트라클로로에틸렌(PCE)	4	4	25
벤조(a)피렌	0.7	2	7

비고 : 1. 1지역 : 「지적법」에 따른 지목이 전 · 답 · 과수원 · 목장용지 · 광천지 · 대(「지적법 시행령」 제5조제8호가목 중 주거의 용도로 사용되는 부지만 해당한다) · 학교용지 · 구거(溝渠) · 양어장 · 공원 · 사적지 · 묘지인 지역과 「어린이놀이시설 안전관리법」 제2조제2호에 따른 어린이 놀이시설(실외에 설치된 경우에만 적용한다) 부지

2. 2지역 : 「지적법」에 따른 지목이 임야 · 염전 · 대(1지역에 해당하는 부지 외의 모든 대를 말한다) · 창고용지 · 하천 · 유지 · 수도용지 · 체육용지 · 유원지 · 종교용지 및 잡종지(「지적법 시행령」 제5조제28호가목 또는 다목에 해당하는 부지만 해당한다)인 지역

3. 3지역 : 「지적법」에 따른 지목이 공장용지 · 주차장 · 주유소용지 · 도로 · 철도용지 · 제방 · 잡종지(2지역에 해당하는 부지 외의 모든 잡종지를 말한다)인 지역과 「국방 · 군사시설 사업에 관한 법률」 제2조제1항제1호부터 제5호까지에서 규정한 국방 · 군사시설 부지

4. 「공익사업을 위한 토지 등의 취득 및 보상에 관한 법률」 제48조에 따라 취득한 토지를 반환하거나 「주한미군 공여구역 주변지역 등 지원 특별법」 제12조에 따라 반환공여구역의 토양 오염 등을 제거하는 경우에는 해당 토지의 반환 후 용도에 따른 지역 기준을 적용한다.

5. 벤조(a)피렌 항목은 유독물의 제조 및 저장시설과 폐침목을 사용한 지역(예 철도용지, 공원, 공장용지 및 하천 등)에만 적용한다.

(자료 : 토양환경보전법 시행규칙 제1조 5항 [별표 3])

〈표 4-11〉 토양오염 대책기준

(단위 : mg/kg)

물 질	1지역	2지역	3지역
카드뮴	12	30	180
구리	450	1,500	6,000
비소	75	150	600
수은	12	30	60
납	600	1,200	2,100
6가크롬	15	45	120
아연	900	1,800	5,000
니켈	300	600	1,500
불소	800	800	2,000
유기인화합물	–	–	–
폴리클로리네이티드비페닐	3	12	36
시안	5	5	300
페놀	10	10	50
벤젠	3	3	9
톨루엔	60	60	180
에틸벤젠	150	150	1,020
크실렌	45	45	135
석유계총탄화수소(TPH)	2,000	2,400	6,000
트리클로로에틸렌(TCE)	24	24	120
테트라클로로에틸렌(PCE)	12	12	75
벤조(a)피렌	2	6	21

비고 : 1. 1지역 : 「지적법」에 따른 지목이 전 · 답 · 과수원 · 목장용지 · 광천지 · 대(「지적법 시행령」 제5조제8호가목 중 주거의 용도로 사용되는 부지만 해당한다) · 학교용지 · 구거(溝渠) · 양어장 · 공원 · 사적지 · 묘지인 지역과 「어린이놀이시설 안전관리법」 제2조제2호에 따른 어린이 놀이시설(실외에 설치된 경우에만 적용한다) 부지

2. 2지역 : 「지적법」에 따른 지목이 임야 · 염전 · 대(1지역에 해당하는 부지 외의 모든 대를 말한다) · 창고용지 · 하천 · 유지 · 수도용지 · 체육용지 · 유원지 · 종교용지 및 잡종지(「지적법 시행령」 제5조제28호가목 또는 다목에 해당하는 부지만 해당한다)인 지역

3. 3지역 : 「지적법」에 따른 지목이 공장용지 · 주차장 · 주유소용지 · 도로 · 철도용지 · 제방 · 잡종지(2지역에 해당하는 부지 외의 모든 잡종지를 말한다)인 지역과 「국방 · 군사시설 사업에 관한 법률」 제2조제1항제1호부터 제5호까지에서 규정한 국방 · 군사시설 부지

4. 벤조(a)피렌 항목은 유독물의 제조 및 저장시설과 폐침목을 사용한 지역(예 철도용지, 공원, 공장용지 및 하천 등)에만 적용한다.

(자료 : 토양환경보전법 시행규칙 제20조 [별표 7])

4 토양오염의 개선대책

토양오염을 방치하는 경우 대기오염과 수질오염의 경우와 같이 지구상의 모든 생물채의 존립기반이 무너지고 생존을 위협하게 된다. 따라서 토양오염의 더 이상 진행되지 않도록 토지오염 개선대책이 시급히 요구되고 있다. 토양오염의 개선에 필요한 대책을 제시하면 다음과 같다.

첫째, 토양오염을 유발시키는 지역별, 오염물질별 관리대책이 요구된다.

토지오염지역은 국내외를 막론하고 다양한 오염지역이 존재하고 있어 오염가능 물질을 계속 발생시키고 있다.

예컨대, 폐기물 매립지역의 오염가능 물질인 중금속, 침층수, 유해화학물질의 관리, 군사주둔지역의 중금속, 폐유류, 폐타이어 등의 관리, 농축산폐기물 발생지역의 중금속가 유해화학물질의 관리, 농약살포지역의 토양 잔류성 물질, 휴폐광산지역의 중금속과 각종 유해물질, 제련소 밀집지역의 산성배층수와 중금속, 유해성 화학물질, 유출유류 등의 관리대책이 요구되고 있다. 다시 말하면 농약에 의한 토양오염대책과 중금속에 의한 토양오염대책, 산성화에 의한 토양오염대책 그리고 영양물질에 의한 토양오염대책이 요구되고 있다.

둘째, 토양환경보전법의 토양환경 우려기준과 대책기준의 준수가 요구된다.

왜냐하면 더 이상의 토지오염이 진행되지 않도록 하기 위한 오염예방과 방지하는 경우 사람의 생명 · 건강과 동식물의 생육에 치명적인 위험이 되기 때문이다.

셋째, 토양자연환경관의 확립이 요구된다. 토양의 중요성을 크게 인식하고 토양의 비옥도 유지의 필요성을 인식하는 건강한 토양자연환경관의 확립이 절실히 요구되고 있다. 왜냐하면 토양오염원의 배출, 유출 등에 의한 토양오염을 전적으로 삐뚤어진 인간중심의 자연환경관에 기인하기 때문이다.

넷째, 복합적 토양오염 관리대책이 요망된다. 토양환경은 토양환경을 수질오염원과 대기환경오염원이 상호작용하고 복합적으로 작용하여 나타나는 현상이므로 복합적 환경오염 관리대책이 요구된다.

다섯째, 인위적 토양침식 방지대책이 요구된다. 인간의 탐욕에 의한 벌목, 과도한 방목, 난개발과 무분별한 산림훼손, 도시개발, 인위적 토양침식의 개선이 요구되고 있다. 왜냐하면 토양의 침식은 토양의 비옥도를 저하시켜 오염화를 가속시키기 때문이다.

여섯째, 토양오염방지시설의 강화와 오염검사주기 준수대책이 요구된다.

토양오염원과 배출시설물에 대한 토양오염방지시설을 강화하여 토양오염을 방지할 수 있는 토양오염방지시설의 강화와 오염검사 주기준수가 요망되고 있다.

특정 토양오염 관리대상시설의 토양오염주기는 〈표 4-12〉와 같다.

일곱째, 환경감시활동의 강화가 필요하다. 환경관계 공무원과 환경시민단체의 지속적인 환경감시활동이 요구되고 있다.

〈표 4-12〉 특정오염관리 대상시설의 토양오염 검사주기

1. 영 제8조제1항제1호 단서에 따라 토양오염방지시설을 설치한 경우의 토양오염도검사주기는 다음 각 목과 같다.
   가. 저장시설 설치 후 최초 검사를 한 후 5년 · 10년 · 15년이 되는 해에 각각 1회
   나. 가목에 따른 검사가 종료된 때부터는 매 2년에 1회
   다. 동일부지 내 저장시설의 설치연도가 각각 다를 경우에는 유출방지턱(dike) 내 설치된 저장시설(이하 "블록"이라 한다) 중 설치연도가 가장 오래된 저장시설의 토양오염도 검사주기에 따라 블록별로 적용한다.
2. 영 제8조제1항제2호에 따라 저장시설 설치 후 10년이 지난 때부터 매 8년이 되는 해에 검사방식에 관계없이 1회 누출검사를 받아야 한다.
3. 제1호에도 불구하고 다음 각 목의 지역에 설치된 시설은 매년 토양오염도 검사를 받아야 한다.
   가. 「국토의 계획 및 이용에 관한 법률」 제6조제4호에 따른 자연환경보전지역
   나. 「지하수법」 제12조에 따른 지하수보전구역
   다. 「수도법」 제7조에 따른 상수원보호구역
   라. 「환경정책기본법」 제22조에 따른 특별대책지역(대기보전과 관련된 특별대책지역은 제외한다)

(자료 : 토양환경보전법 시행규칙 제12조제2항 [별표 4])

제5장

건물자산의 물리적 환경관리

제 1 절 물리적 환경의 개념과 범주

제 2 절 국토의 물리적 환경관리

제 3 절 건축물의 물리적 환경관리

제 4 절 국가 및 도시 기반시설물의 물리적 환경관리

건물자산의 물리적 환경은 건물자산 외부환경의 범주에 해당되는 것으로서 비생물적 자연환경과 사회적 환경 등과 함께 사람의 생명 · 건강과 건물자산의 보존 유지 및 경제가치에 여러 가지 형태로 영향을 미치고 있다.

제5장 건물자산 물리적 환경편에서는 4개의 절을 두고 물리적 환경개념과 물리적 환경의 요소로 작용하고 있는 국토(토지)환경, 건축물 환경 그리고 국가 및 도시 기반시설물의 물리적 환경 등을 중심으로 물리적 환경관리의 이론과 실무를 설명하고 있다.

제 1 절 물리적 환경의 개념과 범주

1 물리적 환경의 개념

건물자산환경은 전술한 바와 같이 외부환경과 내부환경으로 구성된다. 외부환경은 환경의 외부적 요소로서 건물자산의 물리적 유지보존과 경제가치 그리고 건물자산의 관계자 사람의 생명과 건강에 영향을 주는 건물자산 외부둘레의 성격을 가지고 있다.

따라서 외부환경의 범주에 해당되는 물리적 환경 역시 건물자산과 건물자산 관계자 사람에 대하여 영향을 주는 외부적 환경요소라 할 수 있다.

건물자산이 건물자산으로서 기능하고 역할할 수 있도록 하기 위해서는 건축환경이나 실내공기환경 등 내부적 환경조건을 갖추어야 함은 물론이거니와 그 건물자산이 위치하고 있는 국가, 도시 및 지역의 토지와 건축물, 시설물, 구조물, 구축물 등의 물리적 인공환경조건의 충족이 요구되고 있다.

특히 건물은 물리적으로 위치하는 지역과 도시 및 국가의 기반시설에 해당하는 구성요소이며 사회적 기능과 역할을 담당하고 있으므로 지역, 도시 그리고 국가의 토지 및 토지정착 건설생산물들과 서로 조화하고 상호 의존함으로써 마침내 건물자산으로서의 가치가 나타나게 된다.

그러므로 건물자산은 물리적 외부환경으로부터 절대적 영향을 받아 존재하게 되며 기능과 역할을 수행하게 된다.

건물자산의 물리적 환경이라 함은 건물자산 외부환경의 한 범주로서 그 건물자산이 위치하고 있는 지역, 도시, 국가의 토지와 토지에 정착하고 있는 시설물, 건축물, 구조물 등의 물질적 외부둘레를 의미한다.

물질적 외부둘레는 일정한 공간을 차지하고 있으면서 질량을 가지고 용도성 기능과 역할을 담당하므로서 결과적으로 특정 건물자산에 대하여 긍정적 또는 부정적 영향을 주게 된다. 또한 물질적 외부둘레인 물리적 환경은 건물자산의 관계자인 사람의 생명·건강에 대하여 크고 작은 영향을 주고 있다.

2 물리적 환경관리의 범주

물리적 환경관리의 범주라 함은 사람의 생명과 건강 및 건물자산의 유지보존과 경제가치에 물리적으로 영향을 미치는 외부환경요소로서 국토(토지)의 물리적 환경관리, 건축물의 물리적 환경관리 그리고 국가 및 도시의 물리적 환경관리 등이 포함된다.

물리적 환경관리의 범주 중 국가 및 도시의 기반시설물이라 함은 물리적으로 국가와 건물자산이 위치하고 있는 도시의 기반시설기능을 담당하고 있는 토목시설물, 공원, 상하수도시설, 전기시설, 체육시설, 공공시설, 도로, 항만, 교량, 터널, 철도 등 국가 및 도시 기반시설물을 의미한다.

물리적 환경을 분석하고 탐구하여 관리하고자 하는 목적은 첫째, 특정 건물자산이 위치하고 있는 국토와 건축물 그리고 기반시설물 등의 물질적 환경이 건물자산의 유지보존이나 경제가치에 어떻게 작용하고 있으며 그 영향은 어느 정도인지를 이해하고 건물자산환경관리에 적절하게 응용하는 데 있다.

둘째, 그 건물자산이 위치하고 있는 국가의 토지와 건축물 그리고 기반시설물 등의 물질적 환경이 우리나라 건물자산 관계자 사람의 생명 · 건강에 미치는 영향 정도를 탐구하여 사람의 생명 · 건강에 미치는 긍정적 영향을 제고하고 부정적 영향은 개선하도록 응용하는 데 있다.

제2절 국토의 물리적 환경관리

1 서 설

국토는 외부환경의 범주에 해당하고 있는 물리적 환경요소 중 가장 중요한 환경요소로서 건물자산의 유지보존과 경제가치 그리고 사람의 생명 · 건강에 대하여 여러 측면에서 영향을 미치고 있으며 작용하고 있다. 따라서 건물자산환경관리 관점에서 매우 중요하게 검토되고 관리되어야 한다.

국토의 물리적 환경을 체계적으로 관리하기 위해서는 여러 측면에서 국토환경을 조명할 필요가 있다.

왜냐하면 국토는 위치하고 있는 위치에 따라 위도상으로 자연적 특별한 기후환경을 가지고 있을 뿐 아니라 국토의 분포 특성에 따라 환경적 영향정도가 각각 다르며 지적 용도와 토지공법상의 규정에 따라 이용가치와 용도가 달라지고 이용상 제한이 가해지는 등 건물자산의 물리적 유지보존과 경제가치 및 사람의 생명 · 건강에 여러 가지 영향을 미치고 있기 때문이다.

국토는 토지와 공해상의 바다 및 도서로 형성되어 있으며 국토의 물리적 환경관리를 위한 구체적인 국토정보는 다음과 같다.

2 국토의 물리적 환경관리정보

1) 국토의 위치

우리나라 국토의 위치는 지구 북반구 중위도에 위치하고 있으며 해양과 대륙의 경계에 놓여 있다.

우리나라 국토 동서남북의 지구상 극동(eastern extremity)의 위치는 경상북도 울릉군 독도 동단(동경 131°51′52″)에서 극서(western extremity)는 평안북도 용천군 용천면 마안도 서단(동경 124°11′45″)이며 극남(southern extremity)은 제주도 남제주군 대정읍 마라도 남단(북위33°06′40″)이고 극북(northern extremity)은 함경북도 은성군 유포면 북단(북위 43°0′35″)에 위치하고 있다.[1)]

2) 국토의 면적

우리나라 전체 국토의 면적은 24만km^{2}이나 우리 주권이 미치는 남한만의 국토면적은 99.538km^{2}이며 3170개 도서와 3면의 바다를 끼고 있는 반도국가이다.

임야(forest land)는 남한 국토의 66%인 65.100km^{2}로서 가장 넓은 면적을 가지고 있으며 그 다음이 답(paddy field)의 면적으로서 전국토면적의 13%에 상당하는 12.325km^{2}이다. 또한 전(dry field)의 면적은 8%에 해당하는 8.098km^{2}이고 대지(residential land) 면적은 전국토 대비 2%로서 2.387km^{2}이고 도로(road)의 면적은 2%인 2.337km^{2}이며 기타 용도(others)의 국토면적은 전국토의 9%에 상당하는 9.289km^2

1) 국토해양부, 국토지리정보원 측지과

에 이르고 있다.

유인, 무인도서(3170개 도서)의 총면적은 3.789.796km²에 이르고 있으며 유인도서는 491개 도서이고 무인도서는 2679개 도서에 이르고 있다.

남한국토에 위치하고 있는 하천의 분포는 국가 하천, 지방 1급 하천, 지방 2급 하천 등 3893개소로서 총연장은 30,213.13km이며 이 중 국가하천의 수는 65개소 하천에 달하나 지방하천(1급, 2급 하천)은 지방 1급 하천 55개소, 지방 2급 하천은 3,773개소에 이르고 있다.

3) 계절과 기후

우리나라는 전술한 바와 같이 지구 북반구 중위도에 위치하고 있어 4계절이 뚜렷하고 계절별 기후의 특징이 각각 다르다. 특히 계절에 따라 한랭건조한 시베리아 기단과 한랭다습한 오호츠크해 기단, 온난 건조한 양쯔강 기단 그리고 고온다습한 북태평양 기단이 우리나라 기후에 영향을 크게 주고 있어 계절별 기후의 특징이 두드러지게 나타나고 있다. 우리나라 계절별 기후의 특징은 다음과 같다.

(1) 봄

봄철 우리나라 기후의 특징은 겨울에 크게 발달하여 우리나라 기후에 영향을 주었던 시베리아 고기압 세력이 약화되고 온난하고 건조한 양쯔강 기단의 영향을 수시로 받게 됨으로써 기후변화와 날씨의 변화가 심하게 나타난다.

또한 봄의 계절적 특징은 편서풍이 발달하여 중국 사막지역의 황사먼지를 우리나라 전역에 이동시켜 봄황사현상이 심각하게 자주 나타나 사람의 건강에 위협이 되고 있으며 농작물의 성장을 방해하고 건축물의 노화를 촉진시키는 요인이 되고 있다.

(2) 여 름

여름철 우리나라 기후의 특징은 남동 계절풍이 자주 불어 북태평양의 따뜻하고 습한 기류로 인하여 무덥고 습하며 낮 동안의 지표가열로 내기가 불안정하세 되어 소나기가 자주 내리며 북태평양기단과 오호츠크기단의 상호 영향으로 장마전선이 형성되어 흐린 날씨가 계속되고 비가 계속 내리게 된다.

(3) 가 을

가을철 우리나라 기후의 특징은 이동성고기압의 영향으로 날씨가 비교적 좋으나 이동성 고기압 뒤에 나타나는 저기압의 영향으로 비교적 날씨의 변화가 빨리 나타난다.

즉, 우리나라 가을의 날씨는 비교적 좋으나 일기변화도 자주 나빠지는 기후적 특징을 가지고 있다.

(4) 겨 울

겨울철 우리나라 기후의 특징은 시베리아의 한랭건조한 대륙성 고기압의 영향으로 인하여 서고동저의 기압배치와 북서 계절풍에 의한 갑작스런 기온강하와 서해안과 도서 섬지역 등에는 눈이 자주 내리게 된다.

삼한사온의 기후가 반복적으로 나타나게 되나 최근의 우리나라 겨울철의 삼한사온은 크게 변질되어 나타나고 있으며 동해안에 폭설이 자주 내리고 있는 기후상의 특징을 보여주고 있다.

이상의 설명과 같이 계절별 기후의 특징을 요약하면 봄과 가을철에는 고기압의 영향으로 맑고 건조한 날이 많으나, 여름철에는 고온다습한 북태평양 고기압의 영향으로 무더운 날씨를 보이고 있으며, 겨울철에는 한랭건조한 고기압의 영향으로 춥고 건조한 기후 특징을 보여 주고 있다.

우리나라 기후는 최근 들어 이상 기후변화현상이 나타나고 있다. 기후변화는 자연적 요인과 인위적인 요인에 의하여 점차 변화되는 기후계의 현상을 의미하는 것으로서 해양활동, 대기의 변화, 육지의 화산활동과 지진, 남극, 북극의 얼음 해빙, 태양활동의 변화와 흑점출연, 성층권의 에어로졸 증가 등의 자연적 요인 외에 화석연료 과다사용, 인위적 에어로졸에 의한 반사와 복사, 구름의 산란효과에 의한 냉각화, 토지피복의 훼손, 과잉 토지 남용, 과다 인공열 생산 등의 인위적 요인으로 기후변화를 조장하고 있다.

이와 같은 요인들에 의하여 온대기후였던 우리나라가 점차 아열대기후군으로 진입하고 있어 어장의 이동과 어류 생산종류의 변화, 농작물의 생산지역의 변화 등 기후변화에 따른 생활변화의 조짐을 보이고 있다.

이상에서 설명한 우리나라의 계절별 기후의 특징을 중심으로 기상청 자료에 나타난 우리나라 기후정보를 정리하면 〈표 5-1〉과 같다.

〈표 5-1〉 우리나라 기후정보

기온	우리나라의 기온을 보면 중부산간지방을 제외하고, 대체로 연평균기온은 10~16℃이며, 가장 무더운 달인 8월은 23~27℃, 5월은 16~19℃, 10월은 11~19℃, 가장 추운 달인 1월은 -6~7℃이다. (20년 이상 연속 관측한 60개 지점 1971~2000년 평년값 기준)
연강수량	중부지방은 1100~1400mm, 남부지방은 1000~1800mm로 경북지역은 1000~1200mm이며, 경남해안 일부지역은 1800mm 정도, 제주도지방은 1450~1850mm이다. 계절적으로는 연강수량의 50~60%가 여름에 내린다. (20년 이상 연속 관측한 60개 지점 1971~2000년 평년값 기준)
바람	일반적으로 겨울에 북서풍, 여름에는 남서풍이 강하며 계절에 따른 풍계가 뚜렷이 나타난다. 9월과 10월은 바람이 비교적 약하나, 해안지방에는 해륙풍의 영향이 뚜렷하다.
습도	7월과 8월이 높아서 전국적으로 80% 정도이고, 9월과 10월은 70% 내외이다.
장마	6월 중순 후반에 제주도 지방으로부터 시작하여 6월 하순 초반에 점차 중부지방에 이르게 되며, 장마기간은 대략 30일 정도이다.
태풍	북태평양 서부에서 연중 28개 정도가 발생하며, 이중 2~3개가 우리나라에 직·간접적으로 영향을 준다.

(자료 : http://www.kma.go.kr)

4) 수자원

물은 만물의 근원으로서 생물의 생존에 필수적 요소이다.

물은 생명의 보존과 건강유지에 없어서는 안될 요소이고 산업활동에도 반드시 필요로 하는 물질이다. 또한 물은 인간의 신진대사에 결정적으로 작용하며 인간은 체중의 70%, 어류는 80%, 물속의 미생물은 95%의 물로 구성되어 있다. 일반 성인은 매일 2.8L의 물을 마시고 45L의 물을 몸속에 가지고 있으며 인간은 1~2% 부족시에는 심한 갈증을 느끼고, 5% 부족시 혼수상태에 빠지며 12% 부족하면 사망에 이르게 된다.

식물의 경우에는 빛과 함께 물의 공급은 필수적이며 생산의 기초가 된다.

특히 물은 동식물의 세포구성과 세포기능에 필수적 요소이다. 지구상 수자원의 총량은 $1.4 \times 10^{18}m^3$로서 호수, 강, 비다, 지하수, 극지방의 눈과 얼음 대기 중의 수증기와 구름형태로 존재하며 우리나라 연간 강수량은 1245mm에 불과하다.[2)]

또한 물은 수자원으로서 공업용수, 농업용수, 생활용수, 유지용수 등으로 사용되며 특히 물은 건물자산의 시설물관리에 없어서는 안 될 자원으로 사용되고 있다.

2) 최영길 외 14인, 「환경과 인간」(서울, 교학사, 1999), p.70. 재인용.

〈표 5-2〉 우리나라 수자원 총량과 이용량 현황

(단위 : 억m^3/년)

구분	1965	1980	1990	1994	1998	2003
수자원 총량	1,100	1,140	1,267	1,267	1,276	1,240
총이용량	51.2	1513	249	301	331	337
생활용수	2.3 (4%)	19(12%)	42(17%)	62(21%)	73(22%)	76(33%)
공업용수	4.1 (8%)	7 (5%)	24(10%)	26 (8%)	29 (9%)	26 (8%)
농업용수	44.8(88%)	102(67%)	147(59%)	149(50%)	158(48%)	160(47%)
유지용수	–	25(16%)	36(14%)	64(21%)	71(21%)	75(22%)

(자료 : http://www.mltm.go.kr)

우리나라의 강수량은 전술한 바와 같이 1,245mm로서 세계 평균강수량(880mm)의 1.4배에 해당되나 1인당 연간 세계 강수량 19,635m^3의 13%에 상당하는 1인당 연간 강수량 2,591m^3에 불과하여 연간 강수량이 세계 평균 강수량에 비하여 크게 나타나고 있으나 1인당 수자원 부존량은 아주 적은 것으로 조사되고 있다.

국토해양부 수자원 관련자료에 의하며 수자원 총량과 이용량은 〈표 5-2〉와 같다.

5) 지진활동

지구는 살아 있는 유기체 같이 계속 움직이고 활동하면서 변화에 변화를 거듭하고 있다. 지구활동의 대표적 사례로는 지표상의 지진활동과 화산활동 그리고 바다와 하늘에서 일어나는 해류의 흐름과 구름의 이동 등을 들 수 있으며 오늘도 끊임없이 움직이고 있다.

이와 같은 지구의 변화와 활동은 인간의 일상생활의 변화유도는 물론 사람의 생명과 건강 및 지구상의 자산의 보존 유지에도 크게 영향을 주고 있다. 지진활동을 살펴 우리나라 국토의 환경관리 자료로서 활용함이 현명하다.

특히 건물자산의 환경관리 관점에서 지진활동에 대하여 주목해야 하는 이유는 지진의 발생은 엄청난 인적, 물적 피해를 유발할 뿐 아니라 도시전체를 파괴하거나 매몰시키는 등 그 피해는 재해의 수준을 넘어 재앙수준으로 나타나기 때문에 지진활동에 대한 주의 깊은 관찰과 대응준비로 그 피해를 최소화하는 노력이 필요하다.

전 세계적으로 지진의 발생은 연간 800,000건에 이르고 인간이 감지할 정도의 지진만도 연간 100,000건에 달하고 있으며 사람이 감지할 수 있는 지진발생도 1일 100회 이상으로 조사되고 있다.

우리나라의 경우 규모 3.0 이상의 지진이 매년 9회 정도 발생하고 있으며 일본의 경우에는 연간 1200회 정도 발생하고 있어 발생빈도와 피해정도는 일본에 미치지 못하나 우리나라도 발생지역 분포가 전국에 걸쳐 있어 우리나라 역시 지진으로부터 완전히 자유롭지 못한 상태에 있다.

그러나 우리나라도 역사적으로 삼국시대부터 현재에 이르기까지 약 2,000번의 지진이 발생하였고 규모가 큰 지진도 여러 차례 발생하였다. 또한 최근 들어 지진발생빈도가 점차 높아가고 있어 내진설계와 지진대응 시스템개발이 요구되고 있다.

다행히 1999년도부터 정부 주도로 진도 규모 5.5~6.0의 지진에 견딜 수 있는 내진설계가 5층 이상의 아파트나 교량, 터널, 항만, 댐 등에 이미 실시되고 강화되어 가고 있어 인명과 재산보호에 크게 도움이 되고 있다.

지진은 지구 내부지층 양쪽을 미는 횡압력과 양쪽으로 잡아당기는 장력이 장기간 상호작용하여 지층이 휘면서 나타나는 탄성에너지가 축적되어 계속 힘이 이에 작용하면 단층작용이 생기고 이때 축적된 탄성에너지가 수 분간 갑자기 파동형태로 방출되는 것이므로 이를 미리 예측하여 대응하기란 말과 같이 쉽지 않다. 그러나 지진의 파괴력과 막대한 인적, 물적 피해를 최소화하기 위한 지진감시활동과 대비활동은 지속적으로 수행되어야 한다.

제 3 절 건축물의 물리적 환경관리

1 서 설

도시와 인근지역에 즐비하게 위치하고 있는 다양한 건축물 또한 환경관리 대상으로서 건물자산의 유지보존과 경제가치 및 사람의 생명·건강에 여러 가지 측면에서 영향을 미치고 있는 물리적 외부환경요소이다.

건축물은 용도상 주거용 건물을 중심으로 상업용, 공업용(산업용 포함), 문교사회용, 기타 용도의 건물로 분류하고 있으며 사용용도가 매우 다양하고 경제적 가치 외에 문화적, 역사적, 정치적, 사상적 가치를 지니고 있는 인공적 공간이다.

건축물의 사용과 수익을 위하여 물리적 유지보존과 기능의 정상적 유지가 필요한 바 이를 위하여 전기, 유류, 가스 등 에너지 사용이 불가피하며 이로 인한 공기오염과 토양오염이 심화되고 있으며 건물을 기반으로 하는 생활과 업무 또는 생산활동으로 사용되는 물이 정화되지 않은 상태에서 방류하거나 오폐수의 방류 등으로 수질과 토양을 크게 오염시켜 환경을 크게 악화시키고 있다.

뿐만 아니라 도시나 인근에 위치하고 있는 건축물의 상태나 관리의 질과 양에 따라 나타나는 건축물의 문제점은 관리대상 건물자산의 위험이 되기도 하고 경쟁력을 훼손하는 작용을 하며 경제가치를 저해하기도 한다.

그러므로 건물자산의 환경관리자는 이와 같은 도시와 인근에 위치하고 있는 건축물의 물리적 환경을 조사하고 분석하여 필요한 환경정보를 파악하고 이해하여 물리적 환경요소로서의 건축물에 대한 체계적인 환경관리를 해야 한다.

2 건축물의 물리적 환경관리정보

건축물의 물리적 환경관리를 위한 건축물의 정보에는 다음과 같은 것들이 있다.

1) 전국 건축물의 현황

2008년 12월 31일 현재 전국의 건축물현황은 다음과 같다.[3)]

(1) 용도별 · 지역별 건축물현황

용도별 건축물이 현황은 다음과 같다.

① 주거용 건축물(단독주택 및 공동주택) : 4,452,403동(전체대비 67.9%)

② 상업용 건축물(판매 및 영업시설, 위탁시설, 근린생활시설, 숙박시설, 업무시설 등) : 1,089,202동(전체대비 16.6%)

③ 공업용 건축물(공장, 위험물 제조소) : 235,306(전체대비 3.6%)

④ 문교사회용 건축물(교육연구 및 복지시설과 운동, 의료, 문화 및 집회, 관광, 휴계, 묘지관련 시설 등) : 164,455동(전채대비 2.5%)

3) 국토해양부, 2009 국토해양통계연보, pp.211~16, 자료인용

⑤ 기타 용도의 건축물(동물 및 식물관련 시설, 농수산용 건축물, 교도소, 발전소, 방송국, 전신전화국 등의 공공용 건축물, 위험물저장 및 처리시설, 자동차 관련 시설 등의 기타 용도 건축물) : 615,347동(전체대비 9.4%)

용도별 건축물의 전국 시·도 분포현황은 〈표 5-3〉과 같다.

〈표 5-3〉 용도별 / 지역별 전국 건축물 분포현황

(단위 : 동)

구 분	계	주거용	상업용	공업용	문교사회용	기 타
합계(Total)	6,556,713 100.0%	4,452,403 67.6%	1,089,202 15.6%	236,306 3.3%	164,455 2.5%	615,347 10.9%
서울(Seoul)	667,321	504,658	141,735	3,383	13,739	3,806
부산(Busan)	386,894	282,396	64,914	12,976	8,177	18,431
대구(Daegu)	252,872	179,555	48,984	11,436	5,743	7,154
인천(Incheon)	206,116	134,888	46,023	12,028	4,817	8,360
광주(Gwangju)	137,289	100,810	27,498	2,703	3,092	2,736
대전(Daejeon)	130,610	94,211	25,881	2,422	4,063	4,033
울산(Ulsan)	123,765	74,152	25,295	12,730	3,588	8,000
경기(Gyeonggi)	977,707	560,775	191,573	73,089	27,433	124,837
강원(Gangwon)	357,434	244,498	58,608	5,121	10,906	38,301
충북(Chungbuk)	340,060	228,730	51,736	12,178	8,978	38,438
충남(Chungnam)	484,790	317,630	69,367	16,844	13,111	67,838
전북(Jeonbuk)	397,571	263,714	63,951	9,155	12,027	48,724
전남(Jeonnam)	580,762	416,401	74,667	13,904	13,536	62,254
경북(Gyeongbuk)	722,007	502,403	92,078	24,226	18,840	84,420
경남(Gyeongnam)	647,953	467,223	89,777	22,242	13,490	55,221
제주(Jeju)	143,562	80,359	16,665	829	2,915	42,794
기타(others)	–	–	–	–	–	–

비고 : 수록된 수치는 2008. 12월말 기준으로 2009년에 조사한 자료임
기타 용도는 공공용, 농수산용 등임
(자료 : 국토해양부 국토정책국 도시정책관 건축기획과)

(2) 층수별 건축물 현황

층수별 전국 건축물 현황정보는 다음과 같다.

① 1층 : 4,215,786(전체대비 64.3%)

② 2~4층 : 2,060,658(전체대비 31.4%)

③ 5층 : 118,524(전체대비 1.8%)

④ 6~10층 : 54,706동(전체대비 0.8%)

⑤ 11~20층 : 63,702동(전체대비 0.2%)

⑥ 21~30층 : 10,720동(전체대비 0.2%)

⑦ 31층 이상 : 503동(전체대비 0.0%)

⑧ 기타 : 32,114동(전체대비 0.5%)

층수별 건축물의 전국 시 · 도 분포현황은 〈표 5-4〉와 같다.

〈표 5-4〉 층수별 전국 건축물의 분포현황

(단위 : 동)

구 분	계	1층	2~4층	5층	6~10층	11~20층	21~30층	31층 이상	기타
합 계	6,556,713 100.0%	4,215,786 64.3%	2,060,658 31.4%	118,3521. 8%	547,069 0.8%	63,702 1.0%	10,720 0.2%	503 0.0%	32,114 0.5%
서 울	667,321	159,814	431,798	42,471	17,784	11810	2,710	187	747
부 산	386,894	175,448	188,913	10,542	5,532	3324	1,780	155	1,200
대 구	252,872	97,938	142,629	5,425	1,822	3079	446	29	1,504
인 천	206,116	90,971	99,878	7,920	3,035	3179	733	17	383
광 주	137,289	63,561	66,308	2,795	1,310	2595	207	–	513
대 전	130,610	55,775	67,091	2,440	1,648	2428	368	16	844
울 산	123,765	65,528	51,780	2,304	1,597	1414	269	–	872
경 기	977,707	542,046	375,675	20,467	9,442	17836	3,158	83	9,000
강 원	357,434	273,745	76,159	2,915	1,354	2118	59	–	1,083
충 북	340,060	261,305	714,865	2,288	1,259	2124	32	–	1,184
충 남	484,790	399,189	74,239	2,902	1,510	2667	114	–	4,167
전 북	397,571	326,917	62,602	2,670	1,123	2357	48	–	1,853
전 남	580,762	507,021	65,529	2,124	1,295	1979	75	3	2,736
경 북	722,007	596,255	114,955	4,303	1,755	2365	240	–	2,131
경 남	647,953	489,783	140,943	5,908	3,371	4240	480	–	3,225
제 주	143,562	110,490	30,294	1,050	869	187	–	–	671
기 타	–	–	–	–	–	–	–	–	–

비고 : 수록된 수치는 2008년 12월말 기준으로 2009년에 조사한 자료임

(자료 : 국토해양부 국토정책국 도시정책관 건축기획과)

(3) 면적별 건축물 현황

면적별 건축물 현황정보는 다음과 같다.

① 1백m^2 미만 건축물 : 3,231,656동(전체대비 49.3%)

② 1백m^2~2백m^2 미만 건축물 : 1,522,826동 (전체대비 23.2%)

③ 2백m^2~3백m^2 미만 건축물 : 481,832동(전체대비 7.3%)

④ 3백m^2~5백m^2 미만 건축물 : 576,872동(전체대비 8.8%)

⑤ 5백m^2~1천m^2 미만 건축물 : 385,188동(전체대비 5.9%)

⑥ 1천m^2~3천m^2 미만 건축물 : 207,838동(전체대비 3.2%)

⑦ 3천m^2~1만m^2 미만 건축물 : 110,510동(전체대비 1.7%)

⑧ 1만m^2 이상 건축물 : 39,991동(전체대비 0.6%)

면적별 건축물의 전국 시·도 분포현황은 〈표 5-5〉와 같다.

〈표 5-5〉 면적별 전국 건축물의 분포현황

(단위 : 동)

구 분	계	1백m^2 미만	1백~ 2백m^2 미만	2백~ 3백m^2 미만	3백~ 5백m^2 미만	5백~ 1천m^2 미만	1천~ 3천m^2 미만	3천~ 1만m^2 미만	1만m^2 이상
합 계	6,556,713 100.0%	3,231,656 49.3%	1,522,826 23.2%	481.832 7.3%	576.872 8.8%	385.188 5.9%	207,838 3.2%	110,510 1.74%	39,991 0.6%
서 울	667,321	158,158	173,331	113,054	91,307	73,847	32,438	17,080	8,105
부 산	386,894	189,154	104,664	20,690	27,193	22,625	12,744	6,532	3,292
대 구	252,872	87,698	79,512	21,778	30,484	17,289	9,083	4,905	2,123
인 천	206,116	73,700	41,632	20,208	29,666	22,236	10,276	6,383	2,015
광 주	137,289	54,825	46,483	7,642	11,903	6,596	4,820	3,308	1,712
대 전	130,610	46,078	37,868	9,117	17,141	10,093	5,137	3,641	1,535
울 산	123,765	50,899	330,058	9,264	12,939	8,715	5,069	2,688	1,186
경 기	977,707	306,875	265,990	96,270	135,336	90,807	43,484	29,190	9,755
강 원	357,434	216,069	72,322	19,849	23,903	12,514	8,136	3,693	948
충 북	340,060	186,535	80,675	20,943	24,457	13,329	8,824	4,181	1,116
충 남	484,790	289,083	101,373	24,750	30,776	19,964	12,005	5,386	1,453
전 북	397,571	236,497	84,624	20,000	25,270	15,327	10,312	4,043	1,498
전 남	580,762	392,805	108,529	22,425	26,425	15,270	10,428	3,800	1,080
경 북	722,007	456,220	137,515	33,983	42,994	27,785	15,748	5,963	1,799
경 남	647,953	397,629	126,585	34,882	38,735	23,109	16,263	8,535	2,215
제 주	143,562	89,431	28,718	6,977	8,343	5,682	3,071	1,182	158
기 타	–	–	–	–	–	–	–	–	–

비고 : 수록된 수치는 2008년 12월말 기준으로 2009년에 조사한 자료임
기타는 AIS시스템상 연면적란이 미기록 혹은 기록 오기임

(자료 : 국토해양부 국토정책국 도시정책관 건축기획과)

(4) 소유구분별 건축물현황

소유자 구분별 건축물 현황정보는 다음과 같다.

① 국공유 건축물 : 138,033.5동
② 개인소유 건축물 : 5,432,114.3동
③ 법인소유 건축물 : 294,473.5동
④ 기타소유 건축물 : 692,091.4동

소유구분별 건축물의 전국 시 · 도 분포현황은 〈표 5-6〉과 같다.

〈표 5-6〉 소유 구분별 전국 건축물의 분포현황

(단위 : 동)

구 분	계	국공유	개인	법인	기타
합 계	6,556,713	138,033.5	5,432,114.3	294,473.5	692,091.4
서 울	667,321	10,387.9	554,769.0	19,599.3	82,564.8
부 산	386,894	6,676.9	332,829.0	15,978.4	31,409.7
대 구	252,872	3,360.1	211,539.7	9,881.0	28,091.2
인 천	206,116	5,265.3	162,736.1	11,847.5	26,267.1
광 주	137,298	1,809.4	117,866.6	7,003.6	10,609.4
대 전	130,610	2,914.9	105,897.0	6,536.6	15,261.4
울 산	12,375	2,625.2	93,744.6	15,652.4	11,742.7
경 기	97,7707	18,189.5	776,824.4	53,635.5	129,075.6
강 원	357,434	13,597.5	302,791.7	14,623.1	26,421.7
충 북	340,060	9,159.1	281,189.8	147,915.5	31,795.6
충 남	484,790	12,034.5	413,162.2	24,599.6	34,993.7
전 북	397,571	8,963.4	331,223.2	17,095.2	40,289.2
전 남	580,762	15,844.9	494,104.2	24,672.1	46,140.7
경 북	722,007	12,758.0	618,819.3	28,183.0	62,245.7
경 남	647,953	114,943.2	556,968.9	23,221.8	55,819.1
제 주	143,562	2,503.7	77,648.6	40,28.9	59,380.3
기 타	–	–	–	–	–

비고 : 수록된 수치는 2008년 12월말 기준으로 2009년에 조사한 자료임
동수가 소수점으로 표기된 이유는 공동소유 건축물이 존재하기 때문임
* 공유 건축물인 경우, 전체 소유자의 소유구분 비율에 따라 산정
(예 건축물 1동을 개인, 법인이 공유시 개인에 0.5동, 법인에 0.5동 부여)

(자료 : 국토해양부 국토정책국 도시정책관 건축기획과)

2) 건축허가현황

건축허가정보는 허가년도로부터 일정기간 경과 후 새로운 건축물의 완공이 확실하게 예상되므로 건물자산의 외부환경 관리관점에서 이에 관한 정보 역시 파악해 둘 필요가 있다.

2009년 1.1부터 동년 12월 31일까지 1년간 동수별 · 연면적별, 건축허가현황은 다음과 같다. 참고할 동수별 건축허가현황에는 증축, 개축, 이전, 대수선, 용도변경 등이 포함되어 있다.

(1) 동수별 건축허가현황

① 2008년 1년간 총 건축허가 건수 : 229,352동

② 2008년 1년간 용도별 허가 건수

- 주거용 : 35,634동
- 상업용 : 30,474동
- 공업용 : 11,374동
- 문교사회용 및 기타 용도 건축뷸 : 17,804동

(2) 연면적별 건축허가(단위 1,000m^2)

① 주거용 : 44,606동

② 상업용 : 11,746동

③ 공업용 : 7,824동

④ 문교사회용 및 기타 용도 건축물 : 8,355동

제4절 국가 및 도시 기반시설물의 물리적 환경관리

1 서 설

국가가 정상적으로 기능하고 존립하기 위해서는 국토와 국민이 있어야 하는 것 외에 방위력과 경제력과 함께 법령의 체계와 제도의 완비가 필요하며 물리적 기반시설이 갖추어져야 한다.

특히, 물리적 기반시설이 불비하거나 허술하게 유지 관리되는 경우 국민의 삶의 질이 떨어지고 경제와 산업발전의 속도가 느려져 경제적 손실이 가중되기 마련이다. 따라서 국가 존립과 유지에 필요한 국가 기반시설물을 완전하게 갖추는 외에 이에 대한 체계적 관리도 매우 중요한 과제이다.

건물자산의 환경관리 측면에서도 국가 기반시설물에 대한 환경관리의 중요성을 크게 인식하고 있는 이유는 토목시설물, 도로, 철도, 항만, 교량, 터널, 상하수도시설, 공동구, 교통시설, 공공시설, 체육시설, 공원 등 수많은 국가 기반시설의 유지관리과정과 사용과정에서 환경상의 문제가 계속해서 나타나 건물자산의 유지보존과 경제가치에 영향을 줄 뿐 아니라 사람의 생명·건강에도 부정적 영향을 끼치기 때문이다.

국가 기반시설물은 전국에 걸쳐 분포되어 있는 전기, 통신, 도로, 항만, 철도, 송유관, 도로, 터널 등은 정부차원에서 총괄청과 관리청이 관계법에 따라 관리하고 있으나 그 지역과 도시에만 사용되는 지역 기반시설물, 예컨대, 상하수도, 도시철도, 지하철, 교통, 도로, 공원, 체육시설, 하수처리시설 등이 산재되어 있어 위치하고 있는 지역과 도시의 자치단체의 조례로 설치된 시설공단에서 관계법과 조례를 근거로 관리되고 있다.

예컨대, 서울특별시의 경우 서울시설공단에서 관계법과 지방공기업법 제76조와 서울특별시 시설관리공단 설립 및 운영에 관한 조례를 토대로 고속도로 관리, 지하도 상가관리, 공영주차장 관리, 공동구 관리, 대공원 관리, 묘지관리, 교통정보 시스템 관리, 공영차고지 관리, 상하수도 공사감독, 월드컵경기장 관리, 복원된 청계천 관리, 광화문광장 관리, 서울광장 관리 등을 담당하고 있다.

건물자산의 환경관리자는 국가 기반시설물과 지역 및 도시의 기반시설물의 관리체계를 조사 파악하고 국가 기반시설물과 지역 및 도시의 기반시설물에 대한 영향정도와 환경상의 문제점을 체계적으로 파악하여 환경관리에 응용하거나 활용해야 한다.

또한 건물자산의 환경관리자는 주요 국가 기반시설물의 종류와 내용과 지역 및 도시의 기반시설물 종류와 내용 등을 소상히 파악하고 정보화하여 환경관리에 활용해야 한다.

2 기반시설물의 물리적 환경관리정보

국가 및 기반시설물의 물리적 환경관리에 필요한 최소한의 주요 정보는 다음과 같다. 그러나 지역 및 도시의 기반시설물의 정보는 관리대상 건물자산이 위치하고 있는 도시의 시설관리공단을 통하여 파악함이 현명하다.

인위적으로 조성도 물리적 환경요소로서 주요한 위치를 차지하고 있는 전국의 고속도로, 일반국도, 특별광역시도, 지방도, 시 · 군도의 총길이는 104,236km에 이르고 있다. 전년도 보다 무려 1,217km가 늘어났다. 2008년 12월 31일 현재 도로종류별 연장은 다음과 같다.

① 고속도로 : 3,447km (전년도 3,368km)
② 일반국도 : 13,905km(전년도 13,832km)
③ 특별 · 광역시도 : 18,517km(전년도 18,109km)
④ 지방도 : 18,193km(전년도 18,175km)
⑤ 시 · 군도 : 50,174km(전년도 49,535km)

도로현황정보의 참고사항은 1986년도 전국 도로의 총 연장길이는 53,654km에 불과하였음을 볼 때 약 2배의 도로 연장 길이가 늘어난 것으로 조사되고 있다.[4]

3 도로 · 교량 및 터널현황

1) 도로 · 교량현황

우리나라 2008년 12월 31일 현재 도로상에 위치하고 있는 교량의 개소와 연장길이는 〈표 5-7〉과 같다.[5]

4) 국토해양부, 교통정책실, 도로정책관, 도로운영과, 국토해양부 도로현황조사
5) 국토해양부, 교통정책실, 도로정책관, 첨단도로현황과

〈표 5-7〉 전국 도로 · 교량현황

(단위 : m)

합 계		고속도로		일반국도		특별 · 광역시도		지방도		시 · 군도		국가지원 지방도	
개소	연장	개소	연장	개소	연장	개소	연장	개소	연장	개소	연장	개소	연장
25792	2389035	7099	904273	6050	588407	1211	260062	3409	187562	7015	369780	1008	78951

2) 터널 현황

2008년 12월 31일 현재 전국 도로상의 터널 현황은 〈표 5-8〉과 같다.[6]

〈표 5-8〉 전국 도로 · 터널 현황

(단위 : m)

합 계		고속도로		일반국도		특별 광역시도		지방도		시도		조도		구도		국가지원 지방도	
개소	연장	개소	연장	개소	연장	개소	연장	개소	연장	개소	연장	개소	연장	개소	연장	개소	연장
1152	8056 75.3	518	4068 13.3	324	219 369.1	132	844 41.1	72	391 62.8	59	286 39.0	21	717 2.5	2	660.0	24	194 40.5

3) 전국 철도현황 정보

2008년 12월 31일 현재 전국의 철도현황은 〈표 5-9〉와 같다.[7]

〈표 5-9〉 전국 철도현황

(단위 : 천명 / km)

여수	영업킬로		철로킬로	차량보유현황(대)
	여객	화물		
639	3,240.2	3,049.3	3,381.1	• KTX : 920 • 기관차 : 576 • 동차 : 500 • 전동차 : 208 • 객차 : 1,390 • 화차 : 13,105

6) 국토해양부, 교통정책실, 도로정책관, 첨단도로현황과
7) 코레일, 전국철도 현황표

제6장

건물자산의 사회적 환경관리

건물자산의 사회적 환경은 사람의 생명 · 건강과 건물자산의 유지보존과 가치에 사회적 측면에서 영향을 주고 있는 외부환경요소들을 의미한다.
제6장 건물자산의 사회적 환경관리편에서는 7개절을 두고 사회적 환경요소로서 중요한 역할을 담당하고 경제 및 조세환경, 인구와 주거환경, 환경법령과 환경제도 및 환경정책, 환경협약 등을 설명하고 있다.

제 1 절 사회적 환경의 개념과 범주

1 사회적 환경의 개념

건물자산의 환경관리에 있어서 사회적 환경이라 함은 건물자산 외부환경의 범주 중 하나로서 건물자산의 유지보존과 경제가치 및 건물이용자, 이용자 등의 업무 및 주거와 생명 · 건강에 사회적 측면에서 영향을 미치는 경제, 사회, 법과 제도, 정책, 국제협약 등 외부적 환경요소들을 의미한다.

2 사회적 환경관리의 범주

사회적 환경관리의 범주에는 경제환경, 인구와 주거환경, 환경법과 제도, 정책, 국제협약 등 건물자산의 환경관리에 직접 작용하는 외부환경요소들을 환경관리의 범주로 인식하고 있다.

제 2 절 인구와 주거환경관리

1 인구와 주거환경관리의 개요

인구는 한 나라 또는 일정한 지역에 사는 사람의 수를 의미하고 주거는 어떤 곳에 자리 잡고 사는 삶 또는 사는 집이나 거주를 의미한다.

인구와 주거는 건물자산과 사람을 주체로 하는 사회적 환경으로서 건물자산의 가치와 사람의 생명 · 건강에 여러 가지 측면에서 영향을 미친다.

특히, 인구의 도시집중에서 나타나는 인구과밀화와 주거환경의 양적 · 질적 저하로 삶의 질이 떨어지고 쾌적하고 안전하며 편리한 건강생활의 영위에 여러 가지 문제를 제공해주고 있기 때문이다. 따라서 환경관리자는 인구분포와 주거환경을 조사분석하여 문제를 예측하고 주거환경을 보건화, 쾌적화, 안전화, 편리화하도록 노력해야 한다.

2 전국 인구의 분포현황

현대사회가 당면하고 있는 4대 문제에는 인구의 폭발적인 증가, 자원의 한정 및 고갈, 환경오염 그리고 인간 중심의 이기적 가치관 등을 들 수 있다.

특히 폭발적인 인구증가는 현대사회에 가장 큰 고민인 환경오염의 주범으로 작용하고 있다.

세계 인구 증가의 추이를 보면 1700년 약 5억명에서 1930년에는 약 20억명으로 증가되었으며 다시 1975년에 약 40억명 이상으로 증가되고 2009년 7월 1일 현재 세계 인구는 무려 68억 3천만명으로 추정되고 있다.[1)]

우리나라 인구는 2008년 12월 31일 현재 49,540,367명이며 북한 인구는 2천 4백만명으로서 합계 약 7천 3백만명으로 조사되고 있어 세계 인구의 1.1%를 차지하고 있다.[2)]

세계 국가별 인구 순위는 남한 26위 수준이나 남북한 통합인구는 19위에 달하고 있다. 그러나 2050년경의 우리나라 인구는 4200만명으로 줄어들고 세계 국가별 인구 순위도 46위로 떨어지게 되며 세계 인구비율도 0.8%로 낮아질 것으로 전망되고 있다.

2010년 세계 인구밀도는 $1km^2$당 486명으로 세계 3위를 차지하고 있다.

한국의 인구성장률은 2010년 현재 0.30%로서 세계인구 평균성장률 1.18%보다 훨씬 낮아 2050년경에는 약 현재 인구보다 700만명이 줄어들 것을 예상된다.

2010년 현재 한국의 인구 중 65세 이상의 노인인구 비율은 11.0%이나 2050년경에는 무려 38.2%로 증가될 것으로 추정된다. 따라서 2010년 현재의 인구피라미드는 20대~50대 〉 20대 이하 〉 60대 이상으로 항아리 형태이나 2050년경에는 80대 〉 70대 〉 60대 〉 50대 〉 40대 〉 30대 〉 20대 〉 10대 순으로 역피라미드 형태로 역전될 전망이다.

우리나라 인구환경정보의 이해를 돕기 위한 시·도 인구분포현황을 소개하면 〈표 6-1〉과 같다.

---

1) http://www/nso.go.kr
2) 통계청, 한국통계연감, 2009, 제56호, p.27.

〈표 6-1〉 우리나라 시 · 도 인구분포현황

(단위 : 개 / km^2 / 명)

구분 / 시도별	시	군	구	행정시	자치구가 아닌 구	읍	면	동 (행정동)	면적	인구
전 국	75	86	69	2	28	211	1,205	2,071	100,139.88	49,540,367
서울특별시	–	–	25	–	–	–	–	436	605.28	10,200,827
부산광역시	–	1	15	–	–	2	3	210	765.94	3,564,577
대구광역시	–	1	7	–	–	3	6	134	884.15	2,492,724
인천광역시	–	2	8	–	–	1	19	123	1,010.35	2,692,696
광주광역시	–	–	5	–	–	–	–	91	501.28	1,422,702
대전광역시	–	–	5	–	–	–	–	76	539.84	1,480,895
울산광역시	–	1	4	–	–	4	8	44	1,057.50	1,112,407
경기도	27	4		–	20	31	111	395	10,185.60	11,292,264
강원도	7	11		–	–	24	95	74	16,874.59	1,508,575
충청북도	3	9		–	2	14	89	51	7,433.01	1,519,587
충청남도	7	9		–	2	24	147	40	8,600.96	2,018,537
전라북도	6	8		–	2	14	145	82	8,061.41	1,855,772
전라남도	5	17		–	–	31	198	66	12,212.90	1,919,000
경상북도	10	13		–	2	36	202	95	19,027.68	2,673,931
경상남도	10	10		–	–	20	177	123	10,530.89	3,225,255
제주	–	–		2	–	7	5	31	1,848.50	560,618

(자료 : 국토해양부, 2009 국토해양통계연보, p.5.)

3 총주택과 가구현황

2009년도 국토해양연보에 의하면 2005년에 실시한 인구주택 총조사에서 나타난 주택수와 가구수는 다음과 같다.

① 전국 총주택수 : 13,222.6천 주택

② 전국 총가구수 : 15,988.3천 가구

지역별 주택수와 가구수 분포현황은 〈표 6-2〉와 같다.

〈표 6-2〉 전국 총주택수와 가구수 분포현황

(단위 천가구, 천호, 천명)

구 분			전국	서울	부산	대구	인천	광주	대전	울산	경기	강원	충북	충남	전북	전남	경북	경남	제주
가구	총수		15,988.3	3,341.4	1,190.1	817.6	828.0	461.4	480.5	340.7	3,361.7	522.2	507.5	663.4	621.7	668.0	943.1	1,061.3	179.7
	일반		15,887.1	3,309.9	1,186.4	814.6	823.0	460.1	478.9	339.1	3,329.2	520.6	505.2	659.9	620.0	666.3	938.8	1,056.0	179.2
	집단		16.6	3.3	0.6	0.5	0.4	0.4	0.4	0.2	3.7	0.7	0.8	1.2	0.7	0.7	1.5	1.2	0.2
	외국인		84.6	28.1	3.1	2.6	4.6	0.9	1.2	1.3	28.8	0.9	1.5	2.3	1.1	0.9	2.8	4.0	0.4
주택	총수		13,226.6	2,321.9	967.1	608.9	723.6	379.3	379.9	276.6	2,736.2	493.9	456.2	634.9	598.2	671.3	877.8	943.2	153.4
인구	총인구	남	23,624.0	4,869.8	1,743.3	1,233.3	1,273.0	704.0	723.5	541.4									
		여	23,655.0	4,950.4	1,789.3	1,231.3	1,258.3	713.7	719.4	507.8	5,243.8	735.4	734.7	952.7	877.6	892.5	1,301.6	1,533.0	264.5
		계	47,279.0	9,820.2	3,523.6	2,464.5	2,531.3	1,417.7	1,442.9	1,049.2	10,415.4	1,464.6	1,460.5	1,889.5	1,784.0	1,819.8	2,607.6	3,056.4	531.9
	한국인	남	23,465.7	4,837.1	1,735.9	1,227.2	1,262.6	701.3	720.7	538.0	5,192.0	733.3	730.1	945.5	874.7	889.8	1,292.7	1,521.1	263.7
		여	23,575.8	4,925.4	1,776.7	1,228.8	1,255.1	712.4	717.8	506.9	5,149.0	727.5	723.8	933.9	904.2	925.4	1,302.0	1,519.9	267.0
		계	47,041.4	9,762.5	3,512.5	2,456.0	2,517.7	1,413.6	1,438.6	1,044.9	10,341.0	1,460.8	1,453.9	1,879.4	1,778.9	1,815.2	2,594.7	3,041.0	530.7
	외국인	남	158.3	32.6	7.4	6.1	10.4	2.8	2.7	3.4	51.8	2.2	4.6	7.1	2.9	2.7	8.9	11.9	0.8
		여	79.2	25.0	3.6	2.4	3.2	1.3	1.6	0.9	22.6	1.6	2.0	2.9	2.2	1.9	4.0	3.4	0.4
		계	237.5	57.6	11.0	8.5	13.6	4.1	4.3	4.2	74.4	3.8	6.6	10.1	5.1	4.6	12.9	15.4	1.2

(자료 : 국토해양부, 2009 국토해양통계연보, pp.28 29)

4 주택보급현황

2008년 12월 31일 현재 국토해양부 주택정책과 추정자료에 의하면 전국 주택보급률 다음과 같다.

① 전국 가구수 : 16,618.8 천가구

② 전국 주택수 : 16,733.1천호

③ 전국 주택보급률 : 100.7%

제3절 경제 및 조세환경관리

1 경제환경관리

1) 경제환경관리의 개요

경제환경은 인구와 주거환경과 같이 사회적 환경으로서 건물자산과 건물자산 이해관계 중심의 외부환경 범주에 해당된다.

경제의 의미는 인간이 공동생활을 영위해 가는 데 필요한 재화(물건과 서비스)를 획득하고 이용하는 활동을 말하는 바 경제환경은 이를 통하여 이루어지는 사회환경으로서 사회적 측면에서 건물자산과 건물자산 이해관계자 모두에게 긍정적 또는 부정적 영향을 주고 있다. 따라서 시장의 경기변동, 정부의 금리정책, 조세 및 부담금제도, 부동산정책, 통화정책, 주요 경제지표 등을 조사 분석하여 사회적 환경으로서의 경제환경관리에 응용하여 적용하여야 한다.

2) 경기변동 경기순환

한 나라의 경기변동은 순환적으로 변동하고 있다. 경기순환은 상승과 하강을 반복하면서 움직이며 일반적으로 확장기, 후퇴기, 수축기, 회복기를 거치면서 정점의 상승활동과 저점의 하강활동을 반복하여 호경기와 불경기를 연출하고 있다.

따라서 환경관리자는 경제순환의 단계별 특징을 살펴 건물자산의 경제가치 보호에 최선을 다해야 한다. 경기순화의 단계별 특징은 다음과 같다.

(1) 확장기의 경제적 특징

① 생산과 공급증가
② 완전고용
③ 임금상승
④ 구매력 상승
⑤ 화폐가치 하락
⑥ 생산설비 확장

(2) 후퇴기의 경제적 특징

① 공급과잉
② 침체기 현상
③ 순환국면의 정점

(3) 수축기의 경제적 특징

① 수요, 공급 감소
② 고용감소
③ 실업률 크게 증가
④ 경기하강
⑤ 재표가격 하락
⑥ 화폐가치 상승
⑦ 생존 필수적 경제활동 유지

(4) 회복기의 경제적 특징

① 재투자 현상
② 초과 공급, 제품 소화
③ 구매촉진 현상
④ 생산공급 증가
⑤ 점차적 고용증가

3) 정부통화정책

정부의 통화정책은 경제환경을 호전시키기도 하고 악화시키는 중요한 역할을 한다. 2010년 1월 한국은행이 금융통화위원회의 의결을 거쳐 발표한 2010년도 통화정책의 내용을 살펴보면 다음과 같다.

(1) 물가안정목표

① 2010년~2012년 중 물가안정목표는 전년동기대비 소비자 물가상승률 기준 3.0±1%로 설정한다.

② 향후 물가 여건의 높은 불확실성 등을 고려하여 변동 허용폭을 ±0.5%에서 ±1%를 설정한다.

(2) 실물경제

2008년 12월 31일 현재 실물경제지표는 다음과 같다.

① GDP 성장률 : 연간 4.6%(전년 동기대비)

② 경상수지 : 170억 달러

③ 소비자물가 : 2.8%

(3) 기준금리

2009. 02. 1일 현재 연 2%대를 유지하고 있다.

4) 주요 경제지표

경제지표 정보는 그 나라 국민의 생활수준을 알 수 있는 척도일 뿐 아니라 생산과 소비정도를 파악할 수 있으며 경제정책이나 경제활동의 지표로 활용될 수 있으므로 건물자산의 사회적 환경관리에도 유용하게 사용될 수 있다.

따라서 2000 주요 경제지 한국은행이 작성하고 국토해양부에 의하여 2009년 국토해양통계연보에서 발표되고 있는 주요 경제지표를 소개하면 다음과 같다.

(1) 국민총소득

국민총소득(Gross National Income)은 실질 국민소득 측정을 위한 교역조건과 반영 소득지표로서 일정기간 국민이 생산활동을 통하여 벌어들인 소득의 합계로서 2008년

12월 31일 현재 1인당 G.N.I는 $19231이며 국민총소득은 1,030,636.30억원이다.

(2) 국내총생산

국내총생산(Gross Domestic Product)이란 1년 기준을 측정한 것으로 일정기간 동안 국가에서 생산된 재화와 용역의 시장가치를 모두 합한 가치로서 2008년 12월 31일 현재 국내 총생산액은 977,786.50억원으로 조사되고 있다.

(3) 저축률

총저축률(Gross Domestic Investment Ratio)이란 국민총생산에서 국민이 저축한 비율을 의미하며 2008년 12월 31일 현재 30.7%를 기록하고 있다.

(4) 조세총부담률

국민총부담률(Total Tax Revenue/GDP)이란 국내총생산에서 일정 국가 회계연도 기준 총예산에서 부담하는 비율로서 2008년도 12월 31일 현재 16.3%를 차지하고 있다.

5) 고용현황

2008년 12월 31일 현재 경제활동인구와 고용현황은 다음과 같다.

① 15세 이상 인구수 : 39,598천명
② 경제활동 가능인구 : 24,347천명
③ 취업인구 : 23,577천명
④ 실업률 : 3.2%

2 건물자산 조세환경관리

건물자산의 조세와 부담금제도는 건물자산 경제가치의 유지와 보존 및 극대화 그리고 수익 측면에서 크게 작용한다. 그러므로 경제환경관리 측면에서 건물자산의 조세체계, 건물자산조세와 부담금의 내용, 임대소득세 등 건물자산과 관련한 조세와 부담금을 살펴 이해하고 경제환경관리에서 응용해야 한다.

1) 조세체계와 납부기준

(1) 조세체계

우리나라 조세체계는 〈표 6-3〉과 같다.

〈표 6-3〉 우리나라 조세체계

<table>
<tr><th colspan="4">구 분</th><th>세 목</th><th>개별세법</th><th>일반세법</th></tr>
<tr><td rowspan="17">국세</td><td rowspan="15">내국세</td><td rowspan="12">보통세</td><td rowspan="6">직접세</td><td>소득세</td><td>소득세법</td><td rowspan="15">국세기본법
국세징수법
조세범 처벌법
조세범 처벌절차법</td></tr>
<tr><td>법인세</td><td>법인세법</td></tr>
<tr><td>상속세</td><td>상속세법</td></tr>
<tr><td>증여세</td><td>증여세법</td></tr>
<tr><td>재평가세</td><td>재평가세법</td></tr>
<tr><td>부당이득세</td><td>부당이득세법</td></tr>
<tr><td rowspan="6">간접세</td><td>종합부동산세</td><td>종합부동산세법</td></tr>
<tr><td>부가가치세</td><td>부가가치세법</td></tr>
<tr><td>특별소비세</td><td>특별소비세법</td></tr>
<tr><td>주세</td><td>주세법</td></tr>
<tr><td>인지세</td><td>인지세법</td></tr>
<tr><td>증권거래세</td><td>증권거래세법</td></tr>
<tr><td colspan="2" rowspan="3">목적세</td><td>교육세</td><td>교육세법</td></tr>
<tr><td>교통세</td><td>교통세법</td></tr>
<tr><td>농어촌특별세</td><td>농어촌특별세법</td></tr>
<tr><td rowspan="2">관세</td><td colspan="2">관세</td><td colspan="3" rowspan="2">관세법</td></tr>
<tr><td colspan="2">임시수입부가세</td></tr>
<tr><td rowspan="2">지방세</td><td>보통세</td><td colspan="3">취득세, 등록세, 레저세, 면허세, 주민세, 재산세, 자동차세, 주행세, 농업소득세, 담배소비세, 도축세, 종합토지세</td><td colspan="2" rowspan="2">지방세법</td></tr>
<tr><td>목적세</td><td colspan="3">도시계획세, 공동시설세, 사업소세, 지역개발세, 지방교육세</td></tr>
</table>

(자료출처 : 정우성, 최신 세법강의, 대명, 2004. p.17. 인용)

(2) 주요 조세별 납부기준

주요 조세 납부기준은 〈표 6-4〉와 같다.

〈표 6-4〉 주요 조세별 납부기준

주요 세목	부과징수방법	납부기준	면세점
재산세	보통징수	매월 6월1일(7.16~7.31)	소액부징수 2,000만원 미만
취득세	신고납부	취득일 30일 이내(상속-6월 이내)	취득가액 50만원 미만
등록세	신고납부	등기 등록 전	
도시계획세	보통징수	매년 6월 1일	소액징수 2,000만원 미만
공동시설세	신고납부	매년 6월 1일	소액부징수 2,000만원 미만
종합소득세	신고납부	매매업 • 예정신고 : 매매일 속하는 달의 말일부터 2월 이내 • 확정신고 : 익년도 5.1~5.31	원천징수액 1,000만원 미만 중간예납세액 10만원 미만
임대소득세	신고납부	확정신고	
양도소득세	신고납부	• 예정신고 : 양도일이 속하는 달의 말일부터 2개월 이내 • 확정신고 : 익년도 5.1~5.31	
종합부동산세	신고납부	매년 6월 1일	
부가가치세	신고납부	매년 4.25, 7.25, 10.25, 1.25	

2) 건물자산 관련 조세

(1) 취득단계의 조세

① 취득세

부동산, 차량 등 일정한 자산의 취득에 대하여 그 취득자에 부과되는 조세

가. 과세대상

- 부동산(토지, 건축물), 차량, 기계장비, 입목, 항공기, 선박, 광업권, 어업권, 골프, 콘도미니엄, 종합체육시설이용, 승마회원권
- 취득간주 : 과점주주(지분해당분), 지목변경

나. 과세표준 : 취득당시의 가액

• 취득가격이 입증되지 않는 경우 : 신고가격 원칙(연부취득시는 연부금액)
  - 원칙 : 신고가격(연부 취득시는 연부금액)
  - 예외 : 신고가액이 없거나 시가표준액 미달시에는 시가표준액

• 취득가격이 입증되는 경우 : 사실상 취득가액
  국가 및 지방자치단체로부터 취득, 수입취득, 법인장부, 판결문에 의해 취득가격이 입증되는 취득, 공매취득시 적용

• 기타
  - 지목 변경시 전후 가액의 차액
  - 차량, 기계장비의 종류 변경시 종류 변경으로 증가한 가액

다. 세 율

과세대상	세 율
일반재산	2%(일반세율)
사치성재산 : 별장 · 골프장 · 고급주택 · 고급오락장 · 고급선박	5배 중과
대도시내 공장신설 · 본점사업용 부동산	3배 중과

* 일반세율의 100분의 50 범위내에서 조례로 가감조정 가능

라. 비과세

• 국가 · 지자체의 취득
• 국가 · 지자체에 귀속 또는 기부채납조건의 취득 부동산
• 제사 · 종교 · 자선 · 학술 · 기예 · 기타 공익사업을 목적으로 하는 비영리사업자가 직접 사용하기 위한 부동산 취득
• 마을회 등 주민공동체의 주민공동소유 부동산 및 선박취득
• 별정우체국사업에 사용하기 위한 부동산 취득
• 임시용(1년 이내) 건축물의 취득
• 천재 · 지변 및 토지수용으로 인한 대체취득
  - 천재지변 : 멸실일 등으로부터 2년 이내 대체 취득
  - 토지수용 : 대체취득 부동산 등에 대한 계약체결 등으로부터 1년 이내 대체취득
• 법인의 합병, 공유권 분할, 신탁으로 인한 신탁재산, 환매권 행사 등으로 인한 형식적인 소유권 취득

② 등록세

재산세 기타 권리의 취득, 이전, 변경 또는 소멸에 관한 사항을 공부에 등록하는 경우에 그 등기 또는 등록을 받는 자에게 부과되는 조세

가. 과세대상

부동산, 선박, 자동차, 건설기계, 항공기, 법인, 상호, 광업권, 어업권, 저작권, 출판권, 저작인접권, 특허권, 실용신안권, 의장권, 상표, 서비스표, 영업허가 등

나. 과세표준 : 등기, 등록 당시의 가액

- 등기, 등록 당시 가액이 입증되지 않는 경우
  - 원칙 : 신고가격
  - 예외 : 신고가액이 없거나 시가표준액 미달시에는 시가표준액
- 등기, 등록 당시 가액이 입증되는 경우 : 사실상 취득가액
  - 국가, 지방치단체로부터 취득, 수입취득, 법인장부, 판결문에 의해 취득가격이 입증되는 취득

다. 비과세

- 국가, 지자체에 귀속 또는 기부채납조건의 부동산등기
- 국가, 지자체가 자기를 위하여 하는 등기, 등록
- 제사 · 종교 · 학술 · 기예 · 기타 공익사업을 목적으로 하는 비영리사업자가 직접 사용하기 위한 부동산 등기
- 마을회 등 주민공동체의 주민공동소유 부동산 및 선박등기
- 학교법인 또는 사회복지법인의 설립과 합병의 등기
- 대체취득등기, 형식적인 소유권의 취득등기 등

(2) 보유단계의 조세

① 재산세

건축물, 선박 및 항공기의 소유에 대하여 그 소유자에게 부과하는 조세로 지방세 중 시 · 군세

가. 과세대상

토지, 건축물, 주택, 선박 및 항공기

나. 납세의무자

- 과세기준일(매년 6월 1일) 현재 재산세 과세대장에 등재된 자
- 재산세 과세대장에 등재되지 않았을 때에는 사실상 소유자
- 소유권자를 알 수 없을 경우에는 그 사용자
- 국가 등과 연부로 매매계약을 체결하고 그 재산의 사용권을 무상으로 부여받은 경우 매수계약자
- 신탁법에 의한 신탁재산 위탁자
- 상속등기가 이행되지 않는 경우 주된 상속자

다. 과세표준

- 주택 · 토지 : '부동산가격공시 및 감정평가에 관한 법률'에 의한 주택공시가격의 55% 및 개별공시지가의 65%(주택은 1980년부터 5%씩 인상, 토지는 2006년부터 인상)
- 건축물 : 시장 · 군수 · 구청장이 결정 · 고시한 시가표준액의 65%(2006년부터 매년 5%씩 인상)
- 선박 · 항공기 : 시가표준액의 100% 적용

2009년도 시행 재산세 개정내용은 다음과 같다.

현 행	개 정
〈과표 적용비율 : 매년 5%씩 인상〉 • 주택 : 55% • 토지, 건축물 : 65%	〈공정시장가액〉 • 주택 : 60% ± 20% • 토지, 건축물 : 70% ± 20%

- 현행 재산세 과세표준은 매년 시가표준액에 대한 적용비율을 단계적으로 인상하도록 규정하고 있다.
- 지역에 따라 주택가격이 하락함에도 오히려 세부담이 증가하는 불합리한 점이 있으므로 공정시장가액제도를 도입함으로써 부동산가격 변동에 따른 재산세 세부담의 적정성이 반영될 수 있도록 관련 규정이 다음 표와 같이 개정되었다.

<table>
<tr><th colspan="3">과세대상</th><th colspan="2">세 율</th></tr>
<tr><td rowspan="3">토지</td><td colspan="2">종합합산</td><td>5,000만원 이하
5,000만원~1억원 이하
1억원 초과</td><td>0.2%
10만원+5천원 초과금액의 0.3%
25만원+1억원 초과금액의 0.5%</td></tr>
<tr><td colspan="2">별도합산</td><td>2억원 이하
2억원~10억원 이하
10억원 초과</td><td>0.20%
40만원+2억원 초과금액의 0.3%
280만원+10억원 초과금액의 0.4%</td></tr>
<tr><td>분리
과세</td><td>전, 답, 가수원 목양요지 및
임야 골프장 및 고급 오락장용
토지, 그 밖의 토지</td><td colspan="2">0.07%
4%(2009년 12월 31일까지 수도권 외 지역의 골프장 2%~
0.2%)</td></tr>
<tr><td>건축물</td><td colspan="2">일반건축물
골프장 및 고급 오락장용 토지
주거지역 내의 공장</td><td colspan="2">0.25%
4%(2009년 12월 31일까지 수도권 외 지역의 골프장 2%~
0.50%)</td></tr>
<tr><td rowspan="3">주택</td><td colspan="2" rowspan="2">주택</td><td>4,00만원 이하
4,000만원~1억원 이하
1억원 초과</td><td>0.15%
6만원~4천만원 초과금액의 0.3%
24만원+1억원 초과금액 0.5%</td></tr>
<tr><td colspan="2">※세부담 상한 적용
(1) '05세부담 상한 : 전년대비 50%
(2) '06세부담 상한 인하('06.9.1 시행)
• 공시가격 3억원 이하 : 전년대비 5%
• 공시가격 3억원 초과 6억원 이하 : 전년대비 10%
• 공시가격 6억원 초과 : 전년대비 50%</td></tr>
<tr><td colspan="2">별장</td><td colspan="2">4%</td></tr>
<tr><td>선박</td><td colspan="2">고급 선박
기타</td><td colspan="2">5%
0.30%</td></tr>
<tr><td colspan="3">항공기</td><td colspan="2">0.30%</td></tr>
</table>

라. 세 율

2009년도 시행개정 재산세 과표구간 및 조정 세율은 다음과 같다.

• 주택분 재산세 과표구간 및 세율 조정

현 행	개 정
〈주택과표구간 및 세율〉 • 0.4억원 이하 : 0.15% • 0.4억원 초과 1억원 이하 : 0.3% • 1억원 초과 : 0.5%	〈주택과표구간 및 세율〉 • 0.6억원 이하 : 0.1% • 0.6억원 초과 1.5억원 이하 : 0.15% • 1.5억원 초과 3억원 이하 : 0.25% • 3억원 초과 : 0.4%

- 현행 재산세는 재산세액 산출액과 실제 부과세액간 격차율로 인하여 재산세 과표 × 세율에 의거 산출된 세액으로 부과되어야 하나, 그동안 세부담 상한제 시행에 따라 동일과세, 동일물건에 동일 세부담이 되지 못하고 재산세는 주택가격하락에도 세부담은 매년 증가하는 문제발생
- 산출세액이 실제 부과세액과 최대한 일치하도록 과표구간 및 세율을 현실에 맞게 인하 조정하여 구조적 문제를 상당부분 해소
- 주택분 재산세 세부담 상한율 조정 및 미비점 개선

현 행	개 정
〈주택분 재산세 세부담 상한〉 • 3억 이하 : 105% • 3억~6억 이하 : 110% • 6억 초과 : 150%	〈주택분 재산세 세부담 상한〉 • 3억 이하 : 105% • 3억~6억 이하 : 110% • 6억 초과 : 130%
당해 재산세의 산출세액이 직전연도의 재산세액의 상당액을 초과(5~50%)하는 기준이 되는 주택공시가격	당해 재산세의 산출세액이 직전연도의 재산세액의 상당액을 초과(5~50%)하는 기준이 되는 주택공시가격 또는 시장 • 군수가 산정한 가액

- 2008년도분 주택분 재산세 소급 환급

현 행	개 정
〈신설〉	• 과표적용비율 인한(55%→50%) • 6억 초과 주택 세부담 상한 인하(150% → 130%) * 2008년 부과분에 한해 소급 적용

마. 과세기준일

매년 6월 1일

바. 납 기

- 건축물, 선박, 항공기 : 7월 16일 ~ 7월 31일
- 주택
  - 산출세액의 1/2 : 7월 16일 ~ 7월 31일
  - 나머지 1/2 : 9월 16일 ~ 9월 30일

  ※ 주택분 재산세가 5만원 이하 : 7월에 전액부과할 수 있다.
- 토지 9월 16일 ~ 9월 30일

사. 비과세

- 제사 · 종교 · 자선 · 학술 · 기예 · 기타 공익사업을 목적으로 하는 비영리사업자가 직접 사용하는 부동산
- 마을회 등 주민공동체 소유건축물
- 별정우체국이 공용 또는 공공용으로 사용하는 건축물
- 임시용(1년 미만) 건축물, 비상화재구조용 등 선박

아. 소액 부징수

- 세액이 2,000원 미만인 경우 징수하지 않음

② 종합부동산세

고액의 부동산 보유자에 대하여 종합부동산세를 부과하여 부동산 보유에 대한 조세부담의 형평성을 제고하고 부동산의 가격안정을 도모함으로써 지방재정의 균형발전과 국민경제의 건전한 발전에 이바지함을 목적

가. 과세대상

주택(부속토지 포함), 종합합산토지(나대지, 잡종지 등), 별도합산토지(일반 건축물의 부속토지)로 구분하여 과세대상 판정(공부상의 등재현황과 사실상 현황이 다른 경우 사실상 현황대로 과세)

- 세대별 합산과세 : 주택 및 종합합산토지는 세대별로 전국 합산한 가액이 과세기준금액을 초과하는 경우(2006년 개정)
  - 단, 법인(기타 단체 등)은 인별로 합산
- 인별 합산과세 : 별도합산토지는 인별로 전국 합산한 가액이 과세기준금액을 초과하는 경우

과세대상		과세기준금액	적용비율
주택		주택공시가격 6억원	90%(2009년부터 100%)
토지	종합합산토지	토지공시가격 3억원	90%(2009년부터 100%)
	별도합산토지	토지공시가격 40억원	65%(2015년까지 매년 5%씩 증가
	서비스업 등 별도합산토지	토지공시가격 200억원	65%(2009년까지 매년 5%씩 증가

나. 납세의무자

• 주택 및 종합합산토지

개인은 세대별 합산액이 과세기준금액을 초과하는 세대의 세대원 중 주택이나 토지별로 각각 공시가액 합계액이 가장 큰 자, 합계액이 같은 경우에는 신고하는 경우에는 신고를 하는 자로 하고 부과·징수하는 경우에는 국세청장이 정하는 자, 다만 법인(단체, 종중 등 포함)은 법인별 합산액이 과세기준금액을 초과하는 법인

－개인의 나머지 세대원은 소유한 부동산 공시가격을 한도로 연대 납세의무가 있다.

세대의 범위(2006년 신설)는 다음과 같다.

• 본인 및 배우자와 동일한 주소에서 생계를 같이 하는 직계존비속(배우자 포함) : 형제자매

－취학, 질병의 요양, 근무 상 또는 사업상의 형편에 따른 일시 퇴거자는 동일 세대임

• 배우자가 없는 경우에도 다음의 별거하는 독립된 생계유지자는 각각 1세대로 간주

－민법상 30세 이상인 경우, 배우자가 사망하거나 이혼한 경우

－소득이 최저생계비 수준 이상으로서 소유하는 주택·토지를 관리·유지하면서 독립된 생계를 유지할 수 있는 경우(예외적으로 미성년자는 제외하나 미성년자의 결혼, 가족의 사망 등으로 부득이하게 1세대를 구성하는 경우는 인정)

• 합가주택

혼인 또는 60세 이상(女55세 이상)의 직계존속을 봉양하기 위해 혼인(합가)한 날부터 2년간은 세대합산 유예하므로 혼인 또는 합가한 자별로 각각 1세대로 봄

－혼인(합가)한 날부터 2년 동안은 각각 1세대로 간주

다음은 2009년 최저생계비이다.

구 분	1인가구	2인 가구	3인 가구	4인 가구	5인 가구	6인 가구
금액(원/월)	490,845	835,763	1,081,186	1,326,609	1,572,031	1,817,454

• 별도합산토지 : 인별 전국합산 토지의 공시가격 합계액이 40억을 초과하는 자

다. 과세표준

• 주택분 : 세대별(법인은 인별) 전국 합산 공시가격 － 6억

• 종합합산토지분 : 세대별(법인은 인별) 전국 합산 공시가격 － 3억

- 별도합산토지분(서비스업 등 제외) : 인별 전국 합한 공시가격 – 40억
- 별도합산토지분(서비스업 등) : 인별 전국 합산 공시가격 – 200억
  → 2007년 조특법 신설, 2009년까지 3년간 한시 적용
  ※ 서비스업 등 : 관광호텔업, 종합휴양업, 유원시설업, 스키장업, 대중골프장업, 유통단지, 공동차고지, 공장용 건축물의 부속토지(8개 업종)
- 감면이 있는 경우는 다음과 같다.
  –주택 : [세대별(법인은 인별) 전국합산 {공시가격×(1 – 감면율)} – 6억]
  –종합합산토지 : [세대별(법인은 인별) 전국합산 {공시가격×(1 – 감면율) – 3억]
  –별도합산토지 : [인별 전국합산 {공시가격×(1 – 감면율)} – 40억(또는 200억)]

라. 세 율

주 택			종합합산			별도합산(서비스업 등 제외)		
과세표준	세율	누진공제	과세표준	세율	누진공제	과세표준	세율	누진공제
3억 이하	1%	–	17억 이하	1%	–	160억 이하	0.60%	–
14억 이하	1.50%	150만원	97억 이하	2%	1,700만원	960억 이하	1%	6,400만원
94억 이하	2%	850만원	97억 초과	4%	2억1,100만원	960억 초과	1.60%	6억4,000만원
94억 초과	3%	1억250만원						

* 별도합산(서비스업 등) : 공시가격 200억 초과분 0.8%(단일 세율, 2009년 납세의무 성립분까지 한시 적용)

2009년도 시행 종합토지세의 개정내용은 다음과 같다.

구 분	개 정	비고
기준금액	인변 공시가격 6억원(1세대 1주택 단독명의시 9억원)	
과세표준액과 세율	과표: 6억 이하 / 6억~12억 / 12억~50억 / 50억~94억 / 9억 초과 요율: 0.5% / 0.75% / 1% / 1.5% / 2%	
1세대1주택 세액공제	• 장기보유 : 5년 이상 : 20%, 10년 이상 : 40% • 고령자 : 60세 이상 : 10%, 65세 이상 : 20%, 70세 이상 : 30%	최대 70%

- 주택 종합부동산세는 헌법재판소의 위헌판결에 따라 세대별 6억원에서 개인별 6억원으로 부과기준을 변경. 이와 함께 세율도 1~3%에서 0.5~2%로 낮춤. 특히 1세대 1주택자는 최대 70%까지 세액공제를 받을 수 있어서 세부담이 대폭 줄어든다.

참고로 1세대 1주택 단독명의인 경우 기초공제 3억원 추가하여 공시가격 9억원 이하이면 종합부동산세를 내지 않아도 된다.

3) 처분단계의 조세

양도소득세는 개인의 당해 연도에 부동산 등의 자산을 양도함으로써 발생한 소득을 과세대상으로 하여 부과하는 소득세, 자본이득세, 실질과세, 응능과세의 성격

① 과세권자 : 양도자의 주소지인 납세지 관할세무서장

② 납세의무자 : 국내 자산의 양도소득 및 양도일까지 계속 5년 이상 국내에 주소·거소를 둔 거주자의 국외자산의 양도소득

③ 과세대상

- 부동산 : 토지, 건축물
- 부동산에 관한 권리
  - 지상권 · 전세권 및 등기된 부동산 임차권
  - 부동산을 취득할 수 있는 권리
  * 아파트 당첨권, 재개발 · 재건축조합주택입주권
  * 토지상환채권 · 주택상환채권
  * 부동산매매계약금만 지급한 상태에서 양도하는 권리, 지역권, 등기되지 않은 부동산임차권, 단순한 영업권만의 양도는 과세대상이 아니다.
- 기타 자산
- 사업용 고정자산과 함께 양도하는 영업권
- 시설물 이용 · 회원권(골프회원권, 콘도미니엄회원권 등)
- 특정법인주식 : 부동산보유비율 · 지분비율 · 양도비율 각각 50% 이상
- 특정업종영위법인주식 : 부동산보유비율 80% 이상 + 업종 : 골프장 등
  - 상장법인주식 · 코스닥 상장법인주식 : 대주주의 양도 및 장외거래에 한함
  - 기타 비상장법인주식

4) 임대건물 조세관리

일반임대건물의 관련조세는 대체로 다음과 같으나 건물자산조세는 〈제4절 건물자산조세〉편에서 구체적으로 설명하고자 한다.

(1) 종합토지세

일반적으로 부동산을 보유하는 기간 중 토지에 대해서는 종합토지세를 부담하여야 하고, 주택과 같은 건물에 대해서는 재산세를 부담하여야 한다.

종합토지세는 개인이나 법인이 가지고 있는 전국의 모든 토지를 소유자별로 합산하여 그 토지가액에 따라 누진세율을 적용하여 과세하는 지방세이다.

종합토지세는 원칙적으로 모든 토지를 합산하여 과세하여야 하나, 과세대상 토지를 종합합산 과세대상, 별도합산 과세대상, 분리 과세대상의 3가지로 나누어 각각 별도의 과세표준과 세율을 적용하고 있다. 이것은 이용형태가 다양한 전국의 3,200만 필지에 대하여 하나의 세금 체계 속으로 획일적으로 과세한다는 것이 현실적으로 어려움을 나타내주고 있다.

(2) 재산세

재산세는 건물, 선박, 항공기 등 등록된 재산에 대하여 부과되는 세금이다.

재산세의 납세의무자는 5월 1일(과세기준일) 현재 재산세과세대장에 재산의 소유자로 등재된 재산명의자가 된다. 다만 권리의 양도, 도시계획사업의 시행 또는 기타 사유로 인하여 재산세과세대장에 등재된 자의 권리에 변동이 생겼거나 재산세과세대장에 등재가 되지 아니하였을 때에는 사실상의 소유자가 재산세를 납부할 의무를 진다. 또한 소유권의 귀속이 분명하지 아니하여 소유권을 알 수 없을 때에는 그 사용자가 재산세를 납부할 의무를 진다.

(3) 취득세 및 등록세

지방세법상 부동산의 취득에 관련된 주요한 세금으로 취득세와 등록세가 있다.

취득세의 과세대상은 토지, 건물뿐만 아니라 골프회원권, 콘도회원권, 차량, 중기, 항공기를 취득하였을 때에도 취득세가 부과된다. 또한 매매, 신축, 상속, 증여, 교환 등 일체의 방법에 의하여 유·무상으로 부동산을 취득하였을 경우에도 해당된다.

등록세는 재산권 및 기타 권리의 취득, 이전, 변경 등에 관한 사항을 등기·등록하는 경우에 부과되는 세금이다.

(4) 사업소득세

사업을 하는 경우에는 원칙적으로 부가가치세를 내야 하며, 모든 사업자는 소득세 납세의무가 있다. 또한 특별소비세를 내야 하는 업종도 있다.

① 사업을 하는 경우 원칙적으로 부가가치세를 내야 한다.

그러나 다음과 같이 생활필수품의판매나 의료, 교육 관련 용역의 제공 또는 신문, 도서출판, 판매의 경우에는 부가가치세를 내지 않는다.

- 곡물, 과실, 육류, 생선 등 가공되지 아니한 식료품 판매
- 연탄, 무연탄, 담배, 복원의 판매
- 병 · 의원의 의료보건 용역업
- 허가받은 학원, 강습소, 교습소 등 교육용역업
- 도서, 신문, 잡지발간

② 모든 사업자는 소득세 납세의무가 있다.

사업을 해서 얻는 소득에 대해서는 소득세를 내야 한다. 그러나 소득세는 여러 가지 공제제도가 있어 영세사업자는 다음해 5월 중 소득세 확정신고를 하는 경우 공제혜택을 받아 소득세를 내지 않는 때가 있다. 사업을 위하여 종업원을 채용하여 급여를 지급할 경우 급여액에 따라 근로소득을 원천징수하여 납부하여야 한다.

③ 소득할 주민세를 신고 납부하여야 한다.

소득세를 확정신고 납부한 후 이에 따른 소득할 주민세(소득세액의 7.5%)도 6월 30일까지 관할 시 · 군 · 구청에 신고하여야 한다.

④ 특별소비세를 내야 하는 업종도 있다.

사업을 하는 사업자는 부가가치세와 소득세의 특별소비세를 다음과 같은 경우에는 납부하여야 한다.

- 카바레, 나이트클럽, 요정, 사롱, 디스코클럽 등 과세유흥장소
- 귀금속, 고급가구, 모피의복 등의 제조

(5) 부가가치세 · 주민세 · 갑종 근로소득세

공동주택관리에 관련된 조세를 참조한다.

(6) 기타 지방세

① 도세 : 등록세 · 취득세 · 면허세이다.

② 시군세

- 보통세 · 주민세 · 재산세 · 자동차세 · 농지세
- 목적세 · 도시계획세 · 소방공동시설세 · 사업조세

③ 재산세

- 재산세에는 개인이 소유하는 재산순액이 아니라 재산총액(순재산액+그 재산에 포함된 부채액)을 과세표준으로 하여 그 소유자의 조세부담 능력에 관계없이 부과하는 물세이다.
- 과세대상 및 과세표준 : 재산세의 과세대상은 토지 · 건물 · 광구 · 선박이고, 과세표준도 재산가액이다.

5) 건물자산 임대소득

(1) 임대소득의 의의

건물자산(부동산) 임대소득이라 함은 다음의 소득을 말한다.

① 건물자산(부동산)이나 건물자산(부동산)의 권리의 대여로 인하여 발생한 소득
② 광업재단이나 공장재단의 대여로 발생한 소득
③ 조광건자 또는 광업권자가 채굴의 권리대여로 발생한 소득

그러나 일반주택 2세대 이하의 임대의 경우에는 비과세로 간주되나 고가주택(6억 이상)의 경우에는 과세의 대상이 된다.

(2) 임대소득의 계산방법

① 임대소득 계산산식

건물자산(부동산) 임대소득은 당해 연도에 발생한 총수입금에서 필요경비를 차감한 금액으로 하나 전년도에 건물자산(부동산) 임대소득에서 발생한 이월결손금이 있을 때는 이를 공제한다. 다시 말하면 임대소득계산방법은 다음과 같다.

건물자산(부동산) 임대소득 – 비과세소득

② 건물자산(부동산) 임대소득 총수입금액의 계산요령

건물자산(부동산) 임대소득의 총수입금액은 건물자산의 대여로 당해 연도에 수입했거나 수입예정금액을 합계한 합계액으로 하며 총수입계산식은 다음과 같다.

총수입금액 = 임대료 + 간주임대료 + 유지관리비 + 보험차익

총수익금액 산출항목인 임대료, 간주임대료, 유지관리비, 보험차익의 내용은 다음과 같다.

가. 임대료

임대사업자가 건물자산을 임대하고 수수하는 건물자산 임대료는 당연히 건물자산(부동산) 임대료에 산입하나 임대료 중 임대보증금으로 받은 선세금은 계약기간의 월수로 나눈 금액의 각 연도 합계액을 그 총수익금으로 해야 한다.

1월 미만은 1월로 하고 과세기간 종료일이 해당한 달이 1월 미만인 경우 이를 산입하지 아니한다.

나. 간주임대료

거주자가 건물자산(부동산)이나 그 권리를 대여하고 전세금, 보증금 이와 유사한 금액을 받은 경우 대통령령이 정하는 바에 따라 계산한 금액을 간주임대료라 하며 건물자산(부동산) 임대소득금액의 계산에 있어서 총수입금액으로 산입해야 한다.

다. 유지관리비

건물자산(부동산) 임대소득자가 건물자산을 임대하고 임대료 이외의 유지관리비 명목으로 지급받은 금액이 있는 경우 청소비와 난방비는 건물자산임대소득의 총수입금액에 산입하나 전기료와 수도료 등 공공요금은 제외한다.

라. 보험차익

임대사업업용 건물자산의 손실로 취득하는 보험차익은 총수입금액에 산입한다.

(3) 임대소득의 수입시기

건물자산 임대소득의 수입시기는 다음과 같다.

① 계약 또는 관습에 의해 지급일이 정해진 경우 : 지급일이 정해진 날
② 계약 또는 관습으로 지급이 정해지지 않는 경우 : 지급 받는 날
③ 임대차의 쟁송에 대한 판결, 화해로 건물자산 소유자 등이 받게 되어 있는 경과기간에 대응하는 임대료 상당액 : 그 판결, 화해 등이 있는 날

(4) 임대소득과 과세방법

건물자산임대소득 금액은 원천징수하지 않으므로 종합소득과세표준에 합산하여 과세한다.

6) 부담금관리

(1) 환경개선부담금

① 과세대상

- 연면적 1000m^2 이상의 시설물(관리사무소의 경우 임대상가가 과세대상)
- 경유사용 자동차
- 면제대상 : 사회복지시설, 주택, 분할 또는 공동소유로서 1인 기준 50m^2 미만인 시설물

② 납세의무자

과세대상 소유자(소유자가 불분명할 때에는 점유자)

가. 대기오염물질 배출

연료사용량 × 단위당 부과금액 × 연료계수 × 지역계수

나. 수질오염물질 배출

용수사용량 × 단위당 부과금액 × 오염유발계수 × 지역계수

다. 자동차부담료

8100 × 오염유발계수 × 차량계수 × 지역계수

③ 납세방법

가. 부과기준일

- 상반기 : 6월 30일
- 하반기 : 12월 31일

나. 부과기간

- 상반기 : 1월 1일 ~ 6월 30일
- 하반기 : 7월 1일 ~ 12월 31일

다. 납 기

- 상반기 : 9월 16일 ~ 9월 30일
- 하반기 : 3월 16일 ~ 3월 30일

(2) 교통유발부담금

교통유발부담금이란 대도시의 건물이나 시설물에 대해 교통유발 정도에 따라 부과하는 부담금을 말한다. 도시교통 정비촉진법 11조에 근거하여 1990년 처음으로 시행되었으며, 매년 1회씩 부과한다.

부과대상 지역은 서울특별시와 5개 광역시 및 전주, 마산, 포항, 청주 등 11개 도시이다. 부과대상시설은 건축물의 연면적이 1,000m^2 이상인 시설물이며 분할소유 시설물인 경우에는 1인 소유면적이 30m^2 미만이면 부담금이 면제된다. 징수된 부담금은 전액 각 지방자치단체별로 지방교통사업 특별회계의 세입으로 귀속되어 교통시설의 설치 · 개선 등을 위한 사업비로 쓰인다.

2001년부터는 초 · 중 · 고등학교에 대한 교통유발부담금을 부과하는 방침이 폐지된다. 교육시설물에 대한 교통유발부담금을 물리기로 한 종전의 입장을 바꾸어 제외시키기로 하였는데, 대학은 여기에서 제외되어 부담금을 납부해야 한다. 그리고 시설물 소유자가 주차장 유료화, 승용차 10부제, 통근버스 운영 등 교통수요 감축 프로그램을 실시할 경우에는 부담금의 최대 90%까지 경감받는다.

(3) 과밀부담금

수도권 정비계획법에 의하여 건축주는 특정도시 과밀억제 전역에 새로 들어서는 일정 규모 이상의 업무, 판매시설에 대해 사업비의 일정액에 대해 부과하는 과밀부담금을 납부해야 한다. 납부세액은 신축, 증축, 용도 변경 건축비의 10%이다.

(4) 개발부담금

개발이익 환수법에 관한 법률에 의하여 건축주는 개발부담금을 납부해야 한다. 개발부담금의 대상은 다음과 같다.

① 택지개발사업(주택단지 조성사업 포함)
② 산업단지 개발사업
③ 관광단지 조성사업
④ 도시환경 정비사업(공장건설 제외)
⑤ 분류시설용지 조성사업
⑥ 온천개발사업
⑦ 여객자동차 터미널 사업과 화물터미널 사업
⑧ 골프장 건설사업

⑨ 지목변경이 수반되는 사업으로 대통령령이 정하는 사업

건물자산 관련 세금과 부담금현황은 〈표 6-5〉와 같다.

〈표 6-5〉 건물자산세금과 부담금현황

구분	부과근거의 세율	납세의무자
재산세	지방세법 제182조에 의거 소유재산의 시가표준액의 0.3% 해당가액을 과세	건물소유자
재산할사업소세	지방세법 제244조에 의거 환경개선/정비에 필요한 비용충당을 위하여 지역에 사업소를 둔 자에게 과세	매년 7/1일 현재 사업소세 관리대장 등재 사업주
종합토지세	지방세법 194조에 의거 토지가액의 0.2~5%를 과세	토지소유자
공동시설세	지방세법 제239조에 의거 소방시설의 필요 경비충당을 위해 소유재산 시가표준액의 0.03% 과세	건물소유자
도시계획세	지방세법 제238조에 의거 도시계획사업에 필요한 비용을 충당하기 위하여 재산세 및 종합토지세 납부의무자에게 소유재산시가표준액의 0.2% 과세	건물소유자
지역개발세	지방세법 제253조에 의거 지하수를 이용하기 위해 채수된 물의 1m²당 20원 과세	건물소유자
교육세	재산세/종합토지세액의 20%과세	건물소유자
간주임대부가세	부가세법 시행령에 의거 임대보증금에 일정 이자율을 곱해 계산한 간주임대료 기준으로 과세	건물임대인
인지세	재산의 권리창설, 이전, 변경에 관한 문서작성시 부과되는 조세	문서작성자
환경개선부담금 (대기/수질)	환경개선비용부담법에 따라 유통 / 소비과정에서 환경오염물질을 다량으로 배출하는 건물에 오염시킨 만큼의 복구비용 해당액을 부과	부과기준일 현재 시설물 소유자
과밀부담금	특정도시 과밀억제권역에 새로 들어선 일정규모 이상 업무 / 판매시설에 대해 사업비의 일정액에 대해 부과 (신 · 증축/용도변경 건축비의 10%)	건축주
교통유발부담금	건교부장관이 도시교통의 원활한 소통과 교통편의 증진을 위하여 도시교통정비지역 안에서 교통유발의 원인이 되는 시설물에 부과	부과기준일 현재 시설물 소유자

3 부동산정책

정부가 관계 부처를 통하여 부동산산업의 건전한 발전과 원활한 수요공급, 주거안

정과 질서 등을 위하여 수시로 발표하는 부동산정책은 건물자산의 거래와 가치에 막대한 영향을 미치고 있다.

예컨대, 허가지역 지정 은행대출 한도설정, 미분양 아파트 해소와 거래활성화를 위한 등록세와 취득세 및 양도세 면제, 거래가 상한선 설정 또는 폐지, 환매조건부 매입, 자금출처조사, 이자율 조정 등의 정부정책은 경제환경에 미치는 영향이 지대하므로 건물환경관리자는 수시로 발표하는 정부 부동산정책을 경제환경 측면에서 조사 분석하고 경제환경관리에 적용해야 한다.

제 4 절 환경법령관리

1 환경법령의 개념

건물자산환경관리 법령이라 함은 건물자산의 환경관리에 관계되는 법률, 시행령, 시행규칙 등을 의미하며 환경법령을 인위적으로 통일한 환경법 전체를 환경법체계라 한다.

환경관리법은 헌법 제33조에서 모든 국민은 건강하고 쾌적한 환경에서 생활할 권리를 가지며 국가와 국민은 환경보전을 위하여 노력하여야 한다는 환경권 조항에 따라 헌법이 보장한 국민의 환경권을 구체화한 법령이라 할 수 있다.

환경관리법은 크게 광의의 환경관리법과 협의의 환경관리법으로 분류할 수 있는바 전자는 환경정책기본법 제3조제1호에서 규정하고 있는 자연환경과 생활환경을 관리하고 있는 법률, 시행령, 시행규칙 등의 모든 환경관리관계법령들을 의미하며 후자는 정부조직법 제40조의 규정에 따라 환경부에서 관장하고 있는 환경법만을 의미한다.

따라서 협의의 환경관리법은 자연환경 및 생활환경보전과 환경오염방지에 관한 법률을 의미한다.

건물자산의 물리적 보존유지와 가치는 자연환경과 생활환경 모두의 영향을 받는 특성을 가지고 있으므로 건물자산을 관리함에 적용되는 환경관리법은 광의의 환경관리법을 적용함이 타당하다고 판단된다.

2 환경법의 연혁과 현황

1) 환경법의 연혁

환경관리법의 제정은 제3공화국 정부가 경제개발 5개년계획과 함께 추진하기 시작한 공업화와 역사를 함께 하고 있다.

농업사회에 머물고 있던 경제구조가 1960년대부터 시작한 공업화의 여파로 공기오염, 환경파괴 등의 환경문제가 사회적 이슈로 등장하여 사회문제화됨으로써 환경문제에 관한 문제점이 계속 발생되고 피해가 나타남에 따라 개선의 요구가 점차 높아지게 되었다. 공업화 과정에서 불가피하게 나타나기 시작한 환경오염문제에 대처하기 위하여 정부 주도로 우리나라 최초의 환경관리법이라 할 수 있는 공해방지법이 1963년에 제정되었다.

그러나 공해방지법은 공장이나 사업장의 생산활동에서 나타나는 대기오염, 하천오염, 소음, 진동으로 인한 보건위생상의 피해를 방지하여 국민보건의 향상을 도모하는데 목적을 두고 제정되었으나, 규율내용이 매우 미흡하고 시행령이 4년 뒤인 1969년에 제정되어 경제개발 우선 정책으로 환경관리문제가 뒷전으로 밀려남으로써 사문화의 상태에 놓여 있다가 1971년 배출시설 허가제도, 배출허용기준, 이진 명령제도 등의 도입을 위하여 한차례 개정작업을 거쳤으나 환경문제가 1970년대부터 더욱 심각한 상태에 이르게 되자 공해방지법을 대체하는 환경보전법이 1977년 12월 31일 제정 공포하게 되었다.

환경보전법은 환경기준, 환경영향평가제도, 산업폐기물 처리 등의 내용을 담아 환경파괴나 환경문제에 대응하는 환경관리법으로서 자연환경을 비롯하여 환경문제 전반에 걸쳐 규정함으로써 환경문제의 사전 예방기능을 갖추게 되어 현재의 국민과 미래의 세대 모두 건강하고 쾌적한 환경에서 생활할 권리를 보장함을 명시하였다.

그 후 1980년 개정 헌법에서 환경권이 처음으로 도입되자 산업화의 여파로 더욱 심각해진 환경문제와 환경사고에 대응하기 위하여 환경문제 분야별 또는 환경오염원 분야별 대체법의 성격으로 1990년 8월 1일에 환경보전법이 환경정책기본법, 대기환경보전법, 수질환경보전법, 환경분쟁조정법, 소음진동규제법, 유해화학물질관리법 등의 6대 환경관리법으로 나뉘어 제정되었다. 이때부터 우리나라 환경관리법은 종전의 단일 환경관리법에서 벗어나 복수환경관리법 시대를 맞게 되었다.

그 후 2004년 산업단지 악취를 관리하기 위하여 대기환경법에서 악취분야를 분리하여 악취방지법을 새로 제정하였으며, 2005년에 진입하면서 실내공기질관리를 위한 다중시설 등의 실내공기질관리법, 수도법 등이 제정되었고 환경정책기본과 수질환경보전법이 일부 개정되었다.

2006년 가축분뇨의 관리 및 이용에 관한 법이 제정되었으며, 2007년 오수분뇨는 하수도법에 통합되었고 축산폐수는 가축분뇨의 관리 및 이용에 관한 법률로 분리됨에 따라 오수·분뇨 및 축산폐수 처리에 관한 법률이 폐지되는 운명을 맞았다.

이상에서 설명한 주요 환경법의 연혁을 환경부 자료에 따라 소개하면 〈표 6-6〉과 같다.

〈표 6-6〉 환경법의 연혁

'60년 (6개 법률)	'70~'80년 (9개 법률)	'90~2007년(46개 법률)		
		현황	제정일	최종개정일
공해방지법 ('63.11.5제정)	환경보전법 ('77.12.31 제정)	환경정책기본법	'90.8.1	'07.5.17
		대기환경보전법	'90.8.1	'07.4.27
		지속가능발전기본법	'07.8.3	'08.4.16 (시행일)
		다중이용시설 등의 실내공기질 관리법	'96.12.30	'06.12.30
		소음·진동규제법	'90.8.1	'07.4.11
		악취방지법	'04.2.9	'07.1.3
		수도권대기환경개선에 관한 특별법	'03.12.31	'08.3.28
		수질 및 수생태계 보전에 관한 법률	'90.8.1	'07.5.17
		한강수계 상수원 수질개선 및 주민지원 등에 관한 법률	'99.2.8	'08.3.21
		낙동강수계 물관리 및 주민지원 등에 관한 법률	'02.1.14	'08.3.21
		금강수계 물관리 및 주민지원 등에 관한 법률	'02.1.14	'08.8.21
		영산강·섬진강수계 물관리 및 주민지원 등에 관한 법률	'02.1.14	'08.3.21
		자연환경보전법	'91.12.31	'07.5.17
		환병범죄의 단속에 관한 특별조치법	'91.5.31	'99.12.31
		환경분쟁조정법	'90.8.1	'08.3.21
		남극활동 및 보호에 관한 법률(공동입법)	'04.3.22	'04.3.22
		친환경상품 구매촉진에 관한 법률	'04.12.31	'08.3.21
		환경분야 시험·검사 등에 관한 법률	'06.10.4	'07.10.24
		환경개선비용부담법	'91.12.31	'07.1.3
	자연공원법 ('80.1.4제정)	자연공원법	'80.1.4	'07.3.21
		독도등 도서지역의 생태계보전에 관한 특별법	'97.12.31	'07.5.17
		습지보전법(공동입법)	'99.2.8	'07.3.21
		환경·교통·재해 등에 관한 영향평가법(공동입법)	'99.12.31	'08.3.28

'60년 (6개 법률)	'70~'80년 (9개 법률)	'90~2007년(46개 법률)		
		현황	제정일	최종개정일
	자연공원법 ('80.1.4제정)	토양환경보전법	'99.1.5	'07.5.17
		백두대간보호에 관한 법률(공동입법)	'03.12.31	'07.7.13
		문화유산과 자연환경자산에 관한 국민신탁법(공동입법)	'06.3.24	'07.3.22
조수보호 및 수렵에 관한 법률 ('67.3.30 제정)		야생동 · 식물보호법	'04.2.9	'07.3.22
	환경오염방지 사업단법 ('83.5.1 제정)	환경관리공단법	'83.5.21	'03.5.29
		환경개선특별회계법	'94.1.5	'06.12.30
		환경기술개발 및 지원에 관한 법률	'94.12.22	'08.3.21
독물 및 극물에 관한 법 ('63.12.13제정)		유해화학물질관리법	'90.8.1	'8.3.21
		잔류성유기오염물질 관리법	'07.1.26	'08.1.27 (시행일)
오물청소법 ('61.12.30제정)	폐기물관리법 ('86.12.31제정)	폐기물관리법	'86.12.31	'07.8.3
		오수 · 분뇨 및 축산폐수의 처리에 관한 법률(폐지)	'91.3.8	'07.9.28 (폐지일)
		가축분뇨의 관리 및 이용에 관한 법률(공동입법)	'06.9.27	'07.10.1 (시행일)
		자원의 절약과 재활용 촉진에 관한 법률	'92.12.8	'08.3.21
		전기 · 전자제품 및 자동차의 자원순환에 관한 법률(공동입법)	'07.4.27	'08.1.1 (시행일)
		폐기물의 국가이동 및 그 처리에 관한 법률	'92.12.8	'07.5.17
		건설폐기물의 재활용 촉진에 관한 법률	'03.12.31	'06.12.28
		폐기물처리시설설치촉진 및 주변지역지원 등에 관한 법률	'95.1.5	'07.12.27
		수도권매립지관리공사의 설립 및 운영 등에 관한 법률	'00.1.21	'05.12.29
	합성수지폐기물 처리사업법 ('79.12.28 제정)	한국환경자원공사법	'93.12.27	'05.12.29
하수도법 ('66.8.3 제정)		하수도법	'66.8.3	'06.9.27
수도법 ('61.12.31 제정)		수도법	'61.12.31	'07.12.27
		먹는물관리법	'95.1.5	'08.3.21

(자료 : 환경부, 2008 환경통계연감)

2) 환경법의 현황

환경법의 연혁은 주요 환경법의 제정배경과 내용 및 역사 등의 기록이므로 구체적인 환경법의 현황을 이해하려면 환경법의 법률, 대통령령, 부령 모두를 살펴 볼 필요가 있다.

따라서 환경부 2008년도 환경통계 연감자료에 따라 2007년 12월 31일 현재 환경법의 현황을 소개하면 〈표 6-7〉과 같다.

〈표 6-7〉 환경법현황

번호	법률(44)	대통령령(49)	부령(41)
★1	환경정책기본법 ('90.8.1 제정, '07.5.17 4차 개정)	환경정책기본법 시행령 ('91.2.2 제정, '06.5.30 9차 개정) 지속가능발전위원회 규정('00.8.5 제정, '03.6.25 전문개정, '06.12.4 3차 개정	
2	지속가능발전기본법 ('07.8.3 제정)		
3	환경기술개발 및 지원에 관한 법률 ('94.12.22 제정, '00.2.3 전문개정, '07.1.3 4차개정)	환경기술개발 및 지원에 관한 법률 시행령('95.6.1 제정, '00.8.17 전문개정, '07.7.4 4차 개정)	환경기술개발 및 지원에 관한 법률 시행규칙('95.6.10 제정, '00.8.30 전문개정, '07.6.29 6차 개정)
★4	환경분쟁조정법 ('90.8.1 제정, '97.8.28 전문개정, '07.5.11 3차 개정)	환경분쟁조정법시행령 ('91.2.2 제정, '98.2.24 전문개정, '06.7.27 2차 개정)	환경분쟁조정법 시행규칙('91.2.2 제정, '98.2.28 전문개정, '06.7.24 3차 개정)
★5	환경개선비용부담법 ('91.12.31 제정, '07.1.3 2차 개정)	환경개선비용부담법 시행령 ('92.7.21 제정, '07.12.28 8차 개정)	환경개선비용부담법 시행규칙 ('92.8.8 제정, '07.6.7 5차 개정)
6	환경개선특별회계법 ('94.1.5 제정, '06.12.30 2차 개정)		
7	환경범죄의 단속에 관한 특별조치법 ('91.5.31 제정, '99.12.31 전문개정)	환경범죄의 단속에 관한 특별조치법 시행령('97.6.26 제정, '00.6.27 전문개정, '05.12.9 1차 개정)	
8	환경관리공단법 ('83.5.21 제정, '03.5.29 3차 개정)	환경관리공단법 시행령 ('86.12.31 제정, '03.11.27 3차 개정)	
9	유해화학물질관리법 ('90.8.1 제정, '04.12.31 전부 개정, '07.12.27 1차 개정)	유해화학물질관리법 시행령 ('91.1.28 제정, '05.12.28 전부개정)	유해화학물질관리법 시행규칙 ('91.2.2제정, '05.12.30 전부개정, '07.11.16 2차 개정)
10	잔류성유기오염물질 관리법 ('07.1.26)	잔류성유기오염물질관리법 시행령 ('07.12.28 제정)	
11	남극활동 및 환경보호에 관한 법류 ('04.3.22 제정)	남극활동 및 환경보호에 관한 법률 시행령('05.10.25 제정)	

번호	법률(44)	대통령령(49)	부령(41)
12	친환경상품 구매촉진에 관한 법률 ('04.12.31 제정, '06.9.27 1차 개정)	친환경상품 구매촉진에 관한 법률 시행령('05.6.13 제정, '07.3.27 1차 개정)	
13	환경분야시험·검사 등에 관한 법률 ('06.10.4 제정)	환경분야 시험·검사 등에 관한 법률 시행령('07.9.28 제정)	환경분야 시험·검사 등에 관한 법률 시행규칙('07.10.24 제정)
★14	자연환경보전법 ('91.12.31 제정, '04.12.31 전부개정, '07.5.17 1차 개정)	자연환경보전법 시행령 ('92.8.31 제정, '05.12.30 전부개정, '07.11.15 1차 개정)	자연환경보전법 시행규칙 ('92.8.31 제정, '05.12.30 전부개정, '07.11.16 2차 개정)
15	환경·교통·재해 등에 관한 영향평가법 ('99.12.31제정, '03.12.30 1차 개정)	환경·교통·재해 등에 관한 영향평가법 시행령('00.12.30 제정, '06.12.29 4차 개정)	환경·교통·재해 등에 관한 영향평가법 시행규칙 ('00.12.30 제정, '06.7.4 3차 개정) 환경영향조사 등에 관한 규칙 ('00.12.30제정, '07.1.5 4차개정)
16	자연공원법 ('80.1.4제정, '01.3.28 전문개정, '07.1.3 2차 개정)	자연공원법 시행령 ('80.8.18 제정, '01.9.29 전문개정, '07.7.4 3차 개정)	자연공원법 시행규칙 ('92.5.19 제정, '01.10.17 전문개정, '07.6.29 4차 개정)
17	습지보전법('99.2.8 제정, '07.1.26 3차 개정)	습지보전법 시행령 ('99.8.7 제정, '07.7.24 3차 개정)	습지보전법 시행규칙 ('99.8.7 제정, '07.7.26 3차 개정)
18	야생동·식물보호법 ('04.2.9 제정, '07.5.17 2차 개정)	야생동·식물보호법 시행령 ('05.2.7 제정, '07.11.15 2차 개정)	야생동·식물보호법 시행규칙 ('05.2.7 제정, '07.12. 2차 개정)
19	백두대간 보호에 관한 법률 ('03.12.31 제정, '07.7.13 2차 개정)	백두대간보호에 관한 법률 시행령 ('04.12.30제정, '07.10.15 2차개정)	
20	독도 등 도서지역의 생태계보전에 관한 특별법 ('97.12.13제정, '07.5.17 2차 개정)	독도 등 도서지역의 생태계보전에 관한 특별법 시행령('98.6.20제정, '07.11.15 2차 개정)	독도 등 도서지역의 생태계보전에 관한 특별법 시행규칙('98.7.6 제정, '07.11.16 2차 개정)
★21	문화유산과 자연환경자산에 관한 국민신탁법('06.3.24)	문화유산과 자연환경자산에 관한 국민신탁법 시행령('07.3.22 제정)	
★22	대기환경보전법 ('90.8.1 제정, '07.4.27 전부개정)	대기환경보전법 시행령 ('91.1.28 제정, '07.11.15 전부개정)	대기환경보전법 시행규칙 ('91.2.2 제정, '96.9.14 전문개정, '07.3.14 21차 개정)
★23	수도권 대기환경개선에 관한 특별법 ('03.12.31 제정, '07.1.26 1차 개정)	수도권 대기환경개선에 관한 특별법 시행령('04.12.30 제정, '07.7.27 2차 개정)	수도권 대기환경개선에 관한 특별법 시행규칙('04.12.31제정, '07.12.28 4차 개정)
★24	소음·진동규제법 ('90.8.1 제정, '07.4.11 전부개정)	소음·진동규제법 시행령 ('91.1.28 제정, '07.9.6 전부개정)	소음·진동규제법 시행규칙 ('91.2.2 제정, '07.9.13 전부개정, '07.12.31 1차 개정)
★25	다중이용시설 등의 실내공기관리법 ('96.12.30 제정, '03.5.29 전문개정, '06.12.30 3차 개정)	다중이용시설 등의 실내공기질관리법 시행령('97.12.31 제정, '04.12.30 전문개정, '07.12.28 1차 개정)	다중이용시설 등의 실내공기질관리법 시행규칙('98.1.26 제정,'04.5.28 전문개정, '07.12.31 3차 개정)
★26	악취방지법 ('04.2.9 제정, '07.1.3 1차 개정)	악취방지법 시행령 ('05.2.7 제정)	악취방지법 시행규칙 ('05.2.7 제정, '07.7.4 3차 개정)

번호	법률(44)	대통령령(49)	부령(41)
★27	수질 및 수생태계 보전에 관한 법률 ('90.8.1 제정, '07.5.17 전부개정)	수질 및 수생태계 보전에 관한 법률 시행령('91.1.28 제정, '07.11.30 전부개정)	수질 및 수생태계보전에 관한 법률 시행규칙('91.2.2제정, '06.4.4 전부개정, '07.12.28 전부개정)
28	한강수계 상수원 수질개선 및 주민지원에 등에 관한 법률 ('99.2.8 제정, '07.8.3 3차 개정)	한강수계 상수원수질개선 및 주민지원 등에 관한 벌률시행령 ('99.8.6 제정, '07.12.28 4차 개정) 한강수계관리위원회규정 ('99.4.9 제정, '04.4.27 2차 개정)	한강수계 상수원수질개선 및 주민지원 등에 관한 법률 시행규칙('99.8.7 제정, '07.12.31 2차 개정)
29	낙동강수계물관리 및 주민지원 등에 관한 법률('02.1.14 제정, '07.12.27 1차 개정)	낙동강수계물관리 및 주민지원 등에 관한 법률시행령('02.7.13 제정, '05.9.30 2차 개정) 낙동강수계관리위원회규정('02.4.15 제정)	낙동강수계물관리 및 주민지원 등에 관한 법률 시행규칙('02.7.29 제정)
30	금강수계물관리 및 주민지원 등에 관한 법률('02.1.14 제정, '07.12.27 1차 개정)	금강수계물관리 및 주민지원 등에 관한 법률 시행령('02.7.'3 제정, '05.9.30 1차 개정) 금강수계관리위원회규정('02.4.15 제정)	금강수계물관리 및 주민지원 등에 관한 법률 시행규칙 ('02.7.29 제정)
31	영산강·섬진강수계물관리 및 주민지원 등에 관한 법률('02.1.14 제정, '07.12.27 1차 개정)	영산강·섬진강수계물관리 및 주민지원 등에 관한 법률 시행령 ('02.7.13 제정, '05.9.30 1차 개정) 영산강·섬진강수계관리위원회규정 ('02.4.15 제정)	영산강·섬진강수계물관리 및 주민지원 등에 관한 법률 시행규칙('02.7.29 제정)
★32	가축분뇨의 관리 및 이용에 관한 법률 ('06.9.27 제정)	가축분뇨의 관리 및 이용에 관한 법률 시행령('07.9.27 제정)	가축분뇨의 관리 및 이용에 관한 법률 시행규칙('07.10.1 제정)
★33	수도법('91.12.14 전문개정, '07.4.11 전부개정, '07.12.27 1차 개정)	수도법 시행령('07.9.13 전부개정)	수도법 시행규칙('07.9.11전부개정) 상수원관리규칙('92.12.15 제정, '07.9.11 전부개정, '07.11.12 1차 개정) 수도시설의 청소 및 위생관리 등에 관한 규칙('94.9.13 제정, '07.9.11 전부개정)
★34	하수도법 ('66.8.3 제정, '06.9.27 전부개정)	하수도법 시행령 ('69.12.1 제정, '07.9.27 전부개정)	하수도법 시행규칙 ('71.6.15 제정, '07.10.1 전부개정)
★35	먹는물관리법('95.1.5 제정, '07.4.11 전부개정)	먹는물관리법 시행령 ('95.5.1 제정, '07.9.6 전부개정)	먹는물관리법 시행규칙 ('95.5.1제정, '06.6.30 7차개정) 먹는물 수질기준 및 검사 등에 관한 규칙('95.5.1제정, '07.12.26 전부개정) 지하수의 수질보전 등에 관한 규칙 ('94.8.9 제정, '03.6.18 전문개정, '06.7.4. 1차 개정)
★36	토양환경보전법 ('95.1.5 제정, '07.5.14 4차 개정)	토양환경보전법 시행령 ('95.12.29 제정, '05.6.30 3차 개정)	토양환경보전법 시행규칙 ('96.1.4 제정, '07.11.13 6차 개정)
★37	폐기물관리법('86.12.31 제정, '07.4.11 전부개정, '07.8.3 1차 개정	폐기물관리법 시행령 ('87.4.1 제정, '07.9.6 전부개정, '07.12.28 1차 개정)	폐기물관리법 시행규칙 ('87.5.30 제정, '07.10.25 전부개정, '07.12.31 1차 개정)

번호	법률(44)	대통령령(49)	부령(41)
★38	자원의절약과 재활용 촉진에 관한 법률('92.12.8 제정, '02.2.4 전문개정, '07.8.3 7차 개정)	자원의 절약과 재활용 촉진에 관한 법률 시행령('93.6.24 제정, '02.12.18 전문개정, '07.12.28 10차 개정)	자원의 절약과 재활용 촉진에 관한 법률 시행규칙('93.7.31 제정, '02.12.30 전문개정, '07.12.31 8차 개정) 제품의 포장재질 · 포장방법에 관한 기준 등에 관한 규칙('93.8.17제정, '03.4.3 전문개정, '06.3.14 1차 개정)
39	전기 · 전자제품 및 자동차의 자원순환에 관한 법률('07.4.27 제정)	전기 · 전자제품 및 자동차의 자원순환에 관한 법률 시행령('07.12.28 제정)	전기 · 전자제품 및 자동차의 자원순환에 관한 법률 시행규칙('07.12.31 제정)
40	건설폐기물의 재활용 촉진에 관한 법률('03.12.31 제정, '06.12.28 2차 개정)	건설폐기물의 재활용 촉진에 관한 법률 시행령('04.12.31 제정, '07.12.28 2차 개정)	건설폐기물의 재활용 촉진에 관한 법률 시행규칙('05.1.19 제정, '07.12.31 3차 개정)
41	폐기물처리시설설치촉진 및 주변지역지원 등에 관한 법률('95.1.5 제정, '07.12.27 5차 개정)	폐기물처리시설설치촉진 및 주변지역지원 등에 관한 법률 시행령('95.6.30 제정, '97.12.31 전문개정, '07.7.4 4차 개정)	
42	폐기물의 국가간 이동 및 그 처리에 관한 법률('92.12.8 제정, '07.5.17 4차개정)	폐기물의 국가간 이동 및 그 처리에 관한 법률 시행령('95.5.28 제정, '07 11.15, 5차 개정)	
43	한국환경자원공사법('93.12.27 제정, '03.12.30 1차 개정)	한국환경자원공사법 시행령('94.3.29 제정, '04.6.11 1차 개정)	
44	수도권 매립지관리공사의 설립 및 운영 등에 관한 법률('00.1.21 제정, '05.12.29 1차 개정)	수독권 매립지관리공사의 설립 및 운영 등에 관한 법률시행령('00.7.10제정, '06.6.15 1차 개정)	
		국립생태원건립위원회 규정 ('07.11.7 제정)	환경부와 그 소속기관 직제 시행규칙 ('98.2.28 제정, '07.12.10 22차 개정)
		환경부와 그 소속기관 직제(행자부소관)(98.2.28 전문개정, 07.2.28 19차 개정)	국립환경과학원 시험의뢰 규칙('90.3.22 제정, '06.7.4 3차 개정) 환경부소관 비영리법인의 설립과 감독에 관한 규칙('07.10.30 전부개정) 환경부소관비상대비자원관리법 시행규칙('95.1.14 제정, '07.8.27 3차 개정)

(자료 : 환경부, 2008 환경통계연감)

이상에서 소개한 환경법은 환경부 소관 전체 환경법인바 이중 환경관리법은 환경법 현황표에 명시한 법령 중 ★표한 것에 국한하고 있음을 참고 바라며 환경관리법은 환경부 외에 보건복지부, 국토해양부 등의 관장법령에도 소수 법령이 있음을 이해하기 바란다.

3) 건물자산환경관리 법령체계

건물자산의 환경관리를 위한 인위적인 환경관리 법령체계는 크게 자연환경관리, 보건위생관리, 수질관리, 실내공기관리, 생활환경관리 등 5개 분야 법령으로 구성되며 구체적인 내용은 〈표 6-8〉과 같다.

〈표 6-8〉 건물자산의 환경관리법령체계

건물자산환경관리 법령체계

자연환경관리	보건위생관리	수질관리	실내공기관리	생활환경관리
• 환경경향기본법 • 자연환경보전법 • 수도권대기환경 개선에 관한 법률 • 대기환경보전법 • 토양환경보전법 • 환경개선비용부담법 • 도시공원 및 녹지에 관한 법률	• 공중위생관리법 • 전염병예방법 • 환경보건법 • 학교보건법 • 산업안전보건법	• 수질 및 수생태계 보전에 관한 법률 • 수도법 • 하수도법 • 먹는물관리법 • 가축분뇨의 관리 및 이용에 관한 법률 • 수도시설의 위생 관리에 관한 법률	• 다중이용시설 등의 공기질관리법 • 국민건강증진법 • 학교보건법 • 공중위생관리법 • 산업안전보건법	• 소음진동관리법 • 악취방지법 • 폐기물관리법 • 자원의 절약과 재활용 촉진에 관한 법률 • 공중위생관리법

제 5 절 환경제도관리

1 환경제도의 개요

일반적으로 제도라 함은 어떤 행동이 반복하여 나타나고 있는 사실, 즉 패턴화된 행동이 존재하고 그 패턴화된 행동의 정당성이 규범에 의하여 보장되어 있으며 그것에 의해 인간의 욕구가 충족되는 여러 가지 시스템을 말한다.

따라서 제도란 일정한 상황하에서 결정자가 행하는 일정한 결정이 반복되어 패턴화되어 있는 정도가 안정되어 있고 또한 그것이 실정법이나 자치법규에 의해 정당성을 부여받고 있을 때의 형태나 구조의 체계를 의미한다.

따라서 건물자산관리에 있어서 환경관리제도라 함은 관리대상 건물자산의 환경관리구조체계 및 형태를 의미한다. 또한 환경관리제도란 정해진 법규나 마련된 환경관리 절차나 법칙 등을 의미한다.

건물자산환경관리에 관계되는 제도를 크게 분류하면 국회 또는 정부에 의하여 제정, 공포된 법령에 의하여 수립된 법정환경관리제도와 건물자산소유자 또는 관리주체 등에 의하여 마련된 사적 자치법규나 규정에 의하여 체계화되었거나 형태를 띄고 있는 임의환경관리제도가 있다. 이와 같은 제도는 한번 정해져 시스템화되면 상호 유기적으로 작용하고 제도가 정한 바대로 시행되어 효력을 가지므로 건물자산의 관리에 있어서도 건물자산환경관리 제도는 대단히 중요한 역할과 기능을 하게 된다.

특히 법령에 의하여 마련된 법정환경관리제도는 이행을 법으로 강제하고 이행하지 않을 때는 형사벌 또는 행정벌을 가하므로 반드시 이행해야 하는 특징이 있다.

주요 환경관리법정제도에는 친환경건축물인증제도, 환경영향평가제도, 공기질관리제도, 환경관리비용 부담금제도, 건축물 크리닝 서비스 KS인증제도, 학교환경위생관리제도, 폐기물처리제도, 청소, 소독, 방제 등의 환경위생관리제도, 먹는물수질관리제도, 금연빌딩지정제도, 폐기물재활용 및 분리수거제도 등이 있다.

주요 법정환경관리제도의 내용을 소개하면 다음과 같다.

2 친환경건축물 인증제도

1) 개 요

친환경건축물(environmentally friendly building, green building)이라 함은 지속가능한 개발의 실현을 목표로 인간과 자연이 친화하며 공생할 수 있도록 계획설계되고 에너지와 자원절약 등을 통하여 환경오염부하를 최소화함으로써 쾌적하고 건강한 거주환경을 실현한 건축물을 말한다.[3]

친환경건축물 인증제도의 개발모델의 하나인 미국의 그린빌딩(green building)은 에너지 절약과 환경보전을 목표로 에너지 부하점검, 자원재활용, 고효율설비, 환경공해

3) 건설교통부(현, 국토해양부), 환경부 공동 친환경인증제도 세부 시행지침, 제2조제1호

저감 기술을 적용하여 자연친화적으로 설계건설하고 유지관리하며 물리적 수명이 다하여 해체시까지 환경피해가 최소화되도록 계획된 건축물을 의미한다.

우리나라 최초 그린빌딩에는 한국에너지 기술연구원이 2001년 3월에 완공한 대전광역시 유성구 소재 그린빌딩 연구동 건물이 있다.[4] 최초 그린빌딩인 그린빌딩 연구동에 적용한 환경설계요소에는 에너지, 물, 공기, 재료, 폐기물, 소음, 분진 등이며 친환경 인증 심사기준에 부합하는 환경기술을 적용한 것으로 판단된다.

친환경건축물을 인증하기 위한 법정 환경관리제도인 친환경건축물 인정제도란 건설교통부(현, 국토해양부)와 환경부가 2001년부터 공동으로 주관하는 환경관리제도의 하나로서 에너지 절약과 환경보전을 통하여 건강하고 쾌적하게 생활할 수 있도록 국민의 환경권을 보장하는 신설 환경관리제도이다.

친환경건축물의 인증제도의 근거 규정에는 환경부와 건교부(현, 국토해양부) 공동으로 세부방침을 정한 친환경건축물 인증제도 세부지침이 있으며 그 내용과 용도별 인증대상 건축물의 심사기준은 후술하는 3)과 4)와 같다.

2) 친환경건축물 인증제도 신설의 배경과 현황

건물은 인간의 삶을 영위하는 용기이자 생활의 터전이고 일(업무)의 기반이자 인프라인 점 등으로 현대인에게는 없어서는 안 될 자산임이 분명하다. 그리고 건물은 국가 전체의 에너지 소비의 약 25%를 차지하고 환경오염도 측면에서 CO_2 배출의 50% 폐기물 배출 20~30%를 차지하고 있어 배출되는 환경오염 정도가 심각한 수준에 도달하고 있다. 건물 내에 장착된 건축설비 중 냉·난방 설비에 의한 냉·난방, 조명설비의 CO_2 발생량은 점차 증가일로에 있어 건물은 이제 현대인의 거주 공간으로서 쾌적하고 건강한 삶이나 생활 및 일의 영위에 환경적으로 저해요인으로 작용하고 있다. 실내공기의 악화는 실내공기 청정도를 크게 떨어뜨려 거주자의 생명·건강에 위협요인으로 작용하고 있다.

이와 같은 에너지사용에 의한 환경오염문제와 건물 실내환경에 영향요인인 비생물적 자연환경요인 문제를 동시에 해결하기 위한 친환경건축물 인증제도가 2001년 환경부와 건설교통부(현, 국토해양부) 공동 노력으로 통합운영이 이루어짐으로써 건축물의 친환경화에 기여하고 있다.

친환경건축물 인증제도는 독일의 생태주택, 일본의 환경공생주택, 미국의 그린빌딩 인증제도의 영향을 받아 1997년부터 2000년도까지 한국과학재단의 지원을 받은 그린

4) 박상동, 신지식, 조수, 이승민, "친환경건축물 인증제도의 발전방향과 보급추진 방안" 인용.

빌딩연구회가 그린빌딩 등급 인증기준(안)을 발표하였으며 한국능률협회 인증원의 후신인 크레비즈 인증원과 대한주택공사 한국에너지기술연구원동에 의한 독자적 인증심사 기준을 마련하고 발표한 바 있으나 시범인증은 건설교통부(현, 국토해양부)와 환경부에 의해 실시된 바 있다.

그러나 친환경건축물 인증제도는 에너지 절약에 의한 환경오염방지와 환경보전의 목적으로 운영되는 제도의 특성상 운영기관의 통합이 요청되어 유사 인증제도의 통합방침이 2001년 환경부와 건교부에 의해 해결되었으며 공식적인 인증기관으로 한국에너지기술원, 대한주택공사, 주택도시연구원, 크레비즈 인증원이 선정되어 활동중에 있다.

친환경 인증 대상 건물의 용도대상을 살펴보면 당초 공동주택으로 출발하였으나 2003년 주거복합건물 및 업무용 건물이 포함되었으며 2005년에는 학교 건물이 인증대상으로 확대되었다. 2006년도에는 숙박판매시설이 인증대상으로 편입되었으며 2006년 3월 31일 현재 85건이 인증되고 있음이 연구자료에서 밝혀지고 있다.[5)]

3) 친환경건축물 인증제도의 세부시행지침

2001년 12월 3일 환경부와 건교부(현, 국토해양부) 공동으로 제정한 세부시행지침으로 현재의 친환경건축물 인증제도의 근거규정이 되고 있으며 전체 6개장 25개조 부칙을 두고 있으나 4번의 개정을 거처 오늘에 이르고 있다.

제1장에 총칙규정을 두고 목적, 용어의 정의, 적용 대상 건축물, 운영기관 등을 규정하고 있으며 제2장에서 운영위원회 규정을 두고 운영위원회의 구성, 기능, 운영 등을 명시하고 있으며 제3장에서는 인증기관 제4장에 인증심사기준, 제5장에 인정절차, 제6장에 기타 필요한 사항을 규정하고 있다.

인증대상 건축물의 친환경 인증심사 전문분야와 해당 세부분야는 〈표 6-9〉와 같다.

〈표 6-9〉 친환경건축물 인증심사 전문분야

전문분야	해당 세부분야
토지이용 및 교통	단지계획, 교통계획, 건축계획, 도시계획
에너지 · 자원 및 환경부하(관리)	에너지, 대기환경, 수질환경, 폐기물처리 · 재활용, 건축설비(기계 / 전기), 건축시공 및 재료, 건축물 운영관리
생태환경	생태조경, 조경계획, 토양 · 토질, 단지계획, 건축계획
실내환경	온열환경, 소음 · 진동, 빛환경, 실내공기환경, 건축설계

5) 박상동, 신기석, 조수, 이승민, 상계 논문

4) 친환경건축물 심사기준

친환경심사기준은 공동주택심사기준, 주거복합건축물(주거부분) 심사기준, 주거복합건축물(주거용인 부분) 심사기준, 업무용 건축물 심사기준, 학교시설심사기준, 판매시설심사기준 그리고 숙박시설 심사기준 등이 있으며 그 내용은 환경부, 국토해양부 친환경건축물 인증제도 심사기준 별표 5~11 등을 참고하기 바란다.[6)]

3 환경관리비용부담금제도

환경관리비용부담금제도라 함은 환경개선을 종합적으로 추진하고 환경개선과 대기오염방지, 먹는물의 수질과 위생관리, 폐기물의 발생억제와 재활용 등을 통한 쾌적한 환경조성으로 국민의 건강한 생활, 환경보전, 국민생활의 질적 향상 등을 도모하기 위한 투자 재원을 확보하기 위하여 수익자에게 부담을 전가시키는 환경관리비용부담금제도를 의미한다.

환경부 소관 환경관리부담금제도에는 환경개선부담금제도, 배출금부담금제도, 폐기물부담금제도, 수질개선부담금제도 등이 있다. 그리고 국토해양부 등의 소관 부담금제도에는 교통유발부담금제도, 과밀부담금제도, 개발부담금제도 등이 있다.

주요 환경관리부담금제도의 내용을 살펴보면 다음과 같다.

1) 환경개선부담금제도

환경개선부담금제도는 환경개선부담법 제9조에 근거하여 환경개선대책은 종합적으로 그리고 체계적으로 추진하여 환경개선을 촉진함으로써 쾌적한 환경조성에 소요되는 재원을 마련할 목적으로 신설된 환경관리비용부담금제도이다.

환경부담금의 부과징수는 환경부장관의 소관사항으로서 유통과 소비과정에서 환경오염물질의 다량 배출로 인하여 환경오염의 직접 원인이 되는 건물 기타 시설물의 소유자 또는 점유자와 자동차 소유자가 부담하는 환경관리부담금제도이다.

(1) 부과대상(건물)

환경개선부담금이 되는 시설물(건물)의 범위는 다음과 같다.

대통령령이 정하는 시설물로서 점포, 사무실, 수상건물 등 지붕과 벽 및 기둥이 있

---

6) 환경부, 건교부(현, 국토해양부), 친환경건축물 인증제도 심사기준 별표 5~11 인용

는 각 층 바닥 면적이 합계가 160제곱미터 이상인 건물을 부과대상으로 한다.

다만 다음의 건물(시설물)은 제외한다.

① 공장(산업 직접 활성화 및 공장설립에 관한 법률 제2조제1호에 따른 공장을 말한다.)
② 전기사업법, 도시가스사업법, 송유관안전관리법, 집단에너지사업법, 한국석유공사법, 전원개발촉진법에 따른 에너지 생산, 비축 및 공급시설
③ 광물법에 의한 광물채취, 채존, 취득하기 위한 시설
④ 건축법시행령 별표1 제18호에 따른 창고시설(일반창고, 냉동냉장창고)과 하역장
⑤ 건축법시행령 별표1 제19호 다목, 라목에 따른 위험물제조소, 위험물저장소
⑥ 건축법시행령 별표1 제20호에 따른 주차장
⑦ 건축법시행령 별표1 제21호에 따른 축사
⑧ 건축법시행령 별표1에 따른 국방, 군사시설(단 환경부장이 국방부장관과 협의하여 정한 시설 제외)

(2) 개선부담금의 산정기준

개선부담금의 산정기준은 다음과 같다.

① 대기오염물질 배출의 경우 : 연료사용량×단위당 부과금액×연표계수×지역계수
② 수질오염물질 배출의 경우 : 용수사용량×단위당 부과금액×오염유발계수×지역계수

참고로 개선부담금 산정기준에 필요한 시설용도별 수질오염 유발계수 표준연료사용량의 내용은 〈표 6-10〉과 같으며 부과계수는 〈표 6-11〉과 같다.

〈표 6-10〉 시설물용도별 수질오염계수 및 표준사용량(제12조제2항 및 제15조 관련)

용 도	수질오염 유발계수	표준사용량(반기)	
		연료사용량 (L/m²)	용수사용량 (톤/m²)
1. 제1종 근린생활시설 중 목욕장	0.08	37.00	26.30
2. 제1종 및 제2종 근린생활시설 중 휴게음식점·제과점· 일반음식점·단란주점, 위락시설 중 단란주점·주점영업	0.55	8.25	5.76
3. 제2종 근린생활시설 중 안마시술소	0.15	14.00	13.15
4. 제2종 근린생활시설 중 실내수영장, 운동시설 중 실내수영장	0.07	30.00	20.60

용 도	수질오염 유발계수	표준사용량(반기)	
		연료사용량 (L/m²)	용수사용량 (톤/m²)
5. 제1종 근린생활시설 중 의원·치과의원·한의원·침술원·접골원 및 조산소, 의료시설, 장례식장	0.34	2.00	2.76
6. 「건축법 시행령」 별표 1 제10호가목부터 바목까지의 교육연구시설			
가. 과학기술연구소	0.34	2.00	1.38
나. 그 밖의 교육연구시설(유치원은 제외한다)	0.67	2.00	1.38
7. 운동시설 중 체육관	0.67	4.00	2.76
8. 업무시설, 「건축법 시행령」 별표 1 제3호바목부터 아목까지의 제1종근린생활시설, 같은 표 제21호 가목부터 라목까지의 시설, 같은 표 제23호의 교정 및 군사시설, 같은 표 제24호의 방송통신시설 및 같은 표 제25호의 발전시설	1.00	2.10	0.70
9. 「건축법 시행령」 별표 1 제10호가목의 학교 중 유치원, 같은 표 제11호의 노유자시설, 같은 표 제12호의 수련시설 및 같은 표 제15호의 숙박시설	0.38	4.23	3.56
10. 「건축법 시행령」 별표 1 제7호 가목부터 다목(상점만 해당한다)까지의 판매시설			
가. 대형점·대규모소매점·도매 센터	1.00	1.90	2.00
나. 해산물 도소매공동판매장	0.65	0.23	2.00
11. 삭제 〈2008.10.29〉	1.29	1.90	2.00
12. 문화 및 집회시설 중 영화관	0.67	2.00	1.38
13. 「건축법 시행령」 별표 1 제8호의 운수시설	0.67	4.00	2.76
14. 관광휴게시설	0.85	6.60	2.15
15. 기타시설	0.85	1.52	0.51

비고 : 1. 시설물의 용도분류는 특별한 규정이 없는 한 「건축법 시행령」 별표 1에 의한다.
2. 부과면제대상용도에 대한 수질오염유발계수 및 표준사용량을 산정함에 있어서 단독주택·공동주택의 경우에는 기타 시설의 기준을 적용한다.
3. 찜질방에 대한 수질오염유발계수 및 표준사용량은 일반목욕장의 기준을 적용한다.

〈표 6-11〉 개선부담금의 부과계수(제15조 관련)

연료 종료	LNG, LPG	경 유		중 유			무연탄, 신탄, 유연탄
		황 함유량 0.1% 이하	황 함유량 0.1% 초과	황 함유량 1% 이하	황 함유량 1% 초과 1.6% 이하	황 함유량 1.6% 초과 4% 이하	
연료계수	0.16	0.87	1.00	1.62	2.03	3.67	3.67

비고 : 위 표에서 규정되지 아니한 연료는 위 표의 연료 중 가장 비슷한 연료의 연료계수를 적용한다.

② 차종별 오염유발계수

엔진총배기량(cc)	오염유발계수
2,000 이하	1.00
2,000 초과 ~ 2,500 이하	1.25
2,500 초과 ~ 3,500 이하	1.75
3,500 초과 ~ 6,500 이하	2.64
6,500 초과 ~ 10,000 이하	4.50
10,000 초과	5.00

③ 지역계수

가. 대기오염물질을 배출하는 경우

지역별	특별시	광역시	도청 소재지	자연환경보전지역, 운동·휴양지구, 관광지, 온천원보호지구 및 시지역	그 밖의 지역
지역계수	1.53	1.00	0.97	0.79	0.40

비고 : 1. 해당 지역계수가 둘 이상의 지역에 해당되는 경우에는 그 중 지역계수가 가장 높은 지역의 지역계수를 적용한다.
2. 광역시, 도청 소재지 및 도농복합형태의 시의 읍·면·동(시의 동으로서 해당 시의 시청 소재지가 읍·면에 소재하는 경우만 해당한다) 지역은 그 밖의 지역의 지역계수를 적용한다.

나. 수질오염물질을 배출하는 경우

지역별	특별시	광역시	도청 소재지	자연환경보전지역, 운동·휴양지구, 관광지, 온천원보호지구 및 시지역	그 밖의 지역
지역 계수	2.07	1.00	0.68	0.67	0.57

비고 : 1. 해당 지역계수가 둘 이상의 지역에 해당되는 경우에는 그 중 지역계수가 가장 높은 지역의 지역계수를 적용한다.
2. 광역시, 도청 소재지 및 도농복합형태의 시의 읍·면·동(시의 동으로서 해당 시의 시청소재지가 읍·면에 소재하는 경우만 해당한다) 지역은 기타 지역의 지역계수를 적용한다.

다. 자동차

지역별	인구 500만 이상	인구 100만 이상 500만 미만	인구 50만 이상 100만 미만	인구 10만 이상 50만 미만	인구 10만 미만
지역계수	1.53	1.00	0.87	0.85	0.40

④ 차령계수

차 령	3년 미만	3년 이상 4년 미만	4년 이상 6년 미만	6년 이상 8년 미만	8년 이상 10년 미만	10년 이상
차령계수	0.50	1.00	1.04	1.08	1.12	1.16

비고 : 차령이 3년 미만인 경유 사용 자동차의 차령계수는 다음 구분에 따른다.
1. 「대기환경보전법」 제46조제1항에 따라 2006년 1월 1일 이후부터 적용되는 경유 사용 자동차의 제작차 배출허용기준에 맞게 제작된 경유사용 자동차 : 0.50
2. 그 밖의 경유 사용 자동차 : 1.00

(3) 부담금 부과기준, 부과기간 및 납기일

환경개선부담금의 부과기준과 부과기간 및 납기일은 〈표 6-12〉와 같다.

〈표 6-12〉 부과기준일 · 부과기간 및 납기(제8조제1항관련)

반기별	부과기준일	부과기간	납 기
상반기분	매년 6월 30일	1월 1일부터 6월 30일까지	9월 16일부터 9월 30일까지
하반기분	매년 12월 31일	7월 1일부터 12월 31일까지	다음 연도 3월 16일부터 3월 31일까지

참고로 시설물(건물)의 경우 철거 또는 멸실된 경우와 부과제외나 면제대상이 된 경우는 부과되지 않는다.

(4) 부과대상지역

환경개선부담금의 부과대상지역은 국토의 계획 및 이용에 관한 법률 제6조에 따른 도시지역, 관리지역 및 자연환경 보전지역으로 한정하여 자동차의 경우는 전국을 부과대상지역으로 한다.

(5) 부담금의 용도

환경개선부담금의 용도는 다음과 같다.

① 환경정책기본법의 환경보전 중기 종합계획에 의하여 시행되는 대기 및 수질환경 개선사업비의 지원

② 사업자가 시행하는 대기 및 수질환경개선사업비의 원자 및 저공해기술개발연구비의 지원

③ 자연환경보전사업 기타 대통령령이 정하는 용도

(6) 부담금의 성격

환경개선부담금은 강제징수 성격의 특별회계세입의 성격을 가지고 있으며 체납된 부담금은 100분의 5에 상당하는 가산금을 부과하고 국세 또는 지방세 체납처분의 예에 따라 강제 징수할 수 있다.

(7) 개선부담금의 경감

대기환경보전법 또는 수질 및 주생태계 보전에 관한 법률에 따른 기본 배출부과로

시설물(건물)에 대해서는 그 기본부과금 또는 기본배출부과금 상당 금액을 경감한다. 또한 수도법에 의한 중수도 또는 빗물이용시설에 대해서 최초 부과 지분의 100분의 25를 경감한다.

2) 대기오염물질 배출부과금제도

배출부과금제도란 환경부장관이 대기환경보전법 제35조에 따라 대기오염물질로 인한 대기환경상의 피해를 방지하거나 줄이기 위하여 대기오염물질을 배출하는 사업자, 대기환경법 제23조제1항부터 제3항까지의 규정에 따른 허가, 변경허가를 받지 아니하는 신고, 변경 신고를 하지 아니하고 배출시설을 설치 또는 변경하는 자에 대하여 배출부과금을 부과 징수하는 환경관리비용부담금제도를 말한다.

배출부담금제도에는 대기오염물질 배출부담금제도 외에 수질오염부담금제도도 있다.

(1) 초과부과금 산정방법 및 기준

초과부담금 산정방법 및 산정기준은 다음과 같다.

① 제21조제4항에 따른 개선계획서 제출 및 개선의 경우

오염물질 1kg당 부과금액 × 배출허용기준 초과 오염물질 배출량 × 지역별 부과계수 × 연도별 부과금 산정지수

② 상기 ①항 외의 경우

오염물질 1kg당 부과금액 × 배출허용초과 기준 초과 × 오염물질 배출량 × 배출허용기준 초과율별 부과지수 × 지역별 부과지수 × 연도별 부과금 산정지수 × 위반횟수별 부과계수

부과금 산출에 필요한 초과부과금 산정기준과 지역별 부과계수, 농도별 부과계수 등은 〈표 6-13〉, 〈표 6-14〉, 〈표 6-15〉와 같다.

〈표 6-13〉 대기오염물질 기본부과금과 초과부과금 산정기준(제24조제2항 관련)

구분 / 오염물질		오염물질 1kg당 부과금액	배출허용 기준초과율별 부과계수(%)								지역별 부과계수		
			20 미만	20 이상 40 미만	40 이상 80 미만	80 이상 100 미만	100 이상 200 미만	200 이상 300 미만	300 이상 400 미만	400 이상	Ⅰ지역	Ⅱ지역	Ⅲ지역
황산화물		500	1.2	1.56	1.92	2.28	3.0	4.2	4.8	5.4	2	1	1.5
먼지		770	1.2	1.56	1.92	2.28	3.0	4.2	4.8	5.4	2	1	1.5
암모니아		1,400	1.2	1.56	1.92	2.28	3.0	4.2	4.8	5.4	2	1	1.5
황화수소		6,000	1.2	1.56	1.92	2.28	3.0	4.2	4.8	5.4	2	1	1.5
이황화탄소		1,600	1.2	1.56	1.92	2.28	3.0	4.2	4.8	5.4	2	1	1.5
특정유해물질	불소화합물	2,300	1.2	1.56	1.92	2.28	3.0	4.2	4.8	5.4	2	1	1.5
	염화수소	7,400	1.2	1.56	1.92	2.28	3.0	4.2	4.8	5.4	2	1	1.5
	염소	7,400	1.2	1.56	1.92	2.28	3.0	4.2	4.8	5.4	2	1	1.5
	시안화수소	7,300	1.2	1.56	1.92	2.28	3.0	4.2	4.8	5.4	2	1	1.5

비고 : 1. 배출허용기준 초과율(%) = (배출농도 − 배출허용기준농도) ÷ 배출허용기준농도 × 100

2. Ⅰ지역 : 「국토의 계획 및 이용에 관한 법률」 제36조에 따른 주거지역·상업지역, 같은 법 제37조에 따른 취락지구, 같은 법 제42조에 따른 택지개발예정지구

3. Ⅱ지역 : 「국토의 계획 및 이용에 관한 법률」 제36조에 따른 공업지역, 같은 법 제37조에 따른 개발진흥지구(관광·휴양개발진흥지구는 제외한다), 같은 법 제40조에 따른 수산자원보호구역, 같은 법 제42조에 따른 국가산업단지 및 지방산업단지, 전원개발사업구역 및 예정구역

4. Ⅲ지역 : 「국토의 계획 및 이용에 관한 법률」 제36조에 따른 녹지지역·관리지역·농림지역 및 자연환경보전지역, 같은 법 제37조 및 같은 법 시행령 제31조에 따른 관광·휴양개발진흥지구

〈표 6-14〉 기본부과금의 지역별 부과계수(제28조제2항 관련)

구 분	지역별 부과계수
Ⅰ지역	1.5
Ⅱ지역	0.5
Ⅲ지역	1.0

〈표 6-15〉 기본부과금의 농도별 부과계수(제28조제2항 관련)

① 연료를 연소하여 황산화물을 배출하는 시설(황산화물의 배출량을 줄이기 위하여 방지시설을 설치한 경우와 생산공정상 황산화물의 배출량이 줄어든다고 인정하는 경우는 제외한다)

구분	연료의 황함유량(%)		
	0.5% 이하	1.0% 이하	1.0% 초과
농도별 부과계수	0.2	0.4	1.0

② 제1호 외의 시설

구분	배출허용기준의 백분율							
	30% 미만	30% 이상 40% 미만	40% 이상 50% 미만	50% 이상 60% 미만	60% 이상 70% 미만	70% 이상 80% 미만	80% 이상 90% 미만	90% 이상 100% 미만
농도별 부과계수	0	0.15	0.25	0.35	0.5	0.65	0.8	0.95

비고 : 1. 배출허용기준의 백분율(%) = $\frac{\text{배출농도}}{\text{배출허용기준농도}} \times 100$

2. 배출농도는 제29조에 따른 일일평균배출량의 산정근거가 되는 배출농도를 말한다.

(2) 부과기준 및 부과기간

기본부과금 및 자동측정사업장에 대한 초과부과금의 부과기준일 및 부과기간은 〈표 6-16〉와 같다.

〈표 6-16〉 기본부과금 및 자동측정사업장에 대한 초과부과금의 부과기준일 및 부과기간(제27조 관련)

반기별	부과기준일	부과기간
상반기	매년 6월 30일	1월 1일부터 6월 30일까지
하반기	매년 12월 31일	7월 1일부터 12월 31일까지

비고 : 부과기간 중에 배출시설 설치허가를 받거나 신고를 한 사업자의 부과기간은 최초 가동일부터 부과기간 종료일까지로 한다.

(3) 부과금의 납부통지와 납부기간

기본부과금은 해당 부과기간의 확정배출량 자료제출기간 종료일부터 60일 이내 납부통지해야 하며 초과부과금은 사유가 발생할 때 납부통지해야 한다.

납부기간은 납부통지서를 발급한 날로부터 30일로 한다.

3) 수질오염물질 배출금 부과제도

수질오염물질 배출금 부과제도란 수질오염으로 인한 국민건강 및 환경상의 위해를 예방하기 위하여 하천, 호수 등 공공 수역의 수질 및 수생태계를 관리보전함으로써 국민으로 하여금 그 혜택을 널리 향유하고 미래의 세대에 승계할 수 있도록 하기 위하여 필요한 재원과 환경부장관이 수질 및 수생태계 보전에 관한 법률 제41조에 따라 수질오염물질을 배출하는 사업자 또는 제33조제1항 내지 제3항에 따라 허가변경허가를 받지 아니하거나 신고, 변경신고를 하지 아니하고 배출시설을 설치 또는 변경한 자에 부과, 징수하는 환경관리비용부담제도이다.

(1) 배출부과금의 종류

수질오염물질 배출금의 종류에는 기본배출금 부과금과 초과배출금 부과 등으로 세분된다.

기본배출금 부과금은 배출시설에서 배출되는 폐수 중 수질오염물질이 제32조의 규정에 의한 배출허용기준 이하로 배출되나 제12조제3항에 의한 방류수 수질기준을 초과하는 경우에 부과하는 부과금과 폐수 종말시설 또는 공공하수처리시설에서 배출되는 폐수 중 수질오염물질이 제12조제3항에 의한 방류수 수질기준을 초과하는 경우의 부과되는 부담금제도이다.

그러나 초과배출금 부과금은 수질오염물질이 제32조 규정에 의한 배출허용기준을 초과하여 배출되는 경우와 수질오염물질이 공공수역에 배출되는 경우(폐수무방류 배출시설에 한한다)의 부담금제도를 의미한다.

(2) 오염총량 초과부과금 산정방법 및 기준

수질오염 부과금 산정방법 및 기준은 〈표 6-17〉과 같다.

〈표 6-17〉 오염총량 초과부담금 산정방법 및 기준(제10조제1항 관련)

1. 오염총량 초과부과금의 산정방법

오염총량 초과부과금 = 초과배출이익 × 초과율별 부과계수 × 지역별 부과계수 × 위반횟수별 부과계수 − 감액 대상 배출부과금 및 과징금

비고 : 감액 대상 배출부과금 및 과징금은 법 제4조의7제3항에 따른 배출부과금과 과징금을 말한다.

2. 초과배출이익의 산정방법

가. 초과배출이익이란 수질오염물질을 초과배출함으로써 지출하지 아니하게 된 수질오염물질 처리비용을 말하며 산정방법은 다음과 같다.

초과배출이익 = 초과오염배출량 × 연도별 부과금 단가

나. 초과오염배출량이란 법 제4조의5제1항 전단에 따라 할당된 오염부하량(이하 "할당오염부하량"이라 한다)이나 지정된 배출량(이하 "지정배출량"이라 한다)을 초과하여 배출되는 수질오염물질의 양을 말하며, 산정방법은 다음과 같다.

초과오염배출량 = 일일초과오염배출량 × 배출기간

1) 일일초과오염배출량

가) 일일초과오염배출량은 다음의 방법에 따라 산정한 값 중 큰 값을 킬로그램으로 표시한 양으로 한다.

일일초과오염배출량 = 일일유량 × 배출농도 × 10^{-6} − 할당오염부하량 일일초과오염배출량 = (일일유량 − 지정배출량) × 배출농도 × 10^{-6}

비고 : 1. 일일초과오염배출량의 단위는 킬로그램(kg)으로 하되, 소수점 이하 첫째자리까지 계산한다.

2. 일일유량은 법 제4조의6에 따른 조치명령 등의 원인이 되는 배출오염물질을 채취하였을 때의 오수 및 폐수유량(이하 "측정유량"이라 한다)으로 계산한 오수 및 폐수총량을 말한다.

3. 배출농도는 법 제4조의6에 따른 조치명령 등의 원인이 되는 배출오염물질을 채취하였을 때의 배출농도를 말하며, 배출농도의 단위는 리터당 밀리그램(mg/L)으로 한다.

4. 할당오염부하량과 지정배출량의 단위는 1일당 킬로그램(kg/일)과 1일당 리터(L/일)로 한다.

나) 일일유량의 산정방법은 다음과 같다.

일일유량 = 측정유량 × 조업시간

비고 : 1. 일일유량의 단위는 리터(L)로 한다.

2. 측정유량의 단위는 분당 리터(L/min)로 한다.

3. 일일조업시간은 측정하기 전 최근 조업한 30일간의 오수 및 폐수 배출시설의 조입시간 평균치로서 분으로 표시한다.

다) 측정유량과 배출농도는 「환경분야 시험 · 검사 등에 관한 법률」 제6조에 따른 환경오염공정시험기준에 따라 산정한다. 다만, 측정유량의 산정이 불가능하거나 실제 유량과 뚜렷한 차이가 있다고 인정될 경우에는 다음 중 어느 하나의 방법에 따라 산정한다.

(1) 적산유량계에 의한 산정

(2) 적산유량계에 의한 방법이 적합하지 아니하다고 인정될 경우에는 방지시설 운영일지상의 시료채취일 직전 최근 조업한 30일간의 평균유량에 의한 산정

(3) (1)이나 (2)의 방법이 적합하지 아니하다고 인정되는 경우에는 해당 사업장의 용수사용량(수돗물 · 공업용수 · 지하수 · 하천수 또는 해수 등 해당 사업장에서 사용하는 모든 용수를 포함한다)에서 생활용수량 · 제품함유량, 그 밖에 오수 및 폐수가 발생하지 아니한 용수량을 빼는 방법에 의한 산정

2) 배출기간

가) 배출시설과 방지시설이 다음 중 어느 하나에 해당하는 경우에는 수질오염물질을 배출하기 시작한 날부터 그 행위를 중단한 날

(1) 방지시설을 가동하지 아니하거나 방지시설을 거치지 아니하고 수질오염물질을 배출하거나, 처리약품을 투입하지 아니하고 수질오염물질을 배출하는 경우

(2) 비밀배출구로 수질오염물질을 배출하는 경우

나) 위 가)에 해당하지 아니할 경우에는 할당오염부하량이나 지정배출량을 초과하여 배출하기 시작한 날(배출하기 시작한 날을 알 수 없을 경우에는 초과 여부를 검사한 날을 말한다)부터 법 제4조의6제1항 또는 법 제4조의6제4항에 따른 조치명령, 조업정지명령, 폐쇄명령(이하 "조치명령 등"이라 한다)의 이행완료 예정일

다. 연도별 부과금 단가는 다음과 같다.

연도	수질오염물질 1kg당 연도별 부과금 단가	연도	수질오염물질 1kg당 연도별 부과금 단가
2004	3,000원	2008	4,400원
2005	3,300원	2009	4,800원
2006	3,600원	2010	5,300원
2007	4,000원		

비고 : 2011년 이후의 연도별 부과금 단가는 전년도 부과금 단가에 1.1을 곱한 값으로 한다. 이 경우 10원 이하는 계산하지 아니한다.

3. 초과율별 부과계수

(단위 : %)

초과율	20 미만	20 이상 40 미만	40 이상 60 미만	60 이상 80 미만	80 이상 100 미만	100 이상 200 미만	200 이상 300 미만	300 이상 400 미만	400 이상
부과계수	3.0	3.5	4.0	4.5	5.0	5.5	6.0	6.5	7.0

비고 : 초과율은 법 제4조의5제1항에 따른 할당오염부하량에 대한 일일초과배출량의 백분율을 말한다.

4. 지역별 부과계수

$$\text{지역별 부과계수} = \frac{\text{오염총량 목표수질 설정지점의 평균수질}}{\text{오염총량목표수질}}$$

비고 : 1. 오염총량목표수질 설정지점의 평균수질은 제3조제7항에 따라 측정한 수질의 평균수질을 말한다.
2. 오염총량목표수질은 법 제4조의2제1항에 따라 고시되거나 공고된 해당 유역의 오염총량목표수질을 말한다.

5. 위반횟수별 부과계수

1일 오수·폐수 배출량 규모(m^3)	위반횟수별 부과계수
10,000 이상	• 최초의 위반행위 : 1.8 • 두 번째 이후의 위반행위 : 그 위반행위 직전의 부과계수에 1.5를 곱한 값
7,000 이상 10,000 미만	• 최초의 위반행위 : 1.7 • 두 번째 이후의 위반행위 : 그 위반행위 직전의 부과계수에 1.5를 곱한 값
4,000 이상 7,000 미만	• 최초의 위반행위 : 1.6 • 두 번째 이후의 위반행위 : 그 위반행위 직전의 부과계수에 1.5를 곱한 값
2,000 이상 4,000 미만	• 최초의 위반행위 : 1.5 • 두 번째 이후의 위반행위 : 그 위반행위 직전의 부과계수에 1.5를 곱한 값
700 이상 2,000 미만	• 최초의 위반행위 : 1.4 • 두 번째 이후의 위반행위 : 그 위반행위 직전의 부과계수에 1.4를 곱한 값
200 이상 700 미만	• 최초의 위반행위 : 1.3 • 두 번째 이후의 위반행위 : 그 위반행위 직전의 부과계수에 1.3을 곱한 값
50 이상 200 미만	• 최초의 위반행위 : 1.2 • 두 번째 이후의 위반행위 : 그 위반행위 직전의 부과계수에 1.2를 곱한 값
50 미만	• 최초의 위반행위 : 1.1 • 두 번째 이후의 위반행위 : 그 위반행위 직전의 부과계수에 1.1를 곱한 값

(3) 초과부과금 산정기준

초과부과금의 산정기준은 〈표 6-18〉과 같다.

〈표 6-18〉 초과부과금산정기준(제45조제5항 관련)

(금액단위 : 원)

구분		수질오염물질 1킬로그램당 부과금액	배출허용기준 초과율별 부과계수								지역별 부과계수		
			20% 미만	20% 이상 40% 미만	40% 이상 80% 미만	80% 이상 100% 미만	100% 이상 200% 미만	200% 이상 300% 미만	300% 이상 400% 미만	400% 이상	청정지역 및 가 지역	나 지역	특례 지역
유기물질		250	3.0	4.0	4.5	5.0	5.5	6.0	6.5	7.0	2	1.5	1
부유물질		250	3.0	4.0	4.5	5.0	5.5	6.0	6.5	7.0	2	1.5	1
총 질소		500	3.0	4.0	4.5	5.0	5.5	6.0	6.5	7.0	2	1.5	1
총 인		500	3.0	4.0	4.5	5.0	5.5	6.0	6.5	7.0	2	1.5	1
크롬 및 그 화합물		75,000	3.0	4.0	4.5	5.0	5.5	6.0	6.5	7.0	2	1.5	1
망간 및 그 화합물		30,000	3.0	4.0	4.5	5.0	5.5	6.0	6.5	7.0	2	1.5	1
아연 및 그 화합물		30,000	3.0	4.0	4.5	5.0	5.5	6.0	6.5	7.0	2	1.5	1
특정유해물질	페놀류	150,000	3.0	4.0	4.5	5.0	5.5	6.0	6.5	7.0	2	1.5	1
	시안화합물	150,000	3.0	4.0	4.5	5.0	5.5	6.0	6.5	7.0	2	1.5	1
	구리 및 그 화합물	50,000	3.0	4.0	4.5	5.0	5.5	6.0	6.5	7.0	2	1.5	1
	카드뮴 및 그 화합물	500,000	3.0	4.0	4.5	5.0	5.5	6.0	6.5	7.0	2	1.5	1
	수은 및 그 화합물	1,250,000	3.0	4.0	4.5	5.0	5.5	6.0	6.5	7.0	2	1.5	1
	유기인화합물	150,000	3.0	4.0	4.5	5.0	5.5	6.0	6.5	7.0	2	1.5	1
	비소 및 그 화합물	100,000	3.0	4.0	4.5	5.0	5.5	6.0	6.5	7.0	2	1.5	1
	납 및 그 화합물	150,000	3.0	4.0	4.5	5.0	5.5	6.0	6.5	7.0	2	1.5	1
	6가크롬화합물	300,000	3.0	4.0	4.5	5.0	5.5	6.0	6.5	7.0	2	1.5	1
	폴리염화비페닐	1,250,000	3.0	4.0	4.5	5.0	5.5	6.0	6.5	7.0	2	1.5	1
	트리클로로에틸렌	300,000	3.0	4.0	4.5	5.0	5.5	6.0	6.5	7.0	2	1.5	1
	데트리클로로에틸렌	300,000	3.0	4.0	4.5	5.0	5.5	6.0	6.5	7.0	2	1.5	1

비고 : 1. 배출허용기준초과율 = (배출농도－배출허용기준농도) ÷ 배출허용기준농도 × 100

2. 유기물질의 오염측정 단위는 생물화학적 산소요구량과 화학적 산소요구량을 말하며, 그 중 높은 수치의 배출농도를 산정기준으로 한다.

3. 희석하여 배출하는 경우 배출허용기준 초과율별 부과계수의 산정시 배출허용기준 초과율의 적용은 희석수를 제외한 폐수의 배출농도를 기준으로 한다.

4. 폐수무방류 배출시설의 유출·누출계수는 배출허용기준 초과율별 부과계수 400퍼센트 이상, 지역별 부과계수는 청정지역 및 가 지역을 적용한다.

(4) 기본부과금의 부과기준일 및 부과기간

수질오염물질 기본부과금의 부과기준일과 부과기준은 〈표 6-19〉와 같다.

〈표 6-19〉 기본부과금의 부과기준일 및 부과기간(제43조 관련)

반기별	부과기준일	부과기간
상반기	매년 6월 30일	1월 1일부터 6월 30일까지
하반기	매년 12월 31일	7월 1일부터 12월 31일까지

비고 : 부과기간 중에 배출시설 설치허가를 받거나 신고를 한 사업자의 부과기간은 최초 가동일부터 그 부과기간의 종료일까지로 한다.

(5) 부담금산정 각종 부과계수

수질오염배출 부담금 산정에 필요한 위반횟수 부과계수, 방류수 수질 기준초과율별 부과계수, 지역별 부과계수, 사업장별 부가계수 등 〈표 6-20〉, 〈표 6-21〉, 〈표 6-22〉 그리고 〈표 6-23〉과 같다.

〈표 6-20〉 위반횟수별 부과계수(제49조제2항 관련)

1. 위반횟수별 부과계수 적용의 일반기준
   가. 위반횟수는 사업장별로 제46조에 따른 초과부과금 부과 대상 수질오염물질을 배출(법 제41조제1항제2호가목의 경우에는 배출허용기준을 초과하여 배출한 경우를 말한다)함으로써 법 제39조 · 제40조 · 제42조 또는 법 제44조에 따른 개선명령 · 조업정지명령 · 허가취소 · 사용중지명령 또는 폐쇄명령(이하 "개선명령 등"이라 한다)을 받은 경우 그 위반행위의 횟수로 하되, 그 부과금 부과의 원인이 되는 위반행위를 한 날로 소급하여 2년(측정기기부착사업장 등의 경우에는 3개월)이 되는 날까지의 기간 중 위반행위를 한 횟수로 한다.
   나. 둘 이상의 위반행위로 하나의 개선명령 등을 받은 경우에는 하나의 위반행위로 보되, 그 위반일은 가장 최근에 위반한 날을 기준으로 한다.
   다. 측정기기부착사업장 등의 경우에는 자동측정자료의 3시간 평균치가 배출허용기준을 초과하는 횟수를 위반횟수로 하되, 3시간 평균치가 24시간 이내에 2회 이상 배출허용기준을 초과하는 경우에는 위반횟수를 1회로 보고, 제40조제1항제2호에 따라 조치명령을 받지 아니한 사업자가 개선계획서를 제출하고 배출허용기준을 초과하는 경우에는 개선기간 중의 위반횟수를 1회로 본다.

2. 사업장의 종류별 구분에 따른 위반횟수별 부과계수

종류	위반횟수별 부과계수
제1종 사업장	• 처음 위반한 경우 : 1.5 사업장 규모: 2,000m³/일 이상 4,000m³/일 미만 – 부과계수 1.5; 4,000m³/일 이상 7,000m³/일 미만 – 부과계수 1.6; 7,000m³/일 이상 10,000m³/일 미만 – 부과계수 1.7; 10,000m³/일 이상 – 부과계수 1.8 • 다음 위반부터는 그 위반 직전의 부과계수에 1.5를 곱한 것으로 한다.
제2종 사업장	• 처음 위반의 경우 : 1.4 • 다음 위반부터는 그 위반 직전의 부과계수에 1.4를 곱한 것으로 한다.
제3종 사업장	• 처음 위반의 경우 : 1.3 • 다음 위반부터는 그 위반 직전의 부과계수에 1.3을 곱한 것으로 한다.
제4종 사업장	• 처음 위반의 경우 : 1.2 • 다음 위반부터는 그 위반 직전의 부과계수에 1.2를 곱한 것으로 한다.
제5종 사업장	• 처음 위반의 경우 : 1.1 • 다음 위반부터는 그 위반 직전의 부과계수에 1.1을 곱한 것으로 한다.

제1종 사업장 규모별 부과계수:

사업장 규모	2,000m^3/일 이상 4,000m^3/일 미만	4,000m^3/일 이상 7,000m^3/일 미만	7,000m^3/일 이상 10,000m^3/일 미만	10,000m^3/일 이상
부과계수	1.5	1.6	1.7	1.8

비고 : 사업장의 규모별 구분은 별표 13에 따른다.

3. 폐수무방류배출시설에 대한 위반횟수별 부과계수

처음 위반한 경우 1.8로 하고, 다음 위반부터는 그 위반직전의 부과계수에 1.5를 곱한 것으로 한다.

〈표 6-21〉 방류수수질기준 초과율별 부과계수(제41조제3항 관련)

초과율(%)	10 미만	10 이상 20 미만	20 이상 30 미만	30 이상 40 미만	40 이상 50 미만	50 이상 60 미만	60 이상 70 미만	70 이상 80 미만	80 이상 90 미만	90 이상 100까지
부과계수	1	1.2	1.4	1.6	1.8	2.0	2.2	2.4	2.6	2.8

비고 : 1. 방류수수질기준 초과율 = (배출농도 − 방류수수질기준) ÷ (배출허용기준 − 방류수수질기준) × 100

2. 분모의 값이 방류수수질기준보다 작을 경우와 폐수종말처리시설인 경우에는 방류수수질기준을 분모의 값으로 한다.

3. 제1호의 배출허용기준은 공공하수처리시설의 하수처리구역에 있는 배출시설에 대하여 환경부장관이 따로 배출허용기준을 정하여 고시하는 경우에도 그 배출허용기준을 적용하지 아니하고, 환경부령으로 정하는 배출허용기준을 적용한다.

〈표 6-22〉 지역별 부과계수(제41조제3항 관련)

청정지역 및 가 지역	나 지역 및 특례지역
1.5	1

비고 : 청정지역 및 가 지역, 나 지역 및 특례지역의 구분에 대하여는 환경부령으로 정한다.

〈표 6-23〉 사업장별 부과계수(제4조제3항 관련)

사업장 규모	제1종사업장 (단위 : m^3/일)					제2종 사업장	제3종 사업장	제4종 사업장
	10,000 이상	8,000 이상 10,000 미만	6,000 이상 8,000 미만	4,000 이상 6,000 미만	2,000 이상 4,000 미만			
부과계수	1.8	1.7	1.6	1.5	1.4	1.3	1.2	1.1

비고 : 1. 사업장의 규모별 구분은 별표 13에 따른다.
2. 공공하수처리시설과 폐수종말처리시설의 부과계수는 폐수배출량에 따라 적용한다.

4) 수질개선 부담금제도

수질개선 부담금제도는 환경부장관을 먹는물 관리법 제31조에 따라 공공의 지하자원을 보호하고 먹는물의 수질을 개선하기 위하여 제9조에 따라 샘물개발 허가를 받은 자, 먹는 샘물제조업자와 먹는물 수입판매업자에게 수질개선부담금을 부과 징수하는 환경관리비용부담제도를 말한다.

(1) 부과대상

수질개선부담금의 부과대상은 다음과 같다.

① 샘물허가를 받은 자

② 먹는 샘물 제조업자

③ 먹는물 수입업자

(2) 부과징수방법

수질개선부담금의 부과징수방법은 다음과 같다.

① 샘물개발허가 받은 자와 먹는 샘물제조업자

- 샘물 취수량 기준

② 먹는 샘물 수입판매업자 : 먹는 샘물 수입량 기준으로 다음 각호의 금액을 더한 금액의 범위에서 대통령령이 정하는 바에 따라 부과징수한다.

- 지방공기업에 의한 상수도원가 및 하수도원가
- 수도에 의한 원인자 부담금
- 다음 각 목의 물이용부담의 평균금액
  - 한강수계 상수원 수질개선 및 주민지원 등에 관한 법률에 의한 물이용 부담금
  - 낙동강수계 물관리 및 주민지원 등에 관한 법률에 의한 물이용 부담금
  - 금강수계 물관리 및 주민지원 등에 관한 법률에 의한 물이용 부담금
  - 영산강, 섬진강 물관리 및 주민지원 등에 관한 법률에 이한 물관리 이용부담금
  - 환경개선 특별회계법에 의한 국가환경사업 중 상수도 및 수질보전 부문의 세종

(3) 수질개선부담금의 용도

수질개선부담금의 용도는 다음과 같다.

① 먹는물 수질관리 시책사업비시원
② 먹는물 수질검사시시 비용지원
③ 그 밖에 공공의 지하수자원을 보호하기 위하여 대통령령으로 정하는 용도

(4) 부담금의 부과징수절차 및 납부시기

부담금부과는 분기 시작 달의 다음달 10일까지 납부 고지해야 한다. 부담금의 납부기한은 납부고지 한 달의 말일까지로 한다.

5) 폐기물 부담금제도

폐기물 부담금제도란 환경부 장관이 자원의 절약과 재활용에 관한 법률 제12조에 따라 폐기물 자원의 낭비를 억제하고 재활용을 촉진하기 위하여 대기환경보전법에 의한 특정대기 유해물질, 수질 및 생태계 보전에 관한 법률에 의한 특정수질 유해물질, 유해화학물질 관리법에 의한 유독물 등에 부과하는 환경관리 비용부담제도를 의미한다.

(1) 부담금 부과대상 업종

폐기물부담금 부과대상 업종은 〈표 6-24〉와 같다.

〈표 6-24〉 폐기물부담금 부과대상 업종(제10조제1항제6호 관련)

업종의 구분	부과대상 업종의 구체적 범위
1. 섬유제품 제조업 : 의복제외(C13)	기타 섬유제품 제조업(C139)
2. 가죽, 가방 및 신발제조업(C15)	가. 가죽, 가방 및 유사제품 제조업(C151) 나. 신발 및 신발부분품 제조업(C152)
3. 인쇄 및 기록매체 복제업(C18)	기록매체 복제업(C182)
4. 화학물질 및 화학제품 제조업 : 의약품 제외(C20)	기타 화학제품 제조업(C204)
5. 고무제품 및 플라스틱제품 제조업(C22)	플라스틱 제품 제조업(C222)
6. 금속가공제품 제조업 : 기계 및 가구 제외(C25)	기타 금속가공제품 제조업(C259)
7. 전자부품, 컴퓨터, 영상, 음향 및 통신장비 제조업(C26)	가. 반도체 제조업(C261) 나. 전자부품 제조업(C262) 다. 컴퓨터 및 주변장치 제조업(C263) 라. 통신 및 방송장비 제조업(C264) 마. 영상 및 음향기기 제조업(C265) 바. 마그네틱 및 광학 매체 제조업(C266)
8. 의료, 정밀, 광학기기 및 시계 제조업(C27)	가. 의료용 기기 제조업(C271) 나. 측정, 시험, 항해, 제어 및 기타 정밀기기 제조업 : 광학기기 제외(C272) 다. 안경, 사진장비 및 기타 광학기기 제조업(C273) 라. 시계 및 시계부품 제조업(C274)
9. 전기장비 제조업(C28)	가. 절연선 및 케이블 제조업(C283) 나. 전구 및 조명장치 제조업(C284) 다. 가정용 기기 제조업(C285) 라. 기타 전기장비 제조업(C289)
10. 기타 기계 및 장비 제조업(C29)	가. 일반 목적용 기계 제조업(C291) 나. 특수 목적용 기계 제조업(C292)
11. 자동차 및 트레일러 제조업(C30)	가. 자동차용 엔진 및 자동차 제조업(C301) 나. 자동차 차체 및 트레일러 제조업(C302) 다. 자동차 부품 제조업(C303)
12. 기타 운송장비 제조업(C31)	가. 선박 및 보트 건조업(C311) 나. 철도장비 제조업(C312) 다. 항공기, 우주선 및 부품 제조업(C313) 라. 그 외 기타 운송장비 제조업(C319)
13. 가구 제조업(C32)	가구 제조업(C320)
14. 기타 제품 제조업(C33)	가. 귀금속 및 장신용품 제조업(C331) 나. 악기 제조업(C332) 다. 운동 및 경기용구 제조업(C333) 라. 인형, 장난감 및 오락용품 제조업(C334) 마. 그 외 기타 제품 제조업(C339)

비고 : 1. 업종의 구분은 한국표준산업분류의 중분류를 따르고, 부과대상 업종의 구체적 범위는 한국표준산업의 소분류를 따른다.
2. 괄호 부분은 한국표준산업분류에 따른 해당 분류번호를 말한다.

(2) 폐기물부담금의 산출기준

폐기물부담금의 산출기준은 〈표 6-25〉와 같다.

〈표 6-25〉 폐기물부담금의 산출기준(제11조 관련)

품목구분	종류 및 규격	요율 및 금액기준
1. 살충제, 유독물제품	가. 플라스틱용기 1) 500ml 이하 2) 500ml 초과 나. 유리병 1) 500ml 이하 2) 500ml 초과 다. 금속캔 1) 500ml 이하 2) 500ml 초과	 개당 24.9원 개당 30.7원 개당 56.2원 개당 84.3원 개당 53.9원 개당 78.2원
2. 부동액	부동액	L당 189.8원
3. 껌	껌	판매가의 1.8%(수입의 경우 수입가의 1.8%)
4. 1회용 기저귀	1회용 기저귀	개당 5.5원
5. 담배	담배(판매가격 200원 이하인 담배와 「지방세법」 제231조, 제232조 및 제233조의 9에 따라 담배소비세를 면제하거나 환급하는 담배는 제외한다.	20개비당 7원
6. 플라스틱제품	가. 플라스틱을 재료로 사용하여 제조된 건축용 플라스틱 제품 또는 그 수입품(플라스틱관 및 건축용 단열재를 포함한다.) 나. 플라스틱을 재료로 사용하여 제조된 그 밖의 플라스틱제품 및 포장재 또는 그 수입품	합성수지 투입 kg당 75원 합성수지 투입 kg당 150원

비고 : 1. 제1호의 경우 출고된 제품의 용기를 회수하여 같은 종류의 제품의 용기로 재사용하는 경우에는 부담금을 부과하지 아니한다.

2. 제3호에 따른 판매가는 「부가가치세법」 제13조에 따른 공급가액으로 하며 수입가는 수입항 도차가격(C.I.F)으로 한다.
3. 제6호의 경우 폐플라스틱을 재활용한 원료를 사용한 플라스틱제품의 합성수지 투입량은 해당 제품에 사용된 재활용 원료의 양을 제외한 합성수지 투입량으로 한다.
4. 제10조제2항제3호 가목부터 라목까지의 어느 하나에 해당하지 아니하는 경우에는 제조업자 또는 수입업자에 대하여 다음 각 목의 어느 하나에 해당하는 금액을 감면한다.
   가. 연간 매출액 10억원 또는 수입액 미화 9천달러의 플라스틱 투입량에 해당하는 폐기물부담금, 이 경우 플라스틱 투입량은 다음의 계산식에 따라 산정하되, 소수점 이하는 버린다.
      1) 제조업자의 경우 : 해당 제품에 사용된 재활용 원료의 양을 제외한 플라스틱 투입량(kg) × 10억원 ÷ 연간매출액(원)
      2) 수입업자의 경우 : 해당 제품에 사용된 재활용 원료의 양을 제외한 플라스틱 투입량(kg) × 9천달러(미화) ÷ 수입항 도착가격(C.I.F)의 수입액(미화, 달러)
   나. 연간 플라스틱 사용량 1만킬로그램 또는 수입제품에 포함된 플라스틱량 100킬로그램에 해당하는 폐기물부담금

(3) 부과징수 납부고지

제조업자에 대한 폐기물부담금의 고지는 시행령 별지2호 서식에 의하고 수입업자의 폐기물부담금의 납부고지는 시행령 별지 제4호의 3서식에 의한다.

6) 교통유발부담금

교통유발부담금이란 대도시의 건물이나 시설물에 대해 교통유발 정도에 따라 부과하는 부담금을 말한다. 도시교통 정비촉진법 11조에 근거하여 1990년 처음으로 시행되었으며, 매년 1회씩 부과한다.

부과대상지역은 서울특별시와 5개 광역시 및 전주, 마산, 포항, 청주 등 11개 도시이다. 부과대상시설은 건축물의 연면적이 1,000m^2 이상인 시설물이며 분할소유 시설물인 경우에는 1인 소유면적이 30m^2 미만이면 부담금이 면제된다. 징수된 부담금은 전액 각 지방자치단체별로 지방교통사업 특별회계의 세입으로 귀속되어 교통시설의 설치 · 개선 등을 위한 사업비로 쓰인다.

2001년부터는 초 · 중 · 고등학교에 대한 교통유발 부담금을 부과하는 방침이 폐지된다. 교육시설물에 대한 교통유발 부담금을 물리기로 한 종전의 입장을 바꾸어 제외시키기로 하였는데, 대학은 여기에서 제외되어 부담금을 납부해야 한다. 그리고 시설물 소유자가 주차장 유료화, 승용차 10부제, 통근버스 운영 등 교통수요 감축프로그램을 실시할 경우에는 부담금의 최대 90%까지 경감받는다.

7) 과밀부담금

수도권정비계획법에 의하여 건축주는 특정도시 과밀억제 전역에 새로 들어서는 일정 규모 이상의 업무, 판매시설에 대해 사업비의 일정액에 대해 부과하는 과밀부담금을 납부해야 한다. 납부세액은 신축, 증축, 용도변경 건축비의 10%이다.

8) 개발부담금

개발이익 환수법에 관한 법률에 의하여 건축주는 개발부담금을 납부해야 한다.

개발부담금의 대상은 다음과 같다.

① 택지개발사업(주택단지 조성사업 포함)

② 산업단지 개발사업

③ 관광단지 조성사업
④ 도시환경 정비사업(공장건설 제외)
⑤ 분류시설용지 조성사업
⑥ 온천개발사업
⑦ 여객자동차 터미널 사업과 화물터미널 사업
⑧ 골프장 건설사업
⑨ 지목변경이 수반되는 사업으로 대통령령이 정하는 사업

4 환경영향평가제도

1) 개 요

환경영향평가제도라 함은 환경영향평가 대상 사업계획을 수립, 시행할 때 미리 그 사업이 환경에 미칠 영향을 평가 검토하여 친환경적이고 지속 가능한 개발이 되게 하여 쾌적하고 안전한 국민생활을 도모하고자 하는 환경관리제도를 의미한다.

환경영향평가제도는 환경영향평가법에 의한 환경부 장관 소관으로서 환경영향평가 대상 사업(제4조)의 사업계획을 수립하려고 할 때 미리 조사, 예측, 평가하여 해로운 환경영향을 피하거나 줄일 수 있는 방안(환경보전방안)을 강구하는 환경관리제도를 말한다.

2) 환경영향평가 대상 사업의 범위와 평가서 제출시기

환경영향평가를 받아야 할 대상 사업의 범위와 평가서 제출시기 등은 〈표 6-26〉과 같다.

〈표 6-26〉 환경영향평가를 실시하여야 하는 대상 사업의 범위, 평가서 제출시기 및 협의요청시기 (제3조제2항 및 제23조제1항)

구 분	환경영향평가대상사업의 범위	평가서 제출시기 또는 협의요청시기
1. 도시의 개발사업	가. 「도시개발법」 제2조제1항제2호에 따른 도시개발사업 중 사업면적이 25만 제곱미터 이상인 사업	「도시개발법」 제17조제2항에 따른 실시계획의 인가 전
	나. 「도시 및 주거환경정비법」 제2조제2호에 따른 정비사업(주거환경개선사업은 제외한다) 중 사업면적이 30만 제곱미터 이상인 사업	가) 지방자치단체가 시행하는 경우 : 「도시 및 주거환경정비법」 제28조제4항에 따른 사업시행 인가의 고시 전 나) 지방자치단체 외의 자가 시행하는 경우 : 「도시 및 주거환경정비법」 제28조제1항에 따른 사업시행의 인가 전
	다. 「국토의 계획 및 이용에 관한 법률」 제2조제10호에 따른 도시계획시설사업 중 다음의 어느 하나에 해당하는 시설에 관한 사업 1) 운하 2) 유통업무설비로서 사업면적이 20만 제곱미터 이상인 것 3) 주차장시설로서 사업면적이 20만 제곱미터 이상인 것 4) 시장(市場)으로서 사업면적이 15만 제곱미터 이상인 것	「국토의 계획 및 이용에 관한 법률」 제88조제2항에 따른 실시계획의 인가 전
	라. 「주택법」 제16조에 따른 주택건설사업 또는 대지조성사업 중 사업면적이 30만 제곱미터 이상인 사업	「주택법」 제16조에 따른 사업계획의 승인 전
	마. 「택지개발촉진법」 제7조제1항에 따른 택지개발사업 또는 「보금자리주택건설 등에 관한 특별법」 제2조제3호가목에 따른 보금자리주택지구조성사업 중 사업면적이 30만 제곱미터 이상인 사업	「택지개발촉진법」 제9조제1항에 따른 택지개발사업 실시계획의 승인 전 또는 「보금자리주택건설 등에 관한 특별법」 제17조에 따른 보금자리주택지구계획의 승인 전
	바. 「유통산업발전법」 제2조제15호에 따른 공동집배송센터 조성사업 중 사업면적이 20만 제곱미터 이상인 사업	「유통산업발전법」 제29조제1항에 따른 공동집배송센터의 지정 전
	사. 「여객자동차 운수사업법」 제2조제5호에 따른 여객자동차터미널 설치공사 중 사업면적이 20만 제곱미터 이상인 사업	「여객자동차 운수사업법」 제38조제1항에 따른 공사시행의 인가 전
	아. 「물류시설의 개발 및 운영에 관한 법률」 제2조제2호 또는 제9호에 따른 물류터미널 개발사업 또는 물류단지개발사업 중 사업면적이 20만 제곱미터 이상인 사업	「물류시설의 개발 및 운영에 관한 법률」 제9조제1항 또는 제28조제1항에 따른 인가 또는 승인 전

구 분	환경영향평가대상사업의 범위	평가서 제출시기 또는 협의요청시기
	자. 「교육기본법」 제9조에 따른 학교의 설치공사 중 사업면적이 30만 제곱미터 이상인 사업	가) 국가 또는 지방자치단체가 학교시설사업을 시행하는 경우 : 「학교시설사업촉진법」 제4조제4항에 따른 시행계획의 협의 전 나) 국가 또는 지방자치단체 외의 자가 학교시설사업을 시행하는 경우 : 「학교시설사업촉진법」 제4조제1항에 따른 시행계획의 승인 전 다) 「국토의 계획 및 이용에 관한 법률」에 따라 학교를 설치하는 경우 : 제88조제2항에 따른 실시계획의 인가 전
	차. 「하수도법」 제2조제9호 또는 제13호에 따른 공공하수처리시설 또는 개인하수처리시설의 설치공사 중 처리능력이 1일 10만 세제곱미터 이상인 사업	가) 시 · 도지사가 설치하는 경우 : 「하수도법」 제11조제2항에 따른 고시 전 나) 시장 · 군수 · 구청장이 설치하는 경우 : 「하수도법」 제11조제3항 또는 제4항에 따른 인가 전 다) 지방자치단체의 장이 아닌 자가 공공하수도를 설치하는 경우 : 「하수도법」제16조제1항에 따른 허가 전 라) 개인하수처리시설을 설치하는 경우 : 「하수도법」 제34조제2항에 따른 신고 전
	카. 「농어촌정비법」 제2조제7호에 따른 농어촌생활환경정비사업 중 같은 법 제29조에 따른 마을정비구역의 조성사업면적이 20만 제곱미터 이상인 사업	「농어촌정비법」 제31조제2항에 따른 시 · 도지사의 승인 전
	타. 「공공기관 지방이전에 따른 혁신도시 건설 및 지원에 관한 특별법」 제2조제5호에 따른 혁신도시개발사업 중 사업면적이 25만 제곱미터 이상인 사업	「공공기관 지방이전에 따른 혁신도시 건설 및 지원에 관한 특별법」 제12조제1항에 따른 실시계획의 승인 전
2. 산업입지 및 산업단지의 조성사업	가. 「산업입지 및 개발에 관한 법률」 제2조제6호에 따른 산업단지개발사업 중 사업면적이 15만 제곱미터 이상인 사업	「산업입지 및 개발에 관한 법률」 제17조, 제18조, 제18조의2, 제19조에 따른 실시계획의 승인 전
	나. 「중소기업진흥 및 제품구매촉진에 관한 법률」 제31조제1항에 따른 단지조성사업 중 사업면적이 15만 제곱미터 이상인 사업	「중소기업진흥 및 제품구매촉진에 관한 법률」 제31조제1항에 따른 실시계획의 승인 전
	다. 「자유무역지역의 지정 및 운영에 관한 법률」 제2조제1호에 따른 자유무역지역을 지정하는 경우로서 사업면적이 15만 제곱미터 이상인 사업. 다만, 환경영향평가 협의를 한 산업단지, 공항 및 그 배후지, 유통단지, 화물터미널, 항만 및 그 배후지에 자유무역지역을 지정하는 경우는 제외한다.	「자유무역지역의 지정 및 운영에 관한 법률」 제4조제1항에 따른 자유무역지역의 지정 전

구 분	환경영향평가대상사업의 범위	평가서 제출시기 또는 협의요청시기
	라. 「산업집적활성화 및 공장설립에 관한 법률」 제2조제1호에 따른 공장을 설립하는 경우로서 사업면적이 15만 제곱미터 이상인 사업. 다만, 제2호가목부터 다목까지 또는 같은 호 마목에 따른 환경영향평가대상사업에 해당하여 환경영향평가협의를 한 공장용지에 공장을 설립하는 경우는 제외한다.	「산업집적활성화 및 공장설립에 관한 법률」 제13조제1항에 따른 공장설립의 승인 전 또는 같은 법 제13조제2항에 따라 공장설립의 승인을 받은 것으로 보는 승인 및 입주계약 등의 완료 전
	마. 「도시개발법」 제2조제1항제2호에 따른 도시개발사업 중 공업용지조성사업의 사업면적이 15만 제곱미터 이상인 사업	「도시개발법」 제17조제2항에 따른 실시계획의 인가 전
	바. 「산업기술단지 지원에 관한 특례법」 제2조에 따른 산업기술단지의 조성사업 중 사업면적이 15만 제곱미터 이상인 사업. 다만, 산업기술단지를 같은 법 제6조에 따라 「산업입지 및 개발에 관한 법률」에 따른 국가산업단지, 일반산업단지 또는 도시첨단산업단지로 개발하거나 「지역균형개발 및 지방중소기업 육성에 관한 법률」에 따른 지역종합개발지구로 개발하는 경우는 제외한다.	「산업기술단지 지원에 관한 특례법」 제4조에 따른 사업시행자로 지정을 받고 산업기술단지를 조성하기 위한 설계를 완료하기 전
	사. 「대덕연구개발특구 등의 육성에 관한 특별법」 제2조제1호에 따른 연구개발특구의 조성사업 중 사업면적이 15만 제곱미터 이상인 사업	「대덕연구개발특구 등의 육성에 관한 특별법」 제27조제1항에 따른 실시계획의 승인 전
3. 에너지 개발사업	가. 「해저광물자원 개발법」 제2조제1호의2에 따른 해저광업 개발사업 중 에너지개발을 목적으로 하는 사업	「해저광물자원 개발법」 제15조제1항에 따른 채취권설정의 허가 전
	나. 「광업법」 제3조제2호에 따른 광업 중 에너지 개발을 목적으로 하는 광업으로서 광구의 면적이 30만 제곱미터 이상인 사업	「광업법」 제42조제1항에 따른 채광계획의 인가 전
	다. 「전원개발촉진법」 제2조제2호에 따른 전원개발사업 중 다음의 어느 하나에 해당하는 시설에 관한 사업 1) 발전시설용량이 1만 킬로와트 이상인 발전소. 다만, 댐 및 저수지 건설을 수반하는 발전소의 경우에는 발전시설용량이 3천 킬로와트 이상인 것, 태양력·풍력 또는 연료전지발전소의 경우에는 발전시설용량이 10만 킬로와트 이상인 것 2) 345킬로볼트 이상의 지상송전선로로서 선로길이가 10킬로미터 이상인 것 3) 765킬로볼트 이상의 옥외변전소 4) 조성면적이 30만 제곱미터 이상인 회처리장 5) 조성면적이 5만 제곱미터 이상인 저탄장	「전원개발촉진법」 제5조제1항에 따른 실시계획의 승인 전

구 분	환경영향평가대상사업의 범위	평가서 제출시기 또는 협의요청시기
	라.「전기사업법」 제2조제14호에 따른 전기설비 중 다음의 어느 하나에 해당하는 설비의 설치 사업 1) 발전시설용량이 1만 킬로와트 이상인 발전소. 다만, 댐 및 저수지 건설을 수반하는 경우에는 발전시설용량이 3천 킬로와트 이상인 것, 공장용지 안의 자가용 발전설비의 경우에는 3만 킬로와트 이상인 것, 태양력·풍력 또는 연료전지발전소의 경우에는 발전시설용량이 10만 킬로와트 이상인 것 2) 345킬로볼트 이상의 지상송전선로로서 선로길이가 10킬로미터 이상인 것 3) 765킬로볼트 이상의 옥외변전소 4) 조성면적이 30만 제곱미터 이상인 회처리장 5) 조성면적이 5만 제곱미터 이상인 저탄장	「전기사업법」 제61조 또는 제62조에 따른 공사계획의 인가 또는 신고 전
	마.「송유관 안전관리법」 제2조제2호에 따른 송유관 중 저유시설 설치공사로서 저장용량이 10만 킬로리터 이상인 공사	「송유관 안전관리법」 제3조제1항에 따른 인가 전
	바.「석유 및 석유대체연료 사업법」 제5조·제9조 및 제10조에 따른 석유사업자의 저유시설 또는 「한국석유공사법」 제10조제1항제3호에 따른 석유비축시설의 설치공사 중 저장용량이 10만 킬로리터 이상인 공사. 다만, 환경영향평가 협의를 한 공장용지에 설치하는 시설은 제외한다.	「위험물안전관리법」 제6조제1항에 따른 위험물시설의 설치 허가 전
	사.「한국가스공사법」 제16조의2에 따른 가스사업의 설치공사 중 저장시설의 용량이 10만 킬로리터 이상인 공사. 다만, 환경영향 평가 협의를 한 공장용지에 설치하는 시설은 제외한다.	「한국가스공사법」 제16조의2에 따른 실시계획의 승인 전
4. 항만의 건설사업	가.「어촌·어항법」 제2조제5호에 따른 어항시설 건설사업 또는 같은 조제6호에 따른 어항개발 사업 중 다음의 어느 하나에 해당하는 시설의 건설사업 1) 외곽시설(길이 300미터 이상 또는 공유수면 3만 제곱미터 이상의 매립이 수반되는 것만 해당한다) 2) 계류시설(공유수면 3만 제곱미터 이상의 매립이 수반되는 것만 해당한다) 3) 그 밖의 어항시설(사업면적이 15만 제곱미터 이상 또는 공유수면 3만 제곱미터 이상의 매립이 수반되는 것만 해당한다)	가) 지정권자가 시행하는 경우 : 「어촌·어항법」 제19조제1항에 따른 개발계획의 확정 전 나) 비지정권자가 시행하는 경우 : 「어촌·어항법」 제23조제2항에 따른 시행 허가 전 다) 지정권자가 아닌 국가 또는 지방자치단체가 시행하는 경우 : 「어촌·어항법」 제23조제3항에 따른 지정권자와 협의 전

구 분	환경영향평가대상사업의 범위	평가서 제출시기 또는 협의요청시기
	나. 「항만법」 제2조제6호에 따른 항만시설 중 다음의 어느 하나에 해당하는 시설의 건설사업 1) 외곽시설(길이 300미터 이상 또는 공유수면 3만 제곱미터 이상의 매립이 수반되는 것만 해당한다) 2) 계류시설(공유수면 3만 제곱미터 이상의 매립이 수반되는 것만 해당한다) 3) 그 밖의 항만시설(공유수면매립이 수반되는 경우에는 매립면적이 3만 제곱미터 이상인 것만 해당하며, 공유수면매립이 수반되지 아니하는 경우에는 사업면적이 15만 제곱미터 이상인 것만 해당한다)	가) 관리청이 시행하는 경우 : 「항만법」 제9조제6항에 따른 항만공사의 고시 전 나) 「항만공사법」에 따른 항만공사(港灣公社)가 시행하는 경우 : 「항만공사법」 제22조에 따른 실시계획의 승인 전 다) 관리청이 아닌 자가 시행하는 경우 : 「항만법」 제9조제2항에 따른 계획의 허가 전
	다. 「항만법」 제2조제1호에 따른 항만에서의 준설사업 중 준설면적이 10만 제곱미터 이상 또는 준설량이 20만 세제곱미터 이상인 것. 다만, 항로·정박지 등을 유지하기 위한 준설과 오염물질을 제거하기 위한 준설은 제외한다.	가) 관리청이 시행하는 경우 : 「항만법」 제9조제6항에 따른 항만공사의 고시 전 나) 비관리청이 시행하는 경우:「항만법」 제9조제2항에 따른 계획의 허가 전 또는 「공유수면관리법」 제5조에 따른 점용 또는 사용의 허가전
	라. 「신항만건설촉진법」 제2조제2호가목에 따른 신항만건설사업 중 다음의 어느 하나에 해당하는 시설의 건설사업 1) 외곽시설로서 길이 300미터 이상 또는 공유수면 3만 제곱미터 이상의 매립이 수반되는 것 2) 계류시설로서 공유수면 3만 제곱미터 이상의 매립이 수반되는 것 3) 그 밖의 항만시설로서 조성면적이 15만 제곱미터 이상 또는 공유수면 3만 제곱미터 이상의 매립이 수반되는 것	「신항만건설촉진법」 제8조제1항에 따른 실시계획의 승인 전
	마. 「항만과 그 주변지역의 개발 및 이용에 관한 법률」 제2조제3호에 따른 항만재개발사업 중 사업면적이 30만 제곱미터 이상인 항만재개발사업 또는 다음의 어느 하나에 해당하는 시설의 건설사업 1) 외곽시설로서 길이 300미터 이상 또는 공유수면 3만 제곱미터 이상의 매립이 수반되는 것 2) 계류시설로서 공유수면 3만 제곱미터 이상의 매립이 수반되는 것 3) 그 밖의 항만시설로서 조성면적이 15만 제곱미터 이상 또는 공유수면 3만 제곱미터 이상의 매립이 수반되는 것	「항만과 그 주변지역의 개발 및 이용에 관한 법률」 제14조에 따른 실시계획의 승인 전

구 분	환경영향평가대상사업의 범위	평가서 제출시기 또는 협의요청시기
5. 도로의 건설사업	「도로법」 제2조제1호, 제7조 및 「국토의 계획 및 이용에 관한 법률」 제2조제13호에 따른 도로의 건설사업 중 다음의 어느 하나에 해당하는 사업 1) 4킬로미터 이상의 신설(「국토의 계획 및 이용에 관한 법률」 제6조제1호에 따른 도시지역에서는 폭 25미터 이상의 도로인 경우에만 해당한다. 다만, 「도로법」 제8조제1호에 따른 고속국도와 「국토의 계획 및 이용에 관한 법률 시행령」 제2조제2항제1호나목·바목에 따른 자동차전용도로 또는 지하도로의 경우에는 그러하지 아니하다) 2) 2차로 이상으로서 10킬로미터 이상의 확장 3) 신설과 확장을 함께 하는 경우로서 다음 계산식에 따라 산출한 수치의 합이 1 이상인 것 =(신설구간 길이의 합/4km) + (확장구간 길이의 합/10km) 4) 도로의 신설로서 도시지역과 비도시지역에 걸쳐 있는 경우에는 다음 계산식에 따라 산출한 수치의 합이 1 이상인 것(4차로는 폭 25미터 이상으로 본다) =(비도시구간 길이의 합/4km) + (도시구간 길이의 합/4km)	가) 「도로법」 제20조에 따른 관리청이 시행하는 경우 : 같은 법 제24조에 따른 도로구역의 결정 전 나) 「도로법」 제20조에 따른 관리청이 아닌 자가 시행하는 경우 : 같은 법 제34조에 따른 공사 시행의 허가 전 다) 「국토의 계획 및 이용에 관한 법률」 제2조제11호에 따른 도시계획사업으로 건설하는 경우 : 같은 법 제88조제2항에 따른 실시계획의 인가 전
6. 수자원의 개발사업	가. 「댐건설 및 주변지역지원 등에 관한 법률」 제2조제1호에 따른 댐 중 하구언의 설치공사로서 만수면적이 200만 제곱미터 이상이거나 총저수용량이 2천만 세제곱미터 이상인 것	「댐건설 및 주변지역지원 등에 관한 법률」 제8조제1항 또는 제2항에 따른 실시계획의 수립 또는 승인 전
	나. 「하천법」 제2조제3호에 따른 하천시설 중 하구언의 설치공사로서 만수면적이 200만 제곱미터 이상이거나 총저수용량이 2천만 세제곱미터 이상인 것	가) 「하천법」 제8조에 따른 하천관리청이 시행하는 경우 : 「하천법」 제27조에 따른 하천공사시행계획의 수립 전 나) 「하천법」 제8조에 따른 하천관리청이 아닌 자가 시행하는 경우 : 「하천법」 제30조제1항에 따른 허가 전
	다. 「농어촌정비법」 제2조제6호에 따른 농업생산기반시설 중 만수면적이 200만 제곱미터 이상이거나 총저수용량이 2천만 세제곱미터 이상인 저수지·보(洑) 또는 유지(溜池 : 웅덩이)의 조성	「농어촌정비법」 제8조에 따른 농업기반정비사업 시행계획의 수립 전
7. 철도(도시철도를 포함한다)의 건설사업	가. 「철도건설법」 제2조제1호·제2호 또는 「국토의 계획 및 이용에 관한 법률」 제2조제6호에 따른 철도 또는 고속철도의 건설사업 중 길이가 4킬로미터 이상이거나 철도시설의 면적이 10만 제곱미터 이상인 것. 다만, 「철도사업법」 제2조제5호에 따른 전용철도를 공장 안에 설치하는 경우는 제외한다.	가) 「국토의 계획 및 이용에 관한 법률」 제2조제11호에 따른 도시계획사업으로 시행하는 경우 : 같은 법 제88조제2항에 따른 실시계획의 인가 전 나) 그 밖의 사업으로 시행하는 경우 : 「철도건설법」 제9조에 따른 실시계획의 승인 전

구 분	환경영향평가대상사업의 범위	평가서 제출시기 또는 협의요청시기
	나. 「도시철도법」 제3조제1호 및 제3호에 따른 도시철도 및 도시철도시설의 건설사업 중 길이가 4킬로미터 이상이거나 도시철도시설(부지를 포함한다)의 면적이 10만 제곱미터 이상인 것	「도시철도법」 제4조의3에 따른 사업계획의 승인 전
	다. 「삭도 · 궤도법」 제3조제1항에 따른 삭도사업(같은 조제4항에 따른 전용삭도 등을 포함한다)으로서 다음의 어느 하나에 해당하는 사업 1) 삭도사업의 길이가 2킬로미터 이상인 경우 2) 「삭도 · 궤도법」 제3조제2항에 따른 궤도의 길이가 4킬로미터 이상인 경우 3) 「삭도 · 궤도법」 제3조제5항에 따른 궤도용지(궤도시설의 면적을 포함한다)의 면적이 10만 제곱미터 이상인 것	「삭도 · 궤도법」 제4조에 따른 사업허가 전
8. 공항의 건설사업	「항공법」 제2조제8호에 따른 공항개발사업 중 다음의 어느 하나에 해당하는 사업(헬기장은 운송사업을 위한 정기노선의 경우에만 해당한다) 1) 비행장의 신설 2) 길이가 500미터 이상인 활주로의 건설 3) 그 밖의 공항개발사업으로서 사업면적이 20만 제곱미터 이상인 것	가) 건설교통부장관이 시행하는 경우 : 「항공법」 제76조제1항에 따른 고시 전 또는 같은 법 제95조제5항에 따른 실시계획의 고시 전 나) 그 밖의 자가 시행하는 경우 : 「항공법」 제75조제2항에 따른 허가 전 또는 같은 법 제94조제2항에 따른 공항개발사업의 허가 전
9. 하천의 이용 및 개발사업	다음의 구역에서 하는 「하천법」 제2조제5호에 따른 하천공사 중 그 공사구간이 하천중심길이로 10킬로미터 이상인 사업 1) 「하천법」 제2조제2호에 따른 하천구역 2) 「하천법」 제12조에 따른 홍수관리구역	가) 「하천법」 제8조에 따른 하천관리청이 시행하는 경우 : 「하천법」 제27조에 따른 하천공사시행계획의 수립 전 나) 「하천법」 제8조에 따른 하천관리청이 아닌 자가 시행하는 경우 (1) 국가 또는 지방자치단체인 경우 : 「하천법」 제6조에 따른 협의 또는 승인 전. (2) 국가 또는 지방지치단체가 아닌 자의 경우 : 「하천법」 제30조제2항에 따른 관계기관의 장과의 협의 전 다) 「하천법」 제87조에 따른 하천관리위원회의 심의를 받는 경우 : 하천관리위원회의 심의 전
10. 개간 및 공유수면의 매립사업	가. 「공유수면매립법」 제2조제3호에 따른 매립사업 중 사업면적이 다음의 어느 하나에 해당하는 사업 1) 「항만법」 제2조제2호에 따른 지정항만 및 「신항만건설촉진법」 제2조제1호에 따른 신항만, 「국토의 계획 및 이용에 관한 법률」 제6조제4호에 따른 자연환경보전지역에서의 매립사업인 경우 : 3만 제곱미터 이상 2) 그 밖의 지역에서의 매립사업인 경우 : 30만 제곱미터 이상	가) 국가 · 지방자치단체 또는 공공기관이 매립하는 경우 : 「공유수면매립법」 제38조제1항에 따른 매립의 협의 또는 승인 전 나) 그 밖의 자가 매립하는 경우 : 「공유수면매립법」 제9조에 따른 매립면허 전

구 분	환경영향평가대상사업의 범위	평가서 제출시기 또는 협의요청시기
	나.「농어촌정비법」 제2조제5호다목에 따른 간척사업 또는 개간사업 중 사업면적이 100만 제곱미터 이상인 것	「농어촌정비법」 제8조에 따른 시행계획의 수립 전
11. 관광단지의 개발사업	가.「관광진흥법」 제2조제1호에 따른 관광사업 중 사업면적이 30만 제곱미터 이상인 것	「관광진흥법」 제4조제2항에 따른 관광사업의 등록 전(관광숙박업은 같은 법 제15조제1항에 따른 사업계획의 승인 전) 또는 같은 법 제5조제1항·제2항 및 제4항에 따른 관광사업의 허가 또는 신고 전
	나.「관광진흥법」 제2조제6호 및 제7호에 따른 관광지 및 관광단지의 조성사업 중 사업면적이 30만 제곱미터 이상인 것	「관광진흥법」 제54조제1항에 따른 조성계획의 승인 전
	다「온천법」 제4조제1항에 따른 온천원보호지구에서의 온천개발사업 중 사업면적이 30만 제곱미터 이상인 것	「온천법」 제10조제1항에 따른 온천개발계획의 승인 전
	라.「자연공원법」 제2조제9호에 따른 공원사업 중 조성면적 또는 같은 법 제18조제1항제5호에 따른 공원집단시설지구의 면적이 10만 제곱미터 이상인 것	가) 공원관리청이 공원사업을 하는 경우 :「자연공원법」 제19조에 따른 공원사업시행계획의 결정 전 나) 공원관리청이 아닌 자가 시행하는 경우 :「자연공원법」 제20조에 따른 공원사업의 시행 허가 전
	마.「국토의 계획 및 이용에 관한 법률」 제2조제11호에 따른 도시계획사업 중 유원지에 설치되는 시설면적이 10만 제곱미터 이상인 것	「국토의 계획 및 이용에 관한법률」 제88조제2항에 따른 실시계획의 인가 전
	바.「도시공원 및 녹지 등에 관한 법률」 제2조제4호에 따른 공원시설의 설치사업 중 공원시설면적의 합계가 10만 제곱미터 이상인 것	가) 공원관리청이 시행하는 경우 :「도시공원 및 녹지 등에 관한 법률」 제19조제1항에 따른 도시공원의 설치 전 나) 공원관리청이 아닌 자가 시행하는 경우 :「국토의 계획 및 이용에 관한 법률」 제88조에 따른 실시계획의 인가 전
12. 산지의 개발사업	가.「산지관리법」 제2조제1호에 따른 산지에서 시행되는 다음의 어느 하나에 해당하는 사업	
	1)「장사 등에 관한 법률」 제2조제7호·제9호에 따른 묘지 또는 봉안시설의 설치사업 중 사업면적이 25만 제곱미터 이상인 사업	가) 시·도지사 또는 시장·군수·구청장이 설치하는 경우:「장사 등에 관한 법률」 제13조에 따른 설치·조성 전 나) 그 밖의 자가 사설묘지 및 사설봉안시설을 설치하는 경우 : 같은 법 제14조제3항 또는 제15조에 따른 허가 또는 신고 전
	2)「초지법」 제2조제1호에 따른 초지의 조성사업 중 조성면적이 30만 제곱미터 이상인 사업	「초지법」 제5조에 따른 초지조성의 허가 전

구 분	환경영향평가대상사업의 범위	평가서 제출시기 또는 협의요청시기
	3) 1) 및 2) 외의 사업 중 「산지관리법」 제14조제1항에 따른 산지전용허가면적이 20만 제곱미터 이상인 사업	가) 「국토의 계획 및 이용에 관한 법률」 제51조제3항제1호에 따른 제2종지구단위계획구역에서의 사업[임도(林道)의 설치사업은 제외한다]인 경우 : 같은 법 제49조제2호에 따른 제2종지구단위계획의 수립 전 또는 「국토의계획 및 이용에 관한 법률」 제88조제2항에 따른 실시계획의 인가 전 나) 그 밖의 사업인 경우 : 「산지관리법」 제14조에 따른 산지전용허가 전
	나. 「산림자원의 조성 및 관리에 관한 법률」 제2조제1호라목에 따른 임도(林道)의 설치사업 중 다음의 사업 1) 노선의 총길이가 8킬로미터 이상인 임도설치사업 2) 「자연환경보전법」 제34조제1항제1호에 따른 1등급 권역에서의 임도설치사업	「산림자원의 조성 및 관리에 관한 법률」 제9조제1항에 따른 임도시설의 설치 전
13. 특정 지역의 개발사업	가. 제1호부터 제12호까지, 제14호부터 제17호까지의 규정에 따른 환경영향평가대상사업의 범위에 해당되는 사업 중 「지역균형개발 및 지방중소기업 육성에 관한 법률」에 따라 시행되는 사업	「지역균형개발 및 지방중소기업 육성에 관한 법률」 제17조제1항에 따른 실시계획의 승인 전
	나. 「지역균형개발 및 지방중소기업 육성에 관한 법률」 제38조의2제2항에 따른 지역종합개발사업 중 사업면적이 20만 제곱미터 이상인 것	「지역균형개발 및 지방중소기업 육성에 관한 법률」 제38조의5에 따른 실시계획의 승인 전
	다. 「주한미군기지 이전에 따른 평택시 등의 지원 등에 관한 특별법」 제2조제4호에 따른 주한미군시설사업	「국방·군사시설 사업에 관한 법률」 제4조에 따른 실시계획의 승인 전
	라. 「주한미군기지 이전에 따른 평택시 등의 지원 등에 관한 특별법」 제2조제9호에 따른 국제화계획지구의 개발사업	「주한미군기지 이전에 따른 평택시 등의 지원 등에 관한 특별법」 제23조에 따른 개발계획의 승인 전
	마. 「주한미군기지 이전에 따른 평택시 등의 지원 등에 관한 특별법」 제16조에 따른 평택시개발사업	가) 「주한미군기지 이전에 따른 평택시 등의 지원 등에 관한 특별법」 제16조제1호부터 제3호까지의 규정에 따른 자가 시행하는 경우 : 같은 법 제17조제7항에 따른 사업계획의 확정 전 나) 「주한미군기지 이전에 따른 평택시 등의 지원 등에 관한 특별법」 제16조제4호에 따른 자가 시행하는 경우 : 제17조제1항에 따른 개발사업의 시행 승인 전

구 분	환경영향평가대상사업의 범위	평가서 제출시기 또는 협의요청시기
	바. 「신행정수도 후속대책을 위한 연기·공주지역 행정중심복합도시 건설을 위한 특별법」 제2조제1호에 따른 행정중심복합도시의 건설사업	「신행정수도 후속대책을 위한 연기·공주지역 행정중심복합도시 건설을 위한 특별법」 제21조제1항에 따른 실시계획의 승인 전 또는 같은 법 제53조제1항에 따른 주변지역지원사업의 계획 수립 전
	사. 「경제자유구역의 지정 및 운영에 관한 법률」 제2조제1호에 따른 경제자유구역의 개발사업(제1호부터 제12호까지, 제14호부터 제17호까지의 규정에 따른 환경영향평가대상사업의 범위에 해당하는 개별사업인 경우에만 해당한다)	「경제자유구역의 지정 및 운영에 관한 법률」 제9조에 따른 실시계획의 승인 전
	아. 「기업도시개발 특별법」 제2조제3호에 따른 기업도시개발사업	「기업도시개발 특별법」 제12조에 따른 실시계획의 승인 전
	자. 「수도권신공항건설 촉진법」 제2조제2호에 따른 신공항건설사업	「수도권신공항건설 촉진법」 제7조에 따른 실시계획의 승인 전
14. 체육 시설의 설치사업	가. 「체육시설의 설치·이용에 관한 법률」 제2조제1호에 따른 체육시설의 설치공사 중 사업면적이 25만 제곱미터 이상인 것	가) 국가 또는 지방자치단체가 시행하는 경우 : 「국토의 계획 및 이용에 관한 법률」 제88조제2항에 따른 실시계획의 인가 전 나) 국가 또는 지방자치단체 외의 자가 시행하는 경우 : 「체육시설의 설치·이용에 관한 법률」 제12조에 따른 사업계획의 승인 전 또는 같은 법 제20조에 따른 시설의 설치 전
	나. 「경륜·경정법」 제2조제1호·제2호에 따른 경륜 또는 경정 시설의 설치사업 중 사업면적이 25만 제곱미터 이상인 것	「경륜·경정법」 제5조제1항에 따른 허가 전
	다. 「청소년활동진흥법」 제10조제1호에 따른 청소년수련시설의 설치사업 중 사업면적이 30만 제곱미터 이상인 것	가) 국가 또는 지방자치단체가 설치하는 경우 : 「청소년활동진흥법」 제11조제1항에 따른 수련시설의 설치 전 나) 개인·법인 또는 단체가 설치하는 경우 : 같은 법 제11조제3항에 따른 허가 전
	라. 「청소년활동진흥법」 제47조제1항에 따른 청소년수련지구의 조성사업 중 사업면적이 30만 제곱미터 이상인 것	「청소년활동진흥법」 제48조제1항 및 제2항에 따른 청소년수련지구조성계획의 수립 또는 승인 전
	마. 「한국마사회법」 제4조에 따른 경마장의 설치사업 중 사업면적이 25만 제곱미터 이상인 것	「한국마사회법」 제4조에 따른 경마장 설치 허가 전
15. 폐기물 처리시설·분뇨처리시설 및 축산폐수 공처리 시설의 설치	가. 「폐기물관리법」 제2조제8호에 따른 폐기물처리시설 중 다음의 어느 하나에 해당하는 시설의 설치사업 1) 최종처리시설 중 매립시설로서 폐기물매립시설의 조성면적이 30만 제곱미터 이상이거나 매립용적이 330만 세제곱미터 이상인 것	가) 폐기물처리업의 허가를 받으려는 자가 폐기물처리시설을 설치하려는 경우 : 「폐기물관리법」 제25조제2항에 따른 폐기물처리사업계획서의 적합 통보 전 나) 폐기물처리업의 허가를 받으려는 자 외의 자가 폐기물처리시설을 설치하려는 경우 : 「폐기물관

구 분	환경영향평가대상사업의 범위	평가서 제출시기 또는 협의요청시기
	2) 최종처리시설 중 매립시설로서 지정폐기물 처리시설의 조성면적이 5만 제곱미터 이상이거나 매립용적이 25만 세제곱미터 이상인 것 3) 중간처리시설 중 소각시설로서 처리능력이 1일 100톤 이상인 것	리법」 제29조제2항에 따른 폐기물처리시설의 설치 승인 전 또는 「폐기물처리시설 설치촉진 및 주변지역지원 등에 관한 법률」 제11조의3에 따른 폐기물처리시설 설치계획의 승인 전
	나. 다음의 어느 하나에 해당하는 시설로서 처리용량이 1일 100킬로리터 이상인 것. 다만, 「하수도법」 제2조제9호에 따른 공공하수처리시설로서 분뇨 또는 축산폐수를 유입처리하는 처리시설은 제외한다.	
	1) 「하수도법」 제2조제10호에 따른 분뇨처리시설	가) 시·도지사가 설치하는 경우 : 「하수도법」 제11조제2항에 따른 고시 전 나) 시장·군수·구청장이 설치하는 경우 : 「하수도법」 제11조제3항 또는 제4항에 따른 인가 전 다) 지방자치단체의 장이 아닌 자가 시행하는 경우 : 「하수도법」 제16조제1항에 따른 허가 전
	2) 「가축분뇨의 관리 및 이용에 관한 법률」 제2조제8호에 따른 처리시설	「가축분뇨의 관리 및 이용에 관한 법률」 제24조 또는 제28조에 따른 공공처리시설 설치승인 전 또는 분뇨처리업의 허가 전
16. 국방·군사시설의 설치사업	가. 「국방·군사시설 사업에 관한 법률」 제2조제2항에 따른 국방·군사시설사업 중 사업면적이 33만 제곱미터 이상인 것. 다만, 「체육시설의 설치·이용에 관한 법률」 제2조제1호에 따른 체육시설 중 골프장의 경우에는 사업면적이 25만 제곱미터 이상인 것 나. 「군사기지 및 군사시설 보호법」 제2조제1호에 따른 군사기지(해군기지는 제외한다) 안에서 시행되는 다음의 어느 하나에 해당하는 사업 1) 비행장의 신설 2) 길이 500미터 이상인 활주로의 건설 3) 그 밖의 사업으로서 사업면적이 20만 제곱미터 이상인 것 다. 「군사기지 및 군사시설 보호법」 제2조제3호에 따른 해군기지 안에서 시행되는 사업으로서 사업면적이 15만 제곱미터 이상이거나 공유수면 3만 제곱미터 이상의 매립이 수반되는 것	가) 국방부장관 등의 승인을 받아야 하는 경우 : 기본설계의 승인 전 나) 국방부장관 등의 승인을 받지 아니하여도 되는 경우 : 기본설계의 확정 전
17. 토석·모래·자갈·광물 등의 채취사업	가. 「하천법」 제2조제2호에 따른 하천구역 또는 같은 법 제12조에 따른 홍수관리구역에서 토석·암석·모래·자갈 또는 광물을 채취하는 사업으로서 그 채취면적이 다음의 어느 하나에	가) 상수원보호구역에서 시행하는 경우 : 「수도법」 제7조제4항에 따른 행위 허가 전 나) 골재를 채취하는 경우 : 「골재채취법」 제22조에 따른 골재채취 허가 전

구 분	환경영향평가대상사업의 범위	평가서 제출시기 또는 협의요청시기
	해당하는 사업. 다만, 마목 또는 사목의 대상사업에 해당되어 협의를 한 경우는 제외한다. 1) 「수도법」 제7조에 따른 상수원보호구역에서 채취하는 경우 : 2만 제곱미터 이상 2) 상수원보호구역의 상류방향으로 유수거리 5킬로미터 이내인 지역에서 채취하는 경우 : 5만 제곱미터 이상	다) 광물을 채광하는 경우 : 「광업법」 제42조제1항에 따른 채광계획의 인가 전 라) 그 밖의 경우 : 「하천법」 제33조제1항에 따른 하천점용허가 전
	나. 「산지관리법」 제2조제1호에 따른 산지에서 토석·광물을 채취하는 사업으로서 산지 훼손면적이 10만 제곱미터 이상인 것	가) 「국토의 계획 및 이용에 관한 법률」 제51조제3항제1호에 따른 제2종지구단위계획구역에서의 사업(임도의 설치는 제외한다)인 경우 : 같은 법 제49조제2호에 따른 제2종지구단위계획의 수립 전 나) 위 가) 외의 지역에서의 사업인 경우 (1) 광물채광의 경우 : 「광업법」 제42조제1항에 따른 채광계획의 인가 전 (2) 토석채취의 경우 : 「산지관리법」 제14조에 따른 산지전용허가 전 또는 같은 법 제25조에 따른 토석채취허가 전
	다. 「산지관리법」 제29조제1항에 따른 채석단지의 지정	「산지관리법」 제29조제1항에 따른 채석단지의 지정 전
	라. 해안(해안선으로부터 육지쪽으로 1킬로미터 이내의 지역 및 바다쪽으로 10킬로미터 이내의 지역을 말한다. 이하 같다)에서 「광업법」 제3조제1호에 따른 광물을 채취하는 사업으로서 「광업법」 제13조에 따른 광구의 단위구역당 광물채취면적이 다음의 어느 하나에 해당하는 사업. 다만, 태풍·폭풍·해일 등 자연현상으로 인한 긴급대책상 필요하거나 항만 및 어장의 유지·준설을 위하여 필요한 경우는 제외한다. 1) 강원도 및 경상북도의 경우 : 2만 제곱미터 이상 2) 그 밖의 지역의 경우 : 3만 제곱미터 이상인	「공유수면관리법」 제5조제1항 또는 제6조제1항에 따른 공유수면 점용·사용 허가 또는 협의·승인 전
	마. 「골재채취법」 제21조의2에 따른 골재채취예정지의 면적이 25만 제곱미터 이상이거나 채취량이 50만 세제곱미터 이상인 것	「골재채취법」 제21조의2에 따른 골재채취예정지의 지정 전
	바. 「골재채취법」 제22조에 따라 해안에서 골재를 채취하는 경우로서 「광업법」 제13조에 따른 광구의 단위구역당 채취면적이 25만 제곱미터 이상이거나 채취량이 50만 세제곱미터 이상인 것. 다만, 마목 또는 사목의 대상사업에 해당되어 협의를 받은 경우는 제외한다.	「골재채취법」 제22조제1항에 따른 골재채취의 허가 전

구 분	환경영향평가대상사업의 범위	평가서 제출시기 또는 협의요청시기
	사. 「골재채취법」 제34조제1항에 따른 골재채취단지의 지정	「골재채취법」 제34조제1항에 따른 골재채취단지의 지정 전

비고 :

가. 다음의 어느 하나에 해당하는 사업은 환경영향평가를 하여야 하는 사업으로 본다.

1) 다른 법령에 따라 승인등을 받은 것으로 의제되는 사업으로서 제1호부터 제17호까지의 환경영향평가대상사업에 해당되는 사업

2) 다른 법령에서 이 법에 따른 환경영향평가를 하도록 규정하고 있는 사업으로서 제1호부터 제17호까지의 규정에 따른 사업범위에 해당하는 사업

나. 대상사업의 범위 중 사업의 규모는 평가서 제출시기 또는 협의요청시기란 중 승인등을 받으려는 사업의 규모를 말한다.

다. 하나의 사업이 둘 이상의 대상사업의 범위에 해당되는 경우 평가서 제출시기 또는 협의요청시기는 가장 먼저 승인 등을 받으려는 시기로 한다.

라. 다음 각 목의 어느 하나에 해당하는 사업은 그 사업 전체에 대하여 환경영향평가를 하여야 한다.

1) 같은 사업자가 동일 영향권역에서 같은 종류의 사업을 하는 경우로서 각 사업 규모의 합이 평가대상 규모에 이른 경우(제17호마목의 골재채취예정지는 제외하고, 제3호다목 및 라목의 송전선로건설사업, 제5호의 도로건설사업, 제7호의 철도건설사업의 경우에는 공사 중인 사업만 해당한다)

2) 사업의 승인 등을 할 당시에 평가대상사업에 해당되나 평가대상규모 미만이어서 환경영향평가를 하지 아니한 사업이 동일 영향권역에서 사업계획의 변경으로 그 사업 규모가 평가대상 규모에 이르거나, 그 사업 규모가 신규로 승인 등이 된 사업 규모와의 합이 평가대상 규모에 이른 경우

3) 해당 사업의 승인 등이 이루어진 후 위 표의 개정으로 새로이 환경영향평가대상사업에 해당하게 된 사업이 다음의 어느 하나에 해당하는 경우

가) 위 표의 개정 당시 평가대상규모 미만인 사업이 동일 영향권역에서 사업계획의 변경 또는 신규 승인 등으로 사업규모가 평가대상규모에 이르거나 해당 사업의 규모와 신규로 승인 등이 되는 사업의 규모와의 합이 환경영향평가대상 규모 이상이 되는 경우

나) 위 표의 개정 당시에 새로이 추가된 환경영향평가대상사업의 평가대상규모 이상인 사업이 동일 영향권역에서 사업계획의 변경 또는 신규 승인 등으로 해당 사업의 승인 등을 받을 당시보다 15퍼센트 이상 그 규모가 증가하거나 증가되는 사업의 규모가 평가대상규모 이상인 경우

마. 「산업입지 및 개발에 관한 법률」 제2조제6호에 따른 산업단지개발사업 중 공업항의 건설과 항만시설의 축조사업, 도로건설사업, 주택지조성사업을 산업단지에 추가하여 시행하는 경우 그 대상사업의 범위는 다음 각 호의 구분에 따라 해당 규정을 준용하되, 평가서 제출 시기 또는 협의요청 시기는 제2호에 따른다.

1) 주택지 조성사업 : 제1호가목

2) 공업항의 건설과 항만시설의 축조사업 : 제4호나목

3) 도로건설사업 : 제5호

바. 제3호다목2) · 라목2), 제12호 및 제17호의 사업을 할 때에 공사를 위한 진입도로 및 부대시설을 설치하는 경우와 제6호가목의 댐 건설사업을 할 때에 댐과 댐 사이에 도수로를 설치하는 경우에는 대상사업에 대한 평가서에 그 내용을 포함하여야 한다.

사. 제5호3)에서 "신설"이란 기존 노선을 변경하거나 기존 노선이 포함되지 아니한 새로운 지역에 도로를 개설하는 것을 말하고, "확장"이란 기존 노선의 차로 수를 늘리는 것을 말한다.

아. 제17호라목 및 바목에 해당하는 사업을 둘 이상의 사업자가 시행하는 경우 그 사업에 대한 환경영향평가는 공동으로 하여야 한다.

자. 같은 사업자가 둘 이상의 사업을 하나의 사업계획으로 연계하여 추진하는 경우로서 다음 식에 따라 산출된 수치

의 합이 1 이상인 경우에는 이들 사업에 대한 평가서를 하나로 통합하여 작성하고, 그 사업 전체에 대하여 환경영향평가를 하여야 한다.

$$\frac{\text{해당 사업면적 또는 용량 등}}{\text{별표 1 대상사업의 최소면적 또는 용량 등}} + \cdot \cdot \cdot \cdot \cdot$$

차. 하나의 사업계획에 제1호부터 제17호까지의 규정에 따른 환경영향평가대상사업이 둘 이상 포함되어 있는 사업(이하 "복합사업"이라 한다)은 개별 사업별로 구분하여 하나의 평가서로 통합 작성하거나 개별 사업별로 평가서를 작성하여 함께 협의를 하여야 한다. 다만, 복합사업 중의 개별 사업계획이 구체적으로 정하여지지 아니하여 평가서를 작성할 수 없는 경우에는 해당 사업의 협의요청 시기에 따로 평가서를 작성하여 협의를 하여야 한다.
카. 제3호가목 및 제17호라목부터 사목까지의 규정에 따른 대상사업 중 「해양환경관리법」에 따른 해역이용영향평가 대상사업은 환경영향평가대상사업에서 제외한다.
(자료 : 환경영향평가법, 제4조)

3) 사후 환경영향조사의 대상 사업 및 기간

사후에 이행해야 할 환경영향조사의 대상 사업 및 기간은 〈표 6-27〉과 같다.

〈표 6-27〉 사후 환경영향조사의 대상 사업 및 기간(제33조제2항 관련)

대상 사업		조사기간
1. 도시의 개발사업	가. 별표 1 제1호가목의 도시개발사업 나. 별표 1 제1호나목의 정비사업 다. 별표 1 제1호라목의 대지조성 및 주택건설사업 라. 별표 1 제1호마목의 택지개발사업 및 보금자리주택지구조성사업 마. 별표 1 제1호바목의 공동집배송센터조성사업 바. 별표 1 제1호사목의 여객자동차터미널 설치공사 사. 별표 1 제1호아목의 물류터미널 및 물류단지개발사업 아. 별표 1 제1호카목의 마을정비구역의 조성사업 자. 별표 1 제1호타목의 혁신도시 개발사업	사업착공시부터 사업준공 후 3년까지
	차. 별표 1 제1호다목1)의 운하 카. 별표 1 제1호다목2)의 유통업무설비 · 3)의 주차장시설 · 4)의 시장 타. 별표 1 제1호자목의 학교의 설치공사 하. 별표 1 제1호차목의 하수종말처리시설 설치공사	사업착공시부터 사업준공 후 5년까지 사업착공시부터 사업준공시까지
2. 산업입지 및 산업단지의 조성사업	별표 1 제2호 각 목의 대상 사업	사업착공시부터 사업준공시까지 및 사업준공 후 입주율이 70퍼센트에 도달한 다음 해부터 3년간(사업 준공 후 7년이 되는 날까지 입주율이 70퍼센트에 도달하지 아니한 경우에는 7년이 되는 해에만 사후환경영향조사를 실시한다)

대상 사업		조사기간
3. 에너지 개발사업	가. 별표 1 제3호가목의 에너지개발을 목적으로 하는 해저광업	사업착공시부터 채광 완료 후 3년까지
	나. 별표 1 제3호나목의 에너지개발을 목적으로 하는 광업 다. 별표 1 제3호다목4)·라목4)의 회처리장 라. 별표 1 제3호다목5)·라목5)의 저탄장 마. 별표 1 제3호마목의 송유관 중 저유시설 설치공사 바. 별표 1 제3호바목의 저유시설 또는 석유비축시설 설치공사 아. 별표 1 제3호사목의 가스사업의 설치공사 중 저장시설	사업착공시부터 사업준공 후 3년까지
	자. 별표 1 제3호다목1)·라목1)의 발전소	사업착공시부터 사업준공 후 5년까지
	차. 별표 1 제3호다목2)·라목2)의 지상송전선로 카. 별표 1 제3호다목3)·라목3)의 옥외변전소	사업착공시부터 사업준공시까지
4. 항만의 건설사업	가. 별표 1 제4호가목1)·나목1)·라목1)·마목1)의 외곽시설 나. 별표 1 제4호가목2)·나목2)·라목2)·마목2)의 계류시설 다. 별표 1 제4호가목3)·나목3)·라목3)·마목3)의 어항시설 또는 항만시설로서 공유수면 3만 제곱미터 이상의 매립이 수반되는 것	사업착공시부터 사업준공 후 5년까지
	라. 별표 1 제4호다목의 준설사업	사업착공시부터 준설 완료 후 5년까지
	마. 별표 1 제4호마목의 항만재개발사업	사업착공시부터 사업준공 후 3년까지
	바. 별표 1 제4호가목3)·나목3)·라목3)·마목3)의 어항시설 또는 항만시설로서 공유수면이 3만 제곱미터 이상의 매립이 수반되지 않는 것	사업착공시부터 사업준공시까지
5. 도로의 건설사업	별표 1 제5호의 도로건설사업	사업착공시부터 사업준공 후 3년까지
6. 수자원의 개발사업	별표 1 제6호 각 목의 대상사업	사업착공시부터 사업준공 후 5년까지
7. 철도의 건설사업	별표 1 제7호 각 목의 대상사업	사업착공시부터 사업준공 후 3년까지
8. 공항의 건설사업	가. 별표 1 제8호1)의 비행장	사업착공시부터 사업준공 후 5년까지
	나. 별표 1 제8호2)의 활주로 건설 다. 별표 1 제8호3)의 공항개발사업	사업착공시부터 사업준공시까지
9. 하천의 이용 및 개발사업	별표 1 제9호의 하천공사	사업착공시부터 사업준공 후 3년까지
10. 개간 및 공유수면의 매립사업	별표 1 제10호 각 목의 대상사업	사업착공시부터 사업준공 후 5년까지
11. 관광단지의 개발사업	가. 별표 1 제11호가목의 관광사업	사업착공시부터 사업준공 후 3년까지
	나. 별표 1 제11호나목의 관광지 및 관광단지 조성사업 다. 별표 1 제11호다목의 온천개발사업	사업착공시부터 사업준공 후 5년까지

대상 사업		조사기간
	라. 별표 1 제11호라목의 공원사업 마. 별표 1 제11호마목의 도시계획사업 중 유원지 내 시설 설치사업 바. 별표 1 제11호바목의 공원시설의 설치사업	사업착공시부터 사업준공시까지
12. 산지의 개발사업	별표 1 제12호 각 목의 대상사업	사업착공시부터 사업준공시까지
13. 특정 지역의 개발사업	가. 별표 1 제13호가목의 「지역균형개발 및 지방중소기업 육성에 관한 법률」에 따라 시행되는 사업	제1호부터 제12호까지, 제14호부터 제17호까지의 사업의 조사기간을 준용한다.
	나. 별표 1 제13호나목의 지역종합개발사업 다. 별표 1 제13호다목부터 마목까지의 주한미군시설사업 또는 국제화계획지구의 개발사업, 평택시개발사업 라. 별표 1 제13호바목의 행정중심복합도시 건설사업 마. 별표 1 제13호사목의 경제자유구역의 개발사업 바. 별표 1 제13호아목의 기업도시개발사업	사업착공시부터 사업준공 후 3년까지
	사. 별표 1 제13호자목의 신공항건설사업	사업착공시부터 사업준공 후 5년까지
14. 체육시설의 설치사업	가. 별표 1 제14호가목의 체육시설 설치공사 나. 별표 1 제14호마목의 경마장 설치사업	사업착공시부터 사업준공 후 3년까지
	다. 별표 1 제14호나목의 경륜 또는 경정 시설 설치사업 라. 별표 1 제14호다목의 청소년수련시설 설치사업 마. 별표 1 제14호라목의 청소년수련지구 조성사업	사업착공시부터 사업준공시까지
15. 폐기물처리시설 · 분뇨처리시설 및 축산폐수공공처리시설의 설치사업	가. 별표 1 제15호가목의 최종처리시설 중 매립시설 나. 별표 1 제15호가목의 중간처리시설 중 소각시설	사업착공시부터 사업준공 후 5년까지
	다. 별표 1 제15호나목1)의 분뇨처리시설 라. 별표 1 제15호나목2)의 처리시설	사업착공시부터 사업준공시까지
16. 국방군사시설의 설치사업	가. 별표 1 제16호가목의 국방 · 군사시설사업	사업착공시부터 사업준공시까지
	나. 별표 1 제16호나목1)의 비행장	사업착공시부터 사업준공 후 5년까지
	다. 별표 1 제16호나목2) · 3)의 활주로의 건설 및 그 밖의 사업 라. 별표 1 제16호다목의 해군기지 내 시행사업	사업착공시부터 사업준공시까지
17. 토석 · 모래 · 자갈 · 광물 등의 채취사업	가. 별표 1 제17호가목의 토석 · 암석 · 모래 · 자갈 또는 광물의 채취사업 나. 별표 1 제17호나목의 산지에서의 토석 · 광물 채취사업 다. 별표 1 제17호다목의 채석단지의 지정 라. 별표 1 제17호라목의 해안에서의 광물채취사업 마. 별표 1 제17호바목의 해안에서의 골재채취사업 바. 별표 1 제17호사목의 골재채취단지의 지정	사업착공시부터 채취완료 후 3년까지
	사. 별표 1 제17호마목의 골재채취예정지의 지정	사업착공시부터 골재채취 종료시까지

1. 협의기관의 장은 다음 각 목의 어느 하나에 해당하여 법 제16조제2항에 따른 승인기관장등과 협의한 경우에는 위 표의 조사기간을 연장 또는 단축시키거나 조사항목을 추가 또는 제외할 수 있다.
   가. 특별한 주변환경 여건 등을 고려하여 법 제18조에 따른 평가서의 협의내용 통보시 사후환경영향조사 내용 등을 조정한 경우
   나. 환경영향평가 협의 당시 예측하지 못한 환경영향이 발생한 경우
   다. 사후환경영향조사 결과 대상사업의 시행으로 인한 환경영향이 적어 더 이상의 사후환경영향조사가 불필요하다고 인정되는 경우
2. 별표 1 비고 차목에 따른 복합사업 중 별도로 환경영향평가협의를 받은 사업은 해당 사업의 사후환경영향조사 기간을 적용한다.
3. 조사항목 중 보존·보호할 가치가 있는 지형·지질, 동식물 등이 있는 경우 해당 항목에 대한 조사를 실시한다.
4. 항목별 조사주기는 환경상황을 적절히 파악할 수 있는 주기로 한다(분기, 반기, 연).

(자료 : 환경영향평가법 제33조제2항)

4) 환경영향평가항목

환경영향평가시 평가항목은 〈표 6-28〉과 같다.

〈표 6-28〉 환경영향평가항목(제5조 관련)

1. 대기환경 분야
   가. 기상　　나. 대기질
   다. 악취　　라. 온실가스
2. 수환경 분야
   가. 수질(지표·지하)　　나. 수리·수문
   다. 해양환경
3. 토지환경 분야
   가. 토지이용　　나. 토양
   다. 지형·지질
4. 자연생태환경 분야
   가. 동·식물상　　나. 자연환경자산
5. 생활환경 분야
   가. 친환경적 자원 순환　　나. 소음·진동
   다. 위락·경관　　라. 위생·공중보건
   마. 전파장해　　바. 일조장해
6. 사회·경제 분야
   가. 인구　　나. 주거(이주의 경우를 포함한다)
   다. 산업

5) 환경영향평가방법

환경영향평가방법은 환경영향평가서 작성 등에 관한 규정 제 7조제3항을 참고하기 바란다.

5 건축물크리닝 서비스 KS인증제도

지식경제부 기술표준원에서는 2009년도부터 시행하고 있는 건축물크리닝 KS인증제도는 건물의 환경관리의 주요업무인 청소관리, 위생소독관리 등 건물환경성 업무에 대한 서비스를 표준화하여 건물의 쾌적성, 보건성, 미관성, 청결성을 기준품질 이상으로 확보하고 건물의 거주자, 이용자, 재실자 등에게 제공하도록 하여 건물 사용자의 생명과 건강보호 및 사무생산성을 증가하는데 기여하는 법정 환경관리제도이다.

건축물크리닝 서비스 KS인증제도의 주무부처는 지식경제부 기술표준원이나 인증기관과 심사기관은 한국표준협회가 담당하고 있다. 건축물크리닝 서비스 KS인증제도 심사항목은 사업장심사와 서비스심사로 분류되며 심사항목은 〈표 6-29〉와 같다.

〈표 6-29〉 건축물크리닝 KS인증 심사항목

사업장 심사항목	서비스 심사항목
1. 표준화 일반 2. 서비스 운영체계 3. 서비스 운영 4. 서비스 인력관리 5. 시설 · 장비 · 환경 및 안전관리	1. 고객이 제공받는 사전 서비스 2. 고객이 제공받는 서비스 3. 고객이 제공받는 사후 서비스

심사방법은 3일간 2인 1조의 심사팀이 직접 현장을 방문하여 사업장 심사를 심사항목 대상으로 정해진 심사기준에 따라 100점 만점 중 80점 이상의 점수를 받아 사업장 심사에 합격한 경우 서비스 심사를 심사하여 80점 이상이 되면 KS인증심사에 합격한 것으로 평가하고 2인이 서명한 심사보고서를 작성 인정기관인 한국표준협회에 제출한 후 소정의 심사위원회의 심의를 거처 건축물크리닝 서비스 KS인증서를 받게 된다.

건축물크리닝 서비스심사의 대상은 1만 m^2(약 3천평) 이상의 상업용 건물, 문교사회용 건물, 기타 용도의 건물 등이며 KS인증의 유효기간은 1년이므로 매 1년마다 재심사하도록 규정하고 있다.

6 실내공기질 관리제도

1) 개 요

실내공기질 관리제도는 재실자의 생명과 건강을 보호하고자 하는 법정환경관리 제도로서 환경부소관의 다중 이용시설들의 실내공기질 관리법, 교육과학기술부소관의 학교보건법에 의한 공기질 관리제도 그리고 노동부 소관의 산업안전보건법과 노동부 고시에 의한 실내공기 관리제도 및 공중위생관리법에 의한 공중이용시설의 실내공기 위생관리제도 등이 있다.

따라서 실내공기질 관리업무를 체계적으로 수행하기 위해서는 다양한 소관 부처의 실내 공기질 관리제도를 파악하여 이해해야 하고 이를 바탕으로 실내공기질 관리계획을 수립하여야 하며 이에 따라 전략적으로 실행해야 한다.

2) 사무실공기 관리제도

사무실공기관리제도는 산업안전보건법 제27조제1항의 규정에 의한 노동부고시 제2006-64호 사무실공기관리지침에 따라 실시되는 법정 실내공기질 관리제도이다.

(1) 사무실공기관리의 목적(지침 제1조)

산업안전보건법 제27조제1항의 규정에 따라 고시된 노동부 사무실 공기관리지침 제1조에 명시하고 있는 사무실공기관리의 목적은 사무실 실내공기를 쾌적하게 유지, 관리하기 위하여 사업주에게 지도, 권고할 기술상의 지침이나 작업환경의 표준의 정함을 목적으로 하고 있다.

(2) 오염물질의 관리기준(지침 제2조)

쾌적한 사무실공기를 유지하기 위한 사업주의 사무실 오염물질 관리기준은 〈표 6-30〉과 같다.

〈표 6-30〉 사무실 오염물질기준

오염물질	관리기준
미세먼지(PM10)	150μg/m^3 이하
일산화탄소(CO)	10ppm 이하
이산화탄소(CO_2)	1,000ppm 이하
포름알데히드(HCHO)	120μg/m^3(또는 0.1 ppm) 이하
총휘발성유기화합물(TVOC)	500μg/m^3 이하
총부유세균	800CFU/m^3 이하
이산화질소(NO_2)	0.05ppm 이하
오존(O_3)	0.06ppm 이하
석면	0.01개/cc 이하

비고 : 1. 관리기준 : 8시간 시간가중평균농도 기준
2. PM10 : Particle Mallrs. 입경이 10μm 이하인 먼지
3. CFU/m^3 : Colony Forming Unit. 1m^3 중에 존재하고 있는 집락형성 세균개체수

(자료 : 노동부 고시 2006-64호, 사무실공기관리지침 제2조)

(3) 사무실의 환기기준(지침 제3조)

노동부고시 2006-64호에 의한 사무실의 환기기준은 공기정화시설을 갖춘 사무실에서 근로자 1인당 필요한 최소의 외기량은 0.57/min이며 환기횟수는 시간당 4회 이상으로 하도록 규정하고 있다.

(4) 사무실공기 상태평가 및 조치(지침 제4조)

사무실에 근무하는 근로자가 건강장해를 호소하는 경우 사업주는 해당 사무실의 공기 상태를 조사, 평가하고 다음과 같은 건강장해 예방조치를 취한다.

① 호흡기, 눈, 피부자극, 두통 중의 근로자가 호소하는 증상조사

② 공기정화 설비의 환기량 적정조사

③ 외부 오염물질 유입경로 조사

④ 사물실내의 오염원 조사

(5) 사무실공기질의 측정기준(지침 제5조)

사무실 근로자의 건강보호를 위한 사무실공기의 측정시기, 횟수 및 시료채취 시간 등은 〈표 6-31〉과 같다.

〈표 6-31〉 사무실공기 측정기준

오염물질	측정횟수(측정시기)	시료채취시간
미세먼지	연 1회 이상	• 업무시간 동안 –6시간 이상 연속 측정
일산화탄소	연 1회 이상	• 업무시작 후 1시간 이내 및 종료 전 1시간 이내 –각각 10분간 측정
이산화탄소	연 1회 이상	• 업무시작 후 2시간 전후 및 종료 전 2시간 전후 –각각 10분간 측정
포름알데히드	연 1회 이상 및 신축(대수선 포함) 건물 입주 전	• 업무시간 동안 –6시간 이상 연속 측정
총휘발성유기화합물	연 1회 이상 및 신축(대수선 포함) 건물 입주 전	• 업무시작 후 1시간~종료 1시간 전 –30분간 2회 측정
총부유세균	연 1회 이상	• 업무시작 후 1시간~종료 1시간 전 –최고 실내온도에서 1회 측정
이산화질소	연 1회 이상	• 업무시작 후 1시간~종료 1시간 전 –1시간 측정
오존	연 1회 이상	• 업무시간 동안 –6시간 이상 연속 측정
석면	석면이 포함된 설비 또는 건축물의 해체·보수 후 입주 전	• 공사완료 후 입주 전 –6시간 이상 연속 측정

(자료 : 노동부고시 2006-64호, 실내공기질관리지침 제5조)

(6) 시료채취 및 분석방법(지침 제6조)

사무실공기의 시료채취 및 분석은 〈표 6-32〉와 같이 하되 〈표 6-32〉와 같이 시료채취방법에 명시한 기기와 동등 이상의 성능을 가진 기기를 이용하여 실시해야 하고, 공기측정시료는 사무실 내에서 공기질이 가장 나쁠 것으로 예상되는 2곳(다만, 사무실 면적이 $500m^2$를 초과하는 경우에는 $500m^2$ 당 1곳씩 추가해야 함)이상에서 채취하고 측정은 사무실 바닥으로부터 0.9~1.5m 높이에서 측정해야 한다.

〈표 6-32〉 사무실공기의 시료채취 및 분석방법

오염물질	시료채취방법	분석방법
미세먼지	PM10 샘플러(sampler)를 장착한 고용량 시료채취기에 의한 채취	중량분석(천칭의 해독도 : 10㎍이상)
이산화탄소	비분산적외선검출기에 의한 채취	검출기의 연속 측정에 의한 직독식 분석
일산화탄소	비분산적외선검출기 또는 전기화학검출기에 의한 채취	검출기의 연속 측정에 의한 직독식 분석
포름알데히드	2,4-DNPH(2,4-Dinitrophenylhydrazine)가 코팅된 실리카겔관(silicagel tube)이 장착된 시료채취기에 의한 채취	2,4-DNPH(2,4-Dinitrophenylhydrazine)-포름알데히드 유도체를 HPLC-UVD(High Performance Liquid Chromatography-Ultraviolet Detector) 또는 GC-NPD (Gas Chromatography-Nitrogen-Phosphorous Detector)로 분석
총 휘발성 유기화합물	고체흡착관 또는 캐니스터(canister)로 채취	1. 고체흡착열탈착법 또는 고체흡착용매추출법을 이용한 GC(Gas-Chromatography) 분석 2. 캐니스터(canister)를 이용한 GC(Gas Chromatography) 분석
총부유세균	충돌법, 세정법 또는 여과법을 이용한 부유세균채취기(bio air sampler)로 채취	채취 · 배양된 균주를 세어 공기 체적당 균주수로 산출
이산회질소	고체흡착관에 의한 시료채취	분광광도계로 분석
오존	유리섬유 여과지를 이용한 여과포집기로 채취	분광광도계로 분석
석면	맴브레인 필터(membrane filter)에 의한 채취	위상차현미경, 편광현미경 또는 전자현미경으로 분석

(자료 : 노동부고시 2006-64호, 사무실공기관리지침 제6조)

(7) 사무실 건축자재 오염물질 방출기준

기존 시설의 개보수를 포함한 사무실 신축시 사용되는 건축자재는 오염물질방출농도 미만의 자재를 사용해야 한다.

건축자재는 접착제와 벽지, 도장재, 바닥재, 목재 및 그 밖의 건축물 내부에 사용되는 모든 자재인 일반자재 등을 의미하는 것으로 반드시 사용 전 오염물질 방출농도를 확인하고 〈표 6-33〉에 명시하고 있는 기준에 따라 사용되어야 한다.

〈표 6-33〉 사무실 건축자재 오염물질 방출기준

구분 / 오염물질	오염물질 방출농도(mg/m² · h)	
	접착제	일반자재
포름알데히드	4 미만	1.25 미만
휘발성유기화합물	10 미만	4 미만

(자료 : 노동부고시 제2006-64호, 사무실공기관리지침 제9조)

3) 교사안 공기질 관리제도

(1) 개 요

교직원의 건강을 보호하고 증진함을 목적으로 하는 학교보건법은 제4조제1항과 제2항에서 실내공기의 환기와 먼지 등 오염공기의 예방 및 처리를 규정하고 있는 바 이를 교사안 공기질 관리제도라 한다.

(2) 교사안 공기질 유지 및 관리기준

교직원의 건강을 보호하기 위하여 학교보건법 제3조제1항제3호의 2에 규정하고 있는 바에 따라 정하고 있는 별표 4의 2 교사안 공기질 유지, 관리기준은 〈표 6-34〉와 같다.

〈표 6-34〉 교사안 공기질 유지기준 및 관리기준

1. 유지기준

오염물질 항목	기준	적용시설	비 고
미세먼지($\mu g/m^3$)	100	모든 교실	10마이크로미터 이하
이산화탄소(ppm)	1,000		기계환기시설은 1,500ppm
포름알데하이드($\mu g/m^3$)	100		
총부유세균(CFU/m^3)	800		
낙하세균(CFU/실당)	10	보건실 · 식당	
일산화탄소(ppm)	10	개별난방 및 도로변교실	직접연소에 의한 난방의 경우
이산화질소(ppm)	0.05		
라돈(pCi/L)	4.0	지하교실	
총휘발성유기화합물($\mu g/m^3$)	400	건축한 때로부터 3년이 경과되지 아니한 학교	증축 및 개축 포함
석면(개/cc)	0.01	석면을 사용하는 학교	단열재로 석면을 사용한 학교의 경우
오존(ppm)	0.06	교무실 및 행정실	오존을 발생시키는 사무기기(복사기 등)가 있는 경우
진드기(마리/m^3)	100	보건실	

(자료 : 학교보건법시행규칙 제3조제1항제3호의 2 [별표 4-2])

2. 관리기준

대상 시설	중점 관리기준
신축학교	• 「다중이용시설 등의 실내공기질관리법」 제11조의 규정에 의한 오염물질방출건축자재의 사용을 제한할 것 • 교사 안에서의 원활한 환기를 위하여 환기시설을 설치할 것 • 책상 · 의자 · 컴퓨터 등 학교의 비품은 포름알데하이드 방출량이 작은 것을 사용할 것 • 교사 안에서의 포름알데하이드 및 휘발성유기화합물이 유지기준에 적합하도록 필요한 조치를 강구하고 사용할 것
개교 후 3년 이내의 학교	• 포름알데하이드 및 휘발성유기화합물 등이 유지기준에 적합하도록 중점적으로 관리할 것
노후화된 학교 (10년 이상이 된 학교)	• 미세먼지 및 부유세균이 유지기준에 적합하도록 중점 관리할 것 • 기존시설을 개수 및 보수를 하는 때에는 친환경 건축자재를 사용할 것 • 책상 · 의자 · 컴퓨터 등 학교의 비품은 포름알데하이드 방출량이 작은 것을 사용할 것
도로변 학교 등	• 차량의 통행이 많은 도로변의 학교와 겨울철에 개별난방(직접연소에 의한 난방의 경우에 한한다)을 하는 교실은 일산화탄소 및 이산화질소가 유지기준에 적합하도록 중점적으로 관리할 것 • 식당 및 보건실 등은 낙하세균과 진드기(보건실에 한한다)가 유지기준에 적합하도록 중점적으로 관리할 것 • 석면을 단열재로 사용한 학교는 석면이 유지기준에 적합하도록 중점적으로 관리할 것

(자료 : 학교보건법시행규칙 제3조제1항제3호의 [별표 4-2])

4) 다중이용시설 등의 실내공기질 관리제도

(1) 개 요

다중이용시설을 이용하는 사람들의 건강을 보호할 목적으로 제정된 다중이용시설 등의 실내공기질관리법에 의하여 강제하고 있는 실내공기질제도를 말한다.

(2) 실내공기질 유지기준

다중 이용시설 등의 공기질 관리규칙 제3조에서 명시하고 있는 실내공기질의 유지기준은 〈표 6-35〉와 같다.

〈표 6-35〉 실내공기질 유지기준

<table>
<tr><th>오염물질 항목
다중이용시설</th><th>PM10
($\mu g/m^3$)</th><th>CO_2
(ppm)</th><th>HCHO
($\mu g/m^3$)</th><th>총부유세균
(CFU/m^3)</th><th>CO
(ppm)</th></tr>
<tr><td>지하역사, 지하도상가, 여객자동차터미널의 대합실, 철도역사의 대합실, 공항시설 중 여객 터미널, 항만시설 중 대합실, 도서관·박물관 및 미술관, 장례식장, 목욕장, 대규모점포</td><td>150
이하</td><td rowspan="3">1,000
이하</td><td rowspan="3">100
이하</td><td></td><td rowspan="2">10
이하</td></tr>
<tr><td>의료기관, 보육시설, 국공립 노인요양시설 및 노인전문병원, 산후조리원</td><td>100
이하</td><td>800
이하</td></tr>
<tr><td>실내주차장</td><td>200
이하</td><td></td><td>25
이하</td></tr>
</table>

(자료 : 다중이용시설 등의 실내공기질관리법 시행규칙 제3조 [별표 2])

(3) 실내공기질 권고기준

다중시설이용자의 건강을 보호하기 위한 실내공기 권고기준은 〈표 6-36〉과 같다.

〈표 6-36〉 실내공기질 권고기준

<table>
<tr><th>오염물질 항목
다중이용시설</th><th>NO_2
(ppm)</th><th>Rn
(pCi/l)</th><th>VOC
($\mu g/m^3$)</th><th>석면
(개/cc)</th><th>오존
(ppm)</th></tr>
<tr><td>지하역사, 지하도상가, 여객자동차 터미널의 대합실, 철도역사의 대합실, 공항시설 중 여객터미널, 항만시설 중 대합실, 도서관·박물관 및 미술관, 장례식장, 목욕장, 대규모 점포</td><td rowspan="2">0.05
이하</td><td rowspan="3">4.0
이하</td><td>500
이하</td><td rowspan="3">0.01
이하</td><td rowspan="2">0.06
이하</td></tr>
<tr><td>의료기관, 보육시설, 국공립 노인요양시설 및 노인전문병원, 산후조리원</td><td>400
이하</td></tr>
<tr><td>실내주차장</td><td>0.30
이하</td><td>1,000
이하</td><td>0.08
이하</td></tr>
</table>

비고 : 휘발성유기화합물(VOC)은 총휘발성유기화합물(TVOC)을 말하며, 총휘발성유기화합물의 정의는 「환경분야 시험·검사 등에 관한 법률」 제6조제1항제3호에 따른 환경오염공정시험기준에서 정한다.

(자료 : 다중이용시설 등의 실내공기질관리법 시행규칙 제4조 [별표 3])

(4) 신축 공동주택 실내공기질 권고기준

신축 공동주택에 입주하는 입주자의 건강보호를 위한 신축 공동주택 실내공기질 권고기준은 〈표 6-37〉과 같다.

〈표 6-37〉 신축 공동주택 실내공기질 권고기준

1. 포름알데하이드 210μg/m^3 이하
2. 벤젠 30μg/m^3 이하
3. 톨루엔 1,000μg/m^3 이하
4. 에틸벤젠 360μg/m^3 이하
5. 자일렌 700μg/m^3 이하
6. 스티렌 300μg/m^3 이하

(자료 : 다중이용시설 등의 실내공기질관리법 시행규칙 제7조의2 [별표 4의2])

5) 공중이용시설안 실내공기 위생관리제도

(1) 개 요

공중이용시설의 이용자 건강을 보호하기 위하여 공중이용시설 실내공기를 쾌적하게 유지하기 위한 제도로서 공중위생관리법 시행규칙 제8조제1항에 명시하고 있는 실내 환경관리제도를 의미한다.

(2) 공중이용시설안 실내공기 위생관리기준

공중위생관리법 시행규칙 제8조제1항에서 규정하고 있는 실내공기 위생관리기준은 〈표 6-38〉과 같다.

〈표 6-38〉 공기시설안 실내공기 위생기준

1. 24시간 평균 실내 미세먼지의 양이 150μg/m^{3}을 초과하는 경우에는 실내공기정화시설(덕트) 및 설비를 교체 또는 청소하여야 한다.
2. 제1호의 규정에 따라 청소하여야 하는 실내공기정화시설 및 설비는 다음 각 호와 같다.
   가. 공기정화기와 이에 연결된 급·배기관(급·배기구를 포함한다)
   나. 중앙집중식 냉·난방시설의 급·배기구
   다. 실내공기의 단순배기관
   라. 화장실용 배기관
   마. 조리실용 배기관

(자료 : 공중위생관리법, 시행규칙 제8조제1항 [별표 5])

(3) 공중이용시설안 오염물질 허용기준

공중이용시설안에서 발생되지 아니하여야 할 오염물질의 종류와 오염허용기준은 〈표 6-39〉와 같다.

〈표 6-39〉 공중이용시설안 오염물질 허용기준

오염물질의 종류	오염허용기준
• 미세먼지(PM-10)	• 24시간 평균치 150$\mu g/m^3$ 이하
• 일산화탄소(CO)	• 1시간 평균치 25ppm 이하
• 이산화탄소(CO_2)	• 1시간 평균치 1,000ppm 이하
• 포름알데이드(HCHO)	• 1시간 평균치 120$\mu g/m^3$ 이하

(자료 : 공중위생관리법, 시행규칙 제8조제2항 [별표 6])

7 금연구역과 흡연구역 지정제도

1) 개 요

금연구역과 흡연구역 지정제도는 공중이 이용하는 시설을 이용하는 자의 건강보호와 증진을 위하여 국민건강증진법에 의하여 실시되는 실내환경관리제도이다.

2) 금연구역지정 의무자

공중이 이용하는 시설에 금연 또는 흡연구역으로 지정해야 할 지정의무자는 공중이용시설의 소유자, 점유자, 또는 관리자이다.

3) 공중이용 시설의 범위

흡연구역 또는 금연구역으로 반드시 지정해야 할 공중이 이용하는 시설(공중이용시설)의 범위는 〈표 6-40〉과 같다.

〈표 6-40〉 공중이용시설의 범위

1. 연면적 1천제곱미터 이상의 사무용 건축물, 공장 및 복합용도의 건축물
2. 「공연법」에 의한 객석수 300석 이상의 공연장
3. 「학원의 설립·운영 및 과외교습에 관한 법률」에 의한 학원으로서 연면적 1천제곱미터 이상의 학원
4. 「유통산업발전법」에 의하여 개설등록된 대규모점포와 동법에 의한 상점가 중 지하도에 있는 상점가
5. 「관광진흥법」에 의한 관광숙박업소
6. 「초·중등교육법」 및 「고등교육법」에 의한 학교의 교사(校舍)
7. 「체육시설의 설치·이용에 관한 법률」에 의한 체육시설로서 1천명이상의 관객을 수용할 수 있는 체육시설
8. 「의료법」 제3조의 규정에 의한 의료기관, 「지역보건법」 제7조·제8조 및 제10조의 규정에 의한 보건소·보건의료원·보건지소
9. 「사회복지사업법」에 의한 사회복지시설
10. 공항·여객부두·철도역·여객자동차터미널 등 교통관련시설의 대합실·승강장, 지하보도 및 16인승 이상의 교통수단으로서 여객 또는 화물을 유상으로 운송하는 것
11. 「공중위생관리법」에 의한 목욕장
12. 「게임산업진흥에 관한 법률」 제2조에 따른 청소년게임제공업소, 일반게임제공업소, 인터넷컴퓨터게임시설제공업소 및 복합유통게임제공업소
13. 「식품위생법」 제36조 및 같은 법 시행령 제21조에 따른 식품접객업 중 영업장의 넓이가 150제곱미터 이상인 휴게음식점영업소, 일반음식점영업소 및 제과점영업소
14. 「청소년보호법」 제2조의 규정에 의한 만화대여업소
15. 「정부청사관리규정」 제2조에 따른 청사 및 지방자치단체의 청사
16. 「영유아보육법」 제2조의 규정에 의한 보육시설

(자료 : 국민건강증진법 시행규칙 제6조)

4) 과태료

공중이용시설의 소유자, 점유자 또는 관리자가 국민건강증진법 시행규칙 제9조제4항을 위반(시설소유자, 점유자 또는 관리자의 지정의무 위반)시에는 동법시행규칙 제34조에 따라 300만원 이하의 과태료 처분을 받게 된다.

8 학교 환경위생관리제도

1) 개 요

학교 환경위생관리제도는 교육과학기술부 소관 학교보건법에 의하여 시행되는 제도로서 학교의 보건관리와 함께 환경위생정화에 필요한 사항을 규정하여 학생과 교직원의 건강을 보호, 증진함을 목적으로 하는 환경관리제도이다.

2) 학교 환경위생유지 · 관리의 대상

학생과 교직원의 건강을 보호, 증진하기 위하여 학교의 장은 교사 안에서의 환기, 채광, 조명, 온도, 습도의 조절, 상하수도, 화장실의 설치 및 관리, 오염공기, 석면, 폐기물, 소음, 휘발성 유기화합물, 세균, 먼지 등의 예방 및 처리와 먹는물의 관리 등의 환경위생과 식품위생을 적절히 유지 · 관리하도록 학교보건법 제4조에서 명시하고 있다.

3) 학교 환경위생유지 관리방법

(1) 환기 · 채광 · 조명 · 온도 · 습도의 조절기준과 환기설비설치의 구조 및 설치기준

학교보건법 시행규칙 제3조제1항제1호 관련[별표2]에 규정하고 있는 환기 · 채광 · 조명 · 온도 · 습도의 조절기준과 환기설비의 구조 및 설치기준은 〈표 6-41〉과 같다.

〈표 6-41〉 학교 환기 · 채광 · 조명 · 온도 · 습도의 조절기준과 환기설비의 구조 및 설치기준

1. 환기
   가. 환기의 조절기준
   환기용 차 등을 수시로 개방하거나 기계식 환기설비를 수시로 가동하여 1인당 환기량이 시간당 21.6 세제곱미터 이상이 되도록 할 것
   나. 환기설비의 구조 및 설치기준(환기설비의 구조 및 설치기준을 두는 경우에 한한다)
   1) 환기설비는 교사 안에서의 공기의 질의 유지기준을 충족할 수 있도록 충분한 외부공기를 유입하고 내부공기를 배출할 수 있는 용량으로 설치할 것
   2) 교사의 환기설비에 대한 용량의 기준은 환기의 조절기준에 적합한 용량으로 할 것
   3) 교사 안으로 들어오는 공기의 분포를 균등하게 하여 실내공기의 순환이 골고루 이루어지도록 할 것
   4) 중앙관리방식의 환기설비를 계획할 경우 환기닥트는 공기를 오염시키지 아니하는 재료로 만들 것
2. 채광(자연조명)
   가. 직사광선을 포함하지 아니하는 천공광에 의한 옥외 수평조도와 실내조도와의 비가 평균 5퍼센트 이상으로 하되, 최소 2퍼센트 미만이 되지 아니하도록 할 것
   나. 최대조도와 최소조도의 비율이 10 대 1을 넘지 아니하도록 할 것
   다. 교실 바깥의 반사물로부터 눈부심이 발생되지 아니하도록 할 것
3. 조도(인공조명)
   가. 교실의 조명도는 책상면을 기준으로 300룩스 이상이 되도록 할 것
   나. 최대조도와 최소조도의 비율이 3 대 1을 넘지 아니하도록 할 것
   다. 인공조명에 의한 눈부심이 발생되지 아니하도록 할 것
4. 실내온도 및 습도
   가. 실내온도는 섭씨 18도 이상 28도 이하로 하되, 난방온도는 섭씨 18도 이상 20도 이하, 냉방온도는 섭씨 26도 이상 28도 이하로 할 것
   나. 비교습도는 30퍼센트 이상 80퍼센트 이하로 할 것

(자료 : 학교보건법 시행규칙 제3조제1항제1호 [별표 2])

(2) 상하수도 · 화장실의 설치 및 관리기준

학교보건법 시행규칙 제3조제1항제2호 관련 [별표 3]에 규정하고 있는 상하수도 · 화장실의 설치 및 관리기준은 〈표 6-42〉와 같다.

〈표 6-42〉 상하수도 · 화장실의 설치 및 관리기준

1. 상 · 하수도의 설치 및 관리기준
   「수도법」 및 「하수도법」의 관련규정에 의하여 설치 · 관리할 것
2. 화장실의 설치 및 관리기준
   가. 화장실의 설치기준
      (1) 화장실은 남자용과 여자용으로 구분하여 설치하되, 학생 및 교직원이 쉽고 편리하게 이용할 수 있도록 필요한 면적과 변기수를 확보할 것
      (2) 대변기 및 소변기는 수세식으로 할 것(상 · 하수도시설의 미비 또는 수질오염 등의 이유로 인하여 수세식화장실을 설치하기 어려운 경우에는 제외한다)
      (3) 출입구는 남자용과 여자용이 구분되도록 따로 설치할 것
      (4) 대변기의 칸막이안에는 소지품을 두거나 옷을 걸 수 있는 설비를 할 것
      (5) 화장실안에는 손씻는 시설과 소독시설 등을 갖출 것
   나. 화장실의 유지 · 관리기준
      (1) 항상 청결이 유지되도록 청소하고 위생적으로 관리할 것
      (2) 악취의 발산과 쥐 및 파리 · 모기 등 해로운 벌레의 발생 · 번식을 방지하도록 화장실의 내부 및 외부를 4월부터 9월까지는 주 3회 이상, 10월부터 다음해 3월까지는 주1회 이상 소독을 실시할 것

(자료 : 학교보건법 시행규칙 제3조제1항제2호 [별표 3])

(3) 학교 폐기물 및 소음의 예방 및 처리기준

학교보건법 시행규칙 제3조제1항제3호 관련 [별표 4]에 명시하고 있는 폐기물 및 소음의 예방과 처리기준은 〈표 6-43〉과 같다.

〈표 6-43〉 폐기물 및 소음의 예방 및 처리기준

1. 폐기물의 예방 및 처리기준
   가. 교지 및 교사는 청결히 유지하여 하며, 폐기물의 재활용 조치 등 폐기물의 발생을 예방하거나 감량화에 노력할 것
   나. 학교 내에는 「폐기물관리법 시행규칙」 제20조의2의 규정에 의한 폐기물소각시설을 설치 · 운영하지 아니하도록 할 것
   다. 폐기물을 배출할 때에는 그 종류 및 성상에 따라 분리하여 배출할 것
2. 소음의 기준
   교사 내의 소음은 55dB(A) 이하로 할 것

(자료 : 학교보건법 시행규칙 제3조제1항제3호 [별표 4])

(4) 교사안 공기질의 유지관리기준

학교보건법 시행규칙 제3조제1항제3호의2 관련 [별표 4의 2]에 명시하고 있는 교사안 공기질의 유지관리기준은 〈표 6-44〉와 같다.

〈표 6-44〉 교사안 공기질의 유지관리기준

1. 유지기준

오염물질 항목	기 준	적용시설	비 고
미세먼지($\mu g/m^3$)	100	모든 교실	10마이크로미터 이하
이산화탄소(ppm)	1,000		기계환기시설은 1,500ppm
포름알데하이드($\mu g/m^3$)	100		
총부유세균(CFU/m^3)	800		
낙하세균(CFU/실당)	10	보건실 · 식당	
일산화탄소(ppm)	10	개별난방 및 도로변교실	직접연소에 의한 난방의 경우
이산화질소(ppm)	0.05		
라돈(pCi/L)	4.0	지하교실	
총휘발성유기화합물($\mu g/m^3$)	400	건축한 때로부터 3년이 경과되지 아니한 학교	증축 및 개축 포함
석면(개/cc)	0.01	석면을 사용하는 학교	단열재로 석면을 사용한 학교의 경우
오존(ppm)	0.06	교무실 및 행정실	오존을 발생시키는 사무기기(복사기 등)가 있는 경우
진드기(마리/m^2)	100	보건실	

2. 관리기준

대상 시설	중점관리기준
신축학교	• 「다중이용시설 등의 실내공기질관리법」 제11조의 규정에 의한 오염물질방출건축자재의 사용을 제한할 것 • 교사 안에서의 원활한 환기를 위하여 환기시설을 설치할 것 • 책상 · 의자 · 컴퓨터 등 학교의 비품은 포름알데하이드 방출량이 작은 것을 사용할 것 • 교사 안에서의 포름알데하이드 및 휘발성유기화합물이 유지기준에 적합하도록 필요한 조치를 강구하고 사용할 것
개교 후 3년 이내의 학교	포름알데하이드 및 휘발성유기화합물 등이 유지기준에 적합하도록 중점적으로 관리할 것
노후화된 학교 (10년 이상이 된 학교)	• 미세먼지 및 부유세균이 유지기준에 적합하도록 중점 관리할 것 • 기존시설을 개수 및 보수를 하는 때에는 친환경 건축자재를 사용할 것 • 책상 · 의자 · 컴퓨터 등 학교의 비품은 포름알데하이드 방출량이 작은 것을 사용할 것
도로변 학교 등	• 차량의 통행이 많은 도로변의 학교와 겨울철에 개별난방(직접연소에 의한 난방의 경우에 한한다)을 하는 교실은 일산화탄소 및 이산화질소가 유지기준에 적합하도록 중점적으로 관리할 것 • 식당 및 보건실 등은 낙하세균과 진드기(보건실에 한한다)가 유지기준에 적합하도록 중점적으로 관리할 것 • 석면을 단열재로 사용한 학교는 석면이 유지기준에 적합하도록 중점적으로 관리할 것

(자료 : 학교보건법 시행규칙 제3조제1항제3호2 [별표 4의2])

(5) 먹는물의 관리기준

학교보건법 시행규칙 제3조제1항의 제4호 관련[별표 5]에 명시하고 있는 학교 먹는 물의 관리기준은 〈표 6-45〉와 같다.

〈표 6-45〉 먹는물의 관리기준

1. 식기 · 식품의 관리기준
   가. 식품 등을 취급하는 재료보관실 · 조리실 등의 내부는 항상 청결하게 관리할 것
   나. 식품 등의 원료 및 제품 중 부패 · 변질이 되기 쉬운 것은 냉동 · 냉장시설에 보관 · 관리할 것
   다. 식품 등의 보관 · 운반 · 진열시에는 식품 등의 기준 및 규격이 정하고 있는 보존 및 보관기준에 적합하도록 관리하여야 하고, 이 경우 냉동 · 냉장시설 및 운반시설은 항상 정상적으로 작동시킬 것
   라. 식품 등의 제조 · 조리 · 가공 등에 직접 종사하는 자는 위생복 · 위생모를 착용하는 등 개인위생을 철저히 할 것
   마. 식품 등의 제조 · 조리 · 가공에 직접 사용되는 기계 · 기구 및 음식기는 사용후에 세척 · 살균하는 등 항상 청결하게 유지 · 관리할 것
   바. 유통기한이 경과된 식품 등을 제공하거나 제공할 목적으로 진열 · 보관하지 아니할 것
2. 먹는물의 관리기준
   가. 급수시설 설치
      (1) 상수도 또는 간이상수도에 의하여 먹는물을 공급하는 경우에는 저수조를 경유하지 아니하고 직접 수도꼭지에 연결하여 공급할 것(직접 수도꼭지에 연결하기가 곤란한 경우에는 제외한다)
      (2) 지하수 등에 의하여 먹는물을 공급하는 경우에는 저수조 등의 시설을 경유할 것
   나. 급수시설관리
      (1) 급수시설 · 설비는 항상 위생적으로 관리하여야 하며, 저수조는 매월 1회 이상 정기점검과 연 2회 이상 청소를 실시할 것
      (2) 지하수 등을 먹는물로 사용하는 경우에는 원수의 수질 안정성 확보를 위하여 노력하여야 하며, 정기적으로 소독을 실시할 것
   다. 먹는물의 공급 등
      학생 및 교직원에게 공급하는 먹는물은 「먹는물관리법」 제5조의 규정에 의한 수질기준에 적합한 물을 제공하되, 가급적 끓여서 제공할 것
   라. 지하수 등의 수질검사
      상수도 또는 간이상수도 외에 지하수 등에 의하여 공급하는 먹는물에 대하여는 「먹는물관리법」 제35조의 규정에 의한 먹는물 수질검사기관의 수질검사를 「먹는물 수질기준 및 검사 등에 관한 규칙」 제4조제2항의 규정에 준하여 실시할 것

(자료 : 학교보건법 시행규칙 제3조제1항제4호 [별표 5])

(6) 교사안 환경위생점검의 종류와 시기

학교보건법 제3조제3항 관련[별표6]에 명시하고 있는 교사안 환경위생점검의 종류와 시기는 〈표 6-46〉과 같다.

〈표 6-46〉 교사안 환경위생점검의 종류와 시기

점검종류	점검시기
일상점검	매 수업일
정기점검	매 학년 : 1회 이상. 다만, 제3조제1항 각 호의 규정에 의하여 별도의 점검횟수를 정한 경우에는 그 규정을 따른다.
특별점검	• 전염병 등에 의하여 집단적으로 환자가 발생할 우려가 있거나 발생한 때 • 풍수해 등으로 환경이 불결하게 되거나 오염된 때 • 학교를 신축·개축·개수 등을 하거나, 책상·의자·컴퓨터 등 새로운 비품을 교사 안으로 반입하여 포름알데하이드 및 휘발성유기화합물이 발생할 우려가 있을 때 • 그 밖에 학교의 장이 필요하다고 인정하는 때

(자료 : 학교보건법 시행규칙 제3조제3항 [별표 6])

(7) 학교소음 및 진동기준, 일조량 등의 조사방법 및 절차

학교보건법 시행규칙 제9조 관련 [별표 8]에 명시하고 있는 소음, 진동기준과 일조량, 교통안전 등의 조사방법은 〈표 6-47〉과 같다.

〈표 6-47〉 학교의 소음 및 진동기준과 일조량, 교통안전 조사방법 및 절차

1. 소음 진동기준과 일조량 및 교통안전기준

가. 소음 및 진동기준

구분	주간(07:00~18:00)	야간(18:00~07:00)
소음[dB(A)]	65 이하(70 이하)	50 이하(55 이하)
진동[dB(V)]	70 이하	65 이하

※ 소음은 2008년 12월 31까지는 ( )안의 기준을 적용한다.

나. 일정한 배출구 없이 대기 중에 직접 배출되는 먼지(이하 '비산먼지'라 한다)를 발생시키는 사업을 하려는 자는 「대기환경보전법」 제43조제1항에 따른 비산먼지 발생을 억제할 수 있는 시설을 설치하거나 필요한 조치를 할 것

다. 일조량

1) 주변의 건축물로 인하여 조망권과 일조권에 침해를 받지 않도록 할 것
2) 교사의 일조량은 해당 교육감이 정하는 필요량 이상으로 할 것

라. 교통안전

1) 학교가 정비구역안에 위치하거나, 학교환경위생정화구역이 정비구역으로 지정되어 학생이 정비구역으로 통학하게 되는 경우에는 자전거보행자겸용도로를 충분한 넓이로 설치할 것
2) 차도와 인도를 같이 설치하는 경우 이를 구획하는 방호울타리를 설치할 것
3) 학생들의 등·하교시간에는 가급적 공사차량의 출입을 자제할 것

2. 조사방법 및 절차
가. 소음·진동
1) 측정점 : 학교부지경계로부터 직선거리 50미터 이내의 지역과 정비구역안의 통학로 중 소음·진동이 가장 높은 지역
2) 측정방법 : 「환경분야 시험·검사 등에 관한 법률」 제6조제1항제2호에 따른 환경오염공정시험기준에서 정하는 바에 따를 것
나. 미세먼지(PM10)
1) 측정점 : 학교부지경계로부터 직선거리 50미터 이내의 지역과 정비구역안의 통학로 중 미세먼지농도가 가장 높은 지역
2) 측정방법 : 「환경분야 시험·검사 등에 관한 법률」 제6조제1항제1호에 따른 환경오염공정시험기준에서 정하는 바에 따를 것
다. 일조량
1) 조사내용 : 개발사업의 설계도면에 따른 학교교지의 예측일조량
2) 조사방법 : 정부행정기관·지방자치단체·대학교 또는 정부출연기관 등의 기관 중 2개 기관에서 실시한 일조권 관련 예측자료(시뮬레이션)에 따를 것
라. 교통안전
1) 조사내용 : 정비구역안에서의 학생들의 통학로 안전성
2) 조사방법 : 교육감 소속 공무원 또는 교육감이 외부 기관에 의뢰하여 현장에서 직접 조사한 자료에 따를 것

(자료 : 학교보건법 시행규칙 제9조 관련 [별표 8])

9 폐기물관리제도

1) 개 요

폐기물관리제도는 우리나라 환경법 체계안에 있는 환경부소관 폐기물관리법에 의하여 생활폐기물과 산업폐기물을 적정하게 처리함으로써 환경보전과 국민생활의 질적 향상을 도모하기 위한 환경관리제도이다.

폐기물관리법상 폐기물의 의미는 쓰레기, 연소재, 오니, 폐유, 폐산, 폐알칼리 및 동물의 시체 등으로서 사람의 생활이나 산업활동에 필요하지 아니하게 된 물질을 의미한다.

2) 폐기물의 수집·운반·보관·처리기준과 방법

폐기물관리법 시행규칙 제14조 관련한 별표 5]의 폐기물 수집·운반·보관·처리기준과 구체적 방법은 〈표 6-48〉과 같다.

〈표 6-48〉 폐기물의 수집 · 운반 등의 기준과 방법

1. 생활폐기물의 기준 및 방법

가. 공통사항

1) 생활폐기물은 특별자치도지사 또는 시장 · 군수 · 구청장 또는 법 제14조제2항에 따라 생활폐기물의 수집 · 운반 또는 처리를 대행하는 자가 이를 수집 · 운반 또는 처리하여야 한다. 다만, 생활폐기물 중 일련의 공사 · 작업 등으로 인하여 5톤 미만으로 발생되는 폐기물(이하 "공사장 생활폐기물"이라 한다)을 배출하는 자(최초로 공사의 전부를 도급받은 자를 포함한다)는 특별자치도 또는 시 · 군 · 구의 조례에서 정하는 바에 따라 그 폐기물의 수집 · 운반 또는 처리를 대행하는 자나 폐기물처리시설의 설치 · 운영자에게 운반할 수 있다.

2) 「건설폐기물의 재활용촉진에 관한 법률」 제21조제4항에 따른 건설폐기물처리업자가 공사장 생활폐기물을 수집 · 운반 · 보관 · 처리하는 경우에는 특별자치도 또는 시 · 군 · 구의 조례에서 정하는 바에 따라 건설폐기물에 관한 기준과 방법으로 수집 · 운반 · 보관 · 처리할 수 있다.

나. 보관의 경우

1) 생활폐기물은 특별자치도 또는 시 · 군 · 구의 조례에서 정하는 방법에 따라 보관하여야 한다.

2) 생활폐기물은 특별자치도 또는 시 · 군 · 구의 조례에서 정하는 바에 따라 분리수집이 쉬운 구조와 내구성이 있는 재질로 된 보관시설 또는 보관용기를 사용하여 보관하여야 한다.

3) 생활폐기물의 보관장소는 악취가 나거나, 쥐 · 모기 · 파리 등 해충이 생기지 아니하도록 필요한 조치를 하여야 한다.

다. 처리의 경우

1) 매립되는 생활폐기물로 인하여 매립층 안에 공간이 생길 수 있는 건설폐재류 · 폐합성고분자화합물 및 폐고무류(가연성은 제외한다)에 해당하는 생활폐기물은 매립시 공간이 최소화되도록 해체 · 압축 · 파쇄 · 절단 또는 용융한 후 매립하여야 하며, 오니의 경우에는 탈수 · 건조 등에 의하여 수분함량 85퍼센트 이하로 사전처리를 한 후에 매립하여야 한다.

2) 폐타이어, 폐가구류 및 폐가전제품은 매립공간이 최소화되도록 해체 · 압축 · 파쇄 · 절단 등을 한 후 매립하되, 그 잔재물 중 가연성폐기물은 소각하여야 한다. 다만, 「자원의 절약과 재활용촉진에 관한 법률」 제2조제8호의2에 따른 대형폐기물로 배출되어 수거된 폐기물 중 폐가구류와 「전기 · 전자제품 및 자동차의 자원순환에 관한 법률 시행령」 제8조제1항에 해당하는 폐가전제품(이하 '폐가전제품'이라 한다)은 다음의 구분에 따른 방법에 따라 재활용하여야 한다.

가) 폐가구류 : 환경부장관이 정하여 고시하는 방법

나) 폐가전제품 : 「전기 · 전자제품 및 자동차의 자원순환에 관한 법률 시행규칙」 제4조에 따른 재활용방법

3) 사용이 끝난 폐가전제품 중에 염화불화탄소 등의 냉매물질(오존층 파괴지수가 0인 물질은 제외한다)이 함유된 경우 이를 안전하게 회수하여야 한다.

2. 음식물류 폐기물의 기준 및 방법

가. 수집 · 운반의 경우

1) 음식물류 폐기물을 재활용하기 위하여 수집 · 운반하는 경우에는 악취가 나거나 오수가 흘러나오는 것을 방지하기 위하여 적재함이 밀폐된 전용 운반차량으로 수집 · 운반하거나 밀폐된 전용 수거용기에 담아 운반하여야 한다.

2) 음식물류 폐기물의 전용 운반차량 및 전용 수거용기는 씻거나 소독하여 청결을 유지하여야 한다.

3) 외국에서 들어오는 선박 · 항공기에서 발생하는 음식물류 폐기물은 방역을 위하여 소독을 철저히 하여야 한다.

나. 보관의 경우

1) 음식물류 폐기물은 특별자치도 또는 시 · 군 · 구의 조례에서 정하는 바에 따라 전용봉투 또는 전용 수거

용기에 분리하여 보관하여야 한다.

2) 음식물류 폐기물을 재활용하는 자는 악취가 나거나 오수가 흘러나오지 아니하도록 밀폐된 보관용기 또는 보관시설에 보관하여야 한다.

다. 처리의 경우

1) 제16조 각 호의 어느 하나에 해당하는 자는 음식물류 폐기물을 다음의 어느 하나의 방법으로 처리하여야 한다.

가) 스스로 감량 또는 재활용

나) 음식물류 폐기물을 재활용하는 폐기물처리업자, 폐기물재활용신고자 또는 폐기물처리시설의 설치·운영자에게 위탁하여 재활용

다) 제10조제4호에 따른 방법으로 폐기물을 처리하는 자에게 위탁하여 재활용. 다만, 제16조 각 호의 어느 하나에 해당하는 자의 음식물류 폐기물이 사업장폐기물에 해당하는 경우는 제외한다.

2) 1)에 따라 음식물류 폐기물을 스스로 감량하는 자는 단독이나 공동으로 다음의 어느 하나에 해당하는 방법으로 처리하여야 한다.

가) 가열에 의한 건조의 방법으로 부산물의 수분함량을 25퍼센트 미만으로 감량하여야 한다.

나) 발효 또는 발효건조에 따라 퇴비화·사료화 또는 소멸화하여 부산물의 수분함량을 40퍼센트 미만으로 하여야 한다.

3) 외국에서 들어오는 선박·항공기에서 발생하는 음식물류 폐기물은 소각하여야 한다.

4) 특별시·광역시·특별자치도 또는 시 지역에서 발생하는 음식물류 폐기물은 바로 매립하여서는 아니되며, 소각, 퇴비화, 사료화, 소멸화, 탄화, 소화 또는 부숙토 생산 등의 공정에서 발생하는 재활용 용도에 맞지 아니한 협잡물(挾雜物)과 잔재물만을 매립하여야 한다. 다만, 특별시·광역시·특별자치도 또는 시 지역 중 환경부장관이 고시하여 정하는 산간·오지 또는 도서 지역에서 발생하는 음식물류 폐기물은 그러하지 아니하다.

5) 음식물류 폐기물을 환경부장관이 정하여 고시하는 용도 및 방법에 따라 매립시설 복토용 또는 토지개량제 등으로 사용할 수 있다. 음식물류 폐기물을 토지개량제로 사용하려면 환경부장관이 정하여 고시하는 바에 따라 그 제품명·원료 등을 표시하고, 제품의 제조에 관한 기록을 보존하여야 한다.

6) 「사료관리법」 제2조제1호에 따른 동물 중 반추(反芻) 동물을 제외한 동물 등의 먹이로 사용하려고 수거한 음식물류 폐기물을 농가에 공급하기 위하여는 「사료관리법」 제8조에 따른 사료제조업 등록을 한 음식물류 폐기물 처리시설에서 처리하여야 한다. 다만, 음식물류 폐기물을 수거하여 농수산식품부장관이 정하여 고시한 유해 사료의 범위와 기준에 따라 가열 등의 방법으로 처리한 후 동물 등의 먹이로 사용하는 경우는 제외한다.

7) 음식물류 폐기물을 탄화하는 경우에는 흡착제의 원료로 사용하여야 한다.

8) 음식물류 폐기물 처리시설을 설치·운영하는 경우에는 해당 시설에 유입된 음식물류에 포함된 고형물 중에서 무게 기준으로 2012년 12월 31일까지는 60퍼센트 이상, 2013년 1월 1일부터는 70퍼센트 이상을 동물 등의 먹이, 퇴비 등의 재활용제품의 원료로 사용(에너지 생산, 액비 생산 등을 위하여 다른 시설로 옮겨서 재활용하는 경우를 포함한다)하여야 한다.

3. 사업장일반폐기물의 기준 및 방법

가. 공통사항

1) 법 제2조제3호에 따른 배출시설 또는 영 제2조제1호부터 제5호까지의 규정에 따른 시설의 운영으로 배출되는 폐기물(이하 '사업장배출시설계 폐기물'이라 한다)은 해당 사업장에서 배출되는 사업장배출시설계 폐기물 외의 폐기물 및 영 제2조제7호 및 제9호에 따른 사업장에서 배출되는 폐기물(이하 '사업장생활계 폐기물'이라 한다)과 혼합되지 아니하도록 하여야 한다.

2) 사업장생활계 폐기물로서 생활폐기물과 성질과 상태가 비슷하여 생활폐기물의 기준 및 방법으로 수집·운반·보관·처리할 수 있는 폐기물과 「자원의 절약과 재활용촉진에 관한 법률」 제16조에 따른 재활용 의무 대상 포장재를 단순 선별하는 과정에서 발생하는 폐기물은 특별자치도 또는 시·군·구의 조례에

서 정하는 바에 따라 생활폐기물의 기준 및 방법으로 수집 · 운반 · 보관 · 처리할 수 있다.

3) 사업장일반폐기물 중 레미콘 · 콘크리트 제품의 제조공정에서 발생하거나 건설현장 등에서 반품한 폐레미콘 · 폐콘크리트 제품 및 영 제2조제9호에 따른 일련의 공사 또는 작업으로 발생하는 폐콘크리트 · 폐아스팔트콘크리트 등의 건설폐재류는 건설폐기물의 기준 및 방법으로 수집 · 운반 · 보관 · 처리할 수 있으며, 「건설폐기물의 재활용촉진에 관한 법률」 제21조제4항에 따른 건설폐기물처리업자에게 위탁하여 처리할 수 있다.

나. 수집 · 운반의 경우

1) 사업장배출시설계 폐기물은 사업장배출시설계 폐기물 수집 · 운반업자가 수집 · 운반하고, 사업장생활계 폐기물은 사업장생활계 폐기물 수집 · 운반업자가 수집 · 운반하여야 한다.

2) 사업장생활계 폐기물로서 생활폐기물과 성질과 상태가 비슷하여 생활폐기물의 기준 및 방법으로 수집 · 운반할 수 있는 폐기물은 특별자치도 또는 시 · 군 · 구의 조례로 정하는 바에 따라 생활폐기물 수집 · 운반업자가 수집 · 운반할 수 있다.

3) 액상(수분함량이 85퍼센트를 초과하는 것을 말한다. 이하 같다)의 사업장일반폐기물은 누출의 우려가 없는 전용의 탱크 · 용기 · 파이프 또는 이와 비슷한 설비를 사용하여야 한다.

다. 보관의 경우

1) 사업장일반폐기물은 해당 폐기물에 의하여 부식되거나 파손되지 아니하는 재질로 된 보관용기에 보관하여야 한다.

2) 자체하중 및 보관하려는 폐기물의 최대량 보관 시의 적재하중에 견딜 수 있고 물이 스며들지 아니하도록 시멘트 · 아스팔트 등의 재료로 바닥이 포장되고, 지붕과 벽면을 갖춘 보관창고에 보관하여야 한다. 다만, 다음의 경우는 그러하지 아니하다.

가) 광재 · 폐내화물(廢耐火物) · 폐지 · 철강슬래그 · 고철 · 폐유리조각 · 폐목재 · 폐타이어 및 밀폐된 보관용기에 보관한 폐기물을 보관하는 경우

나) 폐합성수지 · 폐용기류 · 폐주물사(廢鑄物沙) 등으로서 침출수가 발생하지 아니하는 경우

다) 침출수의 발생으로 주변환경오염의 우려가 없다고 시 · 도지사가 인정하는 경우

3) 사업장일반폐기물배출자는 그의 사업장에서 발생하는 폐기물을 보관이 시작되는 날부터 90일을 초과하여 보관하여서는 아니된다. 다만, 보관하는 사업장일반폐기물의 양이 3톤 미만인 경우와 「자원의 절약과 재활용촉진에 관한 법률」 제25조에 따라 숙성방법을 지정하고 있는 철강슬래그, 「산지관리법」 제25조에 따른 토석채취허가를 받아 자체 석산의 적지복구용으로 재활용하는 석분토 및 천재지변이나 그 밖의 부득이한 사유로 장기보관할 필요성이 있다고 시 · 도지사가 기간을 정하여 인정하는 경우에는 그러하지 아니하다.

4) 석면(뿜칠로 사용된 것은 제외한다)의 해체 · 제거작업에 사용된 비닐시트 중 바닥용으로 사용된 것이 아닌 것은 포대에 담아 보관하여야 한다.

※ 비고 : 3)에 따른 사업장일반폐기물의 양 산정시 2009년 7월 1일부터 2011년 6월 30일까지는 제2조의2에 따른 사업장폐기물의 분류번호에 해당하는 폐기물별로 각각 산정한다. 다만, 영 제7조제1항제1호 각 목의 어느 하나에 해당되어 혼합하여 보관하고 있는 경우에는 그 혼합하여 보관하고 있는 양으로 산정한다.

라. 처리의 경우

1) 공통기준

재활용하지 아니하는 소각 가능한 사업장일반폐기물이 1일 평균 100킬로그램 이상 배출되는 경우에는 소각하여야 한다.

2) 사업장일반폐기물의 종류별 처리기준 및 방법

가) 소각재는 다음의 어느 하나에 해당하는 방법으로 처리하여야 한다.

(1) 관리형 매립시설에 매립하여야 한다.

(2) 안정화처리하여야 한다.

(3) 시멘트 · 합성고분자화합물을 이용하거나 그 밖에 이와 비슷한 방법으로 고형화처리하여야 한다.

나) 오니

(1) 유기성 오니(고형물 중 유기성물질의 함량이 40퍼센트 이상인 것을 말한다. 이하 같다)는 다음의 어느 하나에 해당하는 방법으로 처리하여야 한다.

(가) 소각하거나 시멘트 · 합성고분자화합물의 이용, 그 밖에 이와 비슷한 방법으로 고형화 또는 고화 처리하거나 생물학적 처리방법으로 처리하여 퇴비로 사용하거나 환경부장관이 정하여 고시하는 용도 및 방법에 따라 처리하여야 한다. 토지개량제로 사용하려면 환경부장관이 정하여 고시하는 바에 따라 그 제품명 · 원료 등을 표시하고 제품의 제조에 관한 기록을 보존하여야 한다.

(나) 수분함량이 85퍼센트 이하로 탈수 · 건조한 후 관리형 매립시설에 매립하여야 한다. 다만, 물을 이용하여 폐기물을 운반한 후 침전처리하는 경우에는 탈수 · 건조처리를 하지 아니할 수 있다.

(다) 「수질 및 수생태계 보전에 관한 법률」 제48조제1항에 따른 1일 처리용량 1만세제곱미터 이상인 폐수종말처리시설, 「하수도법」 제2조제9호에 따른 1일 처리용량 1만세제곱미터 이상인 공공하수처리시설과 「수질 및 수생태계 보전에 관한 법률」 제2조제10호에 따른 1일 폐수배출량 2천세제곱미터 이상인 폐수배출시설의 유기성 오니는 (나)에도 불구하고 바로 매립하여서는 아니 된다.

(라) 축산폐수처리시설 · 분뇨처리시설 및 1일 폐수배출량 700세제곱미터 이상 2천세제곱미터 미만인 배출업소의 유기성 오니도 (다)와 같이 처리하여야 한다.

(마) 매립가스를 회수하여 재이용하는 시설이 설치된 매립시설의 경우에는 (다)와 (라)에도 불구하고 수분함량 75퍼센트 이하로 처리하여 매립할 수 있다. 다만, 1일 500톤 이상은 매립할 수 없다.

(바) 하수처리오니를 가공하여 비탈면녹화토의 원료로 재활용하는 경우에는 (가)에 따라 환경부장관이 정하여 고시하는 용도 및 방법에 따른 부숙 공정을 거쳐야 하며, 가공된 비탈면녹화토는 「환경분야 시험 · 검사 등에 관한 법률」 제6조에 따라 환경부장관이 지정 · 고시한 토양오염물질에 관한 공정시험기준이나 공정시험기준이 없는 경우에는 국제적으로 통용되는 시험방법에 따라 시험한 결과가 다음의 기준에 맞아야 한다.

- 수소농도이온지수 : 5.5 이상 8.0 이하
- 비소, 카드뮴, 구리, 납, 니켈, 불소, 6가크롬, 시안, 페놀, 수은, 아연 및 석유계총탄화수소 : 「토양환경보전법 시행규칙」 제1조의5에 따른 토양오염우려기준 이내

※ 비고 : "비탈면녹화토"란 절 · 성토 공사 등으로 발생한 비탈면의 낙석방지, 생태복원 또는 녹화에 사용하는 인공토양을 말한다.

(2) 무기성 오니(유기성 오니 외의 오니를 말한다)는 다음의 어느 하나에 해당하는 방법으로 처리하여야 한다.

(가) 소각하여야 한다.

(나) 수분함량이 85퍼센트 이하로 탈수 · 건조한 후 관리형 매립시설에 매립하여야 한다. 다만, 물을 이용하여 폐기물을 운반한 후 침전처리하는 경우에는 탈수 · 건조처리를 하지 아니할 수 있다.

다) 폐지류 · 폐목재류 및 폐섬유류는 소각하여야 한다.

라) 동물성 잔재물 및 동물의 사체는 다음의 어느 하나에 해당하는 방법으로 처리하여야 한다.

(1) 소각하거나 관리형 매립시설에 매립하여야 한다. 다만, 「수도법」에 따른 상수원보호구역, 마을상수도 또는 소규모급수시설의 취수원, 「자연공원법」에 따른 공원구역, 「지하수법」에 따른 지하수보전구역 및 하천 · 호수와 늪 · 바다의 경계로부터 500미터 이상 떨어진 지역으로서 특별자치도지사 또는 시장 · 군수 · 구청장이 인정하는 지역에서 「가축전염병예방법」 제22조부터 제24조까

지의 규정에 따라 동물의 사체를 묻는 경우에는 그러하지 아니한다.

(2) 혐기성 소화 등의 방법으로 「신에너지 및 재생 에너지 개발 · 이용 · 보급 촉진법」 제2조제1호아목에 따른 신 · 재생에너지를 생산하여야 한다.

(3) 동물성 잔재물을 가공하여 사료의 원료로 재활용하는 경우에 가공된 사료는 「사료관리법 시행규칙」 제30조에 따른 검정방법에 따라 검정을 한 결과가 「사료관리법」 제11조제1항에 따른 사료공정 및 같은 법 제14조제3항에 따른 유해물질의 범위 및 및 허용기준에 맞아야 한다.

마) 폐고무류는 소각하여야 한다. 다만, 소각이 곤란한 경우에는 최대지름 15센티미터 이하의 크기로 파쇄 · 절단한 후 관리형 매립시설에 매립할 수 있다.

바) 광재 · 폐금속류 · 폐토사 · 폐석고 및 폐석회는 관리형 매립시설에 매립하여야 한다.

사) 분진은 다음의 어느 하나에 해당하는 방법으로 처리하여야 한다.

(1) 폴리에틸렌이나 그 밖에 이와 비슷한 재질의 포대에 담아 관리형 매립시설에 매립하여야 한다.

(2) 시멘트 · 합성고분자화합물을 이용하거나 이와 비슷한 방법으로 고형화한 후 관리형 매립시설에 매립하여야 한다.

아) 폐촉매 · 폐흡착제 및 폐흡수제는 다음의 어느 하나에 해당하는 방법으로 처리하여야 한다.

(1) 가연성인 것은 소각하여야 한다.

(2) 가연성이 아닌 것은 관리형 매립시설에 매립하여야 한다.

자) 폐합성고분자화합물은 다음의 어느 하나에 해당하는 방법으로 처리하여야 한다.

(1) 폐합성고분자화합물은 소각하여야 한다. 다만, 소각이 곤란한 경우에는 최대지름 15센티미터 이하의 크기로 파쇄 · 절단 또는 용융한 후 관리형 매립시설에 매립할 수 있다.

(2) 다음의 어느 하나에 해당하는 자는 배출하는 발포폴리스틸렌 폐기물을 스스로 또는 위탁하여 재활용하거나 용융에 따른 감량처리를 하여야 한다.

(가) 「유통산업발전법」 제2조에 따른 대규모점포를 개설한 자

(나) 「농수산물유통 및 가격안정에 관한 법률」 제2조에 따른 농수산물도매시장 · 농수산물공판장을 개설 · 운영하는 자

차) 폐가전제품 및 폐가구류는 다음의 어느 하나에 해당하는 방법으로 처리하여야 한다.

(1) 가연성 물질은 소각하여야 한다.

(2) 불연성 물질은 최대직경 15센티미터 이하의 크기로 압축 · 파쇄 · 해체 · 절단 또는 용융한 후 관리형 매립시설에 매립하여야 한다.

(3) 가연성과 불연성이 혼합된 재질의 것은 압축 · 파쇄 또는 절단 등으로 가연물과 불연물을 선별한 후 (1)이나 (2)의 방법에 따라 처리하여야 한다.

(4) 사용이 끝난 폐가전제품 중에 염화불화탄소 등의 냉매물질(오존층파괴지수가 0인 물질은 제외한다)이 함유된 경우 이를 안전하게 회수하여야 한다.

카) 석면(뿜칠로 사용된 것은 제외한다)의 해체 · 제거작업에 사용된 비닐시트 중 바닥용으로 사용된 것이 아닌 것은 포대에 담겨진 상태로 소각하여야 한다.

타) 폐주물사는 다음의 어느 하나에 해당하는 방법으로 처리하여야 한다.

(1) 관리형 매립시설에 매립하여야 한다.

(2) 폐주물사를 가공하여 재생주물사로 재활용하는 경우에 재생주물사는 「환경분야 시험 · 검사 등에 관한 법률」 제6조에 따라 환경부장관이 지정 · 고시한 폐기물에 관한 공정시험기준이나 공정시험기준이 없는 경우에는 한국산업규격 시험방법 또는 국제적으로 통용되는 시험방법에 따른 시험결과가 다음의 기준에 맞아야 한다.

(가) 수소이온농도지수 : 6.0 이상 11.0 이하

(나) 비중 : 2.3 이상 2.8 이하

(다) 이물질 : 무게비율로 1.0퍼센트 이하

(라) 납 · 구리 · 비소 · 수은 · 카드뮴 또는 그 화합물 및 6가크롬화합물 : 별표 1에 따른 지정폐기

물에 함유된 유해물질 기준 이내

4. 지정폐기물(의료폐기물은 제외한다)의 기준 및 방법

가. 수집 · 운반의 경우

1) 분진 · 폐농약 · 폐석면 중 작은 알갱이 상태의 것은 흩날리지 아니하도록 폴리에틸렌이나 그 밖에 이와 비슷한 재질의 포대(흩날릴 우려가 있는 폐석면의 경우는 2중포대)에 담아 수집 · 운반하여야 하고, 그 운반차량의 적재함에는 덮개를 덮어야 한다. 이 경우 폐석면을 수집 · 운반하는 차량은 4)의 표시 외에 적재함 양측에 가로 100센티미터 이상, 세로 50센티미터 이상의 크기로 흰색 바탕에 붉은색 글자로 폐석면 운반차량을 표시하거나 표지를 부착하여야 한다.

2) 액체상태의 지정폐기물을 수집 · 운반하는 경우에는 흘러 나올 우려가 없는 전용의 탱크 · 용기 · 파이프 또는 이와 비슷한 설비를 사용하고, 혼합이나 유동으로 생기는 위험이 없도록 하여야 한다.

3) 지정폐기물 수집 · 운반차량의 차체는 노란색으로 색칠하여야 한다. 다만, 임시로 사용하는 운반차량인 경우에는 그러하지 아니하다.

4) 지정폐기물의 수집 · 운반차량 적재함의 양쪽 옆면에는 지정폐기물 수집 · 운반차량, 회사명 및 전화번호를 잘 알아 볼 수 있도록 붙이거나 표기하여야 한다. 이 경우 그 크기는 가로 100센티미터 이상, 세로 50센티미터 이상으로 하고, 검은색 글자로 하여 붙이거나 표기하되, 폐기물 수집 · 운반증을 발급하는 기관의 장이 인정하면 차량의 크기에 따라 붙이거나 표기하는 크기를 조정할 수 있다. 임시로 사용하는 운반차량의 경우에도 또한 같다.

나. 보관의 경우

1) 지정폐기물은 지정폐기물 외의 폐기물과 구분하여 보관하여야 한다.

2) 폐유기용제는 휘발되지 아니하도록 밀폐된 용기에 보관하여야 한다.

3) 폐석면은 다음과 같이 보관한다.

가) 흩날릴 우려가 있는 폐석면은 습도 조절 등의 조치 후 고밀도 내수성재질의 포대로 2중포장하거나 견고한 용기에 밀봉하여 흩날리지 아니하도록 보관하여야 한다.

나) 고형화되어 있어 흩날릴 우려가 없는 폐석면은 폴리에틸렌, 그 밖에 이와 유사한 재질의 포대로 포장하여 보관하여야 한다.

4) 지정폐기물은 지정폐기물에 의하여 부식되거나 파손되지 아니하는 재질로 된 보관시설 또는 보관용기를 사용하여 보관하여야 한다.

5) 자체 무게 및 보관하려는 폐기물의 최대량 보관 시의 적재무게에 견딜 수 있고 물이 스며들지 아니하도록 시멘트 · 아스팔트 등의 재료로 바닥을 포장하고 지붕과 벽면을 갖춘 보관창고에 보관하여야 한다. 다만, 다음의 어느 하나에 해당하는 경우에는 그러하지 아니하다.

가) 침출수가 발생하지 아니한다고 관할 시 · 도지사나 지방환경관서의 장이 인정하는 경우

나) 침출수의 발생으로 주변 환경오염의 우려가 없다고 관할 시 · 도지사나 지방환경관서의 장이 인정하는 경우

다) 드럼 등 보관용기에 보관하는 경우로서 내용물이 흘러 나올 우려가 없고 용기 외부에 지정폐기물이 묻어 있지 아니한 경우(이 경우에는 폐기물의 최대량 보관 시의 적재무게에 견딜 수 있고 보관용기 취급과정에서 내용물이 외부에 흘러 나오지 아니하도록 시멘트 · 아스팔트 등으로 바닥을 포장하고 방류턱을 갖춘 시설에 보관하여야 한다)

6) 지정폐기물배출자는 그의 사업장에서 발생하는 지정폐기물 중 폐산 · 폐알칼리 · 폐유 · 폐유기용제 · 폐촉매 · 폐흡착제 · 폐흡수제 · 폐농약, 폴리클로리네이티드비페닐 함유폐기물, 폐수처리 오니 중 유기성 오니는 보관이 시작된 날부터 45일을 초과하여 보관하여서는 아니되며, 그 밖의 지정폐기물은 60일을 초과하여 보관하여서는 아니 된다. 다만, 천재지변이나 그 밖의 부득이한 사유로 장기보관할 필요성이 있다고 관할 시 · 도지사나 지방환경관서의 장이 인정하는 경우와 1년간 배출하는 지정폐기물의 총량이 3톤 미만인 사업장의 경우에는 1년의 기간 내에서 보관할 수 있다.

7) 제31조 및 6)에도 불구하고 폴리클로리네이티드비페닐 함유폐기물을 보관하려는 배출자 및 처리업자는

시 · 도지사나 지방환경관서의 장의 승인을 받아 1년 단위로 보관기간을 연장할 수 있다.

8) 7)에 따라 보관기간을 연장받으려는 배출자 및 처리업자는 별지 제69호서식에 따라 폐기물 보관기간 연장승인 신청서를 작성하여 제출하여야 하며, 시 · 도지사나 지방환경관서의 장이 폐기물의 보관기간 연장을 승인하는 경우에는 별지 제70호서식의 폐기물 보관기간 연장승인서를 신청인에게 발급하여야 한다.

9) 지정폐기물의 보관창고에는 보관중인 지정폐기물의 종류, 보관가능 용량, 취급시 주의사항 및 관리책임자 등을 적어 넣은 표지판을 다음과 같이 설치하여야 한다. 다만, 드럼 등 보관용기를 사용하여 보관하는 경우에는 용기별로 폐기물의 종류 · 양 및 배출업소 등을, 지정폐기물의 종류가 같은 용기가 여러 개 있는 경우에는 폐기물의 종류별로 폐기물의 종류 · 양 및 배출업소 등을 각각 알 수 있도록 표지판에 적어 넣어야 한다.

가) 보관창고에는 표지판을 사람이 쉽게 볼 수 있는 위치에 설치하여야 한다.

나) 표지의 규격 : 가로 60센티미터 이상 × 세로 40센티미터 이상(드럼 등 소형용기에 붙이는 경우에는 가로 15센티미터 이상 × 세로 10센티미터 이상)

다) 표지의 색깔 : 노란색 바탕에 검은색 선 및 검은색 글자

라) 표지판의 보기

<table>
<tr><td colspan="2">지정폐기물 보관표지</td></tr>
<tr><td>① 폐기물의 종류 :</td><td>② 보관가능용량 : 톤</td></tr>
<tr><td>③ 관리책임자 :</td><td>④ 보관기간 : ~ (일간)</td></tr>
<tr><td colspan="2">⑤ 취급시 주의사항
• 보관시 :
• 운반시 :
• 처리시 :</td></tr>
<tr><td colspan="2">⑥ 운반(처리)예정장소 :</td></tr>
</table>

다. 처리의 경우

1) 공통기준

지정폐기물을 시멘트로 고형화하는 경우에는 시멘트의 양이 1세제곱미터당 150킬로그램 이상이어야 한다.

2) 지정폐기물의 종류별 처리기준 및 방법

가) 폐산이나 폐알칼리의 경우

(1) 액체상태의 것은 다음의 어느 하나에 해당하는 방법으로 처리하여야 한다. 다만, 처리 후 잔재물이 별표 1에 규정된 물질을 포함한 경우에는 그 잔재물을 안정화처리하거나 시멘트 · 합성고분자화합물의 이용 또는 이와 비슷한 방법으로 고형화처리한 후 지정폐기물을 매립할 수 있는 관리형 매립시설에 매립하여야 한다.

(가) 중화 · 산화 · 환원의 반응을 이용하여 처리한 후 응집 · 침전 · 여과 · 탈수의 방법으로 처리하여야 한다.

(나) 증발 · 농축의 방법으로 처리하여야 한다.

(다) 분리 · 증류 · 추출 · 여과의 방법으로 정제처리하여야 한다.

(2) 고체상태인 수산화칼륨 및 수산화나트륨은 (1)의 방법으로 처리하거나 지정폐기물을 매립할 수 있는 관리형 매립시설의 차수시설 및 침출수 처리시설의 성능에 지장을 초래하지 아니하도록 하여 매립하여야 한다.

(3) 폐산이나 폐알칼리와 폐유 · 폐유기용제 등 다른 폐기물이 혼합되어 있는 액체상태의 것은 소각시설에 지장이 생기지 아니하도록 중화 등으로 처리하여 소각(할로겐족 폐유기용제 등 고온소각

대상 폐기물이 혼합되어 있는 경우에는 고온소각)한 후 매립하여야 한다.

나) 폐유

(1) 액체상태의 것은 다음의 어느 하나에 해당하는 방법으로 처리하여야 한다.

(가) 기름과 물을 분리하여 분리된 기름성분은 소각하여야 하고, 기름과 물을 분리한 후 남은 물은 「수질 및 수생태계 보전에 관한 법률」 제2조제12호에 따른 수질오염방지시설에서 처리하여야 한다.

(나) 증발 · 농축방법으로 처리한 후 그 잔재물은 소각하거나 안정화처리하여야 한다.

(다) 응집 · 침전방법으로 처리한 후 그 잔재물은 소각하여야 한다.

(라) 분리 · 증류 · 추출 · 여과 · 열분해의 방법으로 정제처리하여야 한다.

(마) 소각하거나 안정화처리하여야 한다.

(바) 유화(乳化)방법으로 재활용할 경우에는 다음의 기준에 맞아야 한다.

- 유화방법 : 정제연료유 등에 적당량의 물과 유화제(乳化劑) 등을 첨가 · 혼합하여 기계적 · 화학적 · 초음파 방법 또는 이상의 방법들을 함께 써서 유화시켜야 한다.
- 유화된 입자의 크기 : 유화된 입자의 크기는 미세하고 균일하여야 한다.
- 안정성 : 유화정제연료유는 안정성을 가지고 균일한 유화상태로 30일 이상 지속되어야 한다.
- 함수율 : 유화정제연료유의 함수율은 부피비율로 15퍼센트 이하여야 한다.
- 유화제 : 유해물질이 함유되어 있거나 악취를 발생시키거나 배관 등을 부식시키는 것이어서는 아니된다.

※ 비고 : 1. "유화"란 어떤 액체 중에서 그 것과 섞이지 아니하는 다른 액체가 미립자 상태로 균일하게 분산되는 것을 말한다.

2. "유화정제연료유"란 약품정제 · 감압증류 · 열분해, 그 밖의 방법으로 정제된 정제연료유에 유화제 등을 더 넣어 유화시키거나 폐유 중 중금속 · 회분 및 슬러지 등을 제거한 후 유화제 등을 더 넣어 유화시킨 것을 말한다.

3. 환경부장관은 유화정제연료유의 안정성을 측정하기 위한 시험 방법 등을 정하여 고시할 수 있다.

(2) 고체상태의 것[타르 · 피치(pitch)류는 제외한다]은 소각하거나 안정화처리하여야 한다.

(3) 타르 · 피치류는 소각하거나 지정폐기물을 매립할 수 있는 관리형 매립시설에 매립하여야 한다.

(4) 폐유를 정제연료유로 재활용하는 경우에는 한국산업규격 시험방법, 폐기물공정 시험방법 또는 대기오염공정 시험방법에 따른 시험 결과가 다음의 기준에 맞아야 한다.

(가) 남은 탄소 : 무게비율로 4퍼센트 이하(열분해방법이나 감압증류방법으로 재활용하는 경우에는 0.15퍼센트 이하)

(나) 수분 및 침전물 : 부피비율로 1.0퍼센트 이하(열분해방법이나 감압증류방법으로 재활용하는 경우에는 0.5퍼센트 이하, 유화정제연료유로 재활용하는 경우에는 15퍼센트 이하)

(다) 회분 : 무게비율로 1.0퍼센트 이하(열분해방법이나 감압증류방법으로 재활용하는 경우에는 0.05퍼센트 이하)

(라) 황분 : 무게비율로 0.55퍼센트 이하(열분해방법이나 감압증류방법으로 재활용하는 경우에는 0.2퍼센트 이하)

(마) 카드뮴 및 그 화합물 : 리터당 1밀리그램 이하

(바) 납 및 그 화합물 : 리터당 30밀리그램 이하(열분해방법이나 감압증류방법으로 재활용하는 경우에는 리터당 1밀리그램 이하)

(사) 크롬 및 그 화합물 : 리터당 5밀리그램 이하(열분해방법이나 감압증류방법으로 재활용하는 경우에는 리터당 1밀리그램 이하)

(아) 비소 및 그 화합물 : 리터당 2밀리그램 이하(열분해방법이나 감압증류방법으로 재활용하는 경우에는 리터당 1밀리그램 이하)

(자) 인화점 : 섭씨 40도 이상(열분해방법으로 재활용하는 경우에는 섭씨 30도 이상)

(5) 폐유나 폐유가 아닌 지정폐기물 중 액체상태이거나 유동성(流動性)이 있는 폐기물(할로겐족을 제외한 폐유기용제, 폐페인트 및 폐래커의 경우만 해당한다)과 폐유의 혼합물을 열원(熱源)으로 사용할 수 있도록 균일화시킨 물질(이하 "재생연료유"라 한다)로 재활용하는 경우에는 (6)의 기준에 맞아야 한다.

(6) 재생연료유로 재활용하는 경우에는 한국산업규격 시험방법, 폐기물공정 시험방법 또는 대기오염공정 시험방법에 따른 시험 결과가 다음의 기준에 맞아야 한다.

(가) 저위(低位)발열량 : 킬로그램당 3,500킬로칼로리 이상

(나) 황 : 무게비율로 2.5퍼센트 이하

(다) 납 및 그 화합물 : 킬로그램당 100밀리그램 이하

(라) 카드뮴 및 그 화합물 : 킬로그램당 1밀리그램 이하

(마) 비소 및 그 화합물 : 킬로그램당 2밀리그램 이하

(바) 크롬 및 그 화합물 : 킬로그램당 50밀리그램 이하

(사) 수은 및 그 화합물 : 킬로그램당 1.5밀리그램 이하

(아) 염소 및 그 화합물 : 킬로그램당 2,000밀리그램 이하

(7) 재생연료유는 시멘트와 석고를 제조하기 위한 소성로에서 보조연료로 사용하거나 소각로에서 고온소각용으로 사용하여야 한다.

다) 폐유기용제의 경우

(1) 기름과 물 분리가 가능한 것은 기름과 물 분리방법으로 사전처리하여야 한다.

(2) 할로겐족으로 액체상태의 것은 다음의 어느 하나에 해당하는 방법으로 처리하여야 한다.

(가) 고온소각하여야 한다.

(나) 증발 · 농축방법으로 처리한 후 그 잔재물은 고온소각하여야 한다.

(다) 분리 · 증류 · 추출 · 여과의 방법으로 정제한 후 그 잔재물은 고온소각하여야 한다.

(라) 중화 · 산화 · 환원 · 중합 · 축합(縮合)의 반응을 이용하여 처리하여야 하며, 처리 후 발생하는 잔재물은 고온소각하거나, 응집 · 침전 · 여과 · 탈수의 방법으로 다시 처리한 후 그 잔재물은 고온소각하여야 한다.

(3) 할로겐족으로 고체상태의 것은 고온소각하여야 한다.

(4) 그 밖의 폐유기용제로서 액체상태의 것은 다음의 어느 하나에 해당하는 방법으로 처리하여야 한다.

(가) 소각하여야 한다.

(나) 증발 · 농축방법으로 처리한 후 그 잔재물은 소각하여야 한다.

(다) 분리 · 증류 · 추출 · 여과의 방법으로 정제한 후 그 잔재물은 소각하여야 한다.

(라) 중화 · 산화 · 환원 · 중합 · 축합의 반응을 이용하여 처리하여야 하며, 처리 후 발생하는 잔재물은 소각하거나, 응집 · 침전 · 여과 · 탈수의 방법으로 다시 처리한 후 그 잔재물은 소각하여야 한다.

(마) 재생연료유로 재활용하는 경우에는 나)(6)의 기준에 맞아야 한다.

(바) 폐이소프로필알콜(프로판-2-올)을 가공하여 정제이소프로필알콜로 재활용하는 경우에 정제이소프로필알콜은 한국산업규격 시험방법에 따른 시험결과가 다음의 기준에 맞아야 한다.

- 함량 : 무게비율로 70.0퍼센트 이상
- 수분 : 무게비율로 10.0퍼센트 이하
- 증발찌꺼기 : 무게비율로 0.1퍼센트 이하

(5) 그 밖의 폐유기용제로서 고체상태의 것은 소각하여야 한다.

라) 폐합성고분자화합물의 경우

폐합성고분자화합물은 소각하여야 한다. 다만, 소각이 곤란한 경우에는 최대지름 15센티미터 이하

의 크기로 파쇄 · 절단 또는 용융한 후 지정폐기물을 매립할 수 있는 관리형 매립시설에 매립할 수 있다.

마) 폐페인트와 폐래커의 경우

(1) 폐페인트와 폐래커는 고온소각하거나 유기용제 등 재활용 대상 물질을 회수한 후 그 잔재물은 고온소각하여야 한다.

(2) 재생연료유로 재활용하는 경우에는 나)(6)의 기준에 맞아야 한다.

바) 폐석면의 경우

(1) 분진이나 부스러기 또는 성인의 손아귀로 쥐는 힘에 의하여 부스러지는 것은 고온용융처리하거나 고형화처리하여야 한다.

(2) 고형화되어 있어 흩날릴 우려가 없는 것은 폴리에틸렌 그 밖에 이와 유사한 재질의 포대로 포장하여 지정폐기물매립시설에 매립하되, 석면분진이 날리지 아니하도록 충분히 물을 뿌리거나 수시로 복토 등을 실시하여야 한다.

(3) 석면의 해체 · 제거작업에 사용된 바닥비닐시트(뿜칠로 사용된 석면의 해체 · 제거작업 시 사용된 비닐시트의 경우 모든 비닐시트), 방진마스크, 작업복 등은 고밀도 내수성재질의 포대에 2중으로 포장하여 지정폐기물매립시설에 매립하거나 고온용융처리 또는 고형화처리하여야 한다.

(4) 매립시설내 일정구역을 정하여 매립하고, 매립구역임을 알리는 표지판을 다음과 같이 설치하여야 한다.

폐석면 매립 표지판	
폐석면 종류	
매립용량(m^3)	
매립면적(m^3)	
매립위치	
매립기간	
관리기관(전화번호)	

※ 비고 : 1. 표지판은 사람이 쉽게 볼 수 있는 위치에 설치

2. 표지의 규격 : 가로 80센티미터 이상 × 세로 80센티미터 이상

3. 표지의 색깔 : 노란색 바탕에 검은색 선 및 검은색 글자

사) 광재 · 폐주물사 · 폐사 · 폐내화물 · 도자기조각 · 폐촉매의 경우는 다음의 어느 하나에 해당하는 방법으로 처리하여야 한다.

(1) 안정화처리 또는 시멘트 · 합성고분자화합물의 이용 그 밖에 이와 비슷한 방법으로 고형화처리하거나 지정폐기물을 매립할 수 있는 관리형 매립시설에 매립하여야 한다. 다만, 가연성 물질을 포함한 폐촉매는 소각할 수 있고, 할로겐족에 해당하는 물질을 포함한 폐촉매를 소각하는 경우에는 고온 소각하여야 한다.

(2) 폐주물사를 가공하여 재생주물사로 재활용하는 경우에는 제3호라목2)타)를 준용한다.

아) 폐흡수제와 폐흡착제의 경우

다음의 어느 하나에 해당하는 방법으로 처리하여야 한다.

(1) 고온소각 처리대상물질을 흡수하거나 흡착한 것 중 가연성은 고온소각하여야 하고, 불연성은 지정폐기물을 매립할 수 있는 관리형 매립시설에 매립하여야 한다.

(2) 일반소각 처리대상물질을 흡수하거나 흡착한 것 중 가연성은 일반소각하여야 하며, 불연성은 지정폐기물을 매립할 수 있는 관리형 매립시설에 매립하여야 한다.

(3) 안정화처리하거나 시멘트 · 합성고분자화합물을 이용하여 고형화처리하거나 이와 비슷한 방법으로 고형화처리하여야 한다.

(4) 광물유 · 동물유 또는 식물유가 포함된 것은 포함된 기름을 추출 등으로 재활용하여야 한다.

자) 분진의 경우

다음의 어느 하나에 해당하는 방법으로 처리하여야 한다.

(1) 폴리에틸렌이나 그 밖에 이와 비슷한 재질의 포대에 담아 지정폐기물을 매립할 수 있는 관리형 매립시설에 매립하여야 한다.

(2) 안정화처리하여야 한다.

(3) 시멘트 · 합성고분자화합물을 이용하여 고형화처리하거나 이와 비슷한 방법으로 고형화처리하여야 한다.

차) 소각재의 경우

다음의 어느 하나에 해당하는 방법으로 처리하여야 한다.

(1) 지정폐기물을 매립할 수 있는 관리형 매립시설에 매립하여야 한다.

(2) 안정화처리하여야 한다.

(3) 시멘트 · 합성고분자화합물을 이용하여 고형화처리하거나 이와 비슷한 방법으로 고형화처리하여야 한다.

카) 폐농약의 경우

액체상태의 것은 고온소각하거나 고온용융처리하고, 고체상태의 것은 고온소각 또는 고온용융처리하거나 차단형 매립시설에 매립하여야 한다.

타) 폴리클로리네이티드비페닐 함유폐기물의 경우

고온소각하거나 고온용융처리하여야 한다.

파) 오니의 경우

다음 각 호의 어느 하나에 해당하는 방법으로 처리하여야 한다.

(1) 소각하여야 한다.

(2) 시멘트 · 합성고분자화합물을 이용하여 고형화처리하거나 이와 비슷한 방법으로 고형화처리하여야 한다.

(3) 수분함량 85퍼센트 이하로 하여 안정화처리하여야 한다.

(4) 수분함량 85퍼센트 이하로 하여 지정폐기물을 매립할 수 있는 관리형 매립시설에 매립하여야 한다.

(5) 폐수배출량 2천세제곱미터 이상인 배출업소의 유기성 오니는 바로 매립하여서는 아니되며, 소각하거나 시멘트 · 합성고분자화합물의 이용이나 그 밖에 이와 비슷한 방법으로 고형화처리하거나 생물학적 처리방법으로 처리하여 퇴비로 사용하거나 환경부장관이 정하여 고시하는 용도 및 방법에 따라 처리하여야 한다.

(6) 1일 폐수배출량 700세제곱미터 이상 2천세제곱미터 미만인 배출업소의 유기성 오니도 (5)와 같이 처리하여야 한다.

하) 안정화 · 고형화처리물의 경우

지정폐기물을 매립할 수 있는 관리형 매립시설에 매립하여야 한다.

거) 폐유독물

다음의 어느 하나에 해당하는 방법으로 처리하여야 한다.

(1) 중화 · 가수분해 · 산화 · 환원으로 처리하여야 한다.

(2) 고온소각하거나 고온용융처리하여야 한다.

(3) 고형화처리하여야 한다.

너) 폐오일 필터의 경우

다음 중 어느 하나의 방법으로 처리하여야 한다.

(1) 소각하여야 한다.
(2) 파쇄처리하여 재활용할 경우 고철 · 여과지 · 고무 및 폐윤활유를 각각 분리할 수 있도록 폐오일 필터를 파쇄처리한 후 폐유 · 고철은 별도로 회수 · 선별하여 재활용하고, 여과지 · 고무 등 재활용이 어려운 파쇄물은 소각하거나 매립하여야 한다.
(3) 증류처리하여 재활용할 경우 증류시설에서 폐유와 고철을 분리 · 회수하여 각각 재활용하여야 한다.

5. 지정폐기물 중 의료폐기물의 기준 및 방법

가. 공통사항

1) 의료폐기물(인체조직물과 동물의 사체만을 말한다)은 본인(본인이 의사표시를 할 수 없는 경우에는 그 친권자 또는 후견인을 말한다. 이하 같다)이나 그 동물의 주인이 요구하면 본인이나 그 동물의 주인에게 인도하여 「장사 등에 관한 법률」 제15조에 따른 묘지 등의 설치제한지역이 아닌 곳으로서 같은 법 제12조제1항에 따른 공설묘지 중 시 · 도지사가 인정한 장소에 1미터 이상의 깊이로 파묻거나 같은 법에 따른 화장장에서 소각할 수 있다. 이 경우 의료폐기물을 인도한 자는 이를 상세히 기록하여 3년간 보존하여야 한다.
2) 의료폐기물 중 태반을 재활용하기 위하여 배출자, 폐기물 수집 · 운반업자, 폐기물재활용신고자가 태반을 인계 · 인수하는 경우에는 제5호 다목1)의 규정에도 불구하고 전용용기를 풀어서 수량, 무게(g)를 확인한 후 그 내용을 폐기물 (간이) 인계서에 적어 넣어야 한다.

나. 의료폐기물 전용용기 사용의 경우

1) 의료폐기물 전용용기(이하 "전용용기"라 한다)는 환경부장관이 지정한 기관이나 단체가 환경부장관이 정하여 고시하는 검사기준에 따라 검사한 용기만을 사용하여야 한다.
2) 한번 사용한 전용용기는 다시 사용하여서는 아니 된다.
3) 의료폐기물은 발생한 때(해당 진찰 · 치료 및 시험 · 검사행위가 끝났을 때를 말한다. 이하 같다)부터 전용용기에 넣어 내용물이 새어 나오지 아니하도록 보관하여야 하며, 의료폐기물의 투입이 끝난 전용용기는 밀폐 포장하여야 한다. 다만, 대형 조직물류폐기물과 같이 전용용기에 넣기 어려운 의료폐기물은 내용물이 보이지 아니하도록 개별 포장하여 내용물이 새어 나오지 아니하도록 밀폐 포장하여야 한다.
4) 전용용기는 봉투형 용기 및 상자형 용기로 구분하되, 봉투형 용기의 재질은 합성수지류로 하고 상자형 용기의 재질은 골판지류 또는 합성수지류로 한다.
5) 의료폐기물의 종류별로 사용하는 전용용기는 다음의 구분에 따른다.
   가) 격리의료폐기물, 위해의료폐기물 중 조직물류폐기물(치아는 제외한다) 및 손상성폐기물과 액체상태의 폐기물 : 합성수지류 상자형 용기
   나) 그 밖의 의료폐기물 : 봉투형 용기 또는 골판지류 상자형 용기
6) 5)에도 불구하고 전용용기에는 다른 종류의 의료폐기물을 혼합하여 보관할 수 있다. 다만, 봉투형 용기 또는 골판지류 상자형 용기에는 5)가)에 따라 합성수지류 상자형 용기를 사용하여야 하는 의료폐기물을 혼합하여 보관하여서는 아니 된다.
7) 봉투형 용기에는 그 용량의 75퍼센트 미만으로 의료폐기물을 넣어야 한다.
8) 의료폐기물을 넣은 봉투형 용기를 이동할 때에는 반드시 뚜껑이 있고 견고한 전용 운반구를 사용하여야 하며, 사용한 전용 운반구는 약물로 소독하여야 한다.
9) 봉투형 용기에 담은 의료폐기물의 처리를 위탁하는 경우에는 상자형 용기에 다시 담아 위탁하여야 한다.
10) 골판지류 상자형 용기의 내부에는 봉투형 용기 또는 내부 주머니를 붙이거나 넣어서 사용하여야 한다.
11) 전용용기 및 3) 단서에 따른 포장의 바깥쪽에는 의료폐기물임을 나타내는 다음의 도형 및 취급시 주의사항을 표시하여야 한다.

가) 도형

의료폐기물의 종류	도형 색상
격리의료폐기물	붉은색
위해의료폐기물(재활용하는 태반은 제외한다) 및 일반의료폐기물	노란색
재활용하는 태반	녹색

※ 비고 : 붉은색으로 표시하여야 하는 의료폐기물과 노란색으로 표시하여야 하는 의료폐기물을 6)에 따라 혼합 보관할 때는 붉은색으로 표시하여야 한다.

나) 취급시 주의사항

이 폐기물은 감염의 위험성이 있으므로 주의하여 취급하시기 바랍니다.			
배출자		종류 및 성질과 상태	
사용개시 연월일		수거자	

※ 비고 : 사용개시 연월일은 의료폐기물을 전용용기에 최초로 넣은 날을 적어야 한다. 다만, 9)에 따라 봉투형 용기에 담은 의료폐기물을 상자형 용기에 다시 담아 위탁하는 경우에는 봉투형 용기를 상자형 용기에 최초로 담은 날을 적을 수 있다.

12) 재활용하는 태반은 발생한 때부터 흰색의 투명한 내부 주머니에 1개씩 포장하여 5)가)에 따라 합성수지류 상자형 용기에 넣어 보관하여야 하며, 내부 주머니에는 의료기관명, 중량(g), 발생일 및 담당의사의 이름을 적어야 한다.

다. 보관의 경우

1) 의료폐기물을 위탁처리하는 배출자는 의료폐기물의 종류별로 다음의 구분에 따른 보관기간을 초과하여 보관하여서는 아니 되며, 처리자는 5일을 초과하여 보관하여서는 아니 된다. 다만, 천재지변, 휴업, 시설의 보수, 그 밖의 부득이한 경우로서 시・도지사나 지방환경관서의 장이 인정하는 경우에는 그러하지 아니하다.

가) 격리의료폐기물 : 7일

나) 위해의료폐기물 중 조직물류폐기물(치아는 제외한다), 병리계폐기물, 생물・화학폐기물 및 혈액오염폐기물과 일반의료폐기물 : 15일

다) 위해의료폐기물 중 손상성폐기물 : 30일

라) 위해의료폐기물 중 조직물류폐기물(치아만 해당한다) : 60일

마) 나목 6)에 따라 혼합 보관된 의료폐기물 : 혼합 보관된 각각의 의료폐기물의 보관기간 중 가장 짧은 기간

2) 의료폐기물의 종류별 보관시설은 다음 각 호의 구분에 따른다.

가) 격리의료폐기물 중 성질과 상태가 조직물류폐기물과 같은 폐기물과 위해의료폐기물 중 조직물류폐

기물은 전용의 냉장시설에서 섭씨 4도 이하로 보관하여야 한다. 다만, 치아 및 방부제에 담근 폐기물은 그러하지 아니하다.

나) 그 밖의 의료폐기물은 밀폐된 전용의 보관창고에 보관하여야 한다. 다만, 별표 3 제1호 중 의원, 제2호 중 보건지소, 제3호부터 제7호, 제9호부터 제14호까지의 기관은 밀폐된 전용의 보관창고가 아닌 별도의 보관장소에 보관할 수 있다.

3) 의료폐기물 보관시설의 세부 기준은 다음과 같다.

가) 보관창고의 바닥과 안벽은 타일 · 콘크리트 등 물에 견디는 성질의 자재로 세척이 쉽게 설치하여야 하며, 항상 청결을 유지할 수 있도록 하여야 한다.

나) 보관창고에는 소독약품 및 장비와 이를 보관할 수 있는 시설을 갖추어야 하고, 냉장시설에는 내부 온도를 측정할 수 있는 온도계를 붙여야 한다.

다) 냉장시설은 섭씨 4도 이하의 설비를 갖추어야 하며, 보관 중에는 냉장설비를 항상 가동하여야 한다.

라) 보관창고, 보관장소 및 냉장시설은 주 1회 이상 약물소독의 방법으로 소독하여야 한다.

마) 보관창고와 냉장시설은 의료폐기물이 밖에서 보이지 않는 구조로 되어 있어야 하며, 외부인의 출입을 제한하여야 한다.

바) 보관창고, 보관장소 및 냉장시설에는 보관 중인 의료폐기물의 종류 · 양 및 보관기간 등을 확인할 수 있는 다음의 표지판을 설치하여야 한다.

(배출자용)

<table>
<tr><td rowspan="6"></td><td colspan="2">의료폐기물 보관표지</td></tr>
<tr><td>① 폐기물 종류 :</td><td>② 총보관량 : 킬로그램</td></tr>
<tr><td>③ 보관기간 :</td><td>④ 관리책임자 :</td></tr>
<tr><td colspan="2">⑤ 취급시 주의사항
• 보관시 :
• 운반시 :</td></tr>
<tr><td colspan="2">⑥ 운반장소:</td></tr>
</table>

(처리업자용)

<table>
<tr><td rowspan="8"></td><td colspan="3">의료폐기물 보관표지</td></tr>
<tr><td>① 폐기물종류 :</td><td colspan="2">② 총보관량 : 킬로그램</td></tr>
<tr><td>③ 보관기간 :</td><td colspan="2">④ 관리책임자:</td></tr>
<tr><td colspan="3">⑤ 업소별 수탁량</td></tr>
<tr><td>업소명</td><td>수탁일자</td><td>수탁량</td></tr>
<tr><td></td><td></td><td></td></tr>
<tr><td></td><td></td><td></td></tr>
<tr><td></td><td></td><td></td></tr>
</table>

(설치요령)

- 보관창고와 냉장시설의 출입구 또는 출입문에 각각 붙여야 한다.
- 표지판의 규격 : 가로 60센티미터 이상 × 세로 40센티미터 이상(냉장시설에 보관하는 경우에는 가로 30센티미터 이상 × 세로 20센티미터 이상)
- 표지의 색깔 : 흰색 바탕에 녹색 선과 녹색 글자

라. 수집 · 운반의 경우

1) 의료폐기물은 전용용기에 넣어 밀폐포장된 상태로 의료폐기물 전용의 운반차량으로 수집 · 운반하여야 한다. 다만, 「도서개발촉진법」 제2조에 따른 도서 중 방파제나 다리 등으로 육지와 연결되지 아니하여 의료폐기물 수집 · 운반차량으로 수집 · 운반이 곤란한 도서지역(이하 "도서지역"이라 한다)의 경우 발생한 의료폐기물은 전용용기에 담아 다시 밀폐된 냉장용기에 담은 후 선박 등을 이용하여 수집 · 운반할 수 있다. 이 경우 운반용 냉장용기는 의료폐기물 수집 · 운반차량의 적재함 관리기준에 따라 관리하여야 한다.

2) 의료폐기물의 수집 · 운반차량은 섭씨 4도 이하의 냉장설비가 설치되고, 운반중에는 항상 냉장설비가 가동되어야 한다.

3) 의료폐기물은 흩날림 · 유출 및 악취의 새어 나옴을 방지할 수 있는 밀폐된 적재함이 설치된 차량으로 운반하여야 한다.

4) 적재함의 내부는 물에 견디는 성질의 자재로서 소독을 쉽게 할 수 있는 구조로 되어 있어야 하며, 그 안에는 온도계를 붙이고 소독에 필요한 약품 및 장비와 이를 보관할 수 있는 설비를 갖추어야 한다.

5) 적재함은 사용할 때마다 「전염병예방법 시행규칙」 별표 3에 따른 약물소독(이하 "약물소독"이라 한다)의 방법으로 소독하여야 한다.

6) 의료폐기물의 수집 · 운반차량의 차체는 흰색으로 색칠하여야 한다.

7) 의료폐기물의 수집 · 운반차량의 적재함의 양쪽 옆면에는 의료폐기물의 도형, 업소명 및 전화번호를, 뒷면에는 의료폐기물의 도형을 붙이거나 표기하되, 그 크기는 가로 100센티미터 이상, 세로 50센티미터 이상(뒷면의 경우 가로 · 세로 각각 50센티미터 이상)이어야 하며, 글자의 색깔은 녹색으로 하여야 한다.

마. 처리의 경우

1) 의료폐기물배출자가 설치하는 처리시설별 처리능력은 다음과 같다.
   가) 소각시설 : 시간당 처리능력 25킬로그램 이상의 시설
   나) 멸균분쇄시설 : 시간당 처리능력 100킬로그램 이상의 시설

2) 멸균분쇄시설을 설치한 의료폐기물배출자는 멸균 여부의 검사를 위하여 그 검사인력 및 시설 · 장비를 갖추어야 한다.
   가) 검사인력 : 임상병리사나 위생사 중 1명 이상
   나) 시설 · 장비 : 검사실, 멸균 여부를 확인할 수 있는 기구 및 장비

3) 의료폐기물은 의료폐기물을 처리하기 위하여 설치한 소각시설이나 멸균 · 분쇄시설에서 처리하여야 한다. 다만, 도서지역에서 발생한 의료폐기물은 특별자치도 또는 시 · 군 · 구의 조례로 정하는 바에 따라 해당 도서지역 내에 설치된 생활폐기물 소각시설에서 소각처리할 수 있다.

4) 다음의 의료폐기물은 소각하여야 한다.
   가) 격리의료폐기물, 위해의료폐기물 중 조직물류폐기물 및 생물 · 화학폐기물
   나) 보관 및 운반과정에서 혈액, 체액, 분비물, 배설물 등 흘러내릴 수 있는 물질을 포함한 의료폐기물
   다) 폐기물처리업자가 처리하는 의료폐기물

5) 4) 외의 의료폐기물은 소각 또는 멸균 · 분쇄처리하여야 한다.

6) 의료폐기물을 소각시설이나 멸균분쇄시설에 넣기 전에 용기로부터 해체하여서는 아니되며 용기에 담은 상태로 넣어야 한다.

7) 멸균 · 분쇄하는 경우에는 원형이 파쇄되어 재사용할 수 없도록 분쇄하여야 한다.

8) 멸균 · 분쇄 처리시 별표 11 제2호가목2)바)(2)에 따른 검사 결과 잔재물이 멸균되지 아니한 경우에는 다시 처리하여야 한다.

9) 멸균 · 분쇄한 후의 잔재물은 소각하여야 한다.

10) 소각한 후의 잔재물은 매립하여야 한다.

6. 폐기물수집 · 운반증

가. 폐기물을 수집 · 운반하는 자는 다음의 어느 하나에 해당하는 경우 폐기물을 수집 · 운반하는 차량(철도차량

과 선박을 포함한다. 이하 이 호에서 같다)에 다음의 폐기물수집 · 운반증을 붙여야 한다, 다만, 폐기물을 철도차량이나 선박으로 운반하는 경우에는 폐기물수집 · 운반증을 가지고 있어야 한다.

1) 법 제5조에 따른 광역 폐기물처리시설의 설치 · 운영자가 폐기물을 수집 · 운반하는 경우(생활폐기물을 수집 · 운반하는 경우는 제외한다)
2) 법 제17조에 따른 사업장폐기물배출자가 그 사업장에서 발생한 폐기물을 사업장 밖으로 운반하는 경우
3) 법 제18조제5항에 따라 사업장폐기물을 공동으로 수집 · 운반 또는 처리하는 자가 수집 · 운반하는 경우
4) 폐기물처리업자가 폐기물을 수집 · 운반하는 경우
5) 폐기물재활용신고자가 재활용대상폐기물을 수집 · 운반하는 경우
6) 폐기물을 수출하거나 수입하는 자가 컨테이너를 사용하여 그 수출입폐기물을 운반하는 경우
   • 폐기물 수집 · 운반증의 규격 및 적어 넣는 방법
     ※ 비고 : 1. 원의 지름 : 100밀리미터
     2. 바탕색 : 노란색(임시차량의 경우 흰색)

나. 가목에도 불구하고 다음의 어느 하나에 해당하는 경우에는 폐기물을 수집 · 운반하는 차량에 폐기물수집 · 운반증을 붙이지 아니하거나 가지고 있지 아니할 수 있다.

1) 「자원의 절약과 재활용촉진에 관한 법률」 제15조의2에 따른 빈용기보증금이 포함된 제품의 용기를 회수하여 재활용하는 경우
2) 「자원의 절약과 재활용촉진에 관한 법률」 제16조에 따른 재활용의무생산자, 같은 법 제27조에 따른 재활용사업공제조합, 재활용의무생산자 또는 재활용사업공제조합으로부터 회수 및 재활용을 위탁받은 자가 해당 폐기물을 회수하여 재활용하는 경우
3) 다음의 어느 하나에 해당하는 자가 폐전기 · 전자제품을 회수하여 재활용하는 경우
   가) 「전기 · 진자제품 및 자동차의 자원순환에 관한 법률」 제9조에 따른 전기 · 전자제품 제조 · 수입업자 또는 그 자로부터 전기 · 전자제품의 회수 및 재활용을 위탁받은 자
   나) 「전기 · 전자제품 및 자동차의 자원순환에 관한 법률」 제20조에 따른 전기 · 전자제품의 판매업자
   다) 「전기 · 전자제품 및 자동차의 자원순환에 관한 법률」 제21조에 따른 재활용사업공제조합 또는 재활용사업공제조합으로부터 전기 · 전자제품의 회수 및 재활용을 위탁받은 자
4) 법 제46조제4항에 따라 폐기물재활용신고를 한 것으로 보는 자가 해당 폐기물을 수집하여 재활용하는 경우
5) 전주철거 공사용 차량으로 철거된 폐전주를 법 제25조제5항제2호에 따른 폐기물 중간처리업(별표 7 제2호가목4)에 따른 재활용전문의 경우만 해당한다)을 하는 자의 사업장, 법 제46조에 따라 폐기물 재활용 신고를 한 자의 보관시설(제11조제1항제1호에 따른 임시보관시설을 포함한다)까지 운반하는 경우
6) 다음의 폐기물을 재활용하기 위하여 해당 폐기물을 배출하는 자, 법 제25조제5항제2호에 따른 폐기물 중간처리업(별표 7 제2호가목4)에 따른 재활용전문의 경우만 해당한다)을 하는 자 또는 법 제46조에 따라 폐기물재활용신고를 한 자가 운반하는 경우
   가) 벌채 · 산지개간 · 건설공사 등으로 발생한 나무뿌리 · 줄기 · 가지 등의 임목폐기물
   나) 천연상태의 목재를 물리적으로 가공하는 과정에서 이물질에 오염되지 아니한 상태로 발생된 톱밥 · 목피 · 나무조각 등의 폐기물

다. 가목에 해당하는 자는 폐기물의 수집 · 운반이 시작되기 3일 전까지 별지 제68호서식에 따라 시 · 도지사나 지방환경관서의 장에게 폐기물 수집 · 운반증의 발급을 신청하여야 한다. 다만, 가목의 4)나 5)에 해당하는 자의 전용차량에 대하여는 법 제25조제3항에 따른 허가(변경허가를 포함한다)의 신청 또는 법 제46조에 따른 신고를 폐기물수집 · 운반증의 발급신청으로 본다.

라. 다목에 따라 신청을 받은 시 · 도지사나 지방환경관서의 장은 폐기물의 수집 · 운반의 기준에 맞을 경우 폐기물수집 · 운반증을 발급하여야 한다.

마. 폐기물수집 · 운반증은 계속적으로 폐기물을 수집 · 운반하는 차량(이하 "전용차량"이라 한다)과 임시로 폐기물을 수집 · 운반하는 차량(이하 "임시차량"이라 한다)으로 구분하여 발급하되, 그 유효기간은 임시차량의

경우에는 6개월 이내로 한다.

바. 폐기물수집·운반증의 발급대상이 되는 차량은 발급신청인 명의로 등록된 것이어야 한다. 다만, 가목2)에 따른 경우 외의 임시차량(영업용만 해당한다)·철도차량·선박의 경우와 건설폐기물을 대상으로 하는 폐기물 수집·운반업의 공동대표자 각각의 명의로 등록된 차량의 경우에는 그러하지 아니하다.

사. 임시차량은 가목1)·2)·6), 제21조제1항제9호에 따른 경우, 건설폐기물을 대상으로 하는 수집·운반업자, 중간처리업자, 최종처리업자, 종합처리업자 또는 폐기물재활용신고자가 건설폐기물을 수집·운반하는 경우만 해당하고, 건설폐기물의 경우에는 건설폐기물이 일시적으로 다량 발생하여 임시차량의 사용이 불가피하다고 해당 폐기물처리업자의 허가권자 또는 폐기물재활용신고를 관할하는 시·도지사가 인정하는 경우로서 전용차량 대수의 2배수 범위로 한정한다.

(자료 : 폐기물관리법 시행규칙 제14조 관련 [별표 5])

10 폐기물 재활용 및 분리수거와 보관제도

1) 개 요

폐기물의 재활용과 분리수거 및 보관제도는 폐기물의 발생을 억제하고 재활용을 촉진하는 등 자원을 순환적으로 이용함으로써 환경의 보전을 목적으로 하는 환경부 소관 자원의 절약과 재활용 촉진에 관한 법률과 시, 군, 구의 기초단체 조례에 의하여 실시되는 법정 환경보전관리제도이다.

2) 폐기물재활용 및 분리수거와 보관기준

폐기물이 발생되는 곳의 소유자와 점유자 그리고 관리자가 폐기물의 재활용 분리수거 및 보관 등의 기준은 자원의 절약과 재활용 촉진에 관법 시행규칙[별표 3]에 명시하고 있는 기준에 따라 재활용, 분리수거 및 보관을 해야 한다.

폐기물의 재활용 및 분리수거와 보관의 기준은 〈표 6-49〉와 같다.

〈표 6-49〉 폐기물의 재활용 및 분리수거 보관기준

1. 공장(「산업집적활성화 및 공장설립에 관한 법률」 제2조제1호에 따른 공장을 말한다. 이하 같다)

가. 공장에서 발생되는 재활용가능자원을 직접 재활용하거나 재활용하려는 자에게 공급하여 재활용이 촉진될 수 있도록 하여야 한다.

나. 재활용가능자원을 재활용하려는 자에게 공급하기 위하여는 수거기간 및 발생량을 고려하여 환경보전상 지장이 없도록 적정한 분리수집용기 또는 보관시설을 갖추어야 한다.

2. 그 밖의 시설
   가. 소유자, 관리자 또는 점유자(영 제14조의3에 해당하는 건물 또는 토지 전체를 점유한 자만 해당한다)
      1) 시설 규모 및 폐기물의 발생 형태 등을 고려하여 분리수집이 쉬운 위치에 적정 규모의 분리수집장소를 확보하여야 한다.
      2) 재활용가능자원을 분리수집장소에 적정하게 분리·보관하여야 한다.
      3) 분리수집된 재활용가능자원을 직접 재활용하거나 수거기관 또는 재활용하려는 자에게 공급하여 재활용되도록 하여야 한다.
      4) 「폐기물관리법 시행규칙」 제10조제4호에 따른 음식물류 폐기물을 재활용하거나 감량화처리하여야 하는 대상시설의 경우에는 사료·퇴비 등으로 감량화할 수 있는 설비를 설치하거나 효율적으로 재활용하는 방법을 마련하여 자원화하도록 노력하여야 한다.
      5) 판매시설, 관람집회시설 또는 관광휴게시설의 경우에는 상품을 구매하는 소비자나 방문자 등이 재활용가능자원을 분리배출하도록 안내문을 게시하거나 방송을 하는 등의 방법으로 분리수집을 안내·지도하여야 한다.
   나. 점유자
      1) 점유하고 있는 시설에서 배출되는 폐기물 중 종이류, 유리병, 캔류, 플라스틱류 또는 고철류 등 분리수거되는 재활용가능자원을 소유자 또는 관리자가 확보한 분리수집장소로 운반하여 품목별로 분리·보관되도록 배출하여야 한다.
      2) 시설에서 다량 배출되는 종이류는 종류에 따라 복사용지(백상지, 중질지, 아트지 및 크라프트지를 포함한다), 신문용지 또는 판지 등으로 분리수집하여야 한다.
      3) 재활용 대상이 아닌 폐기물을 재활용 대상 폐기물과 혼합하여 배출하여서는 아니 된다.
      4) 시설에서 배출되는 유리병은 무색, 청색(녹색을 포함한다) 또는 갈색의 3색으로 분리배출되도록 노력하여야 한다.

(자료 : 자원의 절약과 재활용 촉진에 관한 법률 시행규칙 [별표 3])

3) 제품·포장재별 재활용의 방법 및 기준

제품별·포장별 재활용의 방법 및 기준은 〈표 6-50〉과 같다.

〈표 6-50〉 재료별·포장별 재활용의 방법 및 기준

1. 종이팩 : 다음 각 목의 어느 하나에 해당하는 방법으로 재활용할 것
   가. 화장지, 완충재, 상자 등의 종이제품 제조
   나. 재생종이 또는 재생판지의 제조
   다. 재활용을 목적으로 한 수출
2. 유리병 : 다음 각 목의 어느 하나에 해당하는 방법으로 재활용할 것
   가. 폐유리병을 세척하여 재사용
   나. 폐유리병을 사용한 토목·건축자재 또는 유리제품의 제조
   다. 폐유리병을 사용한 유리분말 등 재생원료 제조
   라. 재활용을 목적으로 한 수출
3. 금속캔 : 폐금속캔을 압축하거나 파쇄하여 금속원료를 제조하거나 재활용을 목적으로 수출할 것
4. 폴리에틸렌테레프탈레이트(PET)병 : 다음 각 목의 어느 하나에 해당하는 방법으로 재활용하되, 폐폴리에틸렌

테레프탈레이트를 수출하는 양이 총 재활용량의 20퍼센트 이하일 것
가. 폐폴리에틸렌테레프탈레이트를 사용한 재생원료 제조(다만, 플러프, 플레이크는 세척한 것만 해당한다)
나. 폐폴리에틸렌테레프탈레이트를 사용한 성형제품 제조
다. 재활용을 목적으로 한 수출
5. 발포폴리스티렌(EPS) : 다음 각 목의 어느 하나에 해당하는 방법으로 재활용할 것
가. 폐발포폴리스티렌을 사용한 재생원료 제조
나. 폐발포폴리스티렌을 사용한 성형제품 제조
다. 폐발포폴리스티렌을 사용한 내화제품 또는 섬유코팅제품 제조
라. 재활용을 목적으로 한 수출
6. 합성수지재질 포장재(제4호 및 제5호는 제외한다) : 다음 각 목의 어느 하나에 해당하는 방법으로 재활용하되, 라목 및 마목의 방법으로 재활용하는 양의 합계가 총 재활용량의 70퍼센트 이하일 것
가. 폐플라스틱을 사용한 재생원료 제조(다만, 플러프, 플레이크는 세척한 것만 해당한다)
나. 폐플라스틱을 사용한 성형제품 제조
다. 유류 제조(「폐기물관리법 시행규칙」 별표 5 제4호에 따른 폐유를 정제연료유로 재활용하는 경우의 기준에 적합한 것이어야 한다)
라. 폐플라스틱을 사용한 고형연료제품 제조(법 제25조의2와 이 규칙 제20조의3제2항 및 별표 7에 따라 적합하게 제조한 것만 해당한다)
마. 「폐기물관리법 시행규칙」 제3조에 따른 에너지 회수기준에 적합하게 재활용
바. 재활용을 목적으로 한 수출
사. 용광로 환원제, 코크스로 가스화원료, 가스(수소 및 일산화탄소를 주성분으로 하는 가스를 얻기 위한 시설에서 얻어진 것으로 한정한다) 제조
7. 전지류 : 전지의 화학반응을 위하여 사용된 금속물질을 회수하고 안전하게 처리할 것
8. 타이어 : 다음 각 목의 어느 하나에 해당하는 방법으로 재활용하되, 바목의 방법으로 재활용하는 양이 총재활용량의 70퍼센트 이하일 것
가. 폐타이어 단순가공제품 제조
나. 폐타이어를 사용한 재생원료(고무분말 등) 제조
다. 폐타이어를 사용한 유류(「폐기물관리법 시행규칙」 별표 5 제4호에 따른 폐유를 정제연료유로 재활용하는 경우의 기준에 적합한 것이어야 한다)제조
라. 폐타이어를 사용한 메탄올 제조
마. 「폐기물관리법 시행규칙」 제3조에 따른 에너지 회수기준에 적합하게 재활용
바. 시멘트 제조시설의 소성로에서 처리하거나 폐타이어 고형연료제품으로 재활용
사. 폐타이어를 매립장의 차수재(遮水材)로 이용
아. 재활용을 목적으로 한 수출
9. 윤활유 : 「폐기물관리법 시행규칙」 별표 5 제4호에 따른 폐유를 정제연료유로 재활용하는 경우의 기준에 적합한 유류를 제조할 것
10. 전자제품 : 다음 각목의 1에 해당하는 방법으로 재활용할 것
가. 해체 · 압축 · 파쇄 · 절단 등의 중간처리과정을 거쳐 재사용가능부품을 재사용하거나 소재별로 분류하여 재활용하되, 재사용 · 재활용하는 비율이 대당 중량기준으로 텔레비전(PDP 및 LCD 텔레비전을 제외한다). 개인용컴퓨터는 2005년말까지는 55퍼센트 이상, 그 이후에는 65퍼센트 이상, 냉장고 · 오디오 · 이동전화단말기는 2005년까지는 60퍼센트 이상, 그 이후에는 70퍼센트 이상, 세탁기 · 에어컨디셔너는 2005년 말까지는 70퍼센트 이상, 그 이후에는 80퍼센트 이상, 프린터 · 복사기 · 팩시밀리는 2008년까지는 65퍼센트 이상, 그 이후에는 75퍼센트 이상이어야 한다. 다만, 냉장고는 염화불화탄소 등 냉매물질(오존층파괴지수가 0인 물질은 제외한다)을 안전하게 따로 회수하고, 개인용컴퓨터, 이동전화단말기는 인쇄회로기판(PCBs)의 유가금속을 회수하는 등 안전하게 재활용하여야 하며, 이동전화단말기 등의 전지는

제7호의 전지류의 재활용의 방법 및 기준에 의한다.
나. 재활용을 목적으로 한 수출(「폐기물의 국가간 이동 및 그 처리에 관한 법률」에 의하여 수출하는 경우에 한한다)
11. 형광등 : 형광등의 유리는 유리분말 등 유리제품 원료를 제조하거나 유리제품의 원료로 사용하는 방법으로 재활용하고, 형광등에 들어 있는 수은은 금속수은이나 수은화합물 형태로 회수할 것
12. 그 밖에 환경부장관이 재활용 촉진을 위하여 필요하다고 인정하여 고시하는 재활용의 방법 및 기준에 적합하게 재활용할 것

(자료 : 자원의 절약과 재활용 촉진에 관한 법률, 시행규칙 [별표 4])

11 청소 · 소독 · 방제 등의 환경위생보전관리제도

1) 개 요

청소, 소독 및 방역 등의 환경위생보전관리제도는 환경부 소관 공중위생법, 전염병 예방법 등에 의하여 실시되는 법정 환경위생보전관리제도이다.

2) 청소 · 소독 · 질병매개곤충 · 쥐 등 방제 조치방법

청소 · 소독 · 질병매개곤충 등의 방제 조치방법은 〈표 6-51〉과 같다.

〈표 6-51〉 청소 · 소독 · 질병매개곤충 등의 조치방법

1. 청소
오물 또는 오염되었거나 오염되었으리라고 생각되는 물건을 수집하여 「폐기물관리법」의 규정에 의하여 위생적인 방법으로 안전하게 처리하여야 한다.
2. 소독
가. 소각
오염되었거나, 오염되었으리라고 의심되는 소독대상 물건 중 소각하여야 할 물건을 불에 완전히 태워야 한다.
나. 증기소독
유통증기를 사용하여 소독기안의 공기를 배제하고 1시간 이상 섭씨 100도 이상의 습열소독을 실시하여야 한다. 다만, 증기소독할 경우 오손의 우려가 있는 물건은 다른 방법으로 소독을 실시하여야 한다.
다. 끓는 물소독
소독할 물건을 30분 이상 섭씨 100도 이상의 물속에 넣어 살균하여야 한다.
라. 약물소독
다음의 약품을 소독대상물건에 뿌려야 한다.
(1) 석탄산수(석탄산 3% 수용액)
(2) 크레졸수(크레졸액 3% 수용액)

(3) 승홍수(승홍 0.1%, 식염수 0.1%, 물 99.8% 혼합액)
(4) 생석회(대한약전 규격품)
(5) 크롤칼키수(크롤칼키 5% 수용액)
(6) 포르마린(대한약전 규격품)
(7) 그 밖의 소독약을 사용하고자 할 때에는 석탄산 3% 수용액에 해당하는 소독력이 있는 약제를 사용하여야 한다.

마. 일광소독

의류・침구・용구・도서・서류 그 밖의 물건으로서 가목 내지 라목에 따른 소독방법을 실시할 수 없는 경우에는 일광소독을 하여야 한다.

3. 질병매개곤충 방제

가. 물리・환경적 방법
(1) 서식장소를 완전히 제거하여 질병매개곤충이 서식하지 못하게 한다.
(2) 질병매개곤충의 발생이나 유입을 막기 위한 시설을 설치하여야 한다.
(3) 질병매개곤충의 종류에 따른 적절한 트랩을 사용하여 밀도를 낮추어야 한다.

나. 화학적 방법
(1) 질병매개곤충에 맞는 곤충 성장 억제제 또는 살충제를 사용하여 유충과 성충을 제거하여야 한다.
(2) 잔류성 살충제를 사용하여 추가적인 유입을 막아야 한다.
(3) 살충제 처리가 된 창문스크린이나 모기장을 사용하여야 하다.

다. 생물학적 방법
(1) 모기방제를 위하여 유충을 포식하는 천적(미꾸라지, 송사리, 잠자리 유충 등)을 이용한다.
(2) 모기유충 서식처에 미생물 살충제를 사용한다.

4. 쥐의 방제

가. 위생적 처리
(1) 음식 찌꺼기통이나 쓰레기통의 용기는 밀폐 또는 뚜껑을 덮어 먹이제공을 방지하여야 한다.
(2) 쓰레기 더미, 퇴비장, 풀이 우거진 담장 등에 쥐의 은신처를 사전에 제거함으로써 서식처를 제거한다.

나. 건물의 출입문, 환기통, 배관, 외벽, 외벽과 창문 및 전선 등을 통하여 쥐가 침입하는 것을 방지하기 위한 방서처리를 하여야 한다.

다. 살서제를 적당량 사용하여 쥐를 방제한다.

(자료 : 전염병예방법 시행규칙, 제19조제2항 및 제20조의 6관련 [별표 3])

3) 소독대상 시설의 종류 및 소독횟수

소독을 실시해야 할 시설의 종류와 횟수는 〈표 6-52〉와 같다.

〈표 6-52〉 소독대상 시설의 종류 및 소독횟수

소독을 실시하여야 하는 시설의 종류	소독횟수	
	4월부터 9월까지	10월부터 3월까지
1. 호텔 및 여관(객실수 20실 이상), 관광진흥법에 의한 관광숙박업소 2. 식품접객업소(연면적 300제곱미터 이상) 3. 고속버스, 시내버스, 시외버스, 전세버스, 장의자동차, 항공법에 의한 항공기, 해운법에 의한 여객선 및 대합실(연면적 300제곱미터 이상의 대합실에 한한다. 이하 이 표에서 같다)과 철도법에 의한 여객운송차량 및 여객대합실 4. 유통산업발전법에 의한 시장・대형점・백화점・쇼핑센터 및 도매센터 5. 종합병원・병원・치과병원 및 한방병원	1회 이상/1월	1회 이상/2월
6. 1회 100인 이상에게 계속적으로 식사를 공급하는 집단급식소 7. 50인 이상을 수용할 수 있는 기숙사 및 합숙소 8. 공연장(300석 이상) 8의2. 「초・중등교육법」 제2조 및 「고등교육법」 제2조의 규정에 의한 학교 9. 「학원의 설립・운영 및 과외교습에 관한 법률」에 의한 학원(연면적 1천제곱미터 이상) 10. 연면적 2천제곱미터 이상의 사무실용 건축물 및 복합용도의 건축물 11. 「영・유아보육법」에 의한 영・유아 보육시설 및 「유아교육법」에 의한 유치원(50인 이상을 수용하는 영・유아 보육시설 및 유치원의 경우에 한한다)	1회 이상/2월	1회 이상/3월
12. 공동주택(300세대 이상)	1회 이상/3월	1회 이상/6월

(자료 : 전염병예방법, 시행규칙 제20조 관련 [별표 4])

4) 소독업의 인력, 시설 및 장비기준

전염병예방법에 의하여 법정 소독업을 영위하는 소독업자의 인력, 시설 및 장비기준은 〈표 6-53〉과 같다.

〈표 6-53〉 소독업의 인력, 시설 및 장비기준

1. 인력 : 대표자 외 소독업무종사자 1인 이상
2. 시설 : 사무실 및 사무실과 구획된 창고
3. 장비
   가. 차량용 또는 손수레용 초미립자살충제살포기 1대 이상
   나. 휴대용 연막소독기 2대 이상
   다. 동력분무기 1대 이상
   라. 수동식분무기 5대 이상
   마. 삭제 〈2006.1.17〉
   바. 방독면 및 보호용 안경 각각 5개 이상
   사. 보호용 의복(상·하) 5벌 이상
   아. 진공청소기 등 청소 및 소독에 필요한 기계·기구

(자료 : 전염병예방법, 시행규칙 제20조의 3 관련 [별표 5])

5) 공중위생업자 준수위생관리기준

전염병예방법 시행규칙 제7조 관련 공중위생업자가 준수해야 할 위생관리기준은 〈표 6-54〉와 같다.

〈표 6-54〉 공중위생업자 준수위생관리기준

1. 숙박업자
   가. 객실·침구 등의 청결
      1) 객실·접객대·로비시설·복도·계단·욕실·샤워시설·세면시설 및 화장실 등에는 해충이 발생하지 아니하도록 매월 1회 이상 소독을 하여야 한다. 다만, 전염병예방법령이 정하는 바에 따라 소독을 하여야 하는 업소의 경우에는 관계법령이 정하는 바에 의한다.
      2) 요·이불·베개 등 침구의 포와 수건은 숙박자 1인이 사용할 때마다 세탁하여야 하며, 수시로 일광 그 밖의 방법에 따라 건조시켜야 한다.
      3) 객실의 먹는물은 끓인 물이거나 먹는물관리법령에 의한 먹는물의 수질기준에 적합한 물이어야 하고, 깨끗한 용기에 담아 비치하여야 한다.
   나. 욕실 등의 위생관리
      욕수는 별표 2의 Ⅰ. 수질기준 중 제2호의 규정에 의한 기준에 적합하여야 한다.
   다. 환기 및 조명
      1) 환기용 창 등은 수시로 개방하여 환기가 충분히 될 수 있도록 하여야 한다.
      2) 기계환기설비는 항상 가동될 수 있도록 하고, 수시로 가동시켜 환기가 충분히 될 수 있도록 하여야 한다.
      3) 객실·접객대 및 로비시설의 조명도는 75룩스(Lux) 이상이 되도록 유지하여야 하며, 복도·계단·욕실·샤워시설·세면시설 및 화장실의 조명도는 20룩스(복도 및 계단의 경우 심야에서 10룩스) 이상이 되도록 유지하여야 한다.
   라. 그 밖의 준수사항
      숙박영업자는 업소내에 숙박업신고증을, 접객대에 숙박요금표를 각각 게시하여야 한다.

2. 목욕장업자

가. 목욕실 등의 청결

1) 목욕실은 해충이 발생되지 아니하도록 매월 1회 이상 소독을 하여야 한다.

2) 탈의실 · 옷장 · 목욕실 · 발한실 · 물통 · 깔판 · 휴게실 · 휴식실 · 현관 및 화장실 등은 매일 1회 이상, 배수시설 및 오수조는 수시로 청소하여야 한다.

3) 수건 · 가운 및 대여복을 손님에게 제공할 때에는 반드시 세탁한 것을 제공하여야 한다.

4) 이용기구 또는 미용기구를 비치할 경우에는 소독을 한 기구와 소독을 하지 아니한 기구를 각각 다른 용기에 넣어 보관하여야 한다.

5) 부대설비로 좌욕기 및 훈증기 등을 설치하는 경우에는 손님 1인이 사용할 때마다 반드시 소독하여야 한다.

6) 욕수는 별표 2의 Ⅰ. 욕수의 수질기준 중 제2호의 규정에 의한 기준에 적합하도록 유지하여야 하며 매년 1회 이상 수질검사를 하여야 한다.

나. 발한실 등의 안전관리

발한실 안에는 온도계를 비치하고, 발한실 안과 밖에 이용시 주의사항 등에 관한 내용이 포함된 게시문을 붙여야 한다.

다. 조명 및 환기

1) 발한실 · 휴게실 · 탈의실 · 접객대 · 복도 · 계단 · 현관 및 화장실 그 밖에 입욕자가 직접 이용하는 장소의 조명도는 75룩스 이상이 유지되도록 하여야 한다.

2) 휴식실 · 목욕실 및 세면시설의 조명도는 40룩스 이상이 유지되도록 하여야 한다.

3) 목욕실 · 편의시설 · 휴게실 및 휴식실 등에는 실내공기를 정화할 수 있는 용량에 맞는 환풍시설 및 정화시설을 설치하거나 환기용 창을 설치하여야 한다.

라. 그 밖의 준수사항

1) 다음에 해당되는 자를 출입시켜서는 아니된다.

가) 전염성질환자로 인정되는 자(온천수 또는 해수를 사용하는 목욕장으로서 환자의 요양을 위한 입욕시설에서 입욕하는 경우를 제외한다)

나) 다른 사람의 목욕에 방해가 될 우려가 있다고 인정되는 정신질환자

다) 음주 등으로 목욕장의 정상적인 이용이 곤란하다고 인정되는 자

2) 목욕실 및 탈의실은 만 5세 이상의 남녀를 함께 입장시켜서는 아니된다.

3) 목욕실 · 탈의실 및 발한실에 종사하는 자는 남자목욕장의 경우에는 남자, 여자목욕장의 경우에는 여자에 한하여 종사하도록 하여야 한다.

4) 목욕실 · 탈의실 및 발한실에 이성의 입욕보조행위를 하는 자를 두어서는 아니된다.

5) 영업소 안에 목욕업신고증, 접객대에 목욕요금표를 게시하여야 한다.

6) 발한실 입구에 아래 해당자에 대한 입욕 주의문을 붙여 게시하여야 한다.

가) 감기에 걸렸거나 만 5세 미만 또는 전신 쇠약 증세 어린이

나) 수축기 혈압이 180mmHg 이상인 자

다) 백내장이 우려되거나 안면홍조증 환자인 자

라) 노약자 · 임산부 · 고열환자 및 중증심장병 환자

마) 술을 마신 후 2시간 이내의 자

바) 출혈을 많이 한 자

7) 법 제2조제1항제3호 나목의 규정에 의한 서비스를 제공하는 목욕장업의 영업자가 남녀공용 발한실을 운영하고자 하는 경우에는 발한복을 착용한 뒤 출입하거나 이용할 수 있게 하여야 한다.

8) 숙박에 이용되는 침구류 등을 비치하여서는 아니된다. 다만, 이용자의 일시적 수면이나 휴식을 위한 대형타월 및 베개 등은 비치할 수 있다.

9) 목욕장 안의 먹는물은 정수기를 사용한 물이거나 「먹는물관리법」에 의한 먹는물의 수질기준에 적합한

물이어야 한다.

10) 법 제2조제1항제3호 나목의 규정에 의한 서비스를 제공하는 목욕장업으로서 24시간 영업을 하는 영업소의 경우에는 22 : 00 이후부터 05 : 00까지 「청소년보호법」에 의한 청소년의 출입을 제한하여야 한다. 다만, 보호자가 동행하는 경우에는 그러하지 아니하다.

11) 영업소의 표시는 신고된 명칭(상호) 및 영업의 종류를 표시하여야 하며 다른 업종으로 오인될 우려가 있는 표시를 하여서는 아니된다.

12) 영업소 안에 별지 제12호서식의 출입 · 검사 등의 기록부를 비치하여야 한다.

3. 이용업자
   가. 이용기구중 소독을 한 기구와 소독을 하지 아니한 기구는 각각 다른 용기에 넣어 보관하여야 한다.
   나. 1회용 면도날은 손님 1인에 한하여 사용하여야 한다.
   다. 업소내에 이용업신고증, 개설자의 면허증원본 및 이용요금표를 게시하여야 한다.
   라. 영업장안의 조명도는 75룩스 이상이 되도록 유지하여야 한다.
4. 미용업자
   가. 점빼기 · 귓볼뚫기 · 쌍꺼풀수술 · 문신 · 박피술 그 밖에 이와 유사한 의료행위를 하여서는 아니된다.
   나. 피부미용을 위하여 약사법 규정에 의한 의약품 또는 의료용구를 사용하여서는 아니된다.
   다. 미용기구 중 소독을 한 기구와 소독을 하지 아니한 기구는 각각 다른 용기에 넣어 보관하여야 한다.
   라. 1회용 면도날은 손님 1인에 한하여 사용하여야 한다.
   마. 업소내에 미용업신고증, 개설자의 면허증원본 및 미용요금표를 게시하여야 한다.
   바. 영업장안의 조명도는 75룩스 이상이 되도록 유지하여야 한다.
5. 세탁업자
   가. 드라이크리닝용 세탁기는 유기용제의 누출이 없도록 항상 점검하여야 하고, 사용중에 누출되지 아니하도록 하여야 한다.
   나. 세탁물에는 세탁물의 처리에 사용된 세제 · 유기용제 또는 얼룩제거 약제가 남지 아니하도록 하여야 한다.
   다. 세탁업자는 업소에 보관중인 세탁물에 좀이나 곰팡이 등이 생성되지 않도록 위생적으로 관리하여야 한다.
6. 위생관리용역업자
   가. 유기용제를 사용하여 얼룩제거 작업 등을 하는 경우에는 창문을 열고 작업하는 등 증발된 가스를 흡입하지 아니하도록 하고, 화재가 발생하지 아니하도록 주의하여야 한다.
   나. 종사자에 대하여 사용장비 및 약제의 취급상의 주의사항과 취급요령을 교육하고 안전사고를 예방하도록 하여야 한다.
7. 공중위생영업자는 별지 제12호서식의 출입 · 검사 등의 기록부를 영업소안에 비치하여야 한다. 다만, 위생관리용역업은 제외한다.

(자료 : 공중위생관리법, 시행규칙 제7조 관련 [별표 4])

6) 전염병별 청소 · 소독의 대상

전염병별 청소 · 소독의 대상은 〈표 6-55〉와 같다.

〈표 6-55〉 전염병별 청소 · 소독의 대상

1. 콜레라, 장티푸스, 파라티푸스, 세균성이질의 경우에 있어서의 청소 · 소독의 대상은 다음과 같다. 가. 분뇨, 토사물 및 이의 처치에 사용한 기구 · 천 · 종이 등 나. 시체 다. 전염병환자 또는 시체에 사용한 의류, 침구, 운반기구 등 라. 간호인 또는 전염병환자와 접촉한 자 및 이들이 사용한 의류, 침구 등 마. 전염병환자가 사용한 식기, 전염병환자의 음식물찌꺼기, 기구, 서적 등 바. 병실의 깔기 등 사. 우물, 주방, 주방기구, 물통 등 아. 변소, 수세변기구, 쓰레기통, 하수구 등 불결한 장소 자. 옥내 및 옥외에 대한 청소 차. 고인 물이나 습기가 찬 장소에 대한 매몰 또는 배수 카. 충분한 실내의 채광 및 환기 2. 성홍열, 디프테리아, 수막구균성수막염의 경우에 있어서의 청결 · 소독의 대상은 다음과 같다. 가. 콧물, 가래침, 고름, 부스럼딱지 및 이의 처치에 사용한 기구, 천, 종이 등 나. 시체 다. 전염병환자 또는 시체에 사용한 의류, 침구, 운반기구 등 라. 간호인 또는 전염병환자와 접촉한 자 및 이들이 사용한 의류, 침구 등 마. 전염병환자가 사용한 식기, 전염병환자의 음식물찌꺼기, 기구, 서적 등 바. 병실의 깔기, 기구, 벽 등 사. 옥내 및 옥외에 대한 청소 아. 고인 물이나 습기가 찬 장소에 대한 매몰 또는 배수 자. 충분한 실내의 채광 및 환기 3. 발진티푸스의 경우에 있어서의 청결 · 소독의 대상은 다음과 같다. 가. 콧물, 가래침 및 이의 처치에 사용한 기구, 천, 종이 등 나. 시체 다. 전염병환자 또는 시체에 사용한 의류, 침구, 운반기구 등 라. 간호인 또는 전염병환자와 접촉한 자 및 이들이 사용한 의류, 침구 등 마. 병실의 깔기 등 바. 이의 서식이 용이한 물건 사. 옥내 및 옥외에 대한 청소 아. 고인 물이나 습기가 찬 장소에 대한 매몰 또는 배수 자. 충분한 실내의 채광 및 환기 4. 페스트의 경우에 있어서의 청결 · 소독의 대상은 다음과 같다. 가. 혈액, 콧물, 가래침, 고름 및 이의 처치에 사용한 기구, 천, 종이 등 나. 시체 다. 전염병환자 또는 시체에 사용한 의류, 침구, 운반기구 등 라. 간호인 또는 전염병환자와 접촉한 자 및 이들이 사용한 의류, 침구 등 마. 전염병환자가 사용한 식기, 기구, 서적 등 바. 병실의 깔기, 기구, 벽 등 사. 서족이 서식하거나 통행하는 장소 아. 이의 서식이 용이한 물건 또는 장소 자. 옥내 및 옥외에 대한 청소

차. 고인 물이나 습기가 찬 장소에 대한 매몰 또는 배수
카. 충분한 실내의 채광 및 환기
5. 일본뇌염인 경우에 있어서의 청소, 소독의 대상은 다음과 같다.
가. 하수구, 고인 물, 잡초 등
나. 기타 모기의 발생 및 서식이 용이한 장소
다. 옥내 및 옥외에 대한 청소
라. 고인 물이나 습기가 찬 장소에 대한 매몰 또는 배수
마. 충분한 실내의 채광 및 환기

(자료 : 전염병예방법, 시행규칙 제19조제1항 관련 [별표 2])

7) 건물위생환경보전 종합법정검사주기

건물위생환경보전 종합법정검사주기는 〈표 6-56〉과 같다.

〈표 6-56〉 건물위생환경보전 종합법정검사주기

구 분	법정주기		관련법규
	법정	임의	
금연빌딩지정	의무		국민건강증진법
오염도 측정	연2회	연2회	공중위생관리법
실내온 · 습도 측정	–	수시	시설관리 서비스 KS S-1004
소독관리	1회/2월	1회/월	전염병예방법시행령
음용수 수질검사	연1회	연2회	먹는물수질기준 및 검사 등에 관한 규칙
물탱크 청소	연2회	연2회	수도법 시행규칙
냉각수관리	하절기	하절기	전염병예방법
정화조 Sludge처리	연1회년	연1회	가축분뇨의 관리 및 이용에 관한 법

12 먹는물 수질관리제도

1) 개 요

먹는물(수돗물)의 수질과 위생을 적정하고 합리적으로 관리하여 국민건강을 위해요소를 방지하고 생활환경을 개선하고자 하는 먹는물관리법과 환경부령 등에 의하여 법정환경위생관리제도이다.

2) 먹는물 수질기준

먹는물(수돗물)의 수질기준은 〈표 6-57〉과 같다.

〈표 6-57〉 먹는물(수돗물) 수질기준

구 분	수 질 항 목		기준 (51항목)	비고 (원수 : 47항목)
미생물 (8)	일반세균(Total Colony Counts)	저온일반세균(21℃)	100CFU/mL	20
		중온일반세균(35℃)	20CFU/mL	5
	총대장균군(Total Coliforms)		ND/250mL	ND/250mL
	분원성연쇄상구균(Fecal Streptococci)		ND/250mL	ND/250mL
	녹농균(Pseudomonas aeruginosa)		ND/250mL	ND/250mL
	아황산환원혐기성포자형성균(Spore-forming Sulfite-reducing anaerobes)		ND/50mL	ND/50mL
	살모넬라(Salmonella)		ND/250mL	ND/250mL
	쉬겔라(Shigella)		ND/250mL	ND/250mL
유해영향 무기물질 (11)	납(Pb : Lead)		0.05mg/L	0.05mg/L
	불소(F : Fluoride)		2.0mg/L	2.0mg/L
	비소(As : Arsenic)		0.05mg/L	0.05mg/L
	세레늄(Se : Selenium)		0.01mg/L	0.01mg/L
	수은(Hg : Mercury)		0.001mg/L	0.001mg/L
	시안(CN : Cyanide)		0.01mg/L	0.01mg/L
	6가크롬(Cr^{+6} : Hexachromium)		0.05mg/L	0.05mg/L
	암모니아성 질소(NH_3-N : Ammonium Nitrogen)		0.5mg/L	0.5mg/L
	질산성 질소(NO_3-N : Nitrate Nitrogen		10mg/L	10mg/L
	카드뮴(Cd : Cadmium)		0.005mg/L	0.005mg/L
	보론(붕소, B : Boron)		0.3mg/L	0.3mg/L
유해영향 유기물질 (16) / 휘발성 유기물질 (11)	페놀(Phenol)		0.005mg/L	0.005mg/L
	1.1.1-트리클로로 에탄(1.1.1-Trichloroethane)		0.1mg/L	0.1mg/L
	테트라클로로에틸렌(PEC : Tetrachloroethylene)		0.01mg/L	0.01mg/L
	트리클로로에틸렌(TCE : Trichloroethylene)		0.03mg/L	0.03mg/L
	디클로로 메탄(Dichloromethane)		0.02mg/L	0.02mg/L
	벤젠(Benzene)		0.01mg/L	0.01mg/L
	톨루엔(Toluene)		0.7mg/L	0.7mg/L
	에틸벤젠(Ethylbenzene)		0.3mg/L	0.3mg/L
	크실렌(Xylene)		0.5mg/L	0.5mg/L
	1.1 디크로로 에틸렌(1.1 Dichloroethylene)		0.03mg/L	0.03mg/L

구 분		수 질 항 목	기준 (51항목)	비고 (원수 : 47항목)
		사염화탄소(Tetrachlorocarbon)	0.002mg/L	0.002mg/L
	농약 (5)	다이아지논(Diazinon)	0.02mg/L	0.02mg/L
		파라티온(Parathion)	0.06mg/L	0.06mg/L
		페니트로티온(Fenitrothion)	0.04mg/L	0.04mg/L
		카바릴(Carbaryl)	0.07mg/L	0.07mg/L
		1,2-디브로모-3-클로로프로판 (1,2-Dibromo-3-Chloropropan)	0.003mg/L	0.003mg/L
심미적 영향물질 (16)		경도(Hardness)	500mg/L	
		과망간산칼륨 소비량(Consumption of $KMnO_4$)	10mg/L	10mg/L
		냄새(소독 외의 냄새)(Odor)	ND	ND
		맛(소독 외의 맛)(Taste)	ND	ND
		동(Cu : Cooper)	1mg/L	1mg/L
		색도(Color)	5도	5도
		세제(ABS : Alkyl Benzene Sulfate)	ND	ND
		수소이온농도(pH)	5.8~8.5	5.8~8.5
		아연(Zn : Zinc)	1mg/L	1mg/L
		염소이온(Cl : Chloride)	250mg/L	250mg/L
		증류잔류물(Toral Solds)	500mg/L	
		철(Fe : Iron)	0.3mg/L	
		망간(Mn : Manganese)	0.3mg/L	
		탁도(Turbidity)	1 NTU	1 NTU
		황산이온(SO_4^+ : Sulfate)	200mg/L	200mg/L
		알루미늄(Al : Aluminium)	0.2mg/L	0.2mg/L

(자료 : 환경부 물환경정책국 상하수도정책관실 수도정책과)

제 6 절 국제환경협약관리

1 국제환경협약의 개요

건물자산환경관리와 관계되는 국제환경협약(International Environmental Conventions)이라 함은 대기기후, 생물보호, 담수보호, 해양보호, 핵안전, 유해물질관리, 기타 등 자연환경을 보호하기 위한 국가와 국가 간의 약속을 의미한다.

국제환경협약은 2008년 12월 31일 현재 총 221개 협약이 국제간에 체결되었고 그 중 164개 협약이 발효되었으며 우리나라는 47개 국제협약에 가입하고 있다.

2 우리나라 국제환경협약 가입현황

우리나라는 범지구적 국제환경을 보호하기 위하여 대기기후 8개 국제환경협약, 해양업업 16개 협약, 자연 및 생물보호 8개 협약, 핵안전 8개 협약, 유해물질, 폐기물 3대 협약, 기타 7개 협약 등 총 47개 국제환경협약에 가입하고 국제환경보호에 적극적으로 참여하고 있다.

47개 국제환경협약 중 주요 국제협약에는 람사협약, 기후변화협약, 사막방지협약, 몬트리올의정서, CITES협약, 생물다양성협약, 바젤협약 등이 있다.

우리나라 가입 국제환경협약의 현황은 〈표 6-58〉과 같다.[7)]

〈표 6-58〉 국제환경협약 가입현황

분 야 area	협약명(국문, 영문) name of convention	채택일시 (발효일시) date of adoption (date of enforcement)	주요 내용 main content	가입일시 (발효일시) date of signature (date of enforcement)
대기 · 기후(8) Air · Climate	Vienna Convention for the Protection of the Ozone Layer (오존층 보호를 위한 비엔나협약)	'85.3.22 ('88.9.22)	• 오존층 파괴방지를 위한 과학기술협력 • 오존층 파괴로부터 인간의 건강과 환경을 보호하기 위한 오존층 파괴물질 규제	'92.2.27 ('92.5.27)

7) 환경부, 상게 환경연감. pp684-689

분 야 area	협약명(국문, 영문) name of convention	채택일시 (발효일시) date of adoption (date of enforcement)	주요 내용 main content	가입일시 (발효일시) date of signature (date of enforcement)
	Montreal Protocol on Substances that Deplete the Ozone Layer(오존층파괴물질에 관한 몬트리올의정서)(몬트리올 의정서)	'87.9.16 ('89.1.1)	• '86년을 기준으로 CFCs등 소비량의 단계적 감축일정 규정(규제물질 CFC4종과 할론3종 등 8종) • 비가입국에 대한 무역규제	'92.2.27 ('92.5.27)
	The London Amendment to the Montreal Protocol(몬트리올의정서의 런던 개정서)	'90.6.29 ('92.8.10)	규제물질 20종으로 확대(CFC 10종, 사염화탄소, 메틸클로로포름 추가지정)	'92.12.10 ('93.3.10)
	The Copenhagen Amendment to the Montreal Protocol(몬트리올 의정서의 코펜하겐 개정서)	'92.11.25 ('94.6.14)	규제물질 95종으로 확대(HCFC 40종, HBFC 34종, 메틸브로마이드 추가지정)	'94.12.2 ('95.3.2)
	The Montreal Amendment to the Montreal Protocol(몬트리올의정서의 몬트리올 개정서)	'97.9.17 ('99.11.10)	• 2000년부터 규제물질에 대한 수출입허가 제도 시행 • 메틸브로마이드의 비당사국과의 교역금지	'98.8.19 ('99.11.10)
	The Beijing Amendment to the Montreal Protocol(몬트리올의정서의 베이징 개정서)	'99.12.3 ('02.2.25)	브로모클로로메탄을 규제일정에 포함, 수소염화불화탄소(HCFCs) 생산에 대한 규제조치를 소비에 대한 규제조치까지 수정, 확대	'04.1.9 ('04.4.8)
	UN Framework Convention on Climate Change(기후변화에 관한 유엔 기본협약)(기후변화협약)	'92.5.9 ('94.3.21)	지구의 온난화를 방지하기 위해 각국의 온실가스 배출 감축에 관한 기본내용 규정	'93.12.14 ('94.3.21)
	Kyoto Protocol to United Nations Framework Convention on Climate Change(기후변화에 관한 국제연합 기본협약에 대한 교토의정서)	'97.12.11 ('05.2.16)	온실가스 배출 감축에 관한 세부내용 규정	'02.11.8 ('05.2.16)
해양·어업 (23) Marine·Fishery	International Convention for the Regulation of Whaling(ICRW)(As amended)(국제포경규제협약)	'46.12.2 ('48.11.10)	모든 종의 고래를 과도 남획으로부터 보호하기 위하여 국제적인 고래보호단체 설립 등 포경행위규제	'78.12.29 ('78.12.29)
	International Convention for the Prevention of Pollution of the Sea by Oil, 1954(as amended in 1962 and in 1969)(유류에 의한 해양오염방지를 위한 1954년 국제협약, 1962년 및 1969년 개정 포함)	'54.5.12 ('58.7.26) '62.4.11 ('67.6.28) '69.10.21 ('78.1.20)	선박에서 유출되는 유류에 의한 해양오염을 방지	'78.7.31 ('78.10.31)
	International Convention for the Conservation of Atlantic Tunas(대서양 참치의 보존에 관한 국제협약)	'66.5.14 ('69.3.21)	식용 등의 목적을 위해 일정 수준의 참치류 보존	'70.8.28 ('70.8.28)
	Protocol to the International Convention on Civil Liability for Oil Pollution Damage,	'76.11.19 ('81.4.8)	유류오염사고 피해에 대한 민사상책임 규정	'92.12.8 ('93.3.8)

분 야 area	협약명(국문, 영문) name of convention	채택일시 (발효일시) date of adoption (date of enforcement)	주요 내용 main content	가입일시 (발효일시) date of signature (date of enforcement)
	1969(유류오염 손해에 대한 민사책임에 관한 1969년 국제협약의 의정서)			
해양·어업 (16) Marine· Fishery	Convention on Conservation of the Living Resources of the South-East Atlantic(동남대서양생물자원 보존협약)	'69.10.23 ('71.10.24)	생물자원의 보호와 합리적 개발에 따른 협력 도모	'81.1.19 ('81.2.19)
	International Convention on Civil Liability for Oil Pollution Damage(CLC)(as amended) (유류오염손해에 대한 민사책임에 관한 국제협약)	'69.11.29 ('75.6.19)	유류오염에 관한 피해자에게 적절한 보상을 보장하고 책임문제 및 보상에 관한 기준 설정	'78.12.18 ('79.3.18)
	International Convention on the Establishment of an International Fund for Compensation for Oil Pollution Damage, 1971(Fund Convention(as amended)(1971년 유류오염 손해배상을 위한 국제기금 설치에 관한 국제협약)	'71.12.18 ('78.10.16)	유류업자도 오염배상기금을 마련토록 규정	'92.12.8 ('93.3.8)
	Convention on the Prevention of Marine Pollution by Dumping of Wastes & Other Matter(London Convention)(폐기물 및 그밖의 물질의 투기에 의한 해양오염방지에 관한 협약(런던협약)	'72.12.29 ('75.8.30)	폐기물 투기에 의한 해양오염방지를 위한 각국의 의무 규정	'93.12.21 ('94.1.20)
	International Convention for the Prevention of Pollution from Ships, 1973 as modified by the Protocol of 1978 Relating thereto(MARPOL 73/78) (1973년 선박으로부터의 오염방지를 위한 국제협약 및 1978년 의정서)	'73.11.2 '78.2.17 ('83.10.2)	오일 및 기타 유해물질에 의한 오염을 저감시켜 해양환경을 보존 ※1973년 선박으로부터의 오염방지를 위한 국제협약과 1978년 의정서를 합하여 "MARPOL 73/78"로 통칭	'84.7.23 ('84.10.23) (ANX Ⅲ, Ⅳ, Ⅴ 제외)
	Convention on Future Multilateral Cooperation in the North-West Atlantic Fisheries(북대서양어업에 있어서의 장래 다자간 협력에 관한 협약)	'78.10.24 ('79.1.1)	북서대서양지역 어업자원의 최적이용과 보전의 증진	'93.12.21 ('93.12.21)
	United Nations Convention on the Law of the Sea(해양법에 관한 국제연합 협약)	'82.12.10 ('94.11.16)	해양환경의 오염방지를 위한 포괄적인 해양법 체제 마련	'96.1.29 ('96.2.28)
	Agreement Relating to the Implementation of the Part XI of the United Nations Convention on the Law of the Sea of 10 December 1982(1982년 12월 10일 해양법에 관한 국제연합협약 제6장의 이행과 관련된 협정)	'94.7.28 ('96.7.28)	해양법에 관한 국제연합협약 제6장의 이행을 위한 규정	'96.1.29 ('96.7.28)

분 야 area	협약명(국문, 영문) name of convention	채택일시 (발효일시) date of adoption (date of enforcement)	주요 내용 main content	가입일시 (발효일시) date of signature (date of enforcement)
해양·어업 (16) Marine·Fishery	Protocol of 1992 to Amend the 1969 International Convention on Civil Liability for Oil Pollution Damage(1969년 유류오염손해에 대한 민사책임에 관한 국제협약을 개정하는 1992년 의정서)	'92.11.27 ('96.5.30)	유류오염사고피해에 대한 민사상 책임과 보상에 관한 규정을 개정	'97.3.7 ('98.5.15)
	Protocol of 1992 to Amend the International Convention on the Establishment of an International Fund for Compensation for Oil Pollution Damage(1971년 유류오염손해배상을 위한 국제기금의 설치에 관한 국제협약을 개정하는 1992년 의정서)	'92.11.27 ('96.5.30)	유류업자도 오염배상기금을 마련토록 규정한 1992년 의정서	'97.3.7 ('98.5.15)
	International Convention on Oil Pollution Preparedness, Response and Cooperation, 1990(OPRC, 1990)(1990년 유류오염의 대비, 대응 및 협력에 관한 국제협력)	'90.11.30 ('95.5.13)	유류유출로 인한 오염사고에 대비하기 위한 국가간 협력사항	'99.11.9 ('00.2.9)
	Convention on the Conservation of Antarctic Marine Living Resources (CCAMLR)(남극 해양생물자원 보존에 관한 협약)	'80.5.20 ('82.4.7)	남극의 해양생태계 및 해양생물자원을 보호	'85.3.29 ('85.4.28)
자연 및 생물보호 (8) Nature & Species Conservation	International Plant Protection Convention(국제식물보호협약)	'51.12.6 ('52.4.3)	식물 및 농작물의 해충·질병예방 및 치료에 대한 국제협력 증진	'53.12.8 ('53.12.8)
	Plant Protection Agreement for the South-East Asia & Pacific Region(as amended)(동남아시아태평양지역 식물보호 협정)	'56.2.27 ('56.7.2)	질병과 해충을 지닌 식물의 동남아시아, 태평양지역에로의 도입과 확산의 방지	'81.11.4 ('81.11.4)
	Convention on Wetlands of International Importance Especially as Waterfowl Habitat(물새서식지로서 국제적으로 중요한 습지에 관한 협약)	'71.2.2 ('75.12.21)	보호대상 습지지정, 람사습지 목록 관리 및 관련 정보 상호교환	'97.3.28 ('97.7.28)
	Convention on International Trade in Endangered Species of Wild Fauna & Flora(CITES)(멸종위기에 처한 야생동·식물종의 국제거래에 관한 협약)	'73.3.3 ('75.7.1)	멸종위기에 처한 야생동·식물을 보호하기 위하여 보호시급 정도에 따라 구분하여 국제 거래 규제	'93.7.9 ('93.10.7)
	Convention on Biological Diversity (생물다양성에 관한 협약)	'92.5.22 ('93.12.29)	생물다양성의 보전과 지속가능한 이용의 증진, 유전적으로 변형된 생명체의 안전관리 등을 규정	'94.10.3 ('95.1.1)

분 야 area	협약명(국문, 영문) name of convention	채택일시 (발효일시) date of adoption (date of enforcement)	주요 내용 main content	가입일시 (발효일시) date of signature (date of enforcement)
	International Tropical Timber Agreement, 1983(ITTA) (1983년 국제열대목재협정)	'83.11.18 ('85.4.1)	생태계의 균형을 유지하면서 열대목재림의 최적 이용 확보	'85.6.25 ('85.6.25)
	International Tropical Timber Agreement, 1994(1994년 국제열대목재협정)	'94.1.26 ('97.1.1)	열대목재림의 최적 이용을 확보하기 위하여 국제협력증진	'95.9.12 ('97.1.1)
	Cartagena Protocol on Biosafety to the Convention on Biological Diversity (생물다양성협약 바이오안전성에 관한 카르타헤나의정서)	'00.1.29 ('03.9.11)	생물다양성에 부정적 영향을 미칠 가능성이 있는 유전자변형생물체(LMO)의 안전한 이동, 취급 및 사용 분야에서의 적절한 수준의 보호 확보	'07.10.3 ('08.1.1)
핵 안 전 (7) Nuclear Security	Treaty Banning Nuclear Weapons Tests in the Atmosphere, in Outer Space & Underwater(대기권, 외기권 및 수중에서의 핵무기 실험금지 조약)	'63.8.5 ('63.10.10)	군비경쟁을 종식하고 핵무기를 포함한 여타 무기의 생산 및 실험을 제한함	'64.7.24 ('64.7.24)
	Treaty on the Prohibition of the Emplacement of Nuclear Weapons & Other Weapons of Mass Destruction on the Seabed & the Ocean Floor & in the Subsoil Thereof(핵무기 및 기타 대량파괴무기의 해저·해상 및 그 하층토에 있어서의 설치금지에 관한 조약)	'71.2.11 ('72.5.18)	군비경쟁종식을 위해 해저·해상 및 그 하층토에 핵무기 및 기타 대량파괴무기의 설치를 금지	'87.6.25 ('87.6.25)
	Convention on Early Notification of a Nuclear Accident(Notification Covention) (핵사고의 조기통보에 관한 협약)	'86.9.26 ('86.10.27)	국가간 방사선 오염피해를 최소화하기 위하여 가능한 빨리 핵사고에 관한 관련정보제공	'90.6.8 ('90.7.9)
	Convention on Assistance in the Case of a Nuclear Accident or Radiological Emergency (Assistance Convention)(핵사고 또는 방사능 긴급사태시 지원에 관한 협약)	'86.9.26 ('87.2.26)	핵사고 또는 방사성 물질로 인한 긴급사태시 즉시 지원제공	'90.6.8 ('90.7.9)
	Convention on the Physical Protection of Nuclear Material (핵물질의 방호에 관한 협약)	'80.3.3 ('87.2.8)	국제간 핵물질의 이동시 보호대상 범위설정과 수송방법에 대한 협약	'82.4.7 ('87.2.8)
	Convention on Nuclear Safety (핵안전에 관한 협약)	'94.9.20 ('96.10.24)	원자력발전소의 안전한 유지 및 운영에 관한 법적 의무 창설	'95.9.19 ('96.10.24)
	Joint Convention on the Safety of Spent Fuel Management and on the Safety of Radioactive Waste Management(사용후 핵연료 및 방사성폐기물 관리의 안전에 관한 공동협약)	'97.9.5 ('01.6.18)	사용된 연료와 방사능 폐기물에 대한 안전기준과 사고방지체계 확립	'02.9.16 ('02.12.15)

분 야 area	협약명(국문, 영문) name of convention	채택일시 (발효일시) date of adoption (date of enforcement)	주요 내용 main content	가입일시 (발효일시) date of signature (date of enforcement)
유해물질 · 폐기물 (3) Toxic Substances · Hygiene	Basel Convention on the Control of Transboundary Movements of Hazardous Wastes & Their Disposal Basel Convention(유해폐기물의 국가간 이동 및 그 처리의 통제에 관한 바젤협약)	'89.3.22 ('92.5.5)	유해폐기물의 타국으로 이동(수출 · 입)시의 절차규정	'94.2.28 ('94.5.29)
	Rotterdam Convention on the Prior informed Consent Procedure for Certain Hazardous Chemicals and Pesticides in international Trade(특정 유해화학물질 및 농약의 국제교역에 있어서 사전통보승인에 관한 로테르담 협약)	'98.9.10 ('04.2.24)	유해화학물질의 특생에 대한 정보교환을 용이하게 하여 수입 및 수출에 대한 국가 정책결정과정을 제공, 당사국들에게 이러한 결정들을 배포	'03.8.11 ('04.2.24)
	Stockholm Convention on Persistent Organic Pollutants(잔류성 유기오염물질에 관한 스톡홀름협약)	'01.5.22 ('04.5.17)	독성, 생물농축성, 장거리이동성 등의 특성을 가진 잔류성 유기오염물질로부터 인간의 건강과 환경을 보호	'01.10.4 ('07.1.25)
기 타 (7) Etc.	Treaty on Principles Governing the Activities of States in the Exploration & Use of Outer Space, including the Moon & Other Celestial Bodies(달과 기타 천체를 포함한 대기권의 탐색과 이용에 있어서의 국가활동을 규율하는 원칙에 관한 조약)	'67.1.27 ('67.10.10)	외계의 탐사 및 이용에 대한 국제법적 근거 마련	'67.10.31 ('67.10.31)
	Convention for the Protection of the World Cultural & Natural Heritage(World Heritage Covention) (세계문화유산 및 자연유산의 보호에 관한 협약)	'72.11.23 ('75.12.17)	문화적 · 자연적 유적(지)의 효과적인 보호체계수립, 가입국은 문화유산 보호를 위한 종합계획수립, 세계 유적(지) 리스트 작성	'88.9.14 ('88.12.14)
	Convention for the Prohibition of Military or Any Other Hostile Use of Environmental Modification Techniques(환경변경기술의 군사적 또는 기타 적대적사용의 금지에 관한 협약)	'6.12.10 ('78.10.5)	환경에 영향을 주는 화학기술의 군사목적 사용금지	'86.12.2 ('86.12.2)
	The Antarctic Treaty(남극조약)	'59.12.1 ('61.6.23)	남극대륙의 평화적 목적에의 이용 및 과학적 연구를 위한 국제협력시 분쟁소지 억제	'86.11.28 ('86.11.28)
	Protocol to the Antarctic Treaty on Environmental Protection(환경보호에 관한 남극조약의정서)	'91.10.4 ('98.1.14)	남극 환경을 보호하기 위한 제반사항 규정	'96.1.2 ('98.1.14)

분 야 area	협약명(국문, 영문) name of convention	채택일시 (발효일시) date of adoption (date of enforcement)	주요 내용 main content	가입일시 (발효일시) date of signature (date of enforcement)
	Convention on the Prohibition of the Developement, Production and Stockpiling of the Bacteriological (Biological) and Toxin weapons, and on their Destruction (세균무기)(생물무기) 및 독소무기의 개발, 생산 및 비축의 금지와 그 폐기에 관한 협약	'72.4.10 ('75.3.26)	모든 인류의 안전을 위하여 생물학적 무기의 개발금지	'87.6.25 ('87.6.25)
	United Nations Convention to Combat Desertification in Those Countries Experiencing Serious Drought and/or Desertification, Particularly in Africa (심각한 한발 또는 사막화를 경험한 국가(특히 아프리카)들의 사막화를 방지하기 위한 유엔협약)(사막화방지협약)	'94.6.17 ('96.12.26)	기상이변, 산림황폐 등으로 심각한 한발 및 사막화의 영향을 받고 있는 국가들의 사막화방지를 통한 지구환경보호	'99.8.17 ('99.11.15)

〈표 6-59〉 환경협약 관련 인터넷 주소

협약명	인터넷 주소	협약명	인터넷 주소
협약총괄	• www.tufts.edu • www.iisd.ca/lincages	몬트리올의정서	www.unep.org/ozone
기후변화협약	• www.unfccc.de • www.ipcc.ch	CITES협약	• www.cites.org • www.wcmc.org.uk/cites
람사르협약	www.ramsar.org	생물다양성협약	www.biodiv.org
사막화방지협약	www.unccd.ch	바젤협약	www.unep.ch/basel

(자료 : 환경부, 2008 환경통계연감, pp.684~689.)

제 7 절 환경정책관리

1 환경정책의 개요

일반적으로 정책이라 함은 정부가 정치에 관한 방침이나 수단을 의미하고 있으나 환경관리에 대한 정부방침이나 수단을 환경정책이라 한다. 정부의 환경정책 중 최근의 주요 환경정책으로는 저탄소 녹색성장정책을 들 수 있다.

저탄소 녹색성장 정책의 구체적 수단으로서(과제로서) 온실가스감축제, 에너지목표관리제, 친환경건물인증제, 에너지 소비총량제, 에너지 소비증명서제, 온실가스 배출권거래제, 건물에너지효율등급인증제 등을 들 수 있다. 녹생성장정책은 저탄소 녹색기술을 개발하고 에너지 소비절약과 효율화를 통하여 녹색경제선진국으로 발전하는데 필수적 환경정책이라 할 수 있다.

2 저탄소 녹색성장 환경정책의 내용

1) 에너지 목표관리제

2010년부터 도입되는 에너지 목표관리제도는 에너지 과소비 산업과 대형건물 등에 사전에 에너지 사용량의 목표를 설정하고 목표달성 여부에 따라 인센티브 또는 패널티를 부가하여 에너지 효율화를 도모하는 제도이다.

2) 친환경건물인증제

친환경건물인증제는 건물을 대상으로 에너지 효율등급의 심사를 통하여 에너지 효율등급을 분류하고 그에 따라 혜택을 차등 적용하는 제도이다.

일정용도와 규모 이상의 공공건물은 친환경인증을 의무적으로 받아야 하며 민간건물의 소유자가 자발적으로 친환경인증과 에너지 효율등급을 받을 경우 세금감면과 건축기준완화 등의 혜택을 받게 된다.

예컨대, 친환경 최우수등급과 에너지 효율 1등급을 받는 경우 취득세와 등록세를 15%를 감면해주고 환경개선부담금도 줄여주는 혜택이 있다.

3) 에너지 소비증명서제

2012년부터 도입되는 신규 환경관리제도로서 건물매매, 임대시 에너지 소비증명서를 의무적으로 첨부해야만 건물의 매매나 임대가 성사된다.

4) 에너지 소비총량제

녹색성장을 위한 온실가스 감축정책의 일환으로 실시되는 단계별 녹색성장 활성화 방안의 하나로서 신축주택의 경우 에너지 소비량 30% 감축해야 하고 비주거용 건물은 15% 감축해야 하며 건물의 냉난방 효율은 2016년까지 2배로 향상하도록 해야 하며 2020년에는 건물부분 온실가스 수준은 2005년 수준으로 동결하고 2025년에는 모든 신축건물은 에너지 제로화를 의무적으로 실현시킨다는 녹색성장 활성화 방안이다.

5) 온실가스 배출권거래제

19세기 영국을 중심으로 시작된 산업혁명은 산업발전을 지속시켜 온실가스를 대량 배출함으로써 이상 기후현상과 환경파괴를 가져옴으로써 하나 밖에 없는 지구를 크게 훼손하고 있다. 이는 전적으로 인간의 탐욕에 의한 삐뚤어진 환경관에 기초하여 인간의 정상적 생존을 크게 위협하기에 이르렀다.

특히, 온실가스의 과도한 배출은 대기의 온도를 점차 상승시켜 이상 기후현상을 초래함으로써 생태계를 교란하고 파괴하여 지구자연재앙을 불러오고 있다.

이와 같은 자연재앙의 심각성을 인식한 주요 선진국의 공동인식을 바탕으로 1979년 제1차 세계기후회의가 개최되었으며 1988년 캐나다 토론토의 대기변화에 대한 국제회의, 그리고 여러 기후변화 관련 국제회의를 거쳐 1997년 일본 교토에서 38개 선진국이 모여 도쿄의정서를 채택하고 온실가스 배출량을 감축목표를 2008~2012년간 1990년대 대비 5.2%로 정하고 이를 달성하기 위한 방안으로 온실가스 배출권거래제도를 도입하였다.

온실가스 배출권거래제라 함은 세계 온실가스 총배출량을 설정하여 각국별 허용량을 할당하고 배출권 허용량을 배출권 이름의 무형상품으로 간주하여 국가 간에 온실가스 시장이나 거래소를 통하여 사고파는 제도라 할 수 있다.

이는 온실가스를 줄이고 온실가스 절감비용을 줄여 지구온난화와 생태계파괴를 방지하고자 하는 세계환경보전제도라 할 수 있다.

기후변화협약에 가입한 모든 당사국들은 온실가스 배출량에 관한 국가통계를 작성하고 온실가스 통계의 제도, 법, 절차 등을 구축하도록 하고 있으며 우리나라도 지구의 온난화를 방지하기 위하여 각국 온실가스 감축에 관한 기본 내용을 규정하고 있는 1992년에 채택하고 1994년에 발효한 기후변화협약에 가입 당사국이므로 온실가스감축을 위한 온실가스 배출권거래제 등에 대비하고 있다.

참고로 온실가스 배출구조는 전 세계적으로 살펴보면 건물부분이 30~50%(비주거용 건물 18%, 주거용 건물 35%), 수송부분과 산업부분이 각각 23%를 차지하고 있다.

우리나라의 경우 온실가스의 배출구조는 산업부분 58%, 건물부분 22%, 수송부분이 20% 배출구조를 가지고 있다.

제 Ⅲ 편

건물자산 내부환경관리

건물자산 내부환경은 건물자산의 내부둘레로서 건물자산의 보존유지와 경제가치 그리고 건물자산 이해관계자 사람의 생명 · 건강에 영향을 미치는 쾌적성, 안전성, 편리성, 보건성 등의 내적 환경요인을 의미하고 있다.
제Ⅲ편 건물자산 내부환경관리편은 6개의 장으로 건물자산 내부환경관리의 기본개념, 건축환경관리, 건물실내공기 환경관리, 건물보건위생 환경관리, 건물에너지 환경관리, 업무 및 생활환경관리 등 내부환경 전반을 소개하고 있다.

제7장

건물자산 내부환경관리의 기본개념

제 1 절　건물자산 내부환경의 개념과 범주

제 2 절　건물자산 내부환경의 기능과 특성

제7장 건물자산 내부환경관리의 기본개념의 장은 제Ⅲ편 건물자산 내부환경관리편의 첫 장으로서 2개의 절을 두고 건물자산 내부환경의 개념과 범주, 내부환경의 기능과 특성 등 내부환경관리의 기본개념을 소개하고 있다.

제1절 건물자산 내부환경의 개념과 범주

1 건물자산 내부환경의 개념

건물자산의 내부환경이라 함은 건물자산 외부환경개념과 상대적 환경개념으로서 건물자산 자체 스스로 가지고 있는 환경요인인 동시에 내부둘레를 의미한다. 예컨대, 건축물 자체가 가지고 있는 열환경, 빛환경, 수환경, 음환경 등의 건축환경, 온도, 습도, 기류, 청정도 등의 요인으로 구성되어 분포되어 있는 실내공기환경 그리고 청결성, 보건성, 미관성 등의 환경성 확보와 유지를 위한 보건위생환경 등과 같이 건물자산 내부에 존재하고 있으면서 건물자산의 사용가치와 사용성에 영향을 주거나 건물 내의 사람에게 생명 · 건강에 미치는 영향을 제공하는 내부요인들을 의미한다.

건물자산 내부환경의 특징은 내부환경이 스스로 만들어져 존재하는 것이 아니라 건물자산 외부환경 범주에 있는 비생물적 자연환경과 자연적 또는 인위적인 물리적 환경 그리고 인위적인 사회적 환경의 영향에 의하여 성립되고 밀접한 관계 속에 서로 상호작용하며 영향을 받고 있다는 점이다.

2 건물자산 내부환경의 범주

건물자산 내부환경의 범주에는 건축환경, 실내공기환경, 보건위생환경, 에너지 환경 그리고 업무 및 생활환경 등이 있다.

건축환경은 건축물의 사용수익을 위하여 설계에 반영되는 건축의 조건으로서 열환경, 빛환경, 음환경, 수환경 등으로 형성되는 환경을 의미하며 실내공기환경은 건물 공간의 편리하고 쾌적한 최유효사용을 위하여 유지되어야 하는 실내의 공기환경조건으로서 온도, 습도, 기류, 청정도 등의 환경요인들을 의미한다.

또한 보건위생환경은 안전하고 건강하게 건물 최유효사용을 위하여 보건위생관계법에 따라 법정관리해야 하는 내부환경으로서 청소, 소독, 구서 등을 통한 청결성, 보건성, 미관성 등에 관계되는 환경을 의미한다.

에너지 환경은 건물의 온도와 습도조절, 깨끗한 공기의 급기와 더러워진 공기의 배출, 전원의 공급과 조명 등을 위하여 사용되는 유류, 전기, 가스 등의 사용에 있어 탄소배출을 줄이고 효율적 사용을 도모하며 에너지 사용 잘못에 의한 안전사고를 예방함으로써 건물사용자나 이용자가 안심하고 쾌적하며 편리하게 건물사용을 보장하는 에너지 효율화와 안전화 환경을 의미한다.

끝으로 업무 및 생활환경은 업무 및 생활에 요구되는 안정성(소음, 악취, 진동 등), 편리성, 안전성, 쾌적성 유지에 관계되는 환경을 의미한다.

제 2 절 건물자산 내부환경의 기능과 특성

1 내부환경의 기능

건물의 내부환경은 다음과 같은 기능을 담당하고 있다.

첫째, 내부환경의 범주에 속하는 건축환경과 실내공기환경, 보건위생환경과 에너지환경 및 업무 및 생활환경 등은 사용성과 사용가치를 높여 건물 최유효사용과 이용을 직접 지원하는 기능을 담당하고 있다. 왜냐하면 건축물에 열환경, 빛환경, 수환경, 음환경 등 건축환경의 조건이 결여되거나 실내공기환경에 필요한 온도, 습도, 기류, 청청도 등의 실내환경 조건이 갖추어지지 않는 경우 건물의 최유효사용과 이용은 불가능해지기 때문이다. 그러므로 건물자산의 내부환경은 건물사용과 이용을 지원하는 기능을 담당하고 있다.

둘째, 건물 내부환경은 건물실 내에 거주하는 거주자나 점유자, 사용자 또는 이용자 모두의 생명과 건강에 대하여 직접 또는 간접적으로 영향을 주고 있다.

밀폐된 실내공기는 외부 도로 상의 공기보다 나쁜 경우가 허다하며 온도와 습도의 조절 없이 겨울과 여름을 실내에서 지낸다는 것은 상상할 수 없는 것과 같이 내부환경의 제요인은 건물재실자의 건강과 생명에 영향을 주어 건강과 생명활동에 긍정적으로 작용하기도 하고 부정적으로 작용기도 한다.

2 내부환경의 특성

건물의 내부환경은 건물의 외부환경과는 달리 전적으로 인위적 환경의 특성을 가지고 있다. 다시 말하면 내부환경은 사람의 손에 의하여 조절되고 통제되어 인공적으로 만들어지는 환경이라 할 수 있다. 따라서 내부환경의 특성은 다음과 같다.

첫째, 내부환경 범주에 해당하는 환경요인 모두가 인위적으로 만들어진 인공환경이다.

둘째, 내부환경은 건축물 자체에 존재하거나 내재되어 있는 환경요인으로서 건물의 최유효사용과 밀접한 관계를 가지는 특성이 있다. 건물은 완공 자체만으로는 편리하고 안전하며 쾌적한 사용과 이용이 불가능하다. 왜냐하면 건물의 사용과 이용은 건축환경의 조건이나 실내공기환경조건 그리고 보건위생환경 등의 조건이 충족되어야만 비로소 가능해지기 때문이다.

셋째, 건물의 내부환경은 건축물의 용도와 성격 그리고 위치 등에 따라 건축환경요인이 만들어지기도 하나 건물사용자의 사용목적과 의도, 사용의 방법이나 용도 등에 따라서 내부환경의 조건이 다를 수 있으며 열대와 한대 그리고 온대지방에서 오랜 자연환경에 노출되었던 사람인 경우에도 실내공기 환경조건이 조절되어야 하는 등 재실자의 환경조건에 따라 내부환경이 다르게 형성될 수 있는 특성을 가지고 있다. 따라서 내부환경은 재실자 사람을 중심으로 최유효사용과 이용에 적합하도록 조절하거나 조정하여 내부환경 조건을 유지할 필요가 있다.

넷째, 내부환경은 외부환경의 영향에서 자유로울 수 없는 특성을 가지고 있다. 왜냐하면 내부환경은 외부환경의 영향을 받으며 외부자연환경에 둘러싸여 있는 인위적 공간이기 때문이다.

제8장

건축환경관리

건축물은 공간을 제공하기 위하여 지어지며 건축공간은 인간의 생활을 담는 그릇 역할을 하게 된다. 또한 건축물은 인간의 생리적 측면의 쾌적성, 안전성, 편리성의 확보와 사회경제적 측면의 경제성, 효율성, 사회성의 조건을 통하여 인간의 삶과 생활과 일을 지원하게 된다. 따라서 건축물은 사람의 생활과 삶과 일의 영위에 필요한 건축환경이 요구된다.

제8장 건축환경관리편에서는 5개의 절을 두고 사람의 업무와 생활 등에 필요한 열환경, 수환경, 빛환경, 음환경 그리고 전자파 환경 등의 환경관리이론과 실무를 소개하고 있다.

제 1 절 열환경관리

1 인간과 건축

인간의 기본적 욕구는 쾌적하고 안전한 생존에 있다. 또한 인간의 생존욕구는 의, 식, 주에 의하여 해결되며 환경의 영향을 받으면서 영위된다. 특히 건축물은 건물의 기능과 성능 및 서비스와 역할을 통하여 인간의 생존을 주(住) 측면에서 지원하여 삶과 생활과 일(업무)의 영위가 가능하도록 지원하고 있다.

왜냐하면 건축물은 인간의 생활을 담고 있는 그릇인 인공적 공간의 기능을 하고 있기 때문이며 사람에 의하여 지어진 건물은 다시 사람을 만드는 역할을 담당하고 있기 때문이다. 따라서 건축물의 공간은 인간의 생존을 주(住) 측면에서 지원하기 위하여 사용목적에 부합하는 쾌적하고 안전하며 편리한 환경조건을 유지하거나 제공해야 한다.

뿐만 아니라 인간의 생존은 심리적이고 생리적인 측면과 사회적인 측면에서 모두 고려되어야 하므로 심리적이고 생리적인 측면의 안전성과 쾌적성 그리고 편리성이 보장되어야 하며 사회적 측면에서도 사회성이 고려되어야 한다.

왜냐하면 건축물은 완성 즉시 한도시의 최소 단위의 구성요소가 되며 기반시설이 되고 인프라 역할과 함께 한도시의 상징 또는 얼굴역할까지 하게 되기 때문에 인근지역이나 위치하고 있는 도시와 조화되도록 설계되고 시공되어야 하며 관리되어야 한다.

2 열쾌적 환경

건축물은 인간의 생활을 담고 있는 그릇이므로 인간의 생명활동과 생활을 위하여 쾌적한 환경조건을 제공해야 한다. 뿐만 아니라 인간이 스스로 생활하기 위해서는 쾌적한 환경, 편리한 환경 그리고 안전한 환경이 요구된다. 특히, 쾌적한 환경은 인간생존에 있어서 무엇보다 중요한 환경이다. 쾌적환경은 온도, 열환경 조건에 의하여 주로 결정되므로 건물의 열환경에 대한 탐구가 필요하다.

생활하는 경우나 정상적 생명을 유지하기 위해서는 사람은 항상 36.5℃(액화체온)을 유지해야 하므로 생산열량과 방출열량이 평형이 유지되도록 조절해야 한다.

즉, 사람의 생명유지와 생활을 영위하기 위해서는 건축환경을 우선적으로 갖추어야 할 환경요건은 열쾌적 환경이라 할 수 있다.

건축물의 열은 봄과 가을을 제외한 여름과 겨울의 덥고 추운 외기온도가 벽이나 바닥 그리고 천장 등 주의 벽면을 통하여 영향을 받거나 침기함으로써 출입하는 열이나 환기에 의하여 실내온도와 습도를 악화시켜 생활을 불편하게 만든다. 따라서 건축물의 외벽, 천장, 지붕 등을 관리하여 외기 열이나 환기를 통제하여 열쾌적 환경을 유지할 필요가 있다.

건축물의 열환경은 증발에 의한 방출량, 대류에 의한 열교환, 복사에 의한 열교환 등에 의하여 열환경이 조성된다. 따라서 열쾌적을 결정하는 요소에는 기온과 습도, 기류와 주변 벽면 온도(복사온도) 등이 있으며 이를 열쾌적의 4요소라 한다.

그러므로 열환경관리는 열쾌적 관리를 의미하며 열쾌적 관리는 곧 기온, 습도, 기류 그리고 주변 벽면온도(복사온도)의 관리라 할 수 있다. 즉, 열환경관리의 핵심은 열쾌적 4요소를 생리적으로 또는 심리적, 육체적으로 적당하도록 조합하여 유지관리하는 데 있다.

3 건물의 열관리

건물은 외부환경과 실내환경 사이의 구조적 매개체로서 건물의 개구부나 외벽을 통해 끊임없이 외부의 기후환경과 열교환이 이루어진다. 실내의 열발생원은 태양열, 실내의 인공조명 · 난방 · 취사에서 발생하고 거주인의 인체로부터 발생한다.

열은 항상 높은 곳에서 낮은 곳으로 이동하는 원리를 가지고 있으므로 외부환경의 변화에 따라 실내의 열이 외부로 방출되기도 하고, 또 실내로 외부의 열이 유입되기도 하면서 항상 열적 평형을 이루려고 한다.

그러나 겨울철에 실내의 더운 열이 외부로 빠져 나가거나, 여름철에 외부의 더운 열이 실내로 유입되어 실내온도를 높이게 된다면 이것은 냉 · 난방에 소요된 에너지의 손실일 뿐 아니라 쾌적한 실내환경 유지에도 저해가 되므로 불필요한 열의 유입이나 방출을 막아 열손실을 최소화하여야 한다.

실내에서 외부로 열이 이동되는 주된 형태는 전도와 침기(infiltration)라 할 수 있다. 열의 전도는 건물의 벽 · 지붕 · 바닥 등의 고체부분을 통해서 이루어지고, 침기는 대류의 특별한 경우로서 건물의 외피에 존재하는 의도적 개구부(창, 문) 혹은 비의도적 개구부를 통해 공기가 건물 안에서 밖으로, 혹은 밖에서 안으로 이동하는 것을 의미하는

데 이로 인해 실내의 더운 공기가 유출되어 열손실이 발생한다.

복사로 인한 열의 이동은 실내의 따뜻한 벽이나 바닥과 같은 표면에서 발생한 열이 일단 벽체로 전달된 후에 외부로 방출되기 때문에 극히 양이 적어 무시할 수 있다. 대류는 작게는 각 방 안에서, 크게는 건물이라는 구조체에서 발생하여 더운 공기는 위로 올라가고 차가운 공기는 밑으로 내려오면서 열을 순환하게 한다. 따라서 이러한 실내에서 열손실이 발생하는 열이동의 원리와 경로를 이해하여 가능한 한 열손실을 방지할 수 있는 보온대책이 필요하다.

벽을 두고 양측의 공기의 온도차가 있게 되면 열은 벽을 관류해서 높은 온도 쪽에서 낮은 온도 쪽으로 이동하는데, 건물구조체에 사용되는 재료의 고유한 특성(열전도율 · 비중 · 두께)에 따라 열이 전달되는 열전도량에 차이를 보이게 된다.

열전도율은 두께 1m 면적 $1m^2$의 재료 양면 사이에 온도차가 1℃일 때 1시간 동안 온도가 높은 쪽에서 낮은 쪽으로 흐르게 되는 열량을 말하는데 재료마다 고유한 값을 갖게 된다. 일반적으로 열전도율이 낮은 재료일수록 열전도량이 적어진다고 말할 수 있다.

비중에 있어서도 재료마다 차이가 있어 가벼운 재료일수록 열전도율이 적고, 재료의 두께가 두꺼워질수록 열전도량이 적어지므로, 같은 재료는 열전도율이 같다고 해도 그 두께를 두껍게 하면 열전도량이 적어지는 것이다. 이러한 점들을 고려할 때 전도에 의한 열손실을 막기 위해서는 구조체의 열전도율을 파악하여 되도록 〈표 8-1〉과 같은 열전도율이 적은 재료를 사용하고 공기층이 많이 포함된 재료나 두께가 두꺼운 재료를 사용하는 것이 바람직하다.

여름에 시원하고 겨울에 따뜻한 건물을 유지하기 위하여 단열시공을 통해 에너지를 절약하고 단열재는 재료의 특성상 흡음성도 우수하여 소음을 줄일 수 있는 장점도 있다.

〈표 8-1〉 단열재의 종류와 형태

종 류	사용부위	특 성
난연성 발포스티로폴	벽, 바닥, 천장, 지붕	가격이 싸고 사용 용이하다.
암면	벽, 천장	가격이 싸고 천장 위가 좋다.
유리면	천장	가격이 싸고 천장 위가 좋다.
핑크보드	벽, 바닥, 천장	시공하기 쉽고 효과가 좋다.
우레탄폼	평슬라브 지붕 위, 지붕 밑	단열효과 좋고, 방수효과도 있다.
바르는 단열재	외벽, 경사지붕 위	시공이 쉽고 외부시공에는 방수층 시공을 해야 한다.

1) 전 열

전열의 기초가 되는 열전달의 종류에는 전도 · 대류 · 복사가 있으며, 이와 같은 현상에 의한 열의 취득 또는 손실되는 과정은 벽체를 통한 열관류, 환기에 의한 열이동, 투명부위(유리 등이 이에 속함)를 통한 일상의 투과 등을 생각할 수 있다. 열전달 중 전도에 의한 열전달은 물체내부 또는 물체와 물체의 접촉부에서 발생하며, 대류와 복사에 의한 열전달은 벽체 표면에서 발생하는 현상이다.

2) 건물의 열손실 및 취득

(1) 벽체를 통한 열관류

건물의 벽체는 서로 다른 재료가 판상으로 겹쳐진 다층벽으로 이루어져 있다. 여기에 양측 표면의 열전달 저항층도 벽체의 구성층으로 간주하는 것이 일반적이다. 전열에서는 지붕 · 바닥 · 유리창 · 출입문 등 실을 구성하고 있는 평면 또는 곡면상의 구조물을 모두 벽체로 취급한다. 열은 벽체의 양측 기온이 다른 경우 고온측에서 저온측으로 전도 · 대류 및 복사의 과정을 통해 이루어지며 이러한 현상을 열관류라 한다.

(2) 환기에 의한 열이동

환기에 의한 열취득은 열전달 방식과는 상이하다. 즉, 외부공기가 실내에 유입될 때 공기에 포함되어 그대로 운반되므로 열의 이동이라고 표현하는 것이 타당할 것이다. 환기는 벽체의 개구부 또는 틈새를 통한 자연환기와 환기팬이나 공조기기에 의한 기계환기로 대별된다.

〈표 8-2〉 각종 구조체의 환기횟수

건축구조	환기횟수	
	난방시	냉방시
콘크리트(대규모 건축)	0~0.2	0
콘크리트조(소규모 건축)	0.2~0.6	0.1~0.2
• 서양식 목조	0.3~0.6	0.1~0.3
• 일본식 목조	0.5~1.0	0.2~0.6
외부로부터 입구가 있는 방(현관, 홀, 다방, 일반점포 등)		
• 바람을 마주 받는다.	3~4	1~2
• 바람을 등지고 있다.	1~2	0.5~1

기계환기는 기기용량 등의 설계치에 의해 환기량을 계산한다. 자연환기는 바람 등의 풍력에 의한 압력차와 실내의 온도차에 의한 압력차에 의해 발생하며, 자연환기량을 구하는 방법으로는 환기횟수법과 틈새법이 많이 사용되고 있다. 각종 구조체의 환기횟수는 〈표 8-2〉와 같다.

(3) 일사투과에 의한 열취득

건물에서 유리창은 실내외를 구분하는 벽체의 한 종류로 취급할 수 있지만 열부하 계산시에는 다음과 같은 이유로 인해 일반 불투명 벽체와 커다란 차이점을 갖는다.

① 일반벽체에 비해 두께가 극히 얇아 열전도율이 크고 열용량이 작다.

② 투명부위를 통한 투과일사가 직접 실내로 침입한다.

유리창면에 도달한 일사는 유리면에서 일부는 외부로 반사되고, 일부는 유리 속으로 흡수되며, 나머지는 실내로 들어오게 된다. 이 중 유리 속으로 흡수된 일사는 열류의 형태로 실내외로 전달되며, 실내외로의 전달비율은 양측면의 표면 열전달률에 비례하는 것으로 알려져 있다.

3) 단 열

(1) 열손실과 단열

열은 고온부에서 저온부로 이동하는 성질이 있으므로 실내를 쾌적한 온도로 유지하는 냉난방은 많은 에너지를 필요로 한다. 냉난방에 의한 에너지 소비를 가능한 한 억제하기 위해서는 먼저 열손실을 적게 하여야 한다. 벽이나 바닥, 지붕, 개구부는 틈이 없는 고기밀구조로 하고, 열을 전도하기 어려운 재료를 사용한 고단열구조로 하면 실내의 온도분포가 고르게 되어 적은 에너지로 겨울은 따뜻하고, 여름은 시원하여 쾌적한 공간이 된다.

실내를 쾌적한 온도로 유지하는 냉난방은 많은 에너지를 필요로 한다. 냉난방에 의한 에너지 소비를 절약하는 에너지 절약 구조물은 열손실이 적은 구조가 기본이다. 그러므로 틈은 물론 벽이나 바닥 · 천장을 통한 열의 출입을 최소한으로 억제할 필요가 있다.

단열재는 열을 전하기 어려운 성질을 지니고 있고, 바닥 · 벽 · 천장 등에 사용함으로써 건물의 단열성능을 높인다. 단열재는 수분을 포함하면 그 기능이 저하하는 것도 있으므로 방습층이나 결로를 방지하는 공기층을 두도록 한다.

(2) 단열재의 선택

단열재의 종류는 물리적 구조에 따라 기포형 단열재와 반사형 단열재로 나눌 수 있다. 기포형 단열재는 세립형 · 과립형 · 섬유질형으로 나눌 수 있다.

반사형 단열재는 다층 평형의 얇은 판자나 높은 반사율을 갖는 아주 얇은 금속조각으로 이루어져 있으며, 이것들은 복사열을 반사하기 위해 간격이 떠어져 있다. 얇은 박판 사이의 공간은 공기가 유동을 하지 않도록 설계되어 있고, 고성능 단열재에서의 공간은 진공으로 되기도 한다.

단열재를 재료의 종류에 따라 구분하면, 무기질 · 유기질 · 복합질 단열재로 나눌 수 있다. 무기질 단열재는 암면 · 유리면 · 질석 · 퍼라이트 · 규조토 등의 재료로 구성되며, 난연성과 내열성이 우수한 반면 습기에 약한 단점이 있다.

유기질 단열재는 코르크 · 폴리스티렌 · 폴리우레탄 · 우레아 등의 재료로 구성되며, 단열효과와 시공성은 좋으나 난연성과 내열성의 단점이 있다.

복합질 단열재는 여러 가지 재료가 혼합된 단열재로서 대표적인 예로 단열 모르타르를 들 수가 있다. 단열 모르타르에는 폴리스티렌 모르타르, 퍼라이트 모르타르, 질석 모르타르, 실리카 모르타르 등이 난연성과 내열성이 우수하고, 타 단열재에 비해 비교적 높은 강도를 지니고 있다.

(3) 단열방법

① 내단열과 외단열

가. 목 조

목조주택에서는 외벽의 내측, 바닥 밑, 천장에 단열재를 시공하는 내단열이 일반적인데 기둥 등의 부분에서 열손실이 발생한다. 그러므로 지역에 따라서는 단열재로 둘러싸는 외장공법이 바람직하다. 이 경우는 단열재의 사용량이 많고 외벽 밑바탕이나 세세한 부분의 마감에도 배려가 필요하다.

나. 콘크리트조

콘크리트는 따뜻해지기 어렵고 차가워지기도 어려운 성질을 지니고 있다. 구조체의 외측에, 단열재를 시공하는 외단열로 하면 바깥 기온의 급격한 변화의 영향을 받기 어렵고, 콘크리트의 축열효과에 의하여 겨울철의 야간에 몹시 차가워지고 여름철의 오전중 온도상승이 완만하게 된다. 냉난방이 기능을 시작하기까지 시간이 걸리지만 축열효과에 의하여 열손실이 대단히 적어진다. 또한 결로도 적어지고 구조체를 보호하지만 외장재와 그 밑바탕이 필요하게 되고, 단열재의 방습대책도 철저히 해야 한다.

내단열의 경우는 냉난방효과가 단시간에 얻어지기 때문에 장시간 계속하여 사용하지 않는 구조체에 적합하다. 다만 내부결로가 발생하기 쉬운 결점이 있다.

② 벽 · 바닥 · 천장의 단열

겨울에는 난방으로 따뜻해진 공기가 건물의 밖으로 손실되고, 여름에는 차가워진 건물 내에 더운 외기가 침입하여 쾌적한 실내환경을 방해한다. 열의 이동은 부재와 부재 사이의 틈새나 벽 · 바닥 · 천장 등의 부재를 통해서도 발생하므로, 틈새가 적고 기밀성이 높고, 단열성이 우수한 단열재를 사용하면 열효율이 좋고 에너지가 절약된다.

열은 물체의 내부로 전도되는 성질이 있다. 또 그 물체의 안팎의 온도차가 클수록 열은 많이 이동한다. 벽과 같이 외기와 접하는 부위가 많은 경우에는 열손실이 커진다. 또한 구조체의 바닥 밑이나 천장 속에는 환기를 위한 환기구가 설치되어 있어 공기가 자유로이 출입하기 때문에 열손실을 고려하여야 한다. 이와 같은 열손실을 방지하는 데는 벽이나 바닥, 천장부에 글라스울이나 우레탄폼 등의 단열재를 사용한다.

③ 개구부의 단열

열의 출입을 억제하기 위해서는 벽이나 바닥 · 천장의 단열성을 높일 뿐만 아니라 창이나 문 등의 개구부에서의 열손실에 대한 대책도 중요한 포인트이다.

알루미늄새시의 보급으로 이전의 건물에 비하여 열의 출입은 적어졌지만 틈새가 전혀 없어진 것은 아니다. 또 사람의 출입시나 부재를 통해서도 열이 이동하기 때문에 연구가 필요하다. 야간에는 두꺼운 커튼으로 외기의 영향을 완화시킬 수 있다. 단열성 · 기밀성이 높은 이중창으로 한다든지, 페어글라스를 사용하는 것도 도움이 된다.

4) 결로 · 방습 · 방로의 발생조건과 방지대책

(1) 결로의 발생

어떤 습한 공기가 그 공기의 노점온도보다 낮은 온도의 물체표면에 닿으면 물방울이 발생하는데 이러한 현상을 결로라 한다.

① 표면결로 : 건물구조체의 표면온도가 공기의 노점온도 이하가 되어 결로현상이 나타는 것

② 내부결로 : 건물구조체의 내부에서 결로가 발생하는 것

(2) 결로 방지대책

① 실내습기 방지대책

- 환기계획을 잘 한다(환기횟수를 늘린다).
- 난방에 의한 수증기 발생 제한
- 가능한 한 실내에 저온부분을 만들지 않는다.

② 표면결로 방지대책

- 벽체의 표면온도가 실내공기의 노점보다 크게 할 것
- 결로하기 쉬운 표면을 흡수재료로 마감

③ 내부결로 방지대책

- 방습층 시공(폴리에틸렌필름이나 알루미늄박 등을 내장재에 밀착시공)
- 외단열 내방수(단열재를 고온측에, 단습층을 저온측에)
- 벽체의 실내측 표면온도를 높인다.

(3) 방습·방로 발생원과 방지책

습기는 쾌적성이나 건강과 관계가 있을 뿐 아니라 건물에 피해를 발생시킨다. 실내의 상대습도가 높으면 진드기가 증식하기 쉽고, 천식의 원인이 되기도 한다. 또한 벽면이나 천장면의 저온부분에 접촉한 포화수증기가 결로하여 곰팡이의 발생이나 목재의 부식, 금속의 녹이나 동해 등의 원인이 된다. 이것을 방지하기 위해서는 실내의 수증기 발생량을 적게 하고, 환기를 자주 하는 것이 매우 중요하다.

5) 공기조화

공기조화란 주어진 실내공간에서 사람 또는 물품을 대상으로 온도, 습도, 기류, 공기분포, 부유분진, 취기, 세균, 유해가스 농도를 그 실의 사용목적에 적합한 상태로 유지시키는 것을 말한다. 난방의 목적은 실내온도를 높여서 따뜻하게 하는 데 있고, 냉방의 목적은 실내온도를 냉각시켜 차갑게 하는 데 있다.

그러므로 공기조화설비는 난방·냉방을 목적으로 하는 냉·난방 설비와는 그 목적이 구별된다. 공기조화는 사용목적에 따라 쾌감용 공기조화, 산업용 공기조화, 의료용 공기조화로 분류된다. 쾌감용 공기조화는 사람을 대상으로 주로 보건위생과 쾌적감 유지를 위한 것이며, 산업용 공기조화는 각종 산업에서의 생산품과 저장품을 위한 것이고, 의료용 공기조화는 의료활동을 위한 것이다.

6) 냉 · 난방

쾌적하게 느끼고 가장 능률적으로 작업할 수 있는 온열조건을 지적온도라고 하며, 그 조건으로는 다음과 같은 것이 있다.

① 지적온도의 범위는 상하의 온도에 걸쳐 순조로운 체온조절을 위하여 상당폭의 허용범위가 있어야 한다.

② 체온조절이 순조롭게 진행될 뿐 아니라 전체의 심신기능이 작업에 쾌적한 상태에 있어야 한다.

그러나 실제로는 고층건물에만 냉온방시설이 설치되어 있어 온도조절이 가능할 뿐, 그밖의 일반가정에서는 선풍기나 냉풍기, 전기조절장치, 전기 스토브, 가스 스토브 등이 사용되고, 그 규모도 적은 것에서부터 큰 것까지 여러 가지가 있다.

한서감각은 주로 기온에 의해 지배되나 가장 쾌적한 온도는 사람마다 차이가 있고, 또한 연령과 계절에 따라서도 달라진다. 일반적으로 85% 이상의 사람들이 쾌적하게 느끼는 온도는 여름철에 20~23℃이며, 겨울철에 18~21℃이다. 그러나 내외 기온의 차가 크면 신체기능이 저하되는 원인이 된다.

지적온도는 생활양식이나 습도 · 기후의 특색에 따라 큰 영향을 받는다. 가령 의복에 있어서도 옷을 입는 방법에 따라서 상당히 달라지게 된다. 또한 공복시에는 최적온도가 높아지고, 만복시에는 낮아지며 알코올성 음료나 지방성 식품은 지적온도를 저하시킨다. 다음으로 지적온도의 조정 및 온도조절을 하는 기기의 종류와 특성을 살펴보자.

(1) 선풍기

선풍기는 여름철의 더위를 막는 방법으로 널리 사용되고 있다. 팬에서 나오는 바람이 피부표면의 열을 발산시켜 실제의 온도보다 보통 5℃정도 낮게 느껴진다.

(2) 냉풍기

냉풍기는 냉동기에서 나오는 냉풍을 보내어 실내 전체를 시원하게 하는 것이다. 이 방법에는 공냉식과 수냉식이 있다.

공냉식에는 실내의 공기를 순화시키면서 식히는 방법과 밖의 공기를 집어넣어서 식히는 방법이 있다. 그러나 실내의 공기는 실내의 먼지와 탄산가스의 증가 등으로 시간의 경과와 함께 오염되고 있으며, 도시의 외기 또한 오염되어 있어 최근에는 먼지제거

장치를 겸용하도록 되어 있다. 그리고 미관상 실외에서 식힌 공기를 파이프를 통하여 실내로 보내는 방법도 쓰고 있다.

수냉식은 우물물이나 수돗물을 이용한 냉방장치로 찬 물을 냉각기에 넣고 뒷부분에서 팬으로 송풍하여 실내를 시원하게 하는 방법이다. 그러나 수냉식은 실내의 습도를 높이는 결점이 있으므로 냉풍기에는 방습작용이나 온도와 습도의 조절장치 및 공기정화장치를 겸한 냉풍기가 이용되고 있다.

(3) 전기 스토브

전기 스토브는 전열선에 전류를 흘려서 그곳에서 일어나는 발열작용을 응용한 난방기구로 대류형과 반사형이 있다.

대류형은 열을 송풍기로 보내 실내 전체의 공기를 덥게 하는 것이다. 대개 높은 출력의 것이 많다. 또한 반사형은 열을 반사판에 집중시켜 직접 인체가 열을 받도록 하는 방법으로 낮은 출력의 것이 많으며, 열방향을 자유롭게 바꿀 수 있고 열효율이 좋은 것이 특징이다. 전기 스토브는 석유 스토브나 가스 스토브 등에 비해 더욱 안전성이 높고 위생적인 반면, 실내 전체를 빨리 덥게 할 수 없는 등의 단점이 있다.

(4) 석유 스토브

석유 스토브는 대류열과 방사열에 의하여 실내를 덥게 하는 난방기구로서 다른 난방기구에 비해 경제적이며 열효율이 높다. 그러나 일산화탄소와 산화질소 등을 발생시켜 공기를 오염시키고, 화재의 위험성이 많으며, 냄새가 불쾌하다는 단점이 있다.

(5) 중앙난방과 지역난방

중앙난방은 한 고층건물의 지하실 등에 특정장소를 마련하여 열원을 장치하고, 그곳에서 만들어진 온열을 각 실로 보냄으로써 건물 전체를 덥게 하는 방법이다. 중앙난방 방법에는 증기난방과 온수난방이 있다. 지역난방은 특정한 곳에서 열을 발생시켜 송기관을 통해 일정지역의 빌딩 전체에 보내는 방법이다.

(6) 공기조절장치

공기조절장치는 온열뿐만 아니라 습도와 기류 등도 종합적으로 조절함과 동시에 공기오염물질인 진애 · 유독가스 등을 없애고 항상 신선한 공기를 공급하는 장치로 실내 전체를 위생적이고 작업능률을 올리기에 적당한 상태로 조정할 수 있다.

(7) 냉난방의 구비조건과 사용법

① 냉각온도나 열의 손실이 적고 냉난방의 효율이 높을 것
② 온도분포가 평균적일 것. 요컨대 실내 전체가 고르게 냉난방될 것
③ 실내를 오염시키거나 너무 건조시키지 말 것
④ 온도조절이 용이할 것
⑤ 송풍의 풍속이 너무 세지 않을 것

난방에서 특히 주의해야 할 점은 일산화탄소 같은 유해가스의 발생과 먼지제거장치의 유무이다. 중앙난방 이외에 특히 가스 스토브나 석유 스토브를 굴뚝 없이 사용하면 유독가스나 매연이 방산되므로 배기를 위해 굴뚝의 설치와 실내환기가 필요하다. 또한 냉난방은 온도조절이 용이하며 온도가 실내에 고르게 분포되는 것이 좋으나, 선풍기와 스토브의 냉난방은 실내습도를 저하시켜 인후나 코점막에 염증을 일으킬 우려가 있으므로 이것을 방지하기 위하여 냉난방기기 위에 물통을 설치하고 수분을 증발시켜 실내의 습도를 조절해야 한다.

(8) 계절에 따른 공기조화대책

① 여름철 공기조화대책

우리나라의 여름철은 고온다습하므로 대체적으로 무더우며, 특히 6월에서 9월까지가 심하다. 따라서 여름을 시원하게 보내려면 다음 방법을 강구해보는 것이 좋다.

- 실내통풍이 잘 되도록 한다. 바람의 입구와 출구를 함께 만든다.
- 직사일광이 실내에 들어오지 않도록 해야 한다. 여름에는 해가 높이 뜨므로 차양을 약간 길게 하고, 발을 걸어 직사일광을 막아야 한다.
- 냉방장치를 한다. 다만, 외부와 온도차가 심할 경우에는 냉방병 등이 발병하므로 유의를 요한다.
- 선풍기 등 여러 가지 기구를 사용한다.

② 겨울철 공기조화대책

- 실내의 온열을 외부로 빼앗기지 않도록 하며 벽틈 등으로 온열이 나가는 것을 막아야 한다. 창에는 두꺼운 커튼을 치고 필요하다면 이중창을 설치한다.
- 태양열을 이용한다. 집을 지을 때 정남향보다 서쪽으로 15° 정도나 동쪽으로 5~10° 정도의 방향을 향하도록 한다.
- 난방기구를 사용하여 방의 구조에 맞는 난방법을 택한다.

(9) 건물 난방방식의 비교

건물 난방방식을 비교하면 〈표 8-3〉과 같다.

〈표 8-3〉 건물 난방방식의 비교

온수난방	증기난방	온풍난방	복사난방
• 열용량이 크고 예열에 시간이 걸린다. • 취급이 간단하지만 방열기 면적, 배관이 증기난방보다 크다. • 난방효과는 증기난방보다 비교적 우수하다. • 예열시간이 증기난방, 온풍난방에 비하여 오래 걸린다.	• 온도상승이 온수난방보다 빠르고, 열용량은 온수난방보다 작다. 예열에 시간이 걸리지 않는다. • 온수난방보다 취급은 어렵지만 설비비는 저렴하다. • 배관재료는 흑가스관을 사용한다. 내림구배의 경우 1/200～1/300, 올림구배의 경우 1/50～1/100 • 온도조절이 어렵고 소규모인 경우에는 적합하지 않다.	• 온도조절을 하기 쉽고, 환기·공기정화를 할 수 있다. • 실온의 상승이 다른 방식보다 빠르지만 송풍기의 동력이 필요하며 운전비가 높아진다. • 온기로는 보일러보나 내용연수가 짧고 보수비용이 높아진다.	• 열용량은 크지만 예열에 가장 시간이 걸린다. • 실온의 상하차가 작고, 실온의 분포가 평균적이다. • 실온의 조절을 행하기 어렵고, 시공·수리가 곤란하며 설비비는 높다. • 실내에 방열기를 설치하지 않으므로 스페이스를 필요로 하지 않는다.
주택, 아파트, 병원, 중·소규모의 사무소	대규모의 사무소, 병원, 학교, 공장	대규모의 사무소, 극장, 강당, 공장	주택, 은행영업실

(10) 에너지 절약대책

① 냉방시설에 대한 대책

냉방시설은 크게 이동식 또는 고정식(창문과 천장)으로 나누며, 그 종류는 선풍기나 팬, 에어컨이 있는데 선풍기나 팬은 뜨거운 실내공기를 순환시키고 또 시원한 실외공기로 대체해주며, 에어컨은 실내의 뜨거운 공기와 함께 습기도 제거하여 온도와 실내의 상대습도를 낮춰 쾌적감을 증진시킨다.

에어컨의 유지관리는 열효율성이나 수명연장이 무엇보다도 중요하므로 다음과 같은 사항에 특히 유의한다.

- 냉방철에는 월 1회 정도 에어필터를 교환해준다.
- 코일에 먼지가 끼지 않도록 규칙적으로 청소한다.
- 에어컨의 설치시에도 벽과 접하는 부분이나 연결선이 외부로 빠져나가는 구멍 등을 통해 실내에 찬 공기의 유출이 없도록 틈을 막는다.
- 물이 빠지는 배수관은 항시 이물질이나 먼지가 끼지 않도록 유의한다.
- 냉방기의 설정온도를 조금 높인다(쾌적한 냉방상태란 실내온도가 외기보다 4～5℃ 정도 낮은 상태[여름철 건강 실내온도 26～28°]를 말하므로 필요 이상의 냉방은 건강에 해를 미치므로 에너지를 낭비하는 일이 없도록 하는 것이 바람직하다).

② 난방시설에 대한 대책

난방은 일반적으로 중앙공급식과 개별난방으로 크게 나눌 수 있는데, 중앙공급식은 고층건물에서 일반적으로 사용되며, 개별난방은 저층건물에서 주로 사용되고 있다.

③ 온수시설에 대한 대책

온수의 사용에 있어서 그 사용 빈도나 양 등은 우리의 생활습관과 크게 연관되어 있어 생활습관의 개선이 비효율적인 온수사용 방지에 무엇보다도 필요하다.

예를 들면, 온수히터 자체의 온수공급 배관용 파이프 등의 청소와 유지관리를 통해 이물질의 침전이나 녹스는 것을 방지해야 하며, 몸체나 파이프 단열처리 등이 필요하고, 온수온도를 낮추어 온수히터의 수명을 연장하고, 물의 양을 줄이면서도 같은 효과를 낼 수 있는 에너지절약형 수도꼭지 등 수전을 사용하여 온수의 사용량을 줄인다면 에너지 사용의 효율성을 높일 수 있을 것이다.

④ 전기시설에 대한 대책

전기는 일상생활에서 없어서는 안 될 중요한 고급 에너지이다. 그러나 날로 늘어가는 전기수요에 비해 전기공급량은 충분치 않을 때가 많으며, 필요량보다 많은 전기의 사용으로 전기를 낭비하고 있는 경우를 흔히 볼 수 있다. 불필요한 전기의 사용을 자제하고, 에너지 효율이 높은 전기기구로 전환하며, 전기시설 설치시 생길 수 있는 틈들을 막아주는 것이 필요하다.

4 건물의 냉·난방 공급기준

건물의 열관리는 건물 외부환경과 실내환경 사이에 끊임없이 교환되는 열을 적절히 관리하여 실내환경에 노출되어 있는 재실자(근무자, 거주자, 점유자, 입주자, 출입자 등)의 활동에 적합한 열(온도)을 유지하는데 핵심이 있다.

이와 같은 열관리는 인위적인 환기나 기계적 방법에 의하여 가능하다. 따라서 건물관리자는 쾌적한 건물사용을 위하여 열의 조절기능을 가지는 기계적 냉·난방 공급과 운영을 위하여 다음과 같은 냉·난방 운영기준을 수립하고 실행하여 양질의 냉·난방 서비스를 제공해야 한다.

1) 난방공급기준

첫째, 쾌적한 사무환경 또는 거주환경을 위한 난방설비의 설비운영기준을 건물의

특성, 용도, 위치 등에 따라 마련하고 건물사용자에 공지할 것

둘째, 난방공급 시간은 사무실인 경우 매년 12월 1일부터 차기년도 3월 31일까지 공급하되 주5일 근무기준으로 8 : 0~18 : 00까지 정상 공급하며 별도 운영기준을 마련하고 시행할 것

셋째, 난방공급의 연장운영을 요구받은 경우 별도의 비용으로 공급할 것

넷째, 난방시 실내온도는 18~20℃로 유지하며 실내온도와 외기온도 차이를 5℃ 이내로 유지할 것

다섯째, 난방시 기준 습도는 40±10%로 공급할 것

여섯째, 난방공급 전후 열원설비 및 장비 등의 외관을 확인하고 이상 유무를 점검하여야 하며 외기온도와 실내온도를 점검하여 실내온도와 습도를 적정하게 유지하도록 할 것

일곱째, 난방설비 관리자는 운전일지를 반드시 유지하고 기록해야 하며 점검정비에 만전을 기할 것

여덟째, 난방설비 관리자는 운전 중 정위치하여 설비의 가동상태를 항상 감시할 것

2) 냉방공급기준

첫째, 건물의 용도나 특성 및 위치 등에 따라 냉방공급 기준을 마련하고 사용자에게 공지할 것

둘째, 냉방공급 기간은 매년 6월 1일부터 9월 30일까지 공급하되 실내온도는 26~28℃로 하며 습도는 50±10%로 공급할 것

셋째, 실내온도는 외기온도와의 차이를 5℃ 이내로 유지할 것

넷째, 냉방시설 관리자는 냉방설비 가동 전후 외관 등을 점검하고 필요시 정비할 것

다섯째, 냉방시설 관리자는 냉방설비 가동 중 항상 정위치하여 작동상태를 감시할 것

여섯째, 냉방시설 관리자는 냉방서비스의 품질과 적정성을 실내 냉방온도와 습도를 점검하여 양질의 냉방서비스가 제공되고 유지되도록 할 것

일곱째, 냉방설비 운전일지를 유지하고 기록할 것

제 2 절 수환경관리

1 수환경의 개념

물은 생물체의 구성성분 중 가장 큰 비중을 차지하여 사람 몸의 약 70% 내외가 물로 구성되어 있고, 생물이 살아가기 위하여는 필수적인 물질로서 생체내에서 음식물의 소화, 흡수, 운반, 세포 내의 화학적 작용, 노폐물의 배출 등 신진대사를 수행하는 아주 중요한 삶의 요소이다.

사람의 경우 물을 마시지 아니하고 1주일 이상을 살아갈 수가 없고 성인 1인이 하루 2*l* 이상의 물을 섭취하여야 하며, 체내의 수분이 5% 정도 부족할 땐 혼수상태에 이르게되고 12% 이상 부족하게 되면 사망하게 된다.

한편 물은 농사를 짓거나 공장을 가동하기 위하여도 필수적인 자원이다. 그러나 물은 기상이변으로 인한 홍수와 가뭄으로 물난리, 수인성 질병 등을 통하여 엄청난 재앙을 가져다 주기도 한다. 또한 강우량은 계절적으로 편중되어 있어 장마철에는 물난리, 갈수기에는 물기근으로 고통을 받게 마련이다.

그러므로 인간은 물(水)관리를 위하여 댐을 건설하는 등 온갖 노력을 기울여 보지만, 대자연의 영향 아래에 인간은 항상 한계를 절감할 수밖에 없는 실정이며 인구증가와 생활수준향상 등에 따른 물 사용량은 지속적으로 늘어나고 있어 물의 부족을 부채질하고 있다.

한편, 대기오염, 산업화, 생활폐수 등의 증가로 인한 모든 물의 무차별적인 오염이 심각한 상황이다. 오늘날 우리가 당면한 물의 문제는 물의 양적확보와 오염으로부터 물을 보호하는 질적 관리가 무엇보다 중요하고 필요하다.

2 수자원관리

물은 지표수가 증발하여 구름을 형성하고 구름은 다시 비로 지표에 내려, 순환하면서 생물들이 살아갈 수 있도록 지속, 반복적으로 물을 공급하여 주고 있는데, 이와 같은 대자연의 오묘한 진리에 감탄하면서도 기상이변이나 우기와 건기의 강우량 변화에 잘 대처하지 못하거나 관리가 미흡하여, 물의 부족과 과다의 고통을 지속적으로 겪으며 살고 있다.

1) 수자원

지구상에 물은 약 $1.4 \times 18^{18} m^3$로서 지구표면의 3/4 정도를 차지하는데 그 중 해수가 97.20%, 지하수, 담수호, 하천수, 빙하와 만년설, 염호수와 내해, 토양수분 등의 육지의 물은 지구 전체 수자원의 252%에 불과하며 대기 중의 수분은 0.001%이고 생체 속의 물은 0.0001%에[1] 불과하다.

(1) 기상수

비, 눈 등의 천수로 대기에 증류되어 생긴 물이어서 아주 깨끗하지만, 대기 중에 각종 오염물질로 오염되어 산성비와 같은 오염된 성분을 갖게 된다. 따라서, 해안 인근 지역의 우수에는 염분농도가 높게 되고 공기 중에 분진이 많은 지역에는 빗속에 분진을 많이 함유하게 되는 등 지역적 여건에 따라 많은 영향을 받는다. 지구상의 전체 수자원 중 약 0.001%에 불과하다.

(2) 지표수와 지하수

하천, 지수지, 호수 등의 육지상에 존재하는 물을 말하는데 구성이 매우 유동적이고 집수지역의 여건에 따라 차이가 크다.

지표수는 오염에 노출되어 있어 위험스런 물이나 대부분의 생물은 강이나 호수, 저수지 등으로부터 취수한 지표수에 의존하여 살아가고 있는 실정이다. 지표수에는 부유성 유기물질이 많고 세균 등의 미생물도 번식이 활발하며 경도가 낮고 공기성분의 용해도가 높은 것이 특징이므로 이용시에는 이를 고려하여야 한다.

육지에 존재하는 지표수는 지하수와 하천수, 염호수와 내해, 빙하와 만년설, 담수호, 토양수분 등으로 존재하며 지구 전체 수자원의 2.52%를 점하고 있다. 지하수는 심층수, 용천수 등으로 지표수가 지층을 통하여 스며든 물인데 지층을 통과하는 과정에서 불순물과 세균가 같은 오염물질을 걸러내고, 석회질과 광물질이 용해되어 깨끗하고 경도가 높으며 많은 광물질을 함유한다. 지하수는 유속이 느리고 환경조건의 영향을 크세 받으며 생물작용은 세균에 의한 유기물 본제가 유일한 섯이 특싱이다.

(3) 해 수

해수는 바닷물을 의미하며 염분 농도는 35%이고 지구 전체 수자원의 97.2%를 차지하고 있으며 지구표면의 71%를 점유하고 있다.

---

1) 최영길 외 14인, 「환경과 인간」(서울, 교학사, 1999), pp.70~71)

2) 수자원관리

우리나라는 연간 강수량은 1,274mm로서 세계평균강우량 730mm보다는 많으나 강우가 계절적으로 편중되고, 관리시설 등의 미비와 절대 소비량의 증가로 수자원확보가 중요한 현안 문제가 되고 있다.

4대 강인 한강, 낙동강, 금강, 영산강과 기타 수역에서 생활용수, 공업용수, 농업용수 등을 공급받고 있으나 절대량이 부족한 형편이다. 댐 등의 시설 확충과 과학적인 기상의 활용 등을 통한 수자원관리의 합리화를 시급히 추진하여야 한다.

3 수질오염관리

생활폐기물, 공장폐수, 농업용 농약, 비료사용, 대기오염 등으로 수자원이 점차 오염되어 물의 질을 악화시키는 것을 수질오염이라 하는데 오늘날 물의 환경은 최악의 상태로 전방위적으로 오염요인이 가해지고 있어 심각한 문제로 대두되고 있다.

1) 오염원인

(1) 생활하수

생활하수에 포함된 많은 불순물의 배출로 수질을 오염시키고 있다. 이로 인하여 생태계를 교란시키고 파괴시킬 뿐만 아니라 사람의 건강을 심각하게 위협하고 있다. 예를 들면, 하루에 섭취하는 식염 등의 염류가 생활수로 방류되어 적조현상을 유발시켜 어패류를 폐사시킨다든가 분뇨성분 등이 각종 질병을 야기하는 것 등을 볼 수 있다.

(2) 공장폐수

공장폐수는 생산의 부산물로서 각종 독성을 지닌 중금속을 함유하거나 유기 · 무기물을 함유함으로써 치명적 위험을 가지고 있는 오염원이다. 공장폐수에 수은이나 카드뮴 등의 오염원을 가지고 있다.

(3) 농 · 축산폐수

화학비료 사용의 증가, 농약사용량 증가, 농약 등으로 오염물질 배출이 심각하다. 축산폐수는 유기물이 부폐를 촉진하고 악취, 병원균 서식 등을 유발한다.

(4) 광산폐수

광산에서 유출된 오염물질들이 수계를 오염시켜 여러 가지 문제를 유발하는데 유채성 금속 성분의 축적으로 중독증상이 유발과 농작물에 대한 피해가 적지 않다.

2) 오염관리

수계가 오염되어도 장기간 그대로 두면 자연치유력에 의한 자정능력이 있다. 따라서 더 오염되지 않도록 오염원을 차단하는 것이 무엇보다 중요하고 특수한 성분이 지속적으로 문제가 된다면 그 성분에 따른 별개의 대책을 강구하여야 한다.

수질을 결정하는 요인들을 보면 다음과 같다.

(1) 생물학적 산소요구량(BOD)

초기성미생물이 수중 유기물을 분해하는 과정에서 소모하는 산소량으로서 ppm으로 표시한다. BOD가 증가하면 용존산소량이 감소하고 메탄, 암모니아, 황화수소 등의 물질이 생성되어 심한 악취가 난다.

(2) 화학적 산소요구량(COD)

산화제를 이용하여 오염된 물을 산화하는데 소요되는 산소량으로서 단위는 ppm을 쓴다. 공장폐수와 같이 무기물이 오염원인인 경우 등에 사용한다.

(3) 용존산소(DO)

물 속에 용존하고 있는 산소를 말하며, 온도가 높아짐에 따라 용존산소의 포화도는 낮아진다.

(4) 경도(handness)

Ca, Mg, Fe 등의 양이온의 량에 따라 결정되는 물의 세기로 단위는 ppm을 쓴다. 음용수의 경우 경도가 높으면 배탈이 나는 등 부작용이 있어 100ppm 이하가 좋다.

(5) 부유물질(SS)

물을 혼탁하게 하는 유기 또는 무기의 고형물 업자를 말하며 보통 0.1μ 이상이다.

(6) 산소(acidity)

수계에 알칼리가 유입되었을 때 이를 중화시킬 수 있는 산의 능력의 정도를 나타낸다.

(7) 알칼리도(alkalinity)

수계에 산이 유입될 때 이를 중화시킬 수 있는 알칼리의 능력의 정도를 나타낸다.

(8) 질산화(nitrification)

물에 함유된 단백질이 가수분해되어 아미노산으로 변하고 이는 다시 질산화균에 의해 여러 형태의 질소로 바뀌게 되는데 이 과정에서 하천에 단백질 함유 오수가 유입 오염된 시기를 추정하기 위한 지표로 쓰인다.

4 건물의 수환경관리

건물의 수(水)환경은 수도시설 및 급수장치를 통한 음용, 위생, 목욕, 소화, 냉방,청원, 풀 등에 사용하는 물의 공급, 이들 목적에 사용, 그리고 사용한 생활용수의 배출 등 물의 순환을 의미하며, 이 과정을 합리적으로 구성하여 유효이용을 도모하는 활동을 건물 수(水)환경관리라고 한다.

1) 음용수관리

사람이 생명을 유지하기 위하여는 필요한 양의 물을 마셔야 하고 또 그 물은 음용에 적합하여야 하는데 끓이거나 소독으로 멸균만 시켰다고 적합한 물이 되는 것도 아니다. 그 속에 함유된 여러 가지 성분들이 몸에 해를 끼칠 수 있기 때문이다.

예를 들면 금속성분이 다량 함유된 경도가 높은 센물을 먹었을 때 설사를 한다든지 불소성분이 함유된 물을 계속 마실 경우 치아가 심각하게 손상되는 경우들과 같은 것이다.

(1) 음용수의 적합성

물 속에 유해물질이나 병원성 세균, 악취 등이 있으면 음용수로는 부적합한데 음용수의 적합여부는 음용수 수질기준에 의해 판단한다. 먹는물관리법이 규정하고 있는 우리나라 먹는물의 수질기준은 〈표 8-4〉와 같다.

〈표 8-4〉 우리나라 먹는물 수질기준(55항목)

구 분		수질 항목	기 준
미생물 (4항목)		일반세균(psychrophilic bacteria)	100cfu/mL 이하
		총대장균군(total coliforms)	ND/100mL
		분원성대장균(feal coliform)	ND/100mL
		대장균(escherichia coli)	ND/100mL
건강상 유해영향 무기물질 (11항목)		납(Pb : Lead)	0.05mg/L 이하
		불소(F : Fluoride)	1.5mg/L 이하
		비소(As : Arsenic)	0.05mg/L 이하
		세레늄(Se : Selenium)	0.01mg/L 이하
		수은(Hg : Mercury)	0.001mg/L 이하
		시안(CN : Cyanide)	0.01mg/L 이하
		6가크롬(Cr^{+6} : Hexachromium)	0.05mg/L 이하
		암모니아성 질소(NH_3-N : Nitrate Nitrogen)	0.5mg/L 이하
		질산성 질소(NO_3-N : Nitrate Nitrogen)	10mg/L 이하
		카드뮴(Cd : Cadmium)	0.005mg/L 이하
		보론(붕소, B : Boron)	0.3mg/L 이하
건강상 유해영향 유기물질 (24항목)	휘발유성 유기물질	페놀(phenol)	0.005mg/L 이하
		1,1,1-트리클로로에탄(1,1,1-Trichloroethane)	0.1mg/L 이하
		테트라클로로에틸렌(Tetrachloroethylene)	0.01mg/L 이하
		트리클로로에틸렌(Trichloroethylene)	0.03mg/L 이하
		디클로로메탄(Dichloromethane)	0.02mg/L 이하
		벤젠(Benzene)	0.01mg/L 이하
		톨루엔(Toluene)	0.7mg/L 이하
		에틸벤젠(Ethylbenzene)	0.3mg/L 이하
		자일렌(Xylene)	0.5mg/L 이하
		1,1-디클로로 에틸렌(1,1-Dichloroethylene)	0.03mg/L 이하
		사염화탄소(Tetrachlorocarbon)	0.002mg/L 이하
	농약	다이아지논(Diazinon)	0.02mg/L 이하
		파라티온(Parathion)	0.06mg/L 이하
		페니트로티온(Fenitrothion)	0.04mg/L 이하
		카바릴(Carbaryl)	0.07mg/L 이하
		1,2-디브로모-3-클로로프로판(1,2-Dibromo-3-Chloropropan)	0.003mg/L 이하
건강상 유해영향 유기물질 (24항목)	소독 부산물	잔류염소(Residual Chlorine)	4.0mg/L 이하
		총트리할로메탄(THMs : trihalomethanes)	0.1mg/L 이하
		클로로포름(Chloroform)	0.08mg/L 이하
		클로랄하이드레이트(Chloralhydrate)	0.03mg/L 이하
		디브로모아세토니트릴(Dibromoacetonitrile)	0.1mg/L 이하
		디클로로아세토니트릴(Dichloroacetonitrile)	0.09mg/L 이하
		트리콜로로아세노니트릴(Trichloroacetonitrile)	0.004mg/L 이하
		할로아세틱에시드(HAA : Haloaceticacid)	0.1mg/L 이하

구 분	수질 항목	기 준
심미적 영향물질 (16항목)	경도(Hardness)	300mg/L 이하
	과망간산칼륨 소비량(Consumption of $KMnO_4$)	10mg/L 이하
	냄새(소독 외의 냄새)(Odor)	무취
	맛(소독 외의 맛)(Taste)	무미
	동(Cu : Copper)	1mg/L 이하
	색도(Color)	5도 이하
	세제(ABS : Alkyl Benezene Sulfate)	0.5mg/L 이하
	수소이온농도(pH)	5.8~8.5
	아연(Zn : Zinc)	1mg/L 이하
	염소이온(Cl : Chloride)	250mg/L 이하
	증발잔류물(Total Solids)	500mg/L 이하
	철(Fe : Iron)	0.3mg/L 이하
	망간(Mn : Managanese)	0.3mg/L 이하
	탁도(Turbidity)	1NTU 이하
	황산이온(SO_4^{2-} : Sulfate)	200mg/L 이하
	알루미늄(Al : Aluminium)	0.2mg/L 이하

비고 : 정수처리(Treatment Technique)에 관한 기준 : 수돗물은 바이러스 지아디아 등 병원성미생물이 함유하지 않도록 정수처리기준 준수

(자료 : 먹는물관리법)

(2) 검사와 위생진단

수질검사와 위생진단방법은 다음과 같다.

① 간이급수시설을 설치하여 식수도 공급하고자 하는 물은 음용수 수질기준에 적합한 경우에는 수원 변경

② 수질검사는 일일 · 정기 · 특별 검사 등이 있으며, 일일검사는 자체적으로 할 수 있으나 정기검사 및 특별검사는 지방자치단체의 검사소에 의뢰하여 시험한다.

수질검사의 종류와 내용은 〈표 8-5〉와 같다.

〈표 8-5〉 수질검사의 종류와 내용

일일검사	색도 5°, 탁도 2°를 넘지 않도록 검사
정기검사	먹는물 수질검사의 항목 및 기준에 의하여 매분기 1회 이상 검사
특별검사	인근지역에 병원생물에 의한 전염병이 발생되었을 경우 지체없이 오염여부를 검사

(3) 위생진단

① 위생진단의 대상은 상수 및 간이급수시설로 하고, 진단지점은 지하저수조 및 최종 급수전으로 한다.

② 수압이 높아 지하저수조를 사용하지 않고 직수를 사용하는 지구는 고가수조 또는 옥상물탱크를 대상으로 한다.

③ 위생진단 주기는 분기마다 1회 시행한다.

④ 위생진단 방법은 수질의 혼탁도 및 색도검사, 가열시험, 냄새 및 맛검사 등 수질외관 검사를 통하여 이상 유무를 판단한다. 위생진단의 종류와 내용은 〈표 8-6〉과 같다.

〈표 8-6〉 위생진단의 종류와 내용

구분	내용
혼탁도 및 색도검사	각 검사지점에서 채취한 음용수를 색도 및 탁도 표준비색관과 비교검사를 한다.
가열시험	검사용 음용수를 10분간 가열 후 가열 전의 수질과 색도 및 탁도의 변화 여부를 조사한다.
냄새 및 맛검사	휘발성 또는 기름냄새, 금속 특유의 맛, 조류 증식 등에 의한 불쾌한 맛과 냄새를 식별(염소 소독 맛은 제외)한다.
이상시의 활용방안	수질외관 검사중 이상이 있을 때는 응급조치가 가능한 것은 조치하고 수질정밀검사를 공인시험기관(시 · 도 보건연구소)에 의뢰한 후 대책을 강구한다.

(4) 정수처리

음용수로 부적합한 물은 음용수로 사용하기 위해서는 정수처리절차가 필요한데 개별적으로 정수를 하고자 할 때에는 흔히 정수기를 이용하게 되나 정수기의 성능에는 한계가 있고 또 필터 등의 상태에 따라 정수효과에 차이가 크다.

일반적으로 끓여서 음용수로 사용하는 경우가 많은데 이것도 좋은 방법이다. 끓였을 때 물의 질이 떨어지는 것으로 잘못 알고 있는 경우가 있으나, 사실상 별차이가 없고 끓였을 때 특히 보리와 같은 곡류와 함께 끓였을 때 유해성분이 감소하며, 끓임으로써 낮아진 용존산도농도도 식으면 늘어나게 된다.

도시화된 오늘날 물의 공급은 대량화가 불가피하게 되었고 이에 따라 인공정화처리절차를 거쳐 상수도를 통하여 공급하고 있는데 이 물은 침전, 여과 그리고 소독절차를 거쳐 완벽한 정수를 하였다고는 하나 취수원의 수질이 낮고, 수도관의 노후화, 부식 등으로 이동중에 오염요인이 상존하고 있어 음용수로의 적합 여부를 음용시마다 검사를 해보아야 안심할 수가 있다.

2) 하수관리

부엌, 욕실, 변소 등의 생활하수, 공장폐수, 우수 등을 처리하는 것인데, 환경오염의 주범이 되고 있어 철저한 관리가 요구된다.

하수처리는 배출하기 전에 개별적으로 이루어지는 예비처리 절차와 배출 후 전담기관에 의하여 이루어지는 본처리절차 그리고 슬러지 처리절차를 거쳐 처리가 끝나게 되는데 실내 처리는 예비처리절차가 전부이다.

(1) 예비처리절차

물리적 · 화학적 처리를 하게 되는데 ① 스크린 및 분쇄, ② 부유 물질의 제거, ③ 침전, ④ 중화의 절차를 거쳐 처리한다.

(2) 내용물의 처리

주로 미생물을 이용하여 생물학적으로 처리하게 되는데 호기성 미생물을 이용하여 처리하는 방법과 혐기성 처리방식이 내용물의 성분에 따라 선택적으로 사용된다.

처리 후에는 대장균 등의 살균을 위해 염소를 주입 소독작업도 실시된다.

(3) 슬러지 처리

농축, 탈수 후 가스나 비료로 활용하거나, 매립, 소각 등의 방법으로 처리한다.

최근에는 수자원의 효율적 활용을 위하여 재활용 개념의 중수도와 우수의 활용방안이 구체적으로 논의되고 있다.

5 각종 수환경 설비관리

1) 급수설비

(1) 급수방식

급수방식은 〈표 8-7〉과 같은 방식이 있으며 그 성질이나 내용은 각각 다르게 나타난다.

〈표 8-7〉 급수방식의 비교

급수방식 조건	수도직결방식	고가탱크방식	압력탱크방식	탱크가 없는 부스터방식
수질오염의 가능성	1	4	3	2
급수압력의 변동	수도본관압력에 따라 변화	일정	변동이 큼	펌프의 가동성 정지시 변동이 있음
단수시 급수	급수 불가능	물받이탱크와 고가탱크 내 물을 이용할 수 있음	물받이 탱크 물을 이용할 수 있음	압력탱크와 같음
정전시 급수	급수 가능	고가탱크 물을 이용할 수 있음	압력탱크 내의 물 중 압력범위 내에서 이용할 수 있음	급수 불가능
기계실의 면적	불필요	1	3	2
옥상탱크의 면적	불필요	필요	불필요	불필요
설비비	1	3	5	3
운전비	1	2	3	3
에너지 절약	1	2	3	4

비고 : 1, 2, 3, 4로 표시되어 있는 것은 숫자가 작을수록 수질오염관리에 유리함을 나타냄

(2) 급수배관 시공 및 관리 주의사항

① 배관의 구배

급수관은 수리나 기타 필요에 따라 관 속의 물을 완전히 배체할 수 있고, 또 공기가 정체하지 않도록 일정한 구배를 주어 배관해야 한다. 그리고 배관의 맨 말단에는 찌꺼기 제거 밸브를 설치한다.

하향 배관법의 경우에는 수평주관은 앞내림 구배로 하고, 각 층의 수평주관은 앞올림 구배로 하며, 각 하향 수직관 최하부에는 배수밸브를 설치한다. 또 배관은 최단거리로 시공하고 굴곡을 적게 하여 마찰손실이 최소가 되게끔 시공한다. 배관현장상 ㄷ자형 배관이 되어 공기가 찰 우려가 있는 곳은 공기빼기밸브(air vent)를 설치한다.

② 지수밸브

수평주관에서의 각 수직관의 분기점, 각층 수평관의 분기점, 집단기구에서의 분기점에는 반드시 지수밸브를 설치하여 국부적 단수로 급수계동의 수량 · 수압을 조정할 수 있도록 한다. 그리고 기타 기계 · 기구의 부착장소 또는 배관의 요소마다 50mm 이하의 소구경에는 유니언을 큰 구경에는 플랜지를 부착하여 후일의 수리 · 대체 · 증설 등

을 용이하게 하는 것이 바람직하다.

③ 수격작용

수격작용은 플러시밸브라 기타 수전류를 갑자기 열고 닫을 때 일어나며, 이때 생기는 수격작용의 수압은 수류를 m/sec로 표시한 14배 정도가 된다.

수격작용을 방지하기 위해서는 기구류 가까이에 공기실을 설치함으로써 완화할 수 있다. 공기실의 공기는 물에 흡수되거나 밖으로 새어나가 감소되므로 보충할 필요가 있다.

④ 방식피복

강판은 특히 나사를 낸 부분이 부식되기 쉬우므로 그 부위에 내산도료를 칠하고, 화장실 · 욕실 · 주방 · 화학공장 · 화학실험실 등 산성수가 흐르는 바닥의 신더콘크리트 속에 매설하는 관이나 지중 매설관에는 아스팔트 주트를 감아서 매설한다.

연관이나 특히 납땜이음 부분은 알칼리성에 쉽게 침식되므로 콘크리트 속에 매설하는 배관은 내알칼리성 도료를 하고 그 위에 아스팔트 주트를 감는 등 방식피복을 철저히 해야 한다. 피복관에는 틈막이를 한 후 보통 페인트를 2회, 피복이 안된 관에는 2~3회 정도 칠한다.

⑤ 방동 · 방로피복

습기가 많고 실온이 높은 배관 속을 온도가 낮은 물이 흐를 때 관 외벽에 공기중의 습기가 결로하여 건물의 천장이나 벽에 얼룩이 생기므로 방로피복을 해야 한다. 또 겨울철에 관 속에 물이 얼어 관이나 이음쇠 등이 파열하는 경우가 있으므로 관의 외부를 보온재로 피복해야 한다.

방로 · 방동을 위한 보온피복재로는 펠트 · 아스베스토스 · 마그네시아 등이 사용된다. 시공법은 우선 관 외벽을 방수지로 감고, 관경 15~50mm 정도일 때는 두께 20~25mm, 관경 50~150m 정도일 때는 두께 25~30mm 정도로 보온재를 단단히 감고 그 위에 다시 비닐테이프 등으로 단단히 감은 다음 동선으로 군데군데 동여맨다.

2) 급탕설비

뜨거운 물은 조리, 세면, 목욕용 등에 사용되므로 음용수와 마찬가지로 청정해야 한다. 다만 온수난방에 이용하는 물은 보일러와 방열기와의 사이를 순환하므로 점점 오염될 우려가 있어 음용으로 이용되어서는 안된다.

필요한 탕의 온도는 대체로 〈표 8-8〉과 같다.

〈표 8-8〉 필요한 탕의 온도

용 도	사용온도(℃)	용 도	사용온도(℃)
음료용	50~55		
목욕용	40~45	주방용	45(일반세정용)
샤워	43		70~80(식기세척헹굼용)
세면용	40~42	수영장용	21~27
의료용	43	세차용	24~30
면도용	46~52		

따라서 급탕설비에서는 70~80℃의 물이 공급될 필요가 있다.

(1) 급탕방법

① 개별식 급탕법

개별식 급탕법의 장점으로는 다음과 같은 점을 들 수 있다.

- 길다란 배관이 필요없다. 따라서 배관중의 열손실이 적다.
- 필요하면 수시로 더운 물을 손쉽게 사용할 수 있고, 더구나 높은 온도의 물을 필요로 할 때에도 쉽게 곧 얻을 수 있다.
- 급탕개소가 적을 경우에는 시설비가 싸게 든다.

이상과 같은 장점으로 주택, 중소여관, 작은 사무실 등 급탕개소가 적은 소규모 건물에 적합하다.

- 즉시탕비기(순간온수기)
- 저탕형비기
- 기수혼합형

② 중앙식 급탕법

중앙식 급탕법은 지하실 등 일정한 장소에 탕비장치를 설비하여 배관에 의해 각 사용개소에 급탕하는 방식이며, 열원으로는 석탄·중유 등을 사용한다. 장점은 다음과 같다.

- 열원으로서 비교적 값싼 석탄·중유 등이 사용되므로 연료비가 급탕방식에 비해 적게 든다.
- 탕비장치가 대규모이므로 열효율이 좋다.
- 다른 설비 기계류와 동일 장소에 설치되므로 관리상 유리하다.

이상과 같은 장점을 종합해볼 때 처음 건설비는 비싸지만, 경상비가 적게 들므로 대규모 급탕에는 개별식보다 중앙식이 경제적이다. 이 방식은 호텔, 병원, 사무실 건물 등 급탕개소가 많고 소요 급탕량도 많이 필요한 대규모 건물에 이용된다.

③ 태양열이용 급탕법

태양열에 의한 급탕법은 주택에서부터 공동주택, 학교급식용, 수영장, 대중목욕탕, 호텔, 병원의 급탕에 이르기까지 다양하게 이용되고 있다.

일반가정에서 태양열 온수기의 용도는 주로 급탕을 위한 것으로 집열부분의 저탕량은 200L 정도를 표준으로 하고 있다. 태양열 온수기의 설계상 가장 중요한 것은 태양의 일사량 취득이므로 이에 대한 충분한 검토가 이루어져야 할 것이다.

(2) 급탕배관법

① 단관식

급탕배관의 끝이 급탕전의 끝이 되므로 사용 빈도수가 적은 급탕전이나 주관에서 멀리 떨어져 있는 급탕전에서는 배관 속에 차 있던 물이 냉각하기 때문에 수전을 열면 처음에는 찬물이 유출되고 잠시 후에 더운물이 나오므로 사용상 불편하다. 하지만 배관이 비교적 짧고 간단하여 설비비가 적게 드므로 중·소 주택 등 소규모 급탕에 사용된다.

② 순환식

저탕조를 중심으로 하여 회로배관을 형성하고 탕물은 항상 순환하고 있으므로 급탕전을 열면 분기 상향 수직관 부분에서 극소량의 식은 물이 나올 뿐 곧 뜨거운 물이 나온다.

(3) 급탕용 배관의 종류

급탕배관에는 아연도금강관, 동관, 황동관, 스테인리스 강관 등이 사용되는데 온도가 높아 급수의 경우보다 부식되기 쉬워 동관, 황동관, 스테인리스 강관 등을 사용하는 것이 바람직하다.

(4) 급탕배관 시공 및 관리 주의사항

① 배관과 구배

배관의 구배는 온수의 순환을 원활히 하기 위해 현장조건이 허용하는 한 급구배로 하는 것이 좋다. 상향 공급방식에 있어서는 급탕수평 주관은 선상향구배로 하고 복귀관은 선하향구배로 한다. 하향 공급방식에는 급탕관 및 복귀관 모두 하향구배로 한다.

② **공기빼기**

물이 가열되면 그 속에 함유되어 있는 공기가 분리된다. 이 공기는 배관계통 중 ㄷ자형 배관부 등에 괴어 탕물의 순환을 저해하므로 구배를 주거나 동시에 ㄷ자형 배관을 피해야 한다.

③ **배관의 신축**

관 내의 수온이 오르내리면 그에 따라 관경과 길이가 신축한다. 관경 신축량은 근소하지만 길이의 신축량은 커서 직선배관이 길 때에는 관이음쇠, 밸브류 및 기타 서포터 등에 큰 응력이 생겨 이음쇠가 파손되기도 한다.

배관의 신축·팽창량을 흡수처리하기 위해서는 신축이음쇠가 사용되며, 그 종류에는 스위블 조인트, 신축곡관, 슬리브형 신축이음쇠, 밸로스형 신축이음쇠 등이 있다.

④ **보온 및 마무리 재료**

배관에 있어서 보온재를 선택할 때에는 다음과 같은 점을 고려하여 선택한다.

- 안전사용 온도범위
- 열전도율
- 물리적·화학적 강도
- 내용년수
- 단위중량당 가격
- 구입의 난이성
- 공사현장에서의 적응성
- 불연성

저탕조 및 배관계는 전부 완벽하게 보온 피복하여 열손실을 최소한도로 막는다. 보온재로 적합한 것으로는 우모, 펠트, 라크울, 아스베스토스, 마그네시아, 규조토 등을 들 수 있다. 저탕조나 보일러 주위는 아스베스토스 또는 규조토와 시멘트를 섞어 물반죽하여 2~3회에 걸쳐 두껍게 바른다. 이때 중간에 철망을 넣어 보강함으로써 떨어지는 것을 방지한다.

보온피복 두께는 3~5cm 정도로 하고 그 위를 마포 등으로 감싼 다음 표면에 페인트칠을 한다. 각 관경의 크기에 따라 제작된 원통형 규조토 커버를 사용하면 관의 고장수리시에 편리하다. 배관의 만곡부는 관의 신축으로 피복에 균열이 생기기 쉬우므로 석면 로프를 감아둔다.

(5) 관의 지지

배관을 적당한 지지기구로 지지하는 것은 배관의 유지관리나 누수의 방지 및 장치의 안전상 특히 중요하며, 지지기구를 선택할 때에는 다음과 같은 점을 고려하여 선택해야 한다.

- 관 및 관 내의 유체, 보온재를 포함한 전 중량을 지지하는 데 충분한 강도를 보유할 것
- 온도의 변화에 따른 관의 신축을 감당할 수 있을 것
- 배관시공에 있어서 그 구배를 손쉽게 조절할 수 있는 구조일 것
- 지진 및 그 밖의 진동이나 충격에 대해서 충분히 견디어낼 수 있을 것
- 관이 자체 무게로 처지는 것을 방지하기 위하여 적당한 간격으로 배관을 지지할 것

3) 배수설비

주거에서 발생하는 배수는 주방이나 욕실 등에서 나오는 잡배수, 수세식 화장실에서의 배수 및 우수가 있다. 주방이나 욕실 등에서 나오는 잡배수는 여러 가지의 유기물이나 세균류를 다량 함유하고 있으므로 괸 채로 두면 부패하여 적당한 처리장으로 보내야 한다.

공공하수도가 있는 경우에는 직접 방류하면 되지만 공공하수도가 없는 경우 잡배수나 우수는 도로에 따른 출구를 경유하여 하천이나 바다로 방류되는데, 수세식 화장실에서의 배수는 정화조에서 정화하여 방류하여야 한다.

(1) 배수종류

- 오수 : 주로 인체로부터의 배설물로 소변기 · 오물싱크 · 비데 · 변기 · 소독기 등에서 나오는 오수
- 잡배수 : 세면기 · 싱크류 · 욕조 등에서 나오는 일반구정물의 배수
- 빗물배수 : 옥상이나 마당에 떨어지는 빗물배수
- 즉수배수 : 공업폐수 등과 같이 유독 · 유해물을 함유한 물이나 방사능을 다량으로 함유한 물의 배수

(2) 배수방식

- 합류배수방식 : 오수 · 잡배수의 구별 없이 양자를 모아서 배수하는 방식

• 분류배수방식 : 건물 내의 배수를 오수와 잡배수 그리고 빗물로 나누어 각각 배출하는 방식

(3) 옥내 배수설비

① **트 랩**

배수관은 급수관의 경우와는 달리 보통 중력의 작용에 의해 물이 흐르므로 관 속 가득히 흐르는 일은 거의 없다. 또한 가구에서 배수되지 않을 때는 관 속은 비어 있게 된다. 따라서 하수본관 및 가옥 배수관에서 발생한 해로운 하수가스가 위생기구를 통하여 집 안으로 침입하게 된다. 이것을 방지하기 위해 배수계통 요소에 부착하는 기구를 트랩이라 한다.

보통은 U자형으로 된 부분에 기구에서의 배수 일부를 항상 정류시키고, 그 물에 의하여 가스의 역류를 방지하도록 하고 있다.

트랩에는 여러 가지 형상이 있는데 P트랩과 S트랩은 세면기 · 수세기, 드럼트랩은 싱크류의 배수, 벨트랩은 욕실 · 수세식 화장실의 바닥배수에 사용된다.

② **통기관**

배수관에 물이 흐르면 수류와 함께 배수관 내의 공기가 흡출되고 기압도 내려가 트랩의 봉수가 흡출될 우려가 있다. 이것을 방지하기 위하여 배수관에는 통기관을 설치하여 관 내의 압력저하를 방지한다.

(4) 급탕배관 시공 및 관리 주의사항

① **발포 존**

발포 존(zone)에서는 기구배수관이나 배수수평지관을 접속하는 것을 피해야 한다. 아파트와 같은 공동주택 등에서는 세탁기 · 주방싱크 등에서 세제를 포함한 배수가 위에서 배수되면 아래 층의 기구트랩의 봉수가 파괴되어 세제거품이 올라오는 경우가 있다.

② **수직주관**

배수 및 통기 수직주관은 되도록 파이프 샤프트 내에 배관하고, 변기는 될 수 있는 대로 수직관 가까이에 설치한다.

③ **청소구**

배수배관은 관이 막혔을 때 이것을 점검수리하기 위해 배관 굴곡부나 분기점에 반드시 청소구를 설치해야 한다.

④ **배관의 이음쇠**

배수에는 여러 가지 고형물이나 불순물 등이 수반되므로 배관의 내면에 돌출부나 턱이 있으면 그곳에 찌꺼기가 걸려 관이 막히는 원인이 되므로 이음쇠는 반드시 배수용 이음쇠를 사용해야 한다.

⑤ **배관의 피복**

배수관의 피복은 방로와 방음을 목적으로 하는 것이다. 그 중 배수관이 노출되게 배관된 때나 호텔이나 아파트의 파이프 샤프트 내에서는 그 소리가 상당히 시끄러우므로 방음을 위한 피복에 신경을 써야 한다.

(5) 배수 및 통기 배관재료

배수중에는 여러 가지 물질이 함유되어 있으므로 배관재료는 내식성이 충분해야 한다. 보통 사용되고 있는 것은 배수용 주철관이지만 최근에는 경질염화비닐관이 대단히 많이 사용되고 있다. 또한 스테인리스 강관은 내구성이 매우 우수하다.

- 주 · 강제품 : 주철관, 아연도금강관
- 비철금속제품 : 연관, 동관, 황동관
- 시멘트 제품 : 수도용 석면 시멘트관, 철근콘크리트관, 원심력 철근콘크리트관
- 도기제품 : 도관, 토관
- 합성수지제품 : 플라스틱관

4) 하수도

도시에서는 많은 사람들이 시가지 형태의 좁은 지역에서 집단생활을 하며, 더욱이 공장이나 각종 사업장도 적지 않으므로 이곳에서 배출되는 온갖 오수가 그대로 근처의 하천이나 호수에 방류되면, 순식간에 수질이 오염되고 악취까지 섞인 환경오염이 도시민 신변에 나타나는 결과가 된다. 그러므로 이와 같은 오수를 되도록 모아서 처리해버리고, 오염원이 되는 물을 제거한 후에 하천에 방류하는 것이 하수도의 구실이다.

일반적으로 하수란 빗물이나 우리들의 생활환경에서 생기는 폐수를 말하는 것으로 ① 빗물과 그밖에 내리는 물, ② 가정이나 부엌에서 나오는 오수, ③ 목욕이나 세탁에 쓰인 오수, ④ 수세식 화장실의 오수, ⑤ 그밖에 공장 등에서 나온 공장배수 등이 포함되어 있다. 그리고 하수의 종류 중 빗물을 뺀 나머지를 특히 오수라고 하기도 한다.

하수도는 이들 오수와 빗물을 모아서 보내는 하수관 부분과 하수를 처리하는 부분

으로 이루어져 있다. 하수도가 완비된 경우에는 공중위생상 다음과 같은 효과를 볼 수 있을 뿐만 아니라 수질오염이나 악취 등의 공해발생도 방지할 수 있으며, 또한 도시의 침수대책도 확립된다.

- 장티푸스 · 이질 등 소화기계 전염병의 발생을 감소시킨다.
- 파리 · 모기 등의 해충방제에 도움이 된다.
- 변기가 수세식화되고 일상생활이 보다 쾌적해진다.
- 시가지 부근의 하천과 도랑 등이 정화되고, 도시의 청결과 미관이 유지된다.

하수를 모으는 방식에는 빗물과 오수를 같은 하수관에 모으는 합류식과 오수만을 따로 모으는 분류식이 있다. 분류식은 가느다란 하수관으로 족하나 따로 빗물을 제거하는 시설이 필요하다

제 3 절 빛환경관리

1 채광관리

자연광은 조명의 기능과 건강유지기능이 있는데, 조명기능도 질적으로 우수하고 건강유지기능도 비타민 D와 같은 영양도를 합성하여 주고, 세균 등의 살균효과 등으로 아주 중요한 기능이어서 최우선적으로 자연채광의 극대화에 노력을 기울여야 한다.

지하구조물 및 대형건물에 있어서는 자연광에만 의존할 수 없으므로 조명시설을 설치하여 실내환경의 적정을 기하여야 한다.

자연광은 주간에만 이용할 수 있으며 주로 창으로부터의 채광에 한정되기 때문에 실내의 밝기는 창측만 밝고 안쪽으로 들어갈수록 어둡게 된다. 또한 태양고도에 따라 밝기의 정도와 광원의 색이 계절이나 기후상태에 따라 달라지게 되므로 일정한 밝기를 필요로 하는 작업환경에서는 이러한 자연광으로는 부족하다.

그러나 자연광은 반사가 없고 일정한 방향성을 가지면서 색이 가장 자연스럽다는 장점과 조망 · 통풍 · 환기도 도모할 수 있는 종합적인 효과가 있다.

1) 주광률

기준주광률은 〈표 8-9〉와 같다.

〈표 8-9〉 기준주광률

단계	작업 또는 종별의 예	기준 주광률(%)	왼쪽 경우의 주광조도(Lx)			
			밝은 날	보통 때	어두운 날	매우 어두운 날
1	시계수리, 주광만의 수술실	10	3,000	1,500	500	200
2	장시간의 재봉, 정밀제도, 정밀조작	5	1,500	750	250	100
3	단시간의 재봉, 독서, 제도일반, 타이프, 전화교환, 치과질환	3	900	450	150	60
4	독서, 사무, 진찰일반, 보통교실	3	600	300	100	40
5	회의, 응접강당, 평균체육관, 최저병실일반	1.5	450	225	75	30
6	단시간의 독서(주간), 미술전시, 도서관, 서고, 자동차 차고	1	300	150	50	20
7	호텔로비, 주택식당, 거간일반, 영화관, 휴게실, 교회객석	0.7	210	105	35	14
8	복도층계, 일반·소형화물창고	0.5	150	75	25	10
9	대형화물창고, 주택 헛간, 광	0.2	60	30	10	4

비고 : 주광률 : (실내 어떤 점의 조도 / 어느 시점의 천장공조도) × 100%

〈표 8-9〉는 작업과 공간별로 추천할 만한 주광률의 기준으로 야간이나 흐린 날 채광만으로 실내 밝기를 확보하지 못하면 조명기구를 이용해야 한다.

실내의 조도를 자연광인 채광에 의하여 얻을 경우 실외의 주광조도는 태양고도, 계절, 시각, 기상상태에 따라 변화하므로 실내의 주광조도도 더불어 변동하게 된다. 따라서 주관광원의 변동에 의한 영향을 받지 않는 밝기의 지표로 주광률(晝光率)을 이용한다.

2) 채광의 방식

채광의 방식은 일반적으로 측광·정광·정측광의 3가지로 분류되며, 창의 위치에 따라 실내측면의 창인 측창과 정광채광을 목적으로 하는 천창, 천장 정측부로부터의 채광을 목적으로 하는 정측창으로 분류할 수 있다.

3) 채광을 얻기 위한 창의 크기

현대 건물에 있어서 창의 크기는 점점 커져 벽 전체를 전면유리로 하는 경우도 있다. 채광을 확보하는 데 필요한 창의 크기는 법규에서 그 최소치가 정해져 있으며, 바닥면적에 대한 개구부의 채광에 유효한 부분의 면적비율, 즉 개구율로 정해진다.

창크기의 기준은 〈표 8-10〉과 같다.

〈표 8-10〉 창크기의 기준

건축물의 종류	대상이 되는 방	기준개구율
주택	거실	1/10
유아원, 초등학교	교실	1/5
중학교, 고등학교	교실	1/5
보육원	보육원	1/5
병원, 진료소	병실	1/7
기숙사	침실	1/7
하숙	숙박실	1/7
아동복지시설 등	주로 사용하는 거실	1/7
학교, 병원, 진료소, 기숙사, 하숙, 아동복지시설 등	상기 이외의 거실	1/10

2 조명관리

사물을 식별하고 무엇을 본다는 것은 인간생활에서 가장 기본적인 것으로 쾌적한 빛환경조건은 작업의 능률 · 피로 · 안전성에 관련된 중요한 요소이며, 일반적으로 자연조명(채광)과 인공조명 2가지 방법을 이용한다.

사물을 밝게 보기 위한 일반적인 조건은 다음과 같다.

① 대상물의 빛이 많이 비추어야 한다(밝기).
② 대상물의 대비가 분명해야 한다(사물과 주위의 밝기 대비).
③ 대상물이 커야 한다(사물의 크기).
④ 보는 시간이 충분해야 한다(보는 시간).

〈표 8-11〉 조명 용어개념과 단위

용 어	정 의	단위	기 타
광속 (Luminous Flux)	광원으로부터 나오는 가시범위의 빛이 단시간 내에 통과하는 빛의 양	루멘 (lm)	동일한 와트수일 경우 밝기는 형광등이 백열등보다 훨씬 밝은데 이는 발산되는 빛이 많기 때문이다.
광도 (Luminous Intensity)	광원으로부터 방사되는 빛의 세기	칸델라 (cd)	자동차의 헤드라이트, 회중전등은 렌즈나 반사경의 도움으로 광원을 모으기 때문에 램프의 크기가 작고 전력소비가 적음에도 불구하고 매우 밝다.
조도 (Lumination)	광원으로부터 비추어진 어느 면의 밝기	룩스 (Lx)	어느 면에 입사하는 빛의 양으로 표시되므로 어느 면의 한 점의 조도는 단위면적($1m^2$)당 입사광속의 면적 밀도를 말한다.
휘도 (Luminace)	표면의 밝기	칸델라 (cd/m^2)	휘도가 높은 광원이 눈에 보이면 눈부심이 일어난다. 이때 갓을 씌우면 휘도는 작아져 눈부심이 완화된다.

조명용어의 개념과 단위는 〈표 8-11〉과 같다.

조도의 양이 충분하여도 그 질이 나쁘면 쾌적한 빛 환경을 얻을 수 없다. 조명의 질을 저해하는 요인과 그 대책은 다음과 같다.

1) 눈부심(글레어)

눈부심은 높은 휘도가 시선에 가깝거나 대상물의 표면 반사광에 의해 대상물을 잘 볼 수 없거나 불쾌감을 느끼게 되는 현상으로 장시간 노출되면 눈이 피곤해지는 현상이다. 이것을 방지하기 위해서는 상방 30° 이내 하방 60° 이내의 눈부심 범위(glare zone)에 전구 등이 직접 보이지 않게 불투명이나 반투명의 갓을 씌워야 한다.

2) 광막반사(반사 글레어)

광막반사란 광택이 있는 서류 등을 읽을 때 광원이 지면에 비추어 문자 등의 대비가 저하함으로써 잘 보이지 않게 되는 현상을 말한다.

벽에 걸린 유화가 반짝여 보이거나 TV에 조명기구와 창이 비춰 보임으로써 불쾌하게 되는 것과 같으며, 광원이 종이 등의 시작업면에 오지 않게 주의하여야 한다.

제4절 음환경관리

쾌적한 음(音)환경이란 무엇보다도 소음으로부터 해방되는 것이라 할 수 있다. 소음이란 듣는 사람에게 있어 좋지 않은 음으로, 상당히 심리적이고 주관적인 요인에 의해서 판단된다. 음의 크기와 단위는 인간의 감각에 기초를 둔 것으로 감각적인 음의 크기는 폰(phone)이며, 음압의 국제적인 단위는 dB로 표시하는데 인간의 귀에 들을 수 있는 최대 가청한계는 130dB이다.

1 소음의 영향

소음은 듣는 사람에게 불쾌감을 느끼게 하고, 작업능률을 저하시키며 피로를 느끼게 하거나 수면을 방해한다. 또한 소음의 정도가 심하면 청력장애를 일으킬 수도 있다. 이와 같이 소음은 일상생활에서의 불편뿐만 아니라 생리적·정신적인 피해를 줄 수도 있으므로 그 대책마련이 필요하다. 소음의 영향정도는 〈표 8-12〉와 같다.

〈표 8-12〉 소음의 영향

소음 레벨(dB)	음환경	인간에게 미치는 영향	가능한 작업
0~10	들을 수 없음		
20~30	아주 조용함		쾌적한 수면
40~50	조용함	심리적 반응의 시사	정신적 집중작업
60~70	소란함	원하지 않는 음으로 지각되어 방해를 느낌, 신경질 반응	
80~100	아주 소란함	다년간 노출된 경우 영구성 난청의 원인-청각장애	작업중 자주 휴식을 요함
110~120	수용할 수 없음	중추신경장애	
150~180	수용할 수 없음	신체기관의 마비 및 파손	

2 측정단위

① 데시벨(decibel)은 음파의 진폭 · 음압의 대소에 의하여 음의 강도를 나타내는 단위
② 폰(phone)은 주파수에 의하여 소리의 크기를 나타내는 단위

3 소음관리 및 유형

소음관리란 소음을 방지하고 소음원을 제거하여 쾌적한 실내환경을 확보하기 위한 관리활동을 말한다.

1) 옥내 소음원

① 이웃으로 인한 소음은 피아노, TV, 오디오, 다툼소리, 복도가 계단에서의 외침소리 등이 있다.
② 건물 내부에서 발생하는 소음으로 위생기구에서 나오는 수격작용(water hammering)에 의한 소리, 난방시설인 보일러 · 배관 등에서 발생하는 소음, 공기조화설비의 디퓨져(급기장치)의 소음, 주차 및 자동차 관련 소음 등이 있다.

2) 옥외 소음원

도로의 교통소음, 주변공장, 건설공사장에서의 소음, 기타 전철 · 항공기 소음 및 잡상인 등으로 인한 소음이 있다.

4 소음에 대한 피해

1) 분쟁 및 민원의 야기

이웃간 소음의 정도가 심한 경우 갈등과 분쟁의 원인이 되며 이웃간의 화합을 저해할 수 있다.

2) 정서 및 건강의 저해

소음은 인체에 대하여 정서를 해치고 수면장애를 일으키며, 소음의 정도가 심한 경우에는 난청 및 사고 · 기억력 · 판단력을 저하시키는 피해를 주게 된다.

5 생활소음의 규제기준

1) 주거환경을 해치는 소음원

확성기소음, 건설공사장의 작업소음, 자동차소음, 유흥업소의 심야소음 등 실로 다양하다. 소음원은 〈표 8-13〉과 같다.

〈표 8-13〉 주거환경을 해치는 소음원

대상소음별 \ 시간별		조 석 (05:00~08:00, 18:00~22:00)	주 간 (08:00~18:00)	심 야 (22:00~05:00)
확성기 소음	옥외 설치	70dB 이하	80dB 이하	사용금지
	옥내에서 옥외	55dB 이하	60dB 이하	50dB 이하
공장 및 사업장의 작업소음		55dB	60dB 이하	50dB 이하
심야의 계속·반복적 소음				50dB 이하

비고 : 1. 옥외설치 확성기의 경우 4월 1일부터 9월 30일까지 심야시간대 중 04 : 00부터 05 : 00 사이의 사용은 허용하되, 그 규제기준은 60dB(A) 이하로 한다.
2. 옥외에 설치한 확성기의 사용은 1회 2분 이내로 하며, 15분 이상 간격을 두어야 한다.

2) 일반지역의 소음

일반지역의 소음규제기준은 〈표 8-14〉와 같다.

〈표 8-14〉 일반지역의 소음

지역의 유형	주간	아침·저녁	야간
AA(주거전용)	45dB 이하	40dB 이하	35dB 이하
A(주거)	50dB 이하	45dB 이하	40dB 이하
B(상공업)	60dB 이하	55dB 이하	50dB 이하

3) 간선철도 지역의 소음

주거지역은 70dB 이하이고, 상업지역은 75dB 이하이다.

6 소음측정기준과 측정기기의 사용방법

1) 소음측정기준

① 소음계의 마이크로폰은 지면에서 1.2~1.5m 높이에 지지장치로 설치하여 측정하는 것을 원칙으로 한다.
② 손으로 소음계를 잡고 측정할 경우 측정자의 몸으로부터 50cm 이상 떨어져야 한다.
③ 측정지점에 장애물 또는 구조물이 있을 때에는 반사음의 영향을 감소시키기 위하여 구조물의 소음원 방향으로 1m 이상 떨어진 곳에서 측정해야 한다.
④ 소음계의 마이크로폰은 소음원의 방향으로 하여야 한다.
⑤ 바람이 없을 때 소음을 측정하는 것을 원칙으로 하나, 바람으로 인하여 측정에 영향을 줄 우려가 있을 때는 반드시 방풍망을 부착해야 한다.
⑥ 진동이 많은 장소나 전자장의 영향(대형 전기기계의 근처)을 받는 곳에서는 차폐 · 방진 등에 주의하여야 한다.

2) 측정기기의 사용방법

① 소음계의 소음도 기록기를 연결하여 측정 기록하는 것을 원칙으로 한다. 소음도 기록기도 없을 경우에는 소음계만으로 측정할 수 있다.
② 소음계 및 소음도 기록기와 전원과 기기의 동작을 점검하고 매회 교정을 실시하여야 한다.
③ 소음계의 레벨 레인지의 변화기는 측정지점의 소음도에 적절하게 예비조사한 후 고정시켜야 한다.
④ 소음계와 소음도 기록기를 연결하여 사용할 경우에는 소음계의 과부하 출력이 소음기록치에 미치는 영향도 주의하여야 한다.
⑤ 소음계의 동특성은 원칙적으로 빠름(fast)을 사용하여 측정하여야 한다.
⑥ 소음계의 청감정회로는 별도 규정이 없는 한 주거지역(A)의 특성에 고정하여 측정하여야 한다.

7 소음방지대책

1) 차 음

조용한 실내환경을 얻기 위해서는 외부로부터의 소음을 차단해야 한다. 실내의 차음 성능을 향상시키려면 창을 닫고 틈이 있는 경우에는 틈을 막아 기밀성을 높여 공기가 통과하지 않도록 하여야 한다. 환풍기나 환기구 등이 있는 방에서는 이들을 일시적으로 폐쇄할 수 있는 장치가 있어야 차음의 효과를 얻을 수 있다. 벽은 단일벽보다 이중벽 혹은 다중벽으로 하고 재료도 밀도가 무거운 재질을 선택하며, 발코니 등에 유리창을 설치하는 것도 외부로부터의 소음을 방지하는 효과를 높을 수 있다.

2) 흡 음

흡음이란 실내의 소음을 흡수하는 방법으로 실내에서 다양한 생활소음과 외부로부터 침입한 소음들이 벽 · 바닥 · 천장, 그밖의 가구나 실내 내장물을 통해 흡수되어 조용한 실내 음환경을 획득할 수 있도록 하는 것이다. 이를 위해서는 바닥 · 벽 · 천장 등에 흡음률이 크고 반사율이 적은 재료로 마감하는 것이 바람직하다. 실내에 일반적으로 많이 쓰이는 흡음재료로는 바닥에 카펫을 깔고, 벽에는 벽지나 타페스트리를 설치, 창에는 주름이 많은 커튼을 사용하고, 천장에는 흡음 텍스를 사용하여, 각 실마다 소음의 정도를 파악하여 실내 소음원이 많은 방에는 집중적으로 방음계획을 세운다.

3) 기 타

① 차도에 인접한 발코니에 벽체와 창문을 설치하여 거실과 도로 사이에 음의 완충지대를 만들면 방음효과를 얻을 수 있다.
② 창을 여는 계절의 차음 및 방음을 위해 차도 또는 어린이 놀이터에 인접한 창문 근처에 나무를 심으면 약 5~10dB까지 방음이 된다.
③ 출입문은 변형이 적은 양질의 문을 선택하여 문틀과의 사이가 뜨지 않도록 해야 한다.
④ 실 또는 세대간 경계벽의 소음방지 효과는 조립식 구조가 철근콘크리트 구조보다 우수하다.

제 5 절 전자파 환경관리

1 전자파의 개념

전자파는 전류가 흐르는 주위에 형성되는 전계와 자계의 변화에 의해 발생하는 파동으로 빛의 속도와 같이 초당 30만km를 간다. 주파수로 표시하는데 주파수는 초당 사이클수(cps)를 나타내며 단위는 Hz를 사용한다.

전자파는 전기를 사용하는 모든 기구에서 발생되며 특히 많은 전자파를 발생시키는 것이 전자레인지, 휴대폰, 컴퓨터 등이다. 병원에서 사용하는 초음파 MRI, 초음파 등 진단이나 치료기기들도 전자파를 이용한 의료기기들도 전자파를 이용한 의료기기들이다.

무엇보다 유의할 것은 강한 전류나 흐르는 송전선 근처에 강한 전자파가 발생된다는 것이다. 전자파는 인체에 여러 가지 형태로 작용을 한다.

첫째, 신체 내에서 열이 발생하여 생리적인 변화를 유발하고 심한 경우 사망한다.

둘째, 인체에 자극효과를 통하여 신경과 근육을 흥분케 하고 심장에 위험한 영향을 줄 수 있다.

셋째, 세포의 생체막에 작용하여 위험한 생리적 변화를 유발할 수 있다.

2 전자파가 인체에 주는 영향

1) 눈의 장애

전자파가 눈에 일으키는 대표적인 장애가 백내장이다. 전자파의 열작용으로 안구내 온도가 올라가 단백질의 변성을 일으키기 때문이다.

2) 내분비계 장애

전자파에 의해 부신피질, 갑상선 등에서 호르몬 분비가 촉진되고 당질의 대사에도 변화를 초래하는데, 이는 시상하부에 열적 자극을 가하여 뇌하수체를 자극하여 내분비를 유발하는 것으로 보인다.

3) 조혈계 장애

임파구와 백혈구의 증가가 나타나고 일부에선 백혈병이 발생한다.

4) 기형유발

전자파를 임신중에 지속적으로 가하면, 태아 사망, 기형 유발 등이 발생한다.

5) 생식계 장애

전자파는 고환의 구조변화, 성숙정모 세포수의 감소 등을 유발한다.

이외에도 체온상승을 유발하여 경련을 일으키는 신경쇠약 증세를 유발하는 등 많은 신체에 부정적 영향을 주는 것으로 나타났다.

3 전자파 관리

가급적 전기기기의 사용을 줄이고 사용시에는 가까이 접근하지 않는 등의 주의와 함께 전자파 차단기술 및 기기의 개발이 시급하다. 전자파는 사용요령에 의하여 관리해야 한다.

① 전열침구는 가급적 사용하지 말 것
② 스탠드, 전열기구는 멀리에서 사용할 것
③ 컴퓨터 모니터는 표준품을 사용하고, 멀리서 사용하며 사용하지 않을 때는 반드시 전원을 끌 것
④ TV는 최소한 2m 이상 떨어져 시청할 것
⑤ 옥내배선은 강력한 전기자장을 형성하므로 시설기준 및 규격제품 엄수할 것

제9장

건물실내공기 환경관리

건물실내의 공기환경은 거주자나 재실자 등의 삶과 생활과 일의 영위에 절대적인 영향을 미치는 건물자산 내부환경요인이다.
따라서 실내공기환경은 건축환경과 함께 매우 중요하게 관리되어야 한다.
제9장 건물실내공기 환경관리편에서는 3개의 절을 두고 실내공기의 일반개념과 실내공기 오염관리 및 실내공기 정화를 위한 공기조화에 대하여 설명하고 있다.

제 1 절 실내공기의 일반개념

오늘날 건축물들은 단열을 위한 이중창과 밀폐구조, 주거형태의 변화에 따른 공동주택의 증가 등으로 종래 전통가옥과 건물에서는 별로 문제가 되지 않던 실내공기질 악화가 큰 문제가 되었고, 이는 일상생활의 80% 이상을 이런 건물 내에서 일하고 생활하며 지내게 됨에 따라 더욱 심각한 문제가 되고 있다.

이와 같이 건물과 삶이 밀접하게 됨에 따라 실내공기질(Indor Air Quallity : IAQ)이 현대인의 건강을 좌우하는 중요한 요인이 되었고, 실내공기질을 개선하기 위한 관리가 아주 중요한 과제가 되었다.

실내공기관리는 필요한 양의 공기를 확보하는 것과 양질의 공기를 공급하는 두 가지 측면에서 이루어지는데 필요량의 확보는 환기에 의하여 크게 어렵지 않게 얻을 수 있으나 양질의 공기를 공급하는 것이 그리 쉬운 일이 아니다. 공기의 질을 좌우하는 것이 현실적으로 오염이 가장 큰 요인이 되고 있어 이에 대한 대책이 중요하나.

1 실내공기를 좌우하는 요인

1) 실내기상

실내기상은 기온, 습도, 기동, 열복사 등에 좌우된다.

(1) 기 온

실내기온은 외기온도에 재실자의 호흡, 발한 등의 열이 더해져 상승하게 되며 그 밖에 일사, 냉·난방, 복사열, 작업공정의 발생열 등이 영향을 준다.

(2) 상대습도

일정 온도에서 단위 체적의 기체 중에 수증기의 양과 공기 중의 수증기의 양의 비율이다.

$$\text{상대습도(\%)} = \frac{\text{공기(E℃) 중의 수증기 농도}}{\text{E℃에서 포화상태 수증기 농도}} \times 100$$

(3) 기 류

외기 온도와의 차이와 통풍, 환기 등에 의하여 발생하는 공기의 흐름이다.

(4) 열복사

태양, 기타 발열체 등에서 나오는 복사열이 영향을 준다.

2) 대기(외기)의 변화

건축물이 대기 중에 존재하기 때문에 외기의 변화에 그대로 영향을 받을 수밖에 없다.

3) 건축물의 구조와 규모

건축물의 구조에 따라 환기효과와 공기흐름이 다르고 건물의 규모에 따라 환기효과를 다를 수밖에 없다.

4) 설비 사용기구 등

설비의 종류, 재질, 사용기구 자체가 공기를 사용하는 경우 등 차이가 크다.

5) 작업내용 공정 원료 등

원료에 따라 작업내용에 따라 발생하는 오염요소들이 다르게 영향을 준다.

6) 재실인원수, 행동, 연령 등

재실자 수가 많을수록 담배를 피우거나 운동을 하는 등의 행동에 따라 연령층의 구성에 따라 오염물질의 배출량이 차이가 난다.

2 실내공기가 인체에 주는 영향

현대인들은 대부분 80% 이상의 시간을 건물에서 생활하고 있고, 실내공기질을 결정하는 주요인이 오염이라는 사실은 이미 언급하였다. 여기서는 실내공기의 오염이 인체에 어떤 영향을 주는지를 살펴보고자 한다.

기본적으로 실내공기의 오염은 대기오염이 기본이고 여기에 실내활동에서 발생하는 여러 가지 오염요소들이 추가된 것으로 볼 수 있다.

오염된 대기를 완전히 차단하는 것도 불가능할 뿐 아니라 대부분의 경우 대기가 오염되었다 하더라도 실내공기 질보다는 낫기 때문에 실내공기관리에서 외기와 분리해서는 안되며 적절히 활용하여야 하는데, 실내공기는 사람의 호흡과 체열발산, 화장품, 세제, 조리, 냉·난방 여러 가지 생활용품, 원자재나 작업공정 등에서 발생하는 오염물질들이 추가된다.

1) 실내오염물질의 발생원

실내공기 오염물질은 오염된 외부공기의 침입, 실내·외부의 마감재료, 인간의 활동 및 각종 생활용품 등에서 발생되는 것으로 주 오염물질은 〈표 9-1〉과 같다.

〈표 9-1〉 주 오염물질

발생원		실내오염물질
인체 및 사람의 활동	호흡, 재채기, 기침, 피부, 의류, 화장품, 흡연 등	CO_2, CO, 분진, 유기화합물, 세균, 바이러스, 곰팡이, 비듬, 섬유, 냄새, 암모니아
건축자재	합판류, 내화재, 단열재, 시공발생물질 등	포름알데히드, 아스베스토스, 라돈, 곰팡이, 세균
연료연소	가스보일러, 벽난로, 가스레인지 등	CO_2, CO, 분진, 유기화합물, 이산화질소
생활용품	사무기기, 냉장고, 가습기, 살포제, 플라스틱류, 페인트, 접착제, 정화기 등	유기화합물, 분진, 암모니아, 오존, 용제류
기 타	악취, 소음 등	

2) 오염물질이 인체에 미치는 영향

(1) 각종 증후군

오염물질이 인체에 영향을 주어 나타나는 증상들을 대상에 따라 빌딩 증후군, 새집증후군, 헌집증후군 등으로 편의상 분류하기도 하고 각 증후군마다 특징이 있으나 같은 증후군으로 분류한 경우에도 실상은 원인물질에 차이가 있게 되는 등 내용은 아주 복잡한 양상을 띠고 있어 이들을 통털어 보편적 증상을 중심으로 건물증후군으로 다루고자 한다.

빌딩 증후군으로 흔히 나타나는 증상들을 보면 선진국의 예에서 발생빈도에 따라 〈표 9-2〉와 같이 나타나고 있다.

〈표 9-2〉 빌딩 증후군

순 위	증상 및 호소
1	점막자극(mucous membrane irritation)
2	눈자극(eye irritation)
3	두통(headache)
4	악취(odor)
5	피부자극(skin irritation)/발진(rash)
6	주관충혈(sinus congestion)
7	기침(cough)
8	인후통(sore throat)
9	숨이 참(shortness of breth)
10	미각의 이상(abnormal taste)
11	현기증(dizziness)
12	피로(fatigue)
13	메스꺼움(nausea)
14	호흡곤란과 과민증(wheezing and hypersensitivity)

비고 : 빌딩 증후군(Sick Building Syndrome : SBS)[1)]

우리나라에서도 새집증후군(sick of new house syndrome)이라 하여 새집에 입주한 사람들이 목이 아프다, 눈이 따갑다, 피부가 가렵다, 코가 막힌다 등의 증상을 호소하는 경우가 많아졌고 실제로도 건축자재 등으로부터의 오염도 심각하여 사회문제화되어 있으며 여러 가지 대책이 강구되고 있다.

그러나 이런 증상은 헌집에서도 헌집의 특수한 여건으로 양상은 다르더라도 계속 발생하고 있다. 예를 들면 곰팡이에 의한 호흡기 증상과 같은 것들이다.

이렇게 각종 건축물에서 광범위하고 다양하게 나타나는 증상들을 체계적으로 통합하여 다룸으로써 효율성을 높일 수가 있기 때문에 건물증후군으로 통합하여 체계화를 다루고자 한다.

1) 실내공기오염의 심각성은 실내공간에서 생활하는 거주자가 불쾌감, 두통, 안질, 알레르기성 질환, 어지러움 등의 각종 증세인 일명 빌딩 증후군을 호소함으로써 나타났다. 이러한 빌딩 증후군은 1970년대 이후 에너지 보존을 위해 건물이나 일반주택에서 사용된 새로운 건축자재에서 나오는 오염물질, 경제수준의 향상으로 다양화된 생활용품에서 나오는 뜻밖의 오염물질 때문에 나타나고 있는 증상이다.

(2) 오염물질별 영향

〈표 9-3〉 오염물질 원인별 인체영향

오염물질	발생원	인체영향
분진	대기 중 분진이 실내로 유입, 실내바닥의 먼지, 담뱃재 등	규폐증, 진폐증, 탄폐증, 석면폐증 등
담배연기(각종 가스, HC, PAH, 분진, HCHO, 니코틴 등)	담배, 권련, 파이프담배 등	두통, 피로감, 기관지염, 폐렴, 기관지천식, 폐암 등
연소가스(CO, NO_2, SO_2, RSP 등)	각종 난로(연탄 · 가스 · 석유), 벽난로, 연료연소, 가스레인지 등)	만성폐질환, 기도저항 증가, 중추신경 영향 등
라돈(라돈가스의 부산물)	흙, 바위, 물, 지하수, 화강암, 콘크리트 등	폐암 등
포름알데히드	각종 합판, 보드, 가구, 단열재(UFFI), 소취제, 담배연기, 화장품, 옷감 등	눈, 코, 목 자극 증상, 기침, 설사, 어지러움, 구토, 피부질환, 폐암, 정서불안정, 기억력상실 등
석면	단열재, 절연재, 석면타일, 석면, 브레이크 패드, 방열재 등	피부질환, 호흡기 질환, 석면증, 폐암, 중피종, 편평상피 등
미생물성 물질(곰팡이, 박테리아, 바이러스, 꽃가루 등)	가습기, 냉방장치, 냉장고, 애완동물, 해충, 인간 등	알레르기성 질환, 호흡기 질환 등
유기용제(에스테르, 알데히드, 케톤 등)	페인트, 접착제, 스프레이, 연소과정, 세탁소, 의복, 방향제, 건축자재, 왁스 등	피로감, 정신착란, 두통, 구역질, 현기증, 중추신경 억제작용 등
악취	외부악취가 실내로 유입, 흡연 등	식욕감퇴, 구토, 불면, 알레르기증, 정신신경증 등

① 포름알데히드

자극취가 있는 무색의 포름알데히드(HCHCO)는 주로 실내에서 발생되는 오염물질로서 건축자재 · 단열재 · 가구 · 가정용품 등이 주요 발생원이다. 포름알데히드 가스는 포름알데히드 성분으로 만들어진 접착제로부터 방출될 수 있다. 실내가구의 칠, 난방연료의 연소과정, 흡연, 생활용품, 접착제, 의약품 등에서도 방출되며 접착용 합성수지의 연료로도 사용된다. 또한 개방형 연소기구와 흡연시 발생할 수 있는 유해물질로 강한 자극성 냄새를 가진 수용성 가스이다.

포름알데히드가 함유된 건축자재는 수년 동안 지속적으로 포름알데히드 기체를 실내로 방출하며, 방출량은 시간에 비례하여 서서히 감소하므로 신축건물일수록 농도가 더 높고, 특히 습도가 높을 때는 방출량이 증가하는 특성을 갖는다.

〈표 9-4〉 포름알데히드가 인체에 미치는 영향

농도(ppm)	인체에 미치는 영향
0.1~0.5	눈물 흘림, 상부기도에 자극
1	냄새를 맡을 수 있음
10~20	기침, 두통, 가슴압박감
50~100	폐기종, 폐렴, 심지어 사망

일반적으로 포름알데히드는 낮은 습도에서 단시간 노출되었을 때 눈·코·목 등에 가려움을 느끼고, 장시간 노출되었을 경우 기침·구토·어지러움·두통·불면증·피부질환 등을 유발한다. 또한 기관지천식에도 영향이 있으며, 동물실험 결과 발암성이 있는 것으로 나타났다.

② 라 돈

라돈(Pn)은 지구상에서 발견된 약 80여 가지의 자연방사능 물질의 하나로서 사람이 가장 흡입하기 쉬운 기체성 물질이다. 일반적으로 라돈가스의 주요 발생원은 흙·시멘트·콘크리트·대리석·모래·진흙·벽돌 등의 건축자재 및 우물, 동굴, 천연가스, 토양가스, 라듐이 풍부한 토양 등으로 알려져 있다.

라돈가스는 무색·무취이며 라돈이 알파붕괴를 할 때 생성되는 낭핵종(radon daughter)에 의하여 폐 중에 흡수되면 배출되는 것이 없고, 기관지 폐포에 쌓이면 폐암의 위험이 있는 것으로 보고되고 있는데 주 발생원은 0.1%의 우라늄이 함유된 석탄이다. 특히 라돈가스는 공기보다 9배나 무겁기 때문이 우물·동굴·주택의 지하에 있는 틈 속의 정체된 공기중으로 방출되고 실내로 확산되므로 지하실을 이용하는 경우는 특히 주의를 요한다.

pci(pico currie)는 라돈의 농도를 나타내는 단위로 1pci는 1g의 라듐과 평형을 이루고 있는 라돈의 양을 의미한다.

〈표 9-5〉 라돈이 인체에 미치는 영향

농도(pci/l)	인체에 미치는 영향
4	일생 동안 노출된 경우 폐암으로 사망할 확률이 약 1~2% 정도로 추정
5	1년간 생활할 경우 1백만명 중 4백명 정도의 폐암이 발생된다고 추정
200	약 44%의 폐암발생 위험률에 달할 수 있는 농도로 추정

③ **이산화탄소**

탄산가스로 일컬어지는 이산화탄소(CO_2)는 무색 · 무미 · 무취의 기체로 대기중의 정상 성분이다. 이것은 인간이나 동물의 호흡기로 배출되고 연료가 연소되면서 생성되는 물질이다. 실내에서 이산화탄소의 발생은 인체에서의 발생이 가장 많고, 그 자체에 의해 중독을 일으키거나 신체장애를 일으키지는 않으나 다른 실내오염가스가 증가할 때 비례적으로 이산화탄소가 증가한다.

그러므로 일반적으로 실내공기의 환기상태를 평가하는 지표로 사용되는데 보통 1,000ppm을 허용기준으로 본다. 이산화탄소의 발생은 주로 재실자들의 호흡에 의해 발생하게 되는데 사람들이 많이 모이는 곳에 오래 있으면 두통 · 권태 · 현기증 등에 의한 현상이 나타나는 것은 바로 이산화탄소의 농도가 증가하였기 때문이다.

〈표 9-6〉 이산화탄소가 인체에 미치는 영향

농도(ppm)	인체에 미치는 영향
1,000(0.1%)	실내공기의 허용한도
2,000~5,000(0.2~0.5%)	매우 불량한 공기조건으로 경미한 두통 발생
10,000(1.0%)	호흡기, 순환기, 대뇌의 기능저하
40,000(4.0%)	귀울림, 두통, 혈압상승이 크게 나타남
80,000(8.0%)	격심한 호흡곤란, 의식혼미

④ **일산화탄소**

일산화탄소(CO)는 무색 · 무취 · 무미의 기체로 무연탄과 각종 유류 등과 같은 탄소를 포함한 모든 물질이 불완전연소할 때 발생되며, 특히 산소의 공급이 부족할 때 그 발생량은 급증한다.

〈표 9-7〉 일산화탄소가 인체에 미치는 영향

농도(ppm)	노출시간	인체에 미치는 영향
5	20분	교차신경계 반사작용의 변화
30	8시간 이상	시각 · 정신 기능의 장애
200	2~4 시간	앞머리가 무거움, 경미한 두통
500	2~4 시간	심한 두통, 오심(惡心), 탈력감, 시력장애
1,000	2~3 시간	맥박이 빨라지고 실신
2,000	1~2 시간	사망

이 기체는 적은 농도로 인체에 치명적인 영향을 주는데 5ppm의 농도에 2분 정도 노출되면 시각·정신 기능의 장애를 일으킨다.

그리고 인체 내 혈액 중의 헤모글로빈과 결합력이 높기 때문에 폐를 통해 흡입되면 혈액의 산소운반 기능을 저해하여 신체 각 조직은 일종의 질식상태를 일으킨다. 실내에서는 연소기구로 사용하는 가스렌지 사용에 의해 발생하며, 특히 연탄으로 취사난방을 하는 경우에는 겨울철에 인명을 빼앗는 요인이 될 수 있다.

⑤ 이산화질소

이산화질소(NO_2)는 일반 가정에서 취사용 가스기구의 사용시 주방기구에서 다량 발생하고, 흡연, 실내 건축자재, 난방기구 및 외부에서 실내로 유입되는 오염물질 등에서 발생한다. 그리고 교통기관의 배기가스와 발전소·공장·건물의 각종 동력연료의 연소과정에서 발생한다.

이산화질소는 일산화질소보다 그 독성이 4배나 강한 것으로 알려져 있으며, 물에 잘 녹지 않기 때문에 비교적 건조한 기관지를 통하여 폐의 점액성 내면의 폐포에까지 이르게 된다. 고농도의 이산화질소를 단기간 흡입해도 호흡이 빨라지는데 이는 폐에 이상이 생겨서 다량의 공기를 흡수할 수 없기 때문이다. 낮은 농도에서도 장시간 흡입하면 만성폐질환을 일으킨다. 일반적으로 5ppm 이상이면 기도에 자극증세가 있으며, 100ppm 이상이면 사망하는 수도 있어 호흡기 질환이 있거나 적응력이 약한 어린이에게는 위험성이 높은 것으로 알려져 있다.

〈표 9-8〉 이산화질소가 인체에 미치는 영향

농도(ppm)	노출시간	인체에 미치는 영향
0.2		우주여행 허용기준
1~3		취각 탐지
5	8시간	산업안전 허용기준
13	8시간	눈·코의 자극, 폐기관의 불쾌감, 중추신경 영향
10~40	계속노출	만성 폐기종
50~100	6~8주	섬유 폐쇄성 기관지 폐렴
100	3~5분	인후의 뚜렷한 자극과 심한 기침
500	3~5분	기관지 폐렴과 겹친 급성 폐부종

⑥ 아황산가스

아황산가스(SO_2)는 실내에서 아황산가스 석탄이나 석유계의 연료를 사용할 때 발생하며, 1,000ppm에 노출되었을 경우 호흡불능이나 피부염증을 일으킨다.

〈표 9-9〉 아황산가스가 인체에 미치는 영향

농도(ppm)	인체에 미치는 영향
0.03~1.0	지각하기 시작하는 농도
3	쉽게 냄새를 맡을 수 있는 농도
6~12	코와 목구멍을 즉시 자극
20	눈을 자극하는 최저 농도
400~500	즉시 호흡곤란에 빠지며 생명의 위험
1,000	호흡불능, 수분만에 피부염증을 일으킴

⑦ 부유분진

부유분진이란 대기 중에 부유하거나 비산강하라는 100μm 이하의 입자성 물질을 말하며 실내공기관리에서 주대상은 흡입으로 인체에 영향을 주는 직경 10μm 이하의 미세분진이다.

특히 5μm 이하의 작은 분진이 인체에 심각한 영향을 주는데 이는 입자상 물질은 가스상 물질과 달리 입자의 크기에 따라 인체의 흡입된 후 이동과 영향이 판이하게 다르기 때문이다.

10μm 이상의 큰입자는 흡입되어도 대부분 상기도에 침착, 기도의 섬모활동에 의해 돌출되나, 10μm 이하의 입자는 입자의 크기에 따라 다른데, 5μm 이상의 입자는 코 및 인두에 1~5μm의 입자는 기관 및 기관지에, 1μm 이하의 입자는 폐포에까지 도달되며 0.5μm 이하의 입자는 혈관이나 임파선까지 침입한다.

또 입자의 기도침착 및 입자의 흡입정도는 흡기속도에 따라 차이가 나서 운동시와 같이 호흡이 빠를 때는 흡입량이 많음에도 침착이 적고, 휴식시와 같이 호흡이 느릴 때는 호흡량이 적어도 침착이 많아지게 된다. 기관지에 침착된 분진입자는 섬모활동에 의하여 분비액과 함께 기도를 통하여 토출된다.

섬모가 없는 허파꽈리(폐포, alvelous)에까지 도달한 작음 입자는 폐포내에 대식세포에 흡수되는데, 중독성이 약한 입자는 대식세포에 의해 폐포로부터 기관지로 운반되고 기관지로 운반된 입자는 대식세포를 파괴 또는 변성시킴으로써 폐포에 손상을 주며 0.5μm 이하의 아주 작은 입자는 혈관과 임파선에 침투하여 해를 끼치기도 한다.

이렇게 분진미립자가 흡입에 의하여 폐포에 도달, 침착함으로써 인체에 해를 주기 때문에 분진의 작은 미립자가 문제이며 주요 관리대상이다.

분진은 입자의 크기와 구성성분과 증상에 따라 분류된다.

가. 입자의 크기에 따른 분류

총부유분진
- 미세분진(fine particle) : 직경 10μm 이하의 작은 분진으로 협의의 부유분진이며, 공기관리의 주대상
- 조대분진(coarse particle) : 직경 10~100μm의 분진으로 공기 중에 체류시간이 짧아서 강하분진(dust fall)이라고도 하며 인체에 영향은 상대적으로 작다.

나. 성분과 증상에 따른 분류

- 진폐증성 먼지 : 5μ 이하의 먼지로 폐에 들어가 섬유증식, 결절형성 등의 증상을 나타내며 폐의 산소섭취능력을 방해하여 폐결핵증을 유발하기도 한다(유리·규산·석면·활석·흑연 등 광산지대의 먼지).
- 알레르기성 먼지 : 알레르기성 천식이나 피부병을 일으키는 먼지(꽃가루, 나뭇가루, 작은 털 등 삼림지대 및 전원도시의 먼지).
- 중독성 먼지 : 중추신경계통, 콩팥이나 조혈장기 등에 작용하여 갑자기 급만성 장애를 일으키는 먼지(납·수은·카드뮴·안티몬·망간·베릴륨 등의 금속성 먼지와 비소·인·셀레늄·유황 등의 화합물 등으로 산업장에서 일어나는 먼지).
- 자극성 먼지 : 눈·호흡기·소화기 등의 점막과 피부 등을 자극하고 염증 또는 궤양을 형성하고 치아 등을 부식시키는 먼지(산·알칼리·불화물·크롬산 등의 생산·사용지역).
- 불활성(不活性) 먼지 : 다량의 입자를 흡입하지 않는 한 특별한 유해작용이 일어나지 않는다고 보는 먼지(석탄·석회석·시멘트 등을 생산하는 광산지대).

한편 분진(먼지)를 측정할 때는 먼지의 농도뿐만 아니라 입자 분포, 물리화학적 성질, 시간대별, 공간적 분포 등을 동시에 체크하여야 하며, 측정법으로는 부유측정법, 표집측정법 등이 사용된다. 각 나라들은 그 나라의 여러 가지 환경과 여건에 따라 나름대로의 허용농도를 정하고 있으나, 미국의 경우 ACGIH의 TLV(Thre shold Limit Value)가 널리 쓰이고 있다.

일반적으로 분진(먼지)의 허용농도는 건장한 근로자가 매일 분진을 마시며 30~40년간 일했을 때 그 중 1% 정도가 진폐증에 걸리는 정도의 양을 기준으로 표준량을 정한다. 우리의 법령들은 발생억제에 초점을 맞추어 매출규제 중심으로 되어 있다.

⑧ 석 면

석면(asbestos)은 강한 침상구조이며, 절연성 · 내화성 · 내열성 · 단열성 · 흡음성이 높아서 주로 단열재나 흡음재 또는 내부 마감재료로 많이 사용되어 왔다. 석면은 우리 생활환경의 모든 곳에 존재하고 생활에 이용되는 주요한 용도만으로도 수천 가지에 달한다. 1970년대 초반까지 석면은 세계 각국의 건설업에서 화재방지용 또는 단열재로 널리 사용되어왔으나, 발암성 물질로 밝혀진 후에는 석면에 대한 강력한 행정적 규제를 가하고 있는 실정이다. 석면에 의한 인체장애는 공기를 통한 호흡기 계통의 질환과 음식물과 함께 삼킨 석면에 의한 소화기 계통의 질환으로 알려져 있다. 폐에 침착된 석면은 위암, 소장암, 취장암 등을 일으킨다.

⑨ 휘발성 유기화합물

일명 유기용제로 통칭되는 휘발성 유기화합물(VOCs : Voitile Organic Compounds)이란 피용해물질의 성질을 변화시키지 않고 문자 그대로 어떤 물질을 녹일 수 있는 액체성 유기화합물질을 말한다. 유기용제의 공통되는 성질은 첫째, 물질을 녹이는 성질이며, 둘째, 실온에서는 액체로 휘발하기 쉬운 성질을 갖는다.

유기용제의 일반적인 발생원은 건축재료, 세탁용제, 가구설비, 살충제, 카펫 접착제 등이며, 또한 합성판도 유기용제의 주요 오염원이다. 특히 톨루엔은 페인트 · 라커 · 코팅 · 염료 · 살충제 · 약품 등의 제조공장에서 용제로 쓰이며 화합물질의 합성, 인조고무, 직물, 그라비아 사진잉크, 셀룰로스-에스테르 라커 등의 원료로 쓰이며, 이것들은 실내생활 속에서 다양하게 사용된다. 유기용제가 인체에 미치는 영향은 〈표 9-10〉과 같다.

〈표 9-10〉 유기용제가 인체에 미치는 영향

유기용제	인체에 미치는 영향
벤젠	혈액에 대한 독성이 아주 강함
톨루엔	간, 신장, 혈액, 신경 등에 대한 독성이 강함
크실렌	신경계에 대한 독성이 아주 강함
에틸벤젠	신경계, 피부점막 등에 대한 독성이 강함
스틸렌	신경계, 피부점막 등에 대한 독성이 강함

⑩ 악 취

악취는 황화수소, 메르캅탄류, 아민류, 기타 자극성이 있는 기체상 물질로 후각을 자극하여 불쾌감과 혐오감을 주는 냄새를 말하는데, 사람의 심리적 판단과 생활환경에 따라 오염정도를 다르게 인식하게 되는 등 악취 오염농도를 가지고 기준을 정하기가 어려우나, 문제는 심각하여 최근 악취방지법이 제정, 발효되었다.

⑪ 미생물

실내 미생물은 헌집, 지하 공간 등에서 많이 발생하고, 고온다습한 환경에서 증식을 하며, 환기가 불충분하거나 실내공기질이 나쁜 경우 재순환을 통하여 농도가 증가하게 된다. 이런 미생물은 호흡기질환, 전염병 등을 유발하기도 하고 알러지 반응의 원인이 되기도 하는데 일반 가정에서는 애완동물, 내화재, 카펫 등에서도 많이 발생된다.

제 2 절 실내공기의 오염관리

1 실내공기오염의 예방

실내공기의 오염을 관리하기 위하여는 실내공기가 오염되지 않도록 예방하는 것이 무엇보다 중요하다.

오염을 예방하기 위한 다양한 노력들이 필요한데, 여기서도 중요한 것은 지속적인 이행과 실천이다.

1) 실내공기 오염기준치 설정

우리나라의 실내공기 환경관련기준은 건축관련, 위생관련, 환경관련 법령에 따라 기준이 다기화되었고, 관련 설비의 유무에 따른 세분화가 미흡하다. 실내공기 오염기준은 〈표 9-11〉과 같다.

〈표 9-11〉 실내공기질 유지기준

구 분	건축물 환경위생 관리기준	지하역사, 대합실, 공항터미널, 도서관 등	의료기관, 보육시설, 노인 요양시설 등	실내주차장
온 도	17℃～28℃			
습 도	40%～70%			
기 류	0.5m/sec			
미세먼지	0.15mg/m³ 이하	150μg/m³ 이하	100μg/m³ 이하	200μg/m³ 이하
이산화탄소	1,000ppm 이하	1,000ppm 이하	1,000ppm 이하	1,000ppm 이하
포름알데히드	–	120μg/m³ 이하	120μg/m³ 이하	120μg/m³ 이하
일산화탄소(CO)	10ppm 이하	10ppm 이하	10ppm 이하	25ppm 이하
이산화질소(NO_2)	–	0.05ppm 이하	0.05ppm 이하	0.30ppm 이하
라돈	–	4.0pci/l	4.0pci/l	4.0pci/l
휴발성 유기화합물(VOCs)	–	0.01JH/cc 이하	400μg/m³ 이하	1,000μg/m³ 이하
석면	–	0.06ppm 이하	0.01JH/cc 이하	0.01JH/cc 이하
오존	–		0.06ppm 이하	0.08ppm 이하

2) 건물구조 및 설비의 개선

실내공기의 오염을 방지하기 위하여 건물구조 및 냉·난방설비를 합리적으로 개선하는 것은 대단히 효과적이다.

① 연소기기의 배기는 외부로 배출토록 하고 연소배기를 실내에 방출하는 기구의 사용을 금할 것

② 문 이외의 배기방식(BF형, FF형 등)을 채용

③ 실내확산이 어려운 구조적 고려

3) 흡연의 영향으로부터 보호

담배의 연소과정에는 부유분진, 일산화탄소, 이산화탄소, 알데히드 등 무려 4,500여 종의 오염물질이 발생하며 이중 발암성 물질이 50여 종에 이르는 등 흡연은 실내환경의 최악의 오염원이다.

① 일정 요건의 건물 내에서 흡연을 금지한 건강증진법의 엄격적용 및 확대

② 흡연장소를 엄격히 제한함으로써 수동흡현자의 피해 최소화

③ 재떨이에 모래나 물을 넣어 비주류연기의 발생을 억제하는 등 흡연지역의 흡연용 도구를 합리적으로 관리

4) 작업실 내 오염된 격리 밀폐

작업실 내에서 원재료와 공정 등의 오염물질 발생원의 격리 혹은 밀폐를 통하여 실내 확산을 방지한다.

2 환 기

1) 환기의 의미

환기는 영어의 air change와 ventilation의 2가지 의미로 혼돈되어 사용되고 있다. 먼저 air change는 단순히 '실내외의 공기가 바꾸어지는 것'이라는 현상을 기술한 것으로 매우 넓은 의미인 반면, ventilation은 '실내의 공기정화를 위해서 또는 온 · 습도 조절을 위하여 의도적으로 실내외의 공기를 바꿔주는 것'으로 행위를 나타내는 의미이다. 그러므로 환기는 행위의미의 ventilation과 현상의미로서의 air change를 모두 일컫는다.

2) 환기의 필요성

환기는 예방이 불가능한 사람의 호흡에 의한 오염의 제거 여러 오염원에 의한 실내공기 오염의 조절, 공기의 온열조건의 개선에 유효한 수단이 되므로 생활에 꼭 필요하다. 일반적으로 실내 오염물질의 제거방법은 배출이며 실내공기의 오염은 오염물질의 실내침입을 막는 방법과 오염물질의 침입은 허용하나 이를 제거하는 방법의 두 가지로 대별되는데 각각의 특성은 〈표 9-12〉와 같다.

〈표 9-12〉 오염물질의 침입제거방법

오염물질의 실내 침입을 막는 방법	오염발생을 제거·격리하는 방법	가장 적극적인 방법이나 주요 발생원이 인체나 인체활동에 의해 발생되는 이산화탄소와 냄새일 경우 제거하기에는 불가능한 방법이다. 또한 건축자재나 각종 설비기기에서 발생하는 방사능 오염물질이나 화학물질 등에 의한 오염 등도 어느 정도는 실내에서 제거하거나 피할 수 있으나 그 조치방법이 매우 어렵다. 담배연기의 경우도 담배를 피우는 사람의 지각과 협력이 있다면 어느 정도는 피할 수 있다. 따라서 이 방법은 오염물질 종류에 따라 제거할 수 있는 경우도 있으나 일반적으로는 불가능하다.
	발생원의 성질을 변화시켜 무해화하는 방법	발생원의 성질을 변화시키는 방법의 하나로서 가열·압축 등의 물리적 수단을 이용할 수 있는 경우라면 공기질 개선면에서는 문제가 없다. 그러나 실제는 물리적인 수단만으로 오염원이 무해화되거나 소실되는 일은 극소수다. 오염원을 변질시키기 위해서는 대부분 화학적 수단을 사용해야 하므로 당초 목적했던 오염물질의 발생을 제거한다 하여도 화학반응에 의해 또다른 형태의 오염물이 발생할 수 있다. 그러므로 이 방법도 오염물질 제거수단으로는 크게 기대할 수 없다.
오염물질의 실내침입은 허용하나 이를 제거하는 방법	공기청정기에 의해 오염물질을 제거하는 방법	공기청정기의 이용은 실내의 오염물질을 제거하는 방법으로 실용성이 높다. 다만, 제거의 대상이 되는 오염물질이 한정된다. 즉, 오염물질이 단순한 부유분진의 1종류일 경우 실용적이라 할 수 있으나 휘발성 유기화합물질, 담배연기, 연소배기가스, 냄새 등의 오염물질이 기체, 에어로졸 등의 화합물질에서 발생하는 경우는 모든 원인의 오염물질을 제거할 수 없는 결점을 갖고 있다. 또한 공기청정장치의 유지관리가 불충분하면 정화장치의 오염 보유용량을 넘는 오염물질을 처리하는 결과가 되어 정화장치에서 오염물질이 재발생하는 사태까지 발생할 수 있다.
	환기에 의해 실외로 배출하는 방법	환기에 의한 실내공기 오염물질 제거는 가장 소극적인 방법이기는 하나 오염물질이 가스상태이건, 에어로졸이건, 또는 많은 종류가 되건 상관없이 확실하게 모든 오염물질을 실외로 배출시킬 수 있는 장점을 갖고 있다. 특히 휘발성 유기화합물질, 담배연기, 연소배기가스, 냄새와 같은 복잡한 특성을 갖는 오염물질의 제거법으로 가장 좋은 방법이다. 따라서 환기는 꼭 필요한 방법이다. 단, 환기되는 외기 오염물질의 농도가 실내공기 중에 있는 오염물질의 농도보다 낮다는 전제가 있어야 한다.

3) 환기의 효과

환기는 특히 실내공기오염 조절의 측면에서 실시할 경우 〈표 9-13〉과 같은 효과를 얻을 수 있다.

〈표 9-13〉 환기의 효과

필요 산소공급	밀폐된 많은 사람들의 호흡작용으로 인해 실내의 산소농도가 저하되므로 산소의 공급을 위해 환기가 필요
실내공기오염을 허용치 이하로 유지	환기부족으로 인해 발생되는 탄산가스의 농도증가, 수증기량 증가, 또는 사람 체취로 인한 불쾌감과 구토증상을 환기를 함으로써 막아준다.
재실자 이외의 유해오염물질을 제거	실내에서 발생하는 유해오염물질은 여러 경로를 통해 유해가스나 부유분진으로 생겨나므로 이를 방지하기 위해서 다량의 환기가 필요하다.
실내연소기구에 필요한 산소공급	실내용 가스기구, 석유 스토브, 취사용 레인지 등의 연소기구(개방형 연소기구)가 완전연소를 유지할 수 있도록 산소를 공급해야 한다. 환기가 부족할 경우 산소농도가 저하되어 불완전연소가 되고, 이때 다량의 CO가스가 발생되므로 충분한 환기가 필요하다.
부엌·화장실·욕실 등에서 발생하는 수증기·연기·냄새 등을 제거	조리시 발생하는 수증기·연기·냄새, 또는 화장실이나 욕실에서 발생하는 냄새 등의 오염물질이 주는 불쾌감을 막기 위해 환기는 필요하고, 이러한 것들은 결로의 원인이 되기도 하므로 환기창이나 환기선 등을 달아 환기를 해야 한다.

4) 필요환기량

환기는 많이 할수록 좋은 것만은 아니다. 왜냐하면 실내 열환경과의 관련성이 있기 때문이다. 공기의 온열조건 개선이나 오염물질에 의한 실내공기오염 제거를 목적으로 환기를 할 경우 필요한 공기가 유입·유출되는 양(필요환기량)이 정해져 있으며, 이때 환기량은 1시간당 유입·유출되는 공기량(m^3/h)으로 나타내는 것이 일반적이다.

$$V = M \times \frac{100}{Cs - Co}$$

V : 필요한 환기량(m^3/h)　　M : 오염물질 발생량(m^3/h)

Cs : 기준농도(%)　　Co : 외기 중 그 물질의 농도(%)

① CO_2 허용치에 근거한 필요환기량

실내의 불쾌한 공기환경은 재실자에 의한 체취와 오염물질의 종합적인 영향이지만 일반적으로 인체로부터 발생하는 CO_2에 비례한다고 볼 수 있다. 또한, CO_2농도의 측정은 간단하기 때문에 재실자에 의한 공기오염의 지표로서 CO_2를 많이 이용한다. 건축기준법에서 정한 CO_2농도의 허용치(1,000ppm)를 기준으로 할 경우 1인당 약 20~30m^3/h 정도의 신선한 공기가 필요한 것으로 산출되었다.

② **흡연도에 의한 필요환기량**

재실자의 흡연도는 필요환기량을 결정하는 중요한 요소로서 실의 용도에 따라 매우 다르다. 흡연의 정도를 고려한 흡연량과 환기량은 〈표 9-14〉와 같다.

〈표 9-14〉 흡연도에 따른 필요환기량

흡연정도	적 용	필요환기량(m^3/h) (최소치~권장치)	흡연량(대/h인)
매우 많다	집회실, 신문편집실	51~85	1.5~2.5
많다	사무실, 호텔객실, 회의실	42~51	1.26~1.5
다소 한다	레스토랑, 병실, 실험실	25~34	0.75~1.02
때때로 한다	아파트, 상점, 은행영업실	13~25	0.39~0.75

5) 환기방식의 종류

환기방식의 효과가 큰 순서부터 분류하면 기계에 의한 기계(인공)환기, 자연의 물리적 변화를 이용하는 자연환기, 건물구조체 틈새에서 발생하는 침기현상에 의한 환기가 있다.

(1) 기계환기

기계환기는 급기와 배기의 여부에 따라 급기설비(개방형)·배기설비(반밀폐형)·급배기설비(밀폐형)의 3종류가 있다.

① **급기설비(개방형)**

외기를 청정화하여 실내로 도입하는 장치이다. 이것은 실내의 압력을 높여 틈새나 환기구를 통해 실내공기를 방출시키게 되므로, 만약 방이 밀폐되어 실의 압력이 송풍기의 압력과 같아질 경우는 공기공급도 중단된다. 이 방식은 먼지 등의 발생이 곤란한 실험실 같은 곳에서 주로 사용된다.

② **배기설비(반밀폐형)**

화장실·부엌의 요리용 레인지, 실험실 내의 배기구 등에 의한 팬(송풍기) 등의 압력으로 실내공기를 배출하여 오염된 공기가 건물 내에 확산되는 것을 방지하기 위한 장치이다. 특히, 부엌 등은 취사로 인하여 수증기와 유해가스 발생이 많은 곳이므로 배기를 위해서는 공간 내의 부압이 유지되어야 하며 급기는 틈새를 통해 이루어진다.

③ **급 · 배기설비(밀폐형)**

기계적 수단에 의해 공기의 공급과 배출을 같이 하는 것으로 성능은 좋으나 설비비가 비싸다. 급기송풍기와 배기송풍기를 모두 사용하므로 가장 완전한 환기방법이라 할 수 있다.

(2) 자연환기

자연환기에는 창과 문 등의 개구부를 설치하여 풍력 또는 부력에 의해 환기를 시키는 것이다. 건축법에서는 주택을 비롯한 일반건물에 환기를 목적으로 설치한 창문의 면적은 그 실 바닥면적의 1/20 이상으로 정하고 있다.

일반적으로 실내와 실외의 온도차가 있을 때 공기밀도의 차이에 따른 압력차로 인해 환기가 일어난다. 즉, 실내온도가 외기온도보다 높으면 실내공기 밀도가 낮아지므로 가벼워진 공기는 상승하는데 이때 실내에서는 개구부 상부의 압력이 가해져서 자연배기가 발생한다.

반면 실내온도가 외기온도보다 낮으면 압력이 반대로 작용하므로 공기교환 역시 반대로 발생하여 자연환기가 이루어진다. 바람이 불어 건물에 부딪히면, 바람이 불어오는 쪽의 기압은 대기압보다 높고, 반대로 부는 쪽의 기압은 대기압보다 낮기 때문에 건물전체에 압력차가 발생하여 자연환기가 이루어진다.

(3) 침기현상

재실자가 조절할 수 있는 자연환기와는 달리 침기현상은 풍압과 온도차에 의한 압력에 의하여 개구부나 틈새로 의도하지 않았던 외기가 들어오는 현상을 말한다. 다른 환기방식과는 달리 의도된 것은 아니나 개구부가 많은 건물의 경우 주된 환기원이 된다.

전통 목조주택은 구조상 틈새가 많아 이러한 침기현상만으로도 충분한 환기량을 유지할 수 있으나, 오늘날과 같은 철근콘크리트 구조의 건물이나 창틀이 기밀화된 에너지 절약형 건물에서는 침기현상만으로는 환기량이 충분하지 못하다.

6) 환기의 고려사항

실내공기의 질을 개선하여 쾌적한 공기를 확보하기 위한 가장 유용한 수단이 환기이나, 이는 왜기의 공기질이 실내공기의 질보다 낫다는 전제에서 출발하는 것이기 때문에 계절적으로 기상조건으로 또는 일시적 · 국지적 상황에 따라 외기의 공기질이 심각하게 나빠졌을 때는 가급적 피하고, 또 공기가 낮게 가라앉는 아침 이른시간과 밤시간은 피하는 등 환기에 세심한 주의가 필요하다.

3 오염된 실내공기의 처리

오염 등으로 악화된 실내공기의 정화는 공동주택은 물론 극장, 백화점, 대형판매점 등 사람이 많이 모이는 곳과 병원, 의약품제조실, 식품가공공장 등 위생을 요하는 곳 등에 모두 필요하다. 이에 따라 다중이용시설 등의 실내공기질관리법이 제정 · 시행됨으로써, 공동주택, 지하역사, 터미널, 병원, 보육시설 등에 대하여 공기질을 사전, 사후적으로 규제하고 있다.

실내공기를 정화하기 위하여 공기정화기를 사용하거나 기계, 환기장치를 설치하거나 공기조화설비를 시설하는 등 갖가지 방법들을 동원해보지만, 어느 것도 완전한 정화기능을 발휘하지는 못하고 있어, 환기와 정화기를 동시에 활용하는 것과 같은 보완적 혹은 복합적 활용으로 효과를 높이는 것도 중요하다.

예를 들면 공기정화기는 분진 등 입자상 물질의 제거기능은 확실하나 유해가스 등 가스상 물질의 처리기능은 미비하여 환기시설을 동시에 활용하여 보완적으로 활용함으로써 효과적인 공기정화의 목적을 달성할 수 있게 된다.

보완적 · 복합적 활용에서 무엇보다 중요한 것이 실내공기정화 식물의 활용인데, 실내에서 식물은 상시적으로 정화 · 기능과 습도조절기능을 할 뿐 아니라 미관을 향상시키는 효과도 있다.

실내정화식물로는 실내에서 생육이 가능한 모든 식물이 활용가능하나, 관음죽, 고무나무, 산세베리아 등 많은 공간을 차지하지 않으면서 공기정화기능이 탁월하고 관엽효과가 있는 식물들이 활용도가 높다.

물론 실내에 정원을 설치할 수 있는 여건이라면 제대로 된 정원을 꾸미는 것이 가장 좋겠지만, 대부분의 실내여건이 그렇지 못하고 제한된 공간을 효율적으로 활용하여야 하는 형편이어서 수종의 선택과 배치에 세심한 검토가 필요하다. 아울러 건물주위는 물론 옥상과 주변정화도 실내공기 여건개선에 도움이 되고, 미관도 향상하는 효과가 있다.

1) 입자상 오염물질의 제거

연기, 부유분진 등 0.5~10μm의 유해미립자를 제거하는 것으로 각종 에어필터를 내장한 정화기기가 널리 활용되는데, 에어필터는 건식, 습식, 점도식, 전기식 등이 있으며, 활성탄의 필터를 명용하여 탈취효과를 거둘 수 있다. 정화식물도 활용할 수 있는데, 미립자 흡수기능을 하는 식물들을 선별적으로 활용한다.

2) 가스상 오염물질의 제거

유해가스 취거 등 가스상의 오염물질을 제거하는 것으로 에어필터로는 효과를 기대하기 어렵고, 세정법이나 흡착법 등이 효과가 있다.

3) 오염공기의 살균

수술실, 중환자실 등의 특수한 장소를 세균으로부터 안전한 공기조건으로 만들기 위하여 가스, 약제, 자외선 등을 활용하여 공기 중에 세균을 박멸한다.

제 3 절 실내공기의 조화

1 공기조화의 정의

공기조화(air conditioning)란 실내 또는 특정한 공간의 요구에 알맞은 공기를 사용목적에 적합하도록 적당한 상태로 조정하여 실내의 온도 · 습도 · 환기 · 청정도 및 기류 등을 알맞은 상태로 조절하여 유지시키는 것이다.

이와 같은 상태를 유지하기 위한 온도조절장치, 습도조절장치, 공기를 청정하게 하는 여과장치, 공기를 이동시키고 순환시키는 장치를 포함하여 공기조화설비라고 한다.

2 공기조화의 분류

공기조화는 그 목적에 따라 보건용 공기조화와 산업용 공기조화로 구분한다.

1) 보건용 공기조화

보건용 공기조화는 쾌적용 공기조화라고도 하며, 적용대상은 사람이다. 즉, 쾌적한 주거환경을 유지시켜 사람의 건강과 위생 및 근무환경을 향상시키기 위함을 목적으로 한다. 적용되는 장소는 주거, 사무실, 각종 점포, 오락실, 병원, 교통기관, 작업장 등이다.

보건용 공기조화는 시대발전에 따라 쾌적환경 욕구가 점차 증가되어 온도조건인 냉난방뿐만 아니라 습도 · 기류 · 공기청정까지를 포함하는 쾌감용 공기조화에 이르게 되었으며, 최근에는 소음과 진동의 방지영역까지 포함시키고 있다.

2) 산업용 공기조화

산업용 공기조화는 산업제품의 생산과정 및 보관에 있어서 온도 · 습도의 변화 및 유지와 환경의 청정도를 유지하여 생산성의 향상과 제품의 품질을 향상시켜 불량률의 감소를 목적으로 한다. 적용범위는 정밀기계공장, 공기의 온 · 습도에 영향을 받는 섬유 · 제약 · 전산실 · 실험실 · 반도체 · 제과 · 양조 · 제지공업을 비롯 농작물의 성장촉진 및 억제, 제품의 보관, 수송 등에서도 많이 이용되고 있으며, 산업이 다양화될수록 적용범위는 확산되고 있다.

3 공기조화설비의 구성요소

1) 열원장치

난방을 하기 위한 온열원장치로는 보일러를 사용하여 온수 및 증기를 공조기 내 가열코일에 공급공기와 열교환하여 온풍을 만드는 장치로 되어 있다.

냉열원장치는 냉동기로 증발기에서 냉각된 냉수를 공조기 내 냉각코일에 공급하여 냉풍을 만드는 장치로 되어 있다. 또 냉동기의 응축기는 냉각탑(cooling tower)으로부터 공급되는 냉각수에 의해 냉각되는 것으로 이것도 열원장치의 한 부분에 속한다.

2) 열운반장치

공조기에 열에너지를 운반하는 역할을 하는 동작물질인 열매체(熱媒體)는 공기와 물이며, 공기는 송풍기를 작동시켜 덕트(duct)를 통해 운반되고, 물은 펌프의 작동에 의하여 배관을 통해 운반된다. 이와 같이 송풍기 · 덕트 · 펌프 · 배관 등에 의해 기계실로부터 각 실 또는 다른 기계에 냉열 또는 온열을 운반하는 장치를 열운반장치라고 한다.

3) 공기조화기(공조기)

실내에 유입되는 공기를 사용목적에 적합하도록 만들기 위하여 가열코일, 냉각코일

(냉각 · 감습), 공기여과기(먼지 등 불순물 제거) 및 혼합실(신선한 외기와 실내에서 재순환되는 공기를 혼합) 등으로 구성된다.

4) 자동제어장치

실내공기의 상태를 일정하게 유지시키면서 경제적인 운전을 위하여 각종 기기의 운전, 정지, 유량조절, 풍량조절 등을 제어하는 장치이다.

4 공조에 따른 실내환경조건

사람은 호흡을 통해 탄산가스와 수분을 발산하고, 또 사람의 활동으로 인하여 발생되는 먼지 · 세균 등은 모두 실내공기의 오염요소이다. 특히 실내에 설치된 연소기는 산소를 소비하고 탄산가스 · 일산화탄소 등을 배출하여 더욱더 실내공기를 오염시키고 있으므로 공기를 정화시켜 실내공기 환경을 알맞은 온도 · 습도 · 기류 및 청정도를 유지하게끔 쾌적한 공기를 만들어주어야 한다.

흥행장 · 백화점 · 사무실 · 공동주택 등 공공장소의 쾌적하고 위생적인 실내환경을 유지하기 위해서 쾌적용 공조의 오염물질 허용기준을 법적으로 규제하고 있으며, 산업용 공조에 있어서는 쾌적용 공조와는 달리 목적에 따라 그 기준이 다르다.

보건용 공기조화설비 실내환경기준과 산업용 공기조화설비 기준은 〈표 9-15〉, 〈표 9-16〉과 같다.

〈표 9-15〉 보건용 공기조화설비의 실내환경기준

구 분	기 준	비 고
공기 중 섞여 있는 먼지량	0.15mg 이하/공기 $1m^3$당	
일산화탄소의 함유	10ppm 이하	1백만분의 10 이하 : 0.001%
이산화탄소의 함유	1,000ppm 이하	1백만분의 1,000 이하 : 0.1%
상대습도	40% 이상~70% 이하	하계 45~55%, 동계 40~50%
기류의 이동속도	0.5m/s 이하	하계 0.1~2.25m/s, 동계 0.13~0.18m/s
온도	17℃ 이상~28℃ 이하	거실의 온도를 외기온도보다 낮게 유지할 경우에는 그 차가 현저하지 않게 할 것

〈표 9-16〉 산업용 공기조화설비 기준

업 종	공 정	하 계		동 계		효 용
		온도(℃)	습도(%)	온도(℃)	습도(%)	
인쇄공업	인쇄	24~27	45~50	24	45~50	잉크의 건조촉진, 종이의 신축방지, 정전기 발생방지
광학공업	연만	27	80	27	80	
사진공업	필름 제조	23~24	40~65	23~24	40~65	필름과 감광제의 품질향상, 진애 침입을 방지
양조공업	맥주발효	4~8	50~70	4~8	55~70	
제과공업	캔디 제조	18~27	35~50	18~24	35~50	당분의 결정촉진, 과자의 연화나 용해의 방지
제도공업	성형	27	60	27	60	
기계공업		24~27	55~60	24	45~50	제품의 품질향상
제약공업	일반제약	21~27	10~50	21~27	10~50	
전기공업	전기기기 제조	24~26	50~55	24~26	50~55	
연초공업	궐련초 제조	21~27	50~65	21~27	55~65	
목면방적	소면	24~27	50~60	21~24	50~60	실 끊어짐 방지, 제품의 품질 향상, 작업원의 쾌적한 환경의 향상
	연소	24~27	50~60	21~24	50~60	
	정방	24~27	50~65	21~24	50~65	
모사방적	정방	24~27	65	27	65	
	직포	24~27	50~65	21~24	50~55	

제10장

건물보건위생 환경관리

건물의 최유효 사용수익을 위해서는 건물의 쾌적성, 안전성, 내구성, 편리성 외에 보건성, 청결성, 미관성 등의 환경성 확보가 요구된다.
왜냐하면 건물은 사람의 삶과 생활과 일의 보금자리이자 터전이고 기반이 되기 때문이다. 따라서 건물의 사용에 있어 건물사용자의 생명보호와 건강의 확보가 무엇보다 중요하다. 제10장 건물보건위생 환경관리편에서는 4개의 절을 두고 보건위생환경의 일반개념과 위생해충과 쥐의 구제 · 소독 · 청소 등에 대하여 설명하고 있다.

제 1 절 건물보건 위생환경의 일반개념

1 보건위생관리의 개념과 관리의 필요성

건물의 보건위생관리는 그 안에서 생활하고 활동하는 사람들의 생명을 보호하고 건강을 유지 · 증진하기 위하여 각종 질병의 매체가 되는 해충의 박멸, 전염병의 원인이 되는 병원균의 제거, 청소, 공기와 물의 오염관리 등 사람의 생명보호와 건강환경을 조성하기 위한 일련의 환경관리활동을 말한다.

건물에서 활동하고 생활하는 사람들의 생명을 보호하고 건강을 지켜줌으로써 쾌적한 환경에서 생활하도록 하고, 생산성을 높여주는 위생관리는 건물의 가치를 증대시키는 중요한 요인이며, 건물에서 머무는 시간이 점점 늘어나는 현대에는 그 중요성이 더해가고 있다.

건물 내의 적정온도의 유지와 생활수준의 향상 등은 바퀴벌레 · 파리 · 모기 · 개미 등의 해충과 쥐의 서식에 적당한 여건을 제공하고 있고, 특히 지구온난화현상이 이들의 번식을 더욱 촉진하고 있어 대책이 절실히 요구되는 실정이다. 그리고 그간 없어졌던 폐결핵, 말라리아와 같은 질병들이 발생하여 국민보건이 위협받는 상황이다.

또한 요즘 건물들이 고층화되고 대형화됨에 따라 많은 사람들이 그 안에서 같이 머무르고 활동하고, 밀폐된 공간에서 냉 · 난방기에 의존하여 온도조절을 하는 등 병원균의 전파에 아주 좋은 여건이 조성되어 있어 이에 대한 주의가 필요한 시점이다.

위생관리를 함에 있어서는 개개의 세대 혹은 건물의 일부에 대한 살충 및 방역은 의미가 없으므로 집단적이고 정기적인 살충 및 소독활동이 필요하며, 이에 사용하는 약제들은 독극물이어서 세심한 주의와 전문성이 요구된다.

위생관리의 주제는 보건위생을 저해하는 위생 해충의 구제와 병원균의 살균이나 이 외에도 위생관리의 대상은 많을 뿐만 아니라 사전적으로 위생저해요소의 발생을 예방하는 시설, 청결 등의 관리가 무엇보다 중요하다.

2 보건위생관리의 내용

1) 위생해충의 구제

지구상에는 700만 종이 넘는 곤충이 서식하고 있고 이들 중에는 사람과 가축 그리고 작물 등에 직접 · 간접으로 피해를 주는 수없이 많은 종류의 해충이 있으며 또 그 중에는 ★ 내 기생충이나 전염병을 전파하거나 고통을 주는 위생해충들이 있다.

이런 위생해충들의 생태, 습성, 특징 등을 이해함으로써 효과적인 구제활동이 가능하게 된다. 구충 · 구서에 있어서 일반적인 원칙은 다음과 같으며 잘 지키는 경우 아주 효율적이고도 유용하다.

① 구제대상 동물의 발생원 및 서식처를 제지하는 근본적인 대책이 중요하다.
② 구충 · 구서는 발생초기에 실시한다.
③ 대상 동물의 생태와 습성에 따라 적절하게 실시한다.
④ 광범위하게 동시에 실시한다.

2) 소 독 ·

수많은 병원성 미생물들을 제거하여 인간과 가축을 기생충과 전염병 등으로부터 보호하고자 실시하는 조작과 활동인데, 이때도 병원성 미생물들의 생육조건, 특성 및 소독에 사용되고 약제의 특성 등을 이해하는 것이 효과적인 소독을 위하여 꼭 필요하다. 그래야만 정확한 소독약제의 선택도 가능하고 단독 혹은 혼합사용 등의 소독방법의 선택도 적절히 할 수 있게 된다. 소독시 고려할 사항은 다음과 같다.

① 전염방법이 직접적인지 간접적인지를 구분할 것
② 소화기 질환, 호흡기 질환, 피부질환 등을 구분할 것
③ 병원균의 외계에 대한 저항력의 정도를 파악할 것
④ 소독대상물의 성질을 파악할 것

3) 청 소

건물의 청결성과 미관성을 유지하거나 확보하기 위하여 건물 내 · 외의 오염물질과 쓰레기, 먼지, 때 등을 제거하거나 예방하는 활동을 통하여 보건위생환경을 조성하게 된다.

제 2 절 위생해충과 쥐의 구제

1 위생해충의 구제

1) 위생해충의 개념

위생해충이란 직접 또는 간접으로 기생충과 질병을 옮김으로써 육체적 · 정신적 피해는 물론 혐오감을 유발하는 곤충을 말한다. 해충에는 위생해충 · 불쾌해충 · 건물해충 · 가구해충 · 작물해충 · 식물해충 등이 있으며 또 위생해충은 전염병과 기생충을 매개하는 해충(vector)와 불쾌감과 흡혈 등의 피해를 주는 해충(nuisance)으로 나눈다. 그 종류는 수없이 많으나, 문제가 되고 있는 해충도 파리, 모기, 바퀴, 벼룩, 진드기, 이, 빈대, 독나방, 개미 등이다.

2) 위생해충의 피해

인간에게 피해를 주는 방법을 다음과 같이 분류할 수 있다.

(1) 직접적인 피해

① 기계적 외상 : 곤충에 물렸을 때 구부(口部)에 의한 피부조직의 파괴
② 2차적 감염 : 감염에 의한 피부염 등
③ 체내 기생 : 인체조직에 침입하여 피부에 기생
④ 독성물질의 주입 : 지네 · 벌 · 전갈 · 독거미 등에 물리거나 쏘였을 때 독성물질이 주입
⑤ 알레르기성 질환 : 곤충의 일부, 꽃가루, 애완동물의 털 등에 의한 아토피성 피부염, 비염, 기관지천식 등
⑥ 흡혈 및 영양물질의 탈취
⑦ 수면방해

(2) 간접적인 피해

① 질병의 기계적 전파

곤충에 의해 기계적으로 운반되어 병원체가 인체 내에 주입되는 경우를 말한다(예 장티푸스, 파라티푸스, 살모넬라증, 이질, 결핵, 나병, 회충, 편충 등).

② 생물학적 전파

- 증식형(propagative transmission) : 병원체가 곤충 체내에서 수적으로 증식되는 경우를 말한다.
- 발육형(cyclo developmental transmission) : 병원체의 수적 변화는 없고, 단지 발육만 하는 경우를 말한다(예 사상충).
- 발육증식형(cyclo-propagative transmission) : 병원체가 곤충 체내에서 증식과 발육를 함께 하는 경우이다(예 말라리아, 수면병).
- 경란형(trans-ovarial transmission) : 병원체가 난소 내에서 증식 생존하면서 그 알에서 부화된 다음 세대가 자동적으로 감염되어 첫 흡혈시부터 전파시키게 된다(예 록키산 홍반열, 쓰쓰가무시병).

③ 정신적, 경제적 피해 등

3) 위생해충의 일반적 구제법

(1) 환경적 방법

발생원 및 서식처 제거(퇴비장의 개조, 화장실의 개량, 하수도 정비, 쓰레기처리, 스크린 설치)한다.

(2) 물리적 방법

유문등 사용, 각종 트랩(쥐틀 · 파리통 · 바퀴트랩 등), 끈끈이 테이프를 사용한다.

(3) 화학적 방법

속효성 및 잔효성 살충제 분무, 발육억제제, 불임제, 기피제, 유인제를 사용한다.

(4) 생물학적 방법

불임웅충방사법, 천적 이용, 병원성 기생생물을 이용한다.

4) 해충의 종류

(1) 파 리

파리(flies)의 종류는 무수히 많으나 위생상 유해한 파리는 약 100종이 있다. 인가에는 집파리 · 공주집파리 · 큰검정파리 · 금파리 · 쇠파리 등이 많은데, 이 중에서 집파리가 가장 큰 비율을 차지하고 있다. 쇠파리는 가축에게서 흡혈을 하며, 집파리는 음식물에, 금파리 · 쇠파리는 생선에 주로 많이 모여든다.

① 파리의 생활사

- 파리의 산란수는 종류에 따라 차이가 있으나 보통 1회에 50~150개를 산란하며, 일생에 4~5회 산란한다.
- 온도에 따라 차이가 있으나, 난(卵)은 수 시간 내지 수일간에 부화하여 유충(구더기 : larva)이 되고, 유충은 1~2일 만에 탈피하여 2령(令)이 되며, 다시 1~2일 만에 탈피하여 3령(令)이 된다. 그리고 2회 탈피한 후 5~6일 후에 용(번데기 : pupa)이 되며, 용은 5~7일 만에 우화(羽化)하여 성충이 되고, 수일 후에 교미 산란한다. 즉 파리는 난 → 유충(2회 탈피) → 용 → 성충의 4기(期)를 거지며, 발육일수는 여름에는 10~14일, 가을에는 15~20일이다.

② 파리의 생태

- 활동시간 : 주간활동성으로 주로 오전 10시~오후 2시까지 활동하며, 비산거리는 서식장소에서 50m 거리이다.
- 발생장소 : 오물이 있는 곳, 즉 부패한 야채, 진개, 분변, 동물의 사체, 말의 분변 등에 산란한다.
- 파리의 수명 : 일반적으로 파리의 평균수명은 30일 정도이나 산란기에 따라서 다소 차이가 있다. 즉 7월 하순경에 산란한 것은 40일, 8월 중순 또는 9월 하순경에 산란한 것은 30일, 10월 상순경에 산란한 것은 50일간 생존한다.
- 파리의 식습성 : 파리는 액체만을 흡수하도록 되어 있으나, 만복일 경우에는 수일간 섭취를 안해도 생존할 수 있다. 음식이 고체일 경우에는 침이나 그보다 앞서 흡수한 액체를 몇 번이고 그 위에 뱉어내서 음식을 용해하여 섭취한다.

③ 파리의 종류

- 집파리
  - 인가에서 5~10월경에 가장 많이 볼 수 있는 파리로서 체장은 6mm 내외이며,

주로 소외양간 · 돼지우리 · 퇴비장 · 쓰레기장 등에서 잘 발생한다.

- 파리의 수명은 수놈(20일)보다 암놈(30~60일)이 길며, 산란수는 1회에 100 ~ 150개를 산란한다.
- 기계적 전파에 의해서 소화기계 전염병의 매개체가 된다. 주로 장티푸스, 파라티푸스, 아메바성 설사(이질), 결막염, 콜레라, 기생충란 등을 매개한다

- 큰집파리 : 집파리보다 더 크고 검정색을 띠고 있으며 화장실, 쓰레기장, 동물의 사체에서 잘 발생한다.
- 공주집파리 : 소형 파리로서 실내에 잘 침입하며 주로 화장실, 쓰레기장, 동물사체, 가축의 분변 등에서 부화한다.
- 쇠파리 : 전세계적으로 분포하며, 가축사의 우마분이 있는 외양간에서 잘 발생하는 파리다. 사람보다는 말이나 소를 주로 흡혈하는데, 구기(口器)가 흡혈에 적당하도록 바늘같이 길고 가늘다
- 기타 : 들집파리 · 작은집파리 · 검정공주집파리 · 큰검정파리 · 금파리 · 쉬파리 등이 있다.

④ 파리에 의한 피해

- 질병의 전파
  - 소화기계 전염병 : 장티푸스, 파라티푸스, 콜레라, 세균성 및 아메바성 이질, 살모넬라증 등의 소화기계 전염병과 나병, 화농균, 소아마비 등의 전염병을 매개 전파한다.
  - 호흡기계 전염병 : 결핵, 디프테리아 등을 전파한다.
  - 기생충 질환 : 회충 · 편충 · 요충 · 촌충란(卵) 등의 운반에 의한 전파와 체체(tsetse)파리의 트리파노소마의 전파, 백령(sand-fly)의 레이쉬마니아 등 혈중 기생충을 들 수 있다.
- 흡혈 : 쇠파리, 등에 등은 사람이나 가축으로부터 흡혈하여 동통을 느끼게 하거나 2차적인 감염을 일으킨다.
- 승저병 : 파리의 유충이 사람의 조직 속으로 침투하여 튜브가 생겨 이곳에 병원균이 침투하면 화농성이 되는 것을 말한다.
- 불쾌감, 수면방해, 안정방해 등의 피해를 입는다.

⑤ 파리의 구제방법

- 환경적 방법 : 발생 후에 구제를 하려면 많은 장애가 뒤따르게 되므로 근본적인

발생장소를 제거하여 번식력을 억제하여야 한다. 따라서 쓰레기 처리 및 화장실의 위생적 관리, 퇴비장의 개선, 하수구의 청결, 도로청소 등이 필요하다.

- 기계적 방법 : 파리통, 파리채, 파리잡이 테이프 등에 의한 박살(撲殺), 유살(誘殺), 포살(捕殺) 방법이 있다.
- 화학적 방법 : 접촉제(석유유제, DDT), 잔류분무제(diazinon), 독살제(formalin 가액), 훈증제(paris green 등의 가스) 등의 살충제로 성충을 구제하되, 인축에게 피해를 입히지 않도록 한다.
- 유충구제 방법 : 파리나 그밖의 해충은 유충 때 제거하는 것이 이상적인데, 그 기간은 약 1주일이다. 따라서 구제방법은 살충제에 의한 화학적 구제 방법과 화장실의 경우 생석회를 이용한다.

(2) 모 기

우리나라에 알려져 있는 모기(mosquitoes)는 48종으로서 이 중에서 인축을 흡혈하여 위생상 피해를 주는 것은 약 12종이다.

① 모기의 생활사

모기나 난(卵)에서 성충이 되기까지는 온도·습도의 영향을 받으며, 모기의 종류에 따라서 차이가 많으나 여름철의 경우 14~16일 정도 걸린다. 즉, 난(卵) → 유충 → 번데기 → 성충의 4기로 완전변태를 하는데, 여기에서 알 → 유충 → 번데기의 3시기는 물에서 보내고 유충은 4회 탈피한다.

② 모기의 생태

- 발생 및 분포 : 온도가 높은 여름철에 많이 발생하며, 지역적으로 열대 및 온대지방에 많이 분포하나 한대지방에도 조금 분포되어 있다.
- 산란 : 1회에 100~250(평균 150)개를 산란하는데, 산란장소는 Anopheles의 경우 논·개울·연못 등 주로 깨끗한 물에 산란하며, 빨간집모기의 경우, 수채·방하수 용기에 고인 물 등 주로 물이 탁한 곳에 산란한다. 또한 자은빨간집모기는 논, 개울, 연못, 늪지대 등에 산란한다.
- 난기 : 2~3일간이나 Aedes의 일부는 수개월 동안 부화되지 않을 경우도 있다.
- 월동방법 : 학질모기, 집모기 등은 성충으로 월동하고, 숲모기 등은 난으로 월동하는데, 주로 암놈이 월동한다.
- 월동장소 : 주로 굴 속·지붕 밑, 짚단 속, 긴다리 밑, 외양간 등인데, 학질모기의

경우는 풀 속에서 월동하며, Aedes의 경우는 나무구멍, 논의 진흙 속에서 월동한다.

- 모기의 수명 : 암컷은 1개월, 수컷은 10~20일 정도 살 수 있으며, 비시 범위는 착륙하지 않았을 경우 1km나 비시할 수 있어서 방역상 큰 문제를 일으키고 있다.
- 흡혈시간 : 중국얼룩날개모기는 7~8월 중 12~2시 사이에, 작은빨간집모기는 초저녁(일몰 · 일출 직전)에, Aedes족은 주간에 흡혈이 가장 많다.
- 휴식습성 : 중국얼룩날개모기는 야외에서 휴식하는 습성이 있으나, 빨간집모기와 작은빨간집모기는 옥내에서 휴식하는 습성이 있다.

③ 모기의 종류

- 중국얼룩날개모기
  - 학질모기족에서 속하고, 다른 모기에 비해 특징적인 것은 앉아 있는 자세가 45~60˚로 경사지며, 날개에 흑색 얼룩점 등이 있다.
  - 발생장소는 풀이 많은 논이나 고여 있는 물에 많이 발생하며, 학질모기족 중 제일 많은 종류로서 우리나라의 전역에 분포하고 있다.
  - 흡혈시간은 밤 10~12시 사이로서 사람도 흡혈을 하나, 주로 소 · 말 등 가축의 피를 흡혈하며, 주로 6~7월에 많고, 수정한 암놈이 월동한다.
- 작은빨간집모기
  - 암갈색의 소형 모기로서 우리나라의 전역에 보편적으로 널리 분포되어 있으며, 고인 물이나 하수 등에 잘 발생한다.
  - 난(卵)은 100여개 이상의 난괴(卵塊)로 산란하고, 여러 개체가 한데 모여 물에 뜨며, 일정한 위치에 같은 모양을 한 코로라형을 가지고 있다. 가축 · 조류 · 사람을 잘 흡혈하며, 일본뇌염의 매개모기로서 여름 한철 일시에 폭발적으로 발생하나 활동기간은 짧다.
- 토고숲모기
  - 흑갈색에 황백색 색깔의 반점이 있는 약간은 대형의 모기로서 우리나라의 내륙지방에도 분포하나 주로 제주도 및 해안 지방에 분포되어 있으므로 해안의 염분이 있는 물과 용기에서 잘 발생하며, 사상충증의 매개모기로서도 활동한다.
  - 난(卵)의 낱개로 흩어져서 물 속에 가라앉는데, 물이 없을 경우에는 기다렸다가 물이 있을 때 부화한다. 일반적으로 산소용존도가 낮을 때 부화가 잘 된다.
- 기타 : 한국얼룩날개모기, 중국얼룰날개모기, 빨간집모기, 얼룩날개집모기, 얼룩집모기, 큰검정숲모기, 흰줄숲모기, 제물포숲모기, 일본숲모기 등이 있다

④ **모기에 의한 피해**

• 질병전파

–말라리아 : 중국 얼룩날개모기속에 의해 전파되며, 인체에 기생하는 말라리아는 양성 3일열원충, 악성 3일열원충, 4일 열말라리아, 난원형말라리아 등 4종이 있다.

–사상충증 : 주로 토고숲모기에 의해 매개되며, 그밖에 Culex pipiens · Culex quinquefa-sciatus, Anopheles sinensis 등에 의하기도 하는 이 사상충증은 우리나라의 제주도에서 많이 유행하며 내륙지방에서도 보고되는데, 일반적으로 말레이사상충으로 알려졌다. 사상충은 상피병을 일으키는 야간정기 출현성의 혈중기생충이므로 사상충 검사는 밤 10시~새벽 2시 사이에 채혈도말 검사를 해야 한다.

–일본뇌염 : 작은빨간집모기는 암갈색의 소형 모기로서 일본뇌염의 주요 매개체이나, 빨간집모기, 중국얼룩날개모기도 매개가 가능하다. 일본뇌염의 바이러스가 돼지의 몸 속에 들어가면 바이러스가 급증하는데, 이를 모기가 흡혈함으로써 사람에세 옮긴다.

–황혈 및 댕그열 : 열대숲모기 및 흰줄숲모기가 황열과 댕그열의 매개체이며, 아프리카와 남미대륙, 열대지방의 숲에서 유행하는 바이러스성 질병으로 아시아지역에는 아직 침입하지 않고 있다. 매개체인 열대숲모기도 아시아지역에는 없다. 또한 댕그열은 열대지방에서 유행되는 바이러스성 질병으로 비교적 치명률이 낮다.

• 기타 피해 : 자교(刺咬)에 의한 직접 자극 및 흡혈 등으로 오는 통증 및 고통이 심하고, 수면방해 및 가축의 질병전파 등이 있으며, 흡혈 부위의 2차적인 감염이 있을 수 있다. 정신적 장애 및 작업방해도 무시할 수 없는 피해이다.

⑤ **모기의 구제방법**

모기의 구제는 세계보건기구(WHO)가 전세계적으로 실시하고 있는 말라리아 근절사업(Malaria Eradication)의 일환으로 모기의 구제사업에 많은 진전을 보이고 있다. 따라서 모기의 구제를 위하여 모기의 종류, 계절적 소장, 습성 등의 생태적 조사와 구제대상 지역의 지리적 조사 등 기초조사가 선행되어야 하며, 각 가정보다는 지역사회 전체가 모기의 구제에 적극 참여하여야 한다.

• 유충구제방법

－발생원인의 제거 : 모기의 서식처가 되는 주택 주변에 고여 있는 물, 비가 온 후에 용기에 고인 물 등은 없애도록 하며, 항상 청결히 한다. 숲모기는 제한된 소구역에서 발생하므로 구제가 용이하나, 학질모기 및 뇌염모기는 대구역에 산란하므로 농촌에서는 도저히 불가능하다. 대부분의 모기는 흐르는 물보다는 정체수역에 산란하므로 배수법에 의해 구제가 가능하나, 논에서 발생하는 장구벌레(유충)의 구제는 많은 문제가 있다.

－유류(油類)에 의한 구제 : 수표면에 석유를 도포하여 유충의 산소호흡을 방해하고 유충에 흡수되어 사멸시킬 수 있는 방법인데, 유류는 물에서 잘 확산되고 사람이나 어류에 피해를 주지 않으면서 모기의 유충과 번데기에 유독해야 한다. 또한 유막이 견고하고 막층을 오래 형성할 수 있으며, 가격이 저렴해야 한다.

－살충제의 살포 : 염소화 탄화수소계 살충제로는 DDT, BHC, lindane, chlordane, dieldnin 등이 있고, 유기인산 에테르계 살충제로는 malathion, parathion이 있다. 이밖에 paris green이 이용되는데 이것은 DDT를 사용하기 이전에 이용되던 것으로 학질모기종(Anopheles)의 유충구제에 효과적이다.

－천적이용 : 어류가 모기의 유충을 포식하는 생물학적 구제법을 이용한다.

• 성충구제방법

－살충제의 공간살포 : 공간살포는 pyrethrin allethrin, lindane, DDVP 등의 속효성 살충제인 경우에 이용하는 것으로 보고, 곤충용 분무기, 연무법 등을 사용한다. 이 연무법은 도시 등의 인구조밀지역에서 많이 이용되는 방법이다.

－살충제의 잔류분무 : DDT, dieldrin과 잔류효과가 있는 살충제를 모기가 앉을 수 있는 모든 장소에 분무하는데, 보통 DDT는 $2mg/m^2$, dieldrin은 $0.2mg/m^2$이 표준이다. DDT의 경우 5% 수유제(水乳劑)를 $100m^2$당 4L로 분무하는데, DDT는 변면에서 6개월 정도 유효하므로 1년 내내 모기가 유행하는 지방(열대 및 아열대 지방)에서는 1년 2회 분무하지만, 우리나라에서는 봄에 1회 분무하면 된다.

－기타 : 기계적 방법(망창 · 모기장)에 의해 모기를 구제하거나, 기피제(repellant)나 모기향을 이용한다.

(3) 바 퀴

바퀴(cockroach)과에는 전 세계적으로 2,250여종이 있는데 우리나라에서는 7종이

보고되었다. 주로 독일바퀴가 많고 일본바퀴도 다소 서식한다.

① **바퀴의 생활사**

바퀴의 종류에 따라 차이가 많으나, 산란된 난협으로부터 곧 부화하여 1령이 되고, 1주일 후 1회 탈피, 2령은 10일, 3령은 2주일, 4령은 1개월, 5령은 40일, 6령은 40일을 소요하는데, 이 유충기간은 3~4개월 소요된다. 유충이 마지막 탈피 후 1~2주 후에 성충이 되고, 1주일 내에 산란하는데 주로 어둡고 구석진 마룻바닥, 벽, 틈, 천장 구석, 부엌 등에 산란한다.

② **바퀴의 생태**

- 발생장소 : 가주성 바퀴는 온도 · 습도가 사시사철 유지되는 음식점 · 다방 · 아파트 · 병원 등에 많이 서식하고 불결한 장소에서 군거생활을 하며, 각종 식품이나 서책 등을 식해(食害)하고 마른 분변, 객담 등을 먹는다.
- 바퀴의 습성 : 군거를 하며 야간활동성이 있고 질주성 · 잡식성으로서 병원체의 기계적 전파작용을 한다.

③ **바퀴의 종류**

- 독일바퀴
  - 소형 종의 황갈색인 바퀴로서 우리나라 가주성 바퀴 중 제일 많으며, 주로 내륙지방이나 해안지방에 많이 분포되어 있다. 10~13mm 정도의 흉부 등에 흑갈색의 두 줄이 있는 것이 특징이며, 100여 개의 환절로 된 촉각을 2개 가지고 있다.
  - 암 · 수컷 모두 앞날개가 잘 발달되어 있고, 1쌍의 복안이 있으며, 난협은 3주 정도 붙이고 다니며, 18~50개의 알이 2열로 배열되어 있다.
  - 유충기는 1령부터 6령까지 탈피하며 성장하는데 불완전변태로서 번데기가 없으며, 야간활동성으로 악취를 내고 세균을 전파한다. 주로 전분이나 우유 등을 함유한 식료품이나 소맥분, 기름기 있는 식품 등을 식해하며, 특히 여관이나 음식점에서 많이 서식한다.
- 일본바퀴(집바퀴) : 우리나라에서도 서식되고 있는 것으로 흉부 배면에 요철이 많으며, 독일바퀴보다 훨씬 큰 종이다. 암놈의 날개는 짧아서 복부 중앙에서 끝나 후단이 노출되어 있으나, 수놈은 날개가 길고 후단까지 덮여 있다.
- 미국바퀴(이질바퀴) : 미국에서 가장 흔한 종류이며, 전세계적으로 분포되어 있는데, 우리나라의 경우 항구 도시인 부산 · 포항 · 광주 등에 많다. 크기가 30~

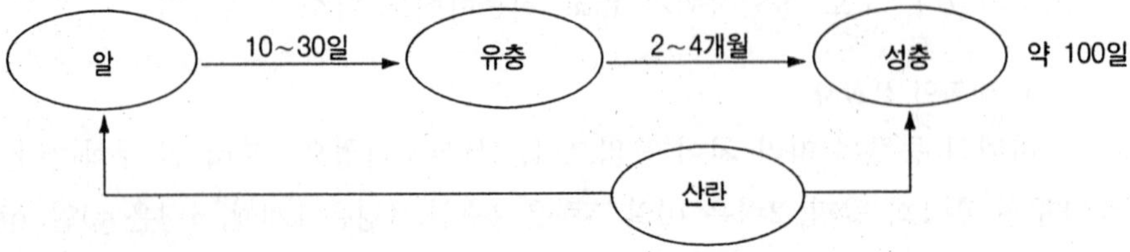

[그림 10-1] 독일바퀴의 생활사

40mm의 대형 종이며, 농갈색으로 흉부 배면의 가장자리에 흰반점이 있는 것이 특징이다. 촉각이 상당히 길어, 체장을 훨씬 초과한다.

- 먹바퀴 : 크기 3~4cm의 흑색 대형 종으로 보통 민가 · 여관 · 주점에서 많이 서식하고 있다.

④ **바퀴에 의한 피해**

바퀴가 전파할 수 있는 질병으로는 살모넬라증, 콜레라, 뇌척수염, 폐렴, 디프테리아, 파상열, 화농균, 결핵, 장티푸스, 이질, 소아마비 등이다.

⑤ **바퀴의 구제방법**

- 붕산독 처리법 : 바퀴의 각층이 두꺼워서 직접 살충제를 처리하면 효과가 적으므로 stomachpoison의 작용으로 구제하는 것이 좋다. 이것은 사람이나 가축에 대한 독성이 적고, 사용이 편리하며, 가격이 저렴하여 최근에 가장 많이 사용하고 있는 방법이다. 처치 후 효과는 24~48 시간에 가장 큰 효과가 있다.
- 독제+음식물 혼합처리법 : 설탕과 붕산의 비율을 6 : 4로 한 독제를 바퀴가 좋아하는 음식물과 혼합처리하는 방법으로 붕산 40%, 아비산석회 5%, 불화소다 20% 등이 사용되나, 사람이나 가축에 피해가 가지 않도록 한다.
- 훈증법 : 유황, 이산화탄소, chlorpycrin 등은 밀폐실내의 경우 유효하다.
- 잔류분무법 : 바퀴의 통로 및 군거지에 dieldrin, chlordane, lindane, diazinone 등의 살충제를 잔류처리하는 것으로써 사람이나 가축 · 식물에 피해를 입히며, 큰 효과를 기대할 수 없다.

(4) 기타 해충

① **진드기**

- 종 류
  - 좀진드기 : 유행성출혈열 등 전파

－참진드기 : 진드기 뇌염, 재귀열 등 전파

- 구제 : 건물 주위에 잡초를 제거하고 풀숲에 피부가 노출되지 않도록 예방이 중요하다.

② **독나방**

- 생태 : 산란 후 15일 뒤 부화하여 유충이 되고 8～11회 탈피로 월동, 유충이 된 후 번데기가 되고 중령, 유충의 과정을 거쳐 성충이 된다.
- 피해 : 불빛을 따라 날아들어, 꼬리와 날개에서 떨어지는 독침모가 피부염을 일으킨다.

③ **개 미**

- 생태 : 알에서 부화하여 유충에서 21일 후 성충이 되며, 건물이나 물체에 더욱 피해를 준다.
- 방제 : 건물주변, 기초바닥을 20cm 정도 파고 희석액을 혼합하여 매몰하거나 목재의 구멍 등에 약품 주입, 혹은 건물주변에 개미집을 찾아 농도약액을 살포한다.

2 쥐의 구제

우리나라에서는 약 20여 종의 쥐가 알려져 있으며, 가주성 쥐와 야서성 쥐로 분류할 수 있다.

1) 쥐의 종류

(1) 가주성 쥐

① **집쥐(시궁쥐)**

- 반가주성 쥐로서 수영에 능하다.
- 서식처는 부엌 · 목욕탕 · 화장실 · 축사 · 경작지 · 하수구 · 쓰레기장 등이다.
- 야간활동이며, 곡물과 하수구의 음식찌꺼기 · 곤충 등을 포식한다.
- 몸이 큰 종류로 몸통보다 꼬리가 짧고, 꼬리는 굵고 털이 거칠다.

② **곰쥐(지붕쥐)**

- 집쥐보다 약간 작으며 꼬리가 몸통보다 길고 귀가 크다.
- 천장, 벽틈, 수직등반을 잘한다.

• 야간활동으로 곡물 · 어수육, 기타 음식물을 먹는다.

③ 생 쥐

인가나 들에 사는 쥐로서 농작물 창고, 농경지, 묵은 나무를 쌓아둔 곳에 많이 서식한다. 몸통과 꼬리의 길이가 비슷하며, 머리에 비해 귀가 크고 호기심이 강한 쥐다.

(2) 야서성 쥐

갈밭쥐 · 쇠갈밭쥐 · 대륙밭쥐 · 등줄쥐 등이 있다.

2) 쥐의 생태와 생활사

① 야간활동성으로 행동이 민첩하고 잡식성이다.
② 쥐는 사람 사는 곳에 식수 · 식량을 따라서 이동한다.
③ 20여 마리씩 떼를 지어 집단생활을 하며 쥐의 수명은 1~3년 정도이다.
④ 땅을 파는 습성이 있고 수직으로 1m의 높이를 뛴다.
⑤ 미각은 사람과 비슷하고 시각은 10m 앞을 내다 보나 색맹이므로 색을 구별할 수 없고, 사람보다 40배나 강한 냄새를 맡는 능력이 있으며, 수염과 털이 잘 발달되어 모든 감각을 느낄 수 있다.
⑥ 지붕을 잘 기어올라가며 수영을 잘한다.
⑦ 앞니로 갉는 습성이 있다.
⑧ 하루 왕복 1km 이상 이동이 가능하다.
⑨ 쥐의 임신기간은 4주, 1년 분만 횟수는 6~8회이고, 1회 새끼 수는 8~12마리 수명은 대략 2년 반 정도이다.

3) 쥐가 매개하는 질병

(1) 질병의 전파

① 세균성 질병 : 페스트, 와일씨병, 서교증, 이질, 살모넬라증
② 리케차 질병 : 발진열, 쓰쓰가무시병
③ 바이러스 질병 : 유행성 출혈열, 천열
④ 기생충 질병 : 아메바성 이질

(2) 곡식의 손상

쥐가 하루에 섭취하는 양은 체중의 10%에 달한다.

(3) 기타 피해

집쥐는 의류 · 가구 · 시설물의 파괴, 각종 가재에 피해를 주며, 화재의 원인이 되는 쥐구멍을 파기도 한다.

4) 쥐의 구제방법

(1) 환경적 접근

쥐의 서식처를 제공하여 주지 않으며 쥐가 먹을 수 있는 곡물관리를 철저히 한다.

(2) 기계적 방법

압살법, 포서망 및 기타 포서기를 이용한다.

(3) 천적 이용방법

개, 고양이를 사육하여 쥐를 쫓아낸다.

(4) 살서제 이용방법

① 황린
② 비소화합물
③ 안투(antu)
④ 불화초산소다
⑤ warfarin
⑥ 훈연제(유황, 청산가스)

제 3 절 건물소독관리

1 소독의 개념

전염병이 확산되는 것을 예방하기 위하여 병원미생물의 생활력을 파괴하여 감염 및 증식력을 소멸시키는 것을 살균(sterilization)이라 하고, 이러한 살균을 위한 조작과 활동을 소독(disinfection)이라고 하는데, 몇 가지 유사한 개념과 구별할 필요가 있다.

먼저 멸균이란 살균보다 강력하고 철저한 조작 및 상태를 말하는 것으로 병원성미생물뿐 아니라 비병언성 아포 등 모든 미생물을 말살하는 것이다. 수술기구, 수술실 등 특수한 경우에 적용한다.

다음으로 방부인데 이는 미생물의 발육과 활동을 저지하여 음식물의 부패와 발효를 방지하는 것을 말한다. 무엇보다 중요한 것은 소독을 실시할 때는 전염병의 감염방법, 감염경로, 병원균의 저항력, 소독대상의 특성 등을 파악하여 적절한 소독의 수단과 방법을 선택하여 실시하여야 효과를 거둘 수 있다는 점이다.

2 소독시 고려사항

1) 전염방법 파악

가장 먼저 전염방법이 간접적인지 직접적인지 파악하는 것이 필요한데, 이를 통하여 소독의 대상과 방법을 결정할 수 있기 때문이다. 직접적이라면 주위 공간과 사용물품 등에 대한 소독이 필요하게 되고, 간접적이라면 매개체는 무엇인지 또 그 매개체의 성질과 서식처를 파악하여 적절한 제거나 살충의 조치를 취하게 된다.

2) 전염경로 구분

전염경로가 소화기, 호흡기, 피부 등 어디에 해당되는지를 구분하여야 소독대상을 결정할 수 있게 되는데, 소화기 전염병이라면 환자의 분뇨, 토사물, 사용식 기구 등에 소독을 실시하여야 하고, 호흡기 전염병이라면 환작의 객담, 병실 등 공간 사용기구 및 의류 등에 대한 소독이 필요하게 된다.

3) 병원균의 저항력

미생물들은 외계의 변화에도 살아남기 위하여 대응수단을 가지고 있는데 일부 원충의 경우에는 포낭을 형성하여 자기를 보호하고 일부 간균류의 경우 포자를 형성하여 대처하고자 하고, 보호물질을 가지고 저항하는 미생물들도 있다. 이러한 병원성 미생물들의 외계에 대한 저항력의 정도를 파악하고 다음으로 살균수단이 어떻게 작용하는지를 이해하여야 효과적인 소독작업을 수행할 수 있다.

미생물을 구성하고 있는 단백질의 응고작용, 세포막과 세포벽의 파괴작용, 균체의 효소불활화작용, 가수분해작용, 탈수작용, 산화작용 등의 다양한 작용을 이용하여 미생물의 생명을 파괴할 수 있는데 살균수단과 약제 등이 가지는 작용 대상 병원균의 특성 및 저항력을 종합적으로 고려하여 살균수단과 약제 등을 선택하여 실시하여야 한다.

예를 들어 포자를 형성하는 미생물들은 열과 화학물질과 저항력이 커서 100℃에서 몇시간 살아남으며, 소독약제에 대하여 잘 견디므로 120℃ 이상의 고압증기로 20～30분간 처리하거나, 건열기로 165℃ 이상으로 1～2시간 처리하여 살균한다. 다음으로 소독약제의 성분별 살균작용을 대략 살펴본다.

① 단백응고작용 : 알콜, 크레롤, 포르마린, 승홍 등
② 균체 효소 불활화작용 : 석탄산, 알콜, 중금속염 등
③ 산화작용 : 염소(Cl_2), 옥시놀(H_2O_2), 오존(O_3) 등
④ 가수분해 작용 : 강알카리, 강산 등
⑤ 탈수작용 : 설탕, 식염, 알콜 등
⑥ 중금속염의 형성작용 : 질산, 머큐로크롬, 승홍 등

각종 소독의 수단과 약제로 정확하게 선택되어야 하는 이미 언급하였으나, 소독효과를 높이기 위하여 또는 여러 가지 병원균을 동시에 살균하기 위하여 복합적으로 혹은 보완적으로 동시에 2가지 이상을 사용하게 되는 경우가 있고 또 잘만 사용하면 몇배의 효과도 거둘 수 있는데, 이 경우에는 철저한 대상의 파악과 상호작용에 대한 추가적인 고려가 필요하다. 아울러 병원체나 세균인지 virus인지 등의 구분을 통한 적절한 대처도 필요하다.

4) 소독대상물의 특성

소독의 대상이 무엇인지를 파악하고 그 대상물의 특성을 고려하여 소독방법 등을 선택하여야 한다.

소독대상이 시설인지, 수목인지 또는 지하공간인지 등에 따라 방법은 전혀 달라지기 때문이다.

3 소독방법

이미 언급한 고려사항들을 기초로 소독방법을 선택하게 되는데 그러한 소독방법들은 어떤 것들이 있는지 살펴보고자 한다. 소독방법은 대략 열처리법과 같은 물리적 방법과 여러 가지 소독약제를 사용한 화학적 방법으로 나누어 볼 수 있다.

1) 물리적(이학적) 소독법

(1) 열처리방식

① 건열살균법(pry heat sterilization)

- 화염살균 : 불꽃 속에서 20초 이상 처리
- 건열살균 : 160～179℃에서 1～2시간 처리

② 습열살균법(moist heat sterilization)

- 자비소독 : 100℃ 이상 끓고 물에 15～20분간 처리
- 고압증기 멸균 : 115℃에서 30분 이상, 121℃에서 20분 이상 처리
- 저온살균 : 80℃ 이하의 저온에서 30분 이상 장시간 살균처리, 살모넬라균 등과 같이 아포를 형성하지 않는 세균에 효과가 있으며 대상은 유제품, 건과실, 포도주 등에 적용한다.

(2) 비열처리방식

① 자외선 살균법

자외선의 살균력을 이용하는 방법으로 자외선 살균(26nm, 2,650Å) 등과 같은 기구를 사용하여 공기, 물, 식품, 기구, 용기 등을 소독한다.

② 초음파 살균법

초당 8,800cycle 이상의 음파를 강력한 교반작용으로 균체를 파괴함으로써, 살균작용을 하며 20,000cycle 이상의 음파로 강한 진동을 유발시켜 활용한다.

③ 전류살균법

전류를 활용하여 균체의 sodim chloride ion을 유지시켜 살균처리한다.

④ 방사선 살균법

방사선(^{60}Co ^{137}Cs)을 식품에 처리하며 살균에 활용하는데, 인체에 유해논쟁이 결론을 못내린 상태이다.

2) 화학적 소독법

소독약의 구비조건은 다음과 같다.

① 살균력이 확실할 것
② 인·축에 해가 없을 것
③ 경제적이고 구하기 용이할 것
④ 소독하는 물체를 부식하거나 표백하지 않을 것
⑤ 안정성을 가질 것
⑥ 용해성이 높을 섯
⑦ 불쾌한 냄새가 나지 않을 것
⑧ 사용이 간편할 것

3) 소독약제의 살균력

소독약제의 살균력을 측정하기 위하여 석탄계수(phenol coefficient)가 사용되며, 이 계수는 특정 병원균을 10분 내에 살균할 수 있는 석탄산의 희석배수와 측정하고자 하는 소독약제의 희석배수를 비교하여 계수화한 것이다.

$$\text{석탄계수} = \frac{\text{측정 소독약제의 희석배수}}{\text{석탄산의 희석배수}}$$

4) 소독약제

① 석탄산(phenol)

석탄산 3~5%의 수용액을 사용하는데 산성도가 높고 저온에서는 잘 용해되지 아니하며, 고온에서 소독효과가 커진다. 살균력이 안정적이고 유기물에는 소독력이 유지되는 반면, 자극성, 부식성, 냄새, 독성 등이 강하다.

석탄산은 균체를 형성하고 단백의 응고, 세포융해, 효소 침투 등의 작용으로 살균을 한다. 소독적용은 환자의 의류, 용기, 오물, 실험대, 토사물, 배설물 등에 광범위하게 사용된다.

② 크레졸(cresol)

물에 잘 녹지 않아 크레졸 비누 희석액을 만들어 사용하게 되는데 소독력이 강하고 특히 세균의 소독에 효과가 탁월하며 유기물에도 소독효과가 안정적일 뿐 아니라 자극성도 없으나, 냄새가 심한 것이 단점이다. 손, 오물, 객담 등의 소독에 주로 사용된다.

③ 염소(chlorine)

기체 상태일 때 살균력이 강하고 자극성과 부식성이 강하여 상 · 하수도 소독과 같은 대규모 소독에 제한적으로 사용된다. 염소유도체로 표백분($CaOCl_2$)와 차아염소산나트륨(NaOCl)을 소득제로 사용하기도 한다.

④ 승홍(mercury dichloride, $HgCl_2$)

살균력이 강하며, 고온일 때 살균력이 더 강해지는데 금속기구에 부식성이 있고, 자극성이 강하고, 단백질과 결합하여 침전을 형성하는 등으로 세심한 주의가 요구된다.

⑤ 생석회(CaO)

습기가 있는 하수, 오물, 분변 등에 적합하며, 건조한 물건에는 물로 희석한 석회유를 사용하는데 공기에 장시간 노출되면 살균력이 저하된다.

⑥ 포르말린(formalin)

강력한 살균력으로 포자에 대해서도 효과가 있고 포름알데히드(formaldehyde)의 효과가 높을 때에는 단백질이 잘 작용하며, 가스 상태, 서독시에는 동시에 수증기를 사용하여야 한다.

⑦ 알콜(alcohol)

대개 75%의 에탄올을 사용하는데, 포자형성균에는 효과가 없으며, 주로 피부나 기구소독에 쓰인다. 상처나 눈, 구강, 음부 등의 점막에는 사용하지 않는다.

⑧ 과산화수소(hydrogen peraxide, H_2O_2)

자극성이 적어서 인후, 구강 등에도 사용할 수 있고, 과산화수소 3% 수용액이 사용되며, 조직에 접촉하면 즉시 산소를 발생시켜 작용한다.

⑨ **역성비누(invert soap)**

보통 비누도 세척효과에 의하여 미미하나마 일부 살균작용을 하나, 역성비누는 분자 중에 양이온이 활성화되어 살균작용이 강해진다. 무미, 무해하여 식품소독에 적합하고 물이나 알콜 등에도 잘 녹으며 침투력도 강하다. 보통 0.01%~0.1%액을 사용한다.

4 소독대상별 적용

나무를 심는 것도 중요하지만 심은 나무를 잘 가꾸는 것은 더욱 중요하다. 환경개선을 위하여 심은 수목에 송충이나 나방이 서식하여 수목의 고사는 물론 미관상, 위생상 불결한 상태를 유발케 하며, 이들이 건물에 떼를 지어 침입·번식하게 되면 그 피해는 막대하다. 따라서 이들 해충의 발생이 예상되는 시기에 철저한 방법으로 구제작업을 실시해야 수목의 보존과 환경개선에 만전을 기할 수 있다. 수목소독에 특히 고려해야 할 사항은 다음과 같다.

① 사용약제는 보건복지부의 허가품이어야 한다.
② 사용약제는 인체 또는 가축에 유해하지 않아야 한다.
③ 소독결과 해충구제는 완전해야 하며, 외부에서 재침입하지 않는 한 지속성이 있어야 한다.
④ 소독 후 최초 1개월까지 특별한 경우를 제외하고 수목에 해충의 기생이 발생하였을 경우 시공자는 지체없이 이에 대하여 재소독하여야 한다.
⑤ 소독으로 인하여 발생하는 피해는 구제작업자가 일체의 책임을 지어야 한다.

1) 오물장 소독

건물의 오물장에 집적된 오물이 부패할 때의 악취가 각 세대의 창고, 주방, 다용도실 주위 등에 퍼져 입주자들에게 불쾌감을 줄 뿐만 아니라 파리·모기·개미·구더기 등의 번식처로서 보건위생상 취약점이 되고 있어 악취 제거 및 구충 멸균을 위한 소독에 만전을 기해야 한다. 오물장 소독시 특기사항은 다음과 같다.

① 고압컴프레서를 사용하여 내부 구석구석 고루 살포하여 성충구제 및 해충의 알을 구제하고 동시에 살균효과도 겸한다.
② 오물장 통로에 있어 옥상층까지 비산해충을 구제하기 위하여 가열 증발시키는

특수동력 기재로 연무 소독한다.

③ 오물의 부패로 인한 악취 제거를 위하여 소독제를 동력 산분기로 오물장 내부 및 주위에 살포하여 악취를 제거한다. 그리고 소독장비 및 기구로는 분사식 고압 분무기, 고압연무기, 동력산분기, 수동식 분무기 등이 있다.

2) 지하실 및 피트 소독

지하실 및 피트(pit)는 공기유통이 잘 되지 못하고 외부 온도보다 높으며, 습기나 물이 항상 많이 있어 해충의 서식 및 발생의 근원지가 되고, 지하층에서 발생한 해충이 각 세대에 침입하여 피해를 주게 된다. 특히 바퀴와 모기는 지하층의 높은 온도(난방시설지구 심함)로 연중 발생되고 있어 철저한 구제 및 근원지 제거에 각별한 노력이 필요하다. 지하실 및 피트 소독에 있어서 특기사항은 다음과 같다.

① 고압도력 분무기로 고루 살포하여 살균과 동시에 악취를 제거하는 이중효과를 얻도록 한다.

② 나는 해충 및 기어다니는 해충의 구제를 위하여 전동미립분무기로 공간에 직접 분무한다.

③ 분무제가 미치지 못하는 심부에 있는 해충을 구제하기 위하여 가열 증발시키는 특수동력 기계로 연무 소독한다. 그리고 소독장비 및 기구로는 고압동력분무기, 산분용 동력분무기, 다량직접분무기, 다량연무가능 연무기 등이 있다.

3) 실내소독

도시의 공동주택화에 따른 난방시설의 대량보급과 생활수준의 향상으로 해충(바퀴·모기·파리·빈대·벼룩·개미 등)의 서식에 호조건이 조성되어 무서운 속도로 번식함으로써 많은 문제점이 대두되고 있다. 각종 법정 전염병균의 매개체인 이들 해충으로 인한 피해를 방지하기 위하여 철저히 박멸해야 할 것이다.

(1) 실내소독에 있어서 특기시항

① 가옥 내의 바퀴·파리·모기·개미·지네 등 해충의 서식장소인 구석 또는 빈틈에 수동식 압축분무기를 사용, 약제를 살포하여 성충구제 및 해충의 알구제와 동시에 약효를 잔효시켜야 한다.

② 해충이 실내에 기어다니는 것을 구제키 위하여 전동미립자 분무기로 공간에 직

접 분무한다.

③ 분무제가 미치지 못하는 심부에는 해충구제를 위하여 가열 증발시키는 특수동력 기계로 연무 소독한다.

④ 소독 후의 냄새를 제거하기 위하여 소취제를 사용한다.

(2) 실내소독시 주의사항

① 사용약제는 보건복지부의 허가품일 것

② 외부에 사용하는 약제보다 저독성일 것

③ 관리약사의 지시에 따라 희석 배합된 약품으로, 훈련된 소독사가 직접 작업할 것

④ 공가 후 실시를 원칙으로 해 작업 후 검수자의 확인에 의거 입실하도록 할 것

⑤ 소독실시 전에 가축 · 음식물 · 관상어 · 조류 · 화분 등을 외부로 옮기도록 조치할 것

⑥ 인체, 가축, 식물, 기타 가구 등에 소독으로 인한 피해가 없도록 할 것

제 4 절 건물청소관리

1 청소의 일반개념

1) 청소의 개념

건물의 미관을 개선 및 청결성과 미관성을 조성하고, 건물의 기능의 유지 및 향상을 위하여 건물 및 주변에 오염되고 더럽혀진 먼지, 쓰레기, 오물, 때 등을 제거하거나 예방하는 작업 등 일련의 위생관리활동을 청소라 한다.

청소는 종래의 단순 cleaning 개념에서 최근에는 maintenance 개념으로 변화되고 있으며, 또한 사후청소 형태의 소극적 청소개념에서 사전적 예방청소의 적극적 청소개념을 포함하는 넓은 의미로 확대되어 유지관리와 예방청소의 영역이 굉장히 넓어졌을 뿐만 아니라 대단히 중요하게 되었다.

청소는 먼지와 더러움 등을 제거함으로써 공기오염을 방지하고 병원성 미생물과 해충

등의 서식과 생육을 억제함으로써 공기관리와 위생관리의 중요한 수단이기도 하나 먼지나 더러움과 같은 오염물질은 조금만 오염되어도 급속도로 악화되는 특성을 가지고 있어서 계속 반복적으로 이루어져야 한다는 점에서 관리에서의 큰 비중을 차지하게 된다.

공동주택과 일반건물의 청소업무 구분은 〈표 10-1〉과 같다.

〈표 10-1〉 공동주택과 일반건물의 청소업무 구분

구 분	공동주택	일반건물
입주자의 주거형태에 의한 작업시간의 차이	야간거주 주간청소(오전 10시 ~오후 5시)	주간거주 야간청소(오후 9시~익일 오전 8시)
청소형태에 의한 분류	일상적・보편적・일반적	일상적・조직적・전문적 특수 작업 많음
전유부분, 공유부분의 청소분류	전유부분 자체청소 공유부분과의 연계성 미약	전유부분과 공유부분 공히 위탁청소, 전유부분과 공유부분 청소, 계획에 의한 구조적 연계
용도 및 성격	보편적・일반적 청소형태	특수목적 및 특수부분 청소 많음
청소자의 업무수행요건	보편적 청소행위 가능자	특수작업, 특수자격소지자 필요
요구되는 관리체계	사후 청결유지 관리형태	사전・사후 조직적 관리형태
입주자의 성격에 따른 차이	주거자로서 청소목적도 동일	업무수행자로서 업무형태에 따라 다양화 및 차별화

오늘날의 건물들은 주거용, 사무용, 상업용 등 모든 용도의 건물들에서 규모는 커지고 기능은 다기능화, 복잡화되고 자재의 종류도 다양화되어 청소방법, 사용기자재 선택, 기기 조작 등에 고도로 전문성을 요하게 되었고, 시스템(system)화하지 않고는 효과적인 청소작업이 불가능하게 되었다.

이렇게 청소에도 과학적이고 합리적인 관리가 필요하게 되었는데, 충분한 전문지식을 가지고 사전에 주도면밀한 인적・물적 계획을 세우고 체계적인 청소조작과 작업을 진행시켜 효율적으로 청소의 목적을 달성하는 일련의 활동들을 청소관리라고 한다.

2) 청소의 대상

청소의 주요 대상은 먼지, 쓰레기, 오물, 더러움, 때 등이다.

(1) 먼 지

먼지란 지상의 물체가 외계의 힘에 의하여 파쇄되어 생겨난 1~500μ의 작은 입자를 말하는데 이 입자들은 사람들의 호흡과 함께 흡입되어 중독, 침착 등으로 진폐증을 비롯한 이들 성분에 따라 여러 가지 질환을 유발하기도 하고 우리 주위를 더럽히고 오염시킨다. 이러한 먼지의 유해성으로 최근 서울시를 비롯한 일부 자자체들이 먼지예보재를 시행하여 먼지 발생을 억제하고 시민들의 건강을 지켜주려는 노력을 하고 있다.

그러나 먼지는 완전히 제지할 수도, 먼지로부터 자유로울 수가 없다. 외부의 먼지는 막을 수가 있다 하더라도 내부에서 생활에 수반하여 계속 발생하는 먼지는 막을 방법이 없다. 사람이 호흡하고 움직이고 활동하는 한 피할 수가 없기 때문이다.

황사와 같이 계절적으로 특수한 상황에서 다량 발생하는 경우에는 대처가 곤란한 경우가 많다. 이렇게 내 · 외부에서 발생한 먼지가 건물과 주위에 오염되고 쌓여 있게 되는데 이들이 청소의 첫 번째 대상이다.

(2) 쓰레기 · 오물

쓰레기란 일상생활이나 사업활동에 따라 발생되는 물질 중 사용자 또는 소유자에 의해 더 이상 필요하지 않은 것으로 간주되는 액상 · 고상 · 반고상의 물질을 말하며, 여기에는 쓰레기, 재, 오물, 동물의 사체, 폐유, 폐산, 폐알칼리, 폐고무, 폐합성수지, 기타 사람의 일상생활에 필요하지 않게 된 모든 물질이 포함된다(폐기물관리법에서 폐기물 관련).

1999년 2월 개정된 폐기물관리법에는 폐기물을 생활폐기물과 사업장폐기물로 분류하고 있다. 생활폐기물은 사업장 이외의 폐기물이라 정의하였고, 사업장폐기물은 대기환경보전법 · 수질환경보전법 또는 괭음 · 진동규제법의 규정에 의하여 배출시설을 설치 · 운영하는 사업장, 기타 대통령령으로 정하는 사업장에서 발생되는 폐기물로 정의하였다. 이 중 폐유 · 폐산 등 주변환경을 오염시킬 수 있거나 감염성 폐기물 등 인체에 위해를 줄 수 있는 유해한 물질을 지정폐기물로 분류하였으며, 지정폐기물 중 인체조직 등, 적출물, 탈지면, 실험동물의 사체 등, 의료기관이나 시험 · 검사기관에서 배출되어 인체에 위해를 줄 수 있는 물질을 감염성 폐기물로 세분하였다.

통상적으로 쓰레기라는 용어는 어떤 물질들에 대한 지칭이라기보다는 모든 물질의 성격에 대한 지칭으로 사용된다. 즉, 물질의 생산 · 유통 · 소비 등 인간의 활동과 관련되는 물질 중 사용 또는 소유할 가치가 없다고 판단되는 모든 물질을 쓰레기라고 표현한다. 생활쓰레기(domestic waste)는 다음과 같이 발생된다.

생활쓰레기의 발생원은 가정 · 시장 · 백화점 · 요식점 등으로 아주 다양하며, 음식물 · 채소류 · 종이류 등 그 발생량이 매년 증가하는 특성이 있다. 쓰레기의 발생은 그 사회의 생활문화, 산업구조, 경제수준 등에 의해 특징지어진다. 쓰레기 수거 및 처리비의 현실화, 과대포장류의 발생억제를 시도하면 쓰레기 발생량의 감소는 물론이고 자원의 소비억제 효과도 얻을 수 있다.

제품의 제조 · 수입 · 판매시의 과대포장 제한, 일회용품 사용제한 등을 통하여 생산공정과 배출단계에서 폐기물 발생요인을 제거하고 감량화를 추진해야 한다. 또한 배출단계에서의 감량화와 재활용품의 분리수거 방법이 필요하다. 이렇게 쓰레기 배출량의 감소와 재활용품의 증가를 통해 자원의 재활용이 도모될 수 있고, 쓰레기 매립장 사용기간이 장기화되며, 처리비용도 감소될 뿐 아니라 쾌적한 환경조성과 자원이용의 효율화에도 기여할 수 있다.

(3) 더러움 · 때

더러움은 일반적으로 마감재료, 가구 등의 표면에 어떤 원인으로 본래 존재하지 않았던 물질이 부착되는 상태라고 정의하고 있다. 이러한 더러움을 제거하는 방법이 바로 청소이다. 더러움의 발생범위는 다음과 같다.

더러움의 발생범위는 사람의 행동과 관계가 깊다. 가정의 일상생활에서 발생하는 더러움은 먼지나 곰팡이에 의한 것이 가장 크고, 그 제거방법은 청소작업에 의한다. 청소는 주부의 가사노동에 있어서 주요한 부분이다. 주택 내에서 발생하는 먼지의 양은 가족구성, 건축양식, 건축재료, 그 외 주거환경 조건 등에 따라 차이가 있고, 실내에서의 먼지 분포는 생활행동에 의해 좌우된다.

3) 청소의 법적 근거와 효과

(1) 폐기물관리법에 의한 청소

일반건물의 청소에 관한 법률적 근거는 폐기물관리법에 근거한다.

① 국민의 책임(폐기물관리법 제6조)

- 모든 국민은 자연환경 및 생활환경을 청결히 유지하고, 폐기물의 감량화 및 자원화를 위하여 노력하여야 한다.
- 토지 · 건물의 소유자 · 점유자 또는 관리자는 그가 소유 · 점유 또는 관리하고 있는 토지 · 건물의 청결을 유지하도록 노력하여야 하며, 시장 · 군수 · 구청장이 정하는 계획에 따라 대청소를 실시하여야 한다.

② 폐기물의 투기금지(폐기물관리법 제7조)

- 누구든지 시장 · 군수 · 구청장이나 공원 · 도로 등 시설의 관리자가 폐기물의 수집을

위하여 마련한 장소 또는 설비 외의 곳에 폐기물을 버려서는 안 된다(1999.2.8 개정)

- 시장 · 군수 · 구청장은 토지 · 건물의 소유자 · 점유자 또는 관리자가 제6조제2항의 규정에 의한 청결을 유지하지 아니하는 경우에는 당해 지방자치단체의 조례가 정하는 바에 따라 필요한 조치를 명할 수 있다(1999.2.8 개정).

(2) 청소의 효과

청소의 효과는 다음과 같다.

① 생활환경을 청결하게 유지
② 정리 · 정돈
③ 위생환경 조성과 유지
④ 건물의 노화예방
⑤ 빙판 · 제설작업 등을 통한 안전사고 예방
⑥ 건물의 청결성과 미관성의 향상

청소의 효과는 첫째, 효과는 건물미관의 향상이다. 깨끗이 청소함으로써 건물은 그 본래의 아름다움을 발휘하고, 건물의 품격을 높인다. 건물은 아름다운 조형물인 동시에 그 건물의 소유자나 사용자에게는 사무실이며 영업장소이고, 때로는 영업하는 물건 그 자체이므로 언제나 아름다운 상태로 가꾸고 싶은 것은 당연한 욕망이라 하겠다.

둘째, 청소는 건물보전에 좋은 영향을 준다는 것이다. 건물은 청소를 게을리하면 곰팡이가 생기고 녹슬어 노후화를 재촉하기 쉽다. 또 청소기법 중에는 직접 건축자재를 보호하고 마모 · 변색 · 발청을 방지하거나 사전손질로 수명을 연장시키는 작업도 많다.

셋째, 환경위생의 조성과 유지라는 점이다. 빌딩은 많은 사람이 출입하고 이용하는 장소이므로 그 환경을 항상 위생적으로 유지하는 것이 필요하다. 청소는 빌딩 안의 위생을 해치는 쓰레기 · 먼지 · 때를 제거하는 작업으로서 빌딩 안의 환경위생유지에 필수불가결한 관리업무가 되는 것이다. 빌딩이 도시의 구성요소로서 점차 많은 사람이 이용하는 장소로 되어감에 따라 빌딩 청소의 환경위생적 의의는 앞으로 한층 높이 평가될 것으로 보인다.

4) 청소작업의 분류

건축양식과 건자재 등이 급격히 변화되는 요즈음 종전의 청소방식으로 신축건물과 같이 건물상태를 유지하기는 어렵다.

공업화 · 산업화의 발전에 따라 오염물질의 형태 · 성분 등이 더욱 복잡해졌고, 식생활 양식 등의 변화에 따라 오염 · 때의 종류도 다양해져 이에 대한 사전적 정보와 지식, 그리고 새로운 처리능력이 필요하게 되었다.

건물의 사용 형태상 청소는 주로 야간에 이루어지고, 건축구조물의 특성에 따라 보다 고도의 청소계획에 의한 작업진행이 요구되는 바 이를 시기와 주체에 따라 분류하면 다음과 같다.

(1) 청소시기에 의한 분류

청소작업은 청소의 시기 및 작업범위에 따라 일상청소 · 정기청소 · 특별청소로 분류하며, 특별청소를 임시청소로 호칭하기도 한다.

① 일상청소

일상의 작업가능 범위 및 작업표(또는 계획표)에 의거, 건물을 사용하는 날에 행해지는 작업이다. 사용되고 있는 건물의 내 · 외부는 매일 여러 가지 원인에 의해 더럽혀지고 쓰레기가 발생한다. 또한 사용하지 않더라도 시간이 흐름에 따라 창문의 유리는 흐려지고 바닥에는 먼지가 쌓인다. 사람이 사용함에 따라 신발의 흙, 모래가 묻어 들어오고 휴지 · 쓰레기 등이 쌓이게 되는 바 이는 일상적 청소업무로써 제거하여 쾌적한 환경을 갖도록 해야 한다.

이러한 일상청소의 범위는 현관, 계단, 복도, 화장실, 건물 주위, 단지 내 도로 등 공용 부분에 대한 청소이며, 청소대행 형태에 따라 달라질 수 있다. 전유부분의 청소대행이 함께 이루어질 경우 전유부분의 바닥 · 집기 등의 제진작업이 함께 이루어진다.

일상청소를 작업별로 분류화면 다음과 같다.

- 바닥쓸기, 먼지털기, 바닥 광내기, 필요한 부분에 젖은 마포질
- 진공청소기에 의한 카펫 바닥의 손질
- 벽과 기둥의 아랫부분, 출입구 주변, 출입문 주변, 계단 주변의 청소
- 엘리베이터 내부의 청소
- 화장실 · 세면대의 청소와 휴지 · 세숫비누 · 타월 등의 재료공급
- 사무실 · 실내의 바닥청소 및 먼지제거
- 집기의 먼지제거, 걸레질
- 담배꽁초, 휴지, 빈병 쓰레기 수거 및 처리
- 빌딩 주위의 청소

② **정기청소**

건물 내 · 외의 청결유지는 일상청소에 의해서는 한계가 있다.

청소작업 계획에 의하여 주 1회 · 월 1회 등 일정한 주기마다 정기적으로 청소함으로써 일상청소에 의해 배제되는 부분을 조화롭게 진행하여 완벽을 기하는 것으로, 작업횟수는 일상청소보다 적으나 중요도면에서 소홀히 할 수 없는 것이다.

정기청소를 작업별로 분류하면 다음과 같다.

- 바닥의 세척, 바닥의 수지피막 보수
- 바닥 유지제의 제거와 재도장
- 카펫의 부분 또는 전면 클리닝
- 계단 · 창틀 등의 금속 닦기
- 높은 곳의 먼지털기
- 벽 · 집기의 먼지털기, 걸레질
- 전등 · 환풍기 · 블라인드 먼지털기, 커튼 먼지털기 또는 세탁
- 유리창 클리닝
- 바깥벽의 새시 주변, 유리창 주변의 청소

③ **특별청소**

정기적으로 청소작업이 요구되지는 않으나 계절적 요인 행사 및 비노출지역, 특수청소 등 필요에 의해 특별히 시행하는 작업이다. 이를 분류하면 다음과 같다.

- 외벽 · 내벽의 제진 · 세정 · 고소청소
- 제설 · 제빙 · 배수청소 등

④ **임시청소**

임시청소란 돌발적으로 청소가 필요해져서 하는 청소작업을 말한다. 빌딩 안의 청소는 일상청소와 정기청소만을 계획적으로 해나가면 청결을 충분히 유지할 수 있으나, 예기치 않은 사정이 일어나서 임시청소를 필요로 하는 경우가 있다. 예를 들면 빌딩 안에 내부적인 이동, 공사규모가 큰 회의, 새로운 기물 · 집기의 구입, 폭풍 · 폭우 · 화재 등 천재지변이나 재해가 있었을 경우 등이다.

이런 임시청소는 처음부터 계획에 포함시킬 수 없으므로 사정이 있으면 작업계획을 일시 중단하고 임시조치를 강구할 수밖에 도리가 없다. 청소시기 및 작업범위에 따라 분류한 일상청소, 정기청소, 특별청소의 작업범위는 〈표 10-2〉와 같다.

〈표 10-2〉 빌딩의 청소구분 및 작업범위

구 분	내 용
일상청소	• 사무실은 일과시간 전에 출근하여 담당구역 내의 청소상태 등을 점검, 처리한다. • 화장실, 복도, 계단, 금속제품, 재떨이, 쓰레기통, 위생기구, 공유집기 등을 청결히 하여 원상태를 유지한다. • 화장실 내 화장지 등의 위생용 소모품을 보충한다. • 출입이 빈번하여 오염되기 쉬운 곳은 수시로 점검하여 청결히 한다. • 쓰레기통 · 재떨이 등을 수시 점검, 오물 분리수거 처리한다.
정기청소	• 건물 내 · 외 청결유지를 위한 작업으로 업무에 지장을 주지 않는 범위 내에서 정기적으로 이루어지는 대청소, 유리청소, 금속제품 광택작업, 대리석 · 벽면 · 등커버 · FCU커버 · 높은 곳 먼지제거, 특수지역 청결작업 등을 처리한다. • 대청소 등 합동으로 이루어지는 작업은 효율성 있게 조편성하여 운영한다. • 정기청소 및 특수시설물 청결작업에 소요되는 약품 · 재료 등을 관리하여 시설물의 손상이 없도록 유지 관리한다.
특별청소	• 상황변동에 따라 관리상 필요하다고 인정되는 청소작업으로서 입주사의 사무실 변경에 따른 대청소, 불의의 사고로 인하여 오염이 발생되어 조치할 청소, 계획상 없었던 작업이 긴급 발생되어 처리하여야 할 청소 등을 처리한다. • 인력은 전문성과 일반성을 구분하여 감독 · 책임하에 실시한다. • 특별작업에 수반되는 모든 사항은 건물 운영부서와 협의 · 처리한다.
야간청소	• 사무실 내의 카펫 흡진 진공청소 작업 • 작업으로 인하여 근무에 지장을 줄 수 있는 작업 • 사무실 내의 쓰레기 수거 및 재활용품 등의 분리작업 처리 • 수거쓰레기의 지하 적치장 이동, 정리 및 컨테이너 적재작업 • 진공청소 설비 및 컨테이너 설비운전, 관리업무 수행 • 설비운전에 필요한 사항은 건물 운영부서와 유기적인 업무 협조, 처리

(2) 청소목적에 따른 분류

① **사후청소**

일반적 청소개념에 의한 오염물질을 제거하여 청결한 상태로의 복귀를 의미하며, 종국적 청소결과의 산물인 폐기물의 처리까지 일컬어 예방청소와 대비하여 사후청소라 한다.

② **예방청소**

예방의학의 발전에 따라 실내 환경오염 예방의 중요성이 증대되면서 최근 사전오염원의 차단 및 축소를 위한 다양한 형태의 시도가 이루어지고 있다. 청소업무에서도 분진의 예방, 더러움 · 때의 예방 등 의식적인 업무 형태가 이루어지고 있는데 이를 일컬어 예방청소라 한다.

(3) 작업주체에 따른 분류

① **용역회사에 의한 청소**

청소 전문업체와 용역계약을 체결하여 동업체로 하여금 청소를 전담케 하는 방법으로 통상 건물관리계약의 일환으로 같이 이루어지는 경우가 많다. 특히 대규모 청소 또는 정기·특별 청소의 경우에 많이 이용된다.

② **일용직원에 의한 청소**

청소전담 직원을 고용하여 청소를 하는 방법으로 건물청소보다는 대규모 아파트에서 일상적으로 청소할 때에 주로 이용된다.

5) 환경미화관리자

'한국표준직업분류'에 의하면 건물청소원(charworkers) 및 건물관리원(building caretakers)은 단순노무직 근로자로 분류되며, 이는 손도구의 사용과 육체노동이 요청되는 단순하고 일상적인 업무로 이루어진다. 이들 직업은 제1교육수준의 직무능력이 요구되는 직업으로 분류하고 있으며, 이들 정의는 다음과 같다.

건물청소원은 공공건물, 사무실, 상업건물(호텔 등의 숙박시설 제외) 및 아파트 등의 건물내부를 청소·정돈·관리하는 자를 말한다. 경우에 따라서는 세탁·다림질 및 기타 활동을 돕기도 하며, 건물관리인의 직무를 수행하기도 한다. 공장청소원, 공공건물 청소원, 식당청소원, 사무실청소원이 이에 포함되면 가사청소원은 제외된다.

건물관리원은 아파트·주택·호텔·사무실·교회 및 기타 건물을 관리하고 청소·유지하는 자를 말하며 그들의 주요 업무는 다음과 같다.

① 건물의 내부를 청소하거나 간단한 수선 및 정비를 한다.
② 난방과 온수를 제대로 공급할 수 있도록 난로와 보일러를 손질한다.
③ 소음 및 재산의 잘못된 사용과 같은 문제에 있어서 거주자 및 기타 건물사용자의 행위를 규제한다.
④ 대신해서 배달물을 접수하든가 방문자에게 필요한 정보를 제공하는 등 부재중인 거주자에게 소규모의 서비스를 제공한다.

즉 건물관리종사자는 건물관리자, 건물경비원, 미화원, 시설관리근무자 등을 포함한다.

청소업무에 종사하는 미화원은 직업에 관한 투철한 사명감이나 긍지도 없이 3D업종에 종사하게 되어 외부로의 노출을 꺼리고 작업에 임하게 되는데, 청소미화원의 의

식전환이 절실히 요구되고 있다. 스스로 자신이 하는 일이 건물사용자나 입주자 모두에게 위생환경의 조성을 통한 청결한 공간을 조성하고 안전사고를 예방하여 건물의 내용연수를 늘여가는 등 전문성을 가진 전문직업인으로서의 직업의식을 가져야 한다.

또한 외국의 사례처럼 소정의 직업교육 및 관계법률의 제정을 통해 직업의식 수준을 높여줘야 할 것이다. 이 분야의 깊은 연구와 노력이 함께 한다면, 미화원은 사회적 인식변화로 전문직업인으로서 인정받게 될 것이다. 환경미화관리자의 기본자질은 다음과 같다.

(1) 환경미화관리자의 자격

① 청소관리 요원의 적격 요인으로는 고학력보다는 정신적으로 확고한 사람이라야 한다. 빌딩의 각 사무실 특성상 기밀에 속하는 사항이 많으므로 신원이 확실하고 신임할 수 있어야 하며, 청소상태에 예민한 감각을 가진 사람이어야 한다(책임감과 성실감).

② 건축자재 등의 복잡화로 인한 청소기기 및 기계의 다양화로 이를 충분히 숙지하고 취급할 수 있는 전문기능을 갖춰야 한다. 물론, 일상적인 청소작업에는 고령자나 중년여성의 활용도 가능하다.

(2) 환경미화원의 자세

① 업무수행에 대하여 충실해야 한다.

② 업무를 지속적으로 수행할 수 있어야 한다.

③ 부주의는 사고를 일으킬 수 있으므로 주의력을 길러야 한다.

④ 확실한 신원과 신뢰가 있는 성실한 사람이어야 한다.

(3) 환경미화원의 지도

① 청소작업 계획은 주별 · 월별로 계획표를 작성하여 청소미화원에게 시달하여 실시케 한다.

② 매일 일정시간을 정해서 감독자의 의도를 충분히 이해하도록 한다.

③ 청소용구와 자재의 준비시간을 정해서 청소도구와 기계를 수선 · 손질하고 소모품도 보급해야 한다.

④ 실제로 작업량을 관찰하고 적당한 작업시간을 할당하도록 노력해야 한다.

⑤ 청소미화원의 노력과 성과를 평가하고, 잘된 것은 받아들여 응용한다.

⑥ 매월 1~2회 간담회를 열어 청소미화원의 노고를 위로하고 의견을 듣는다.

⑦ 건축자재, 각종 세제, 청소기계 등에 대한 사용방법 등 최신 정보를 전달함으로써 일에 대한 흥미를 지속하게 한다.

⑧ 환경위생의 지식과 청소의 사회적 중요성을 청소미화원이 인식하도록 일깨워준다.

(4) 환경미화원의 후생

① 활동적이고 기능적인 제복으로 청결 · 단정해야 한다.

② 작업중 단시간의 휴식은 청소능률을 향상시킨다.

(5) 환경미화원의 배치기준

환경미화관리자의 배치기준은 연구자료[1]에 10,000평 기준의 경우 적정 환경관리자의 직정 인원은 감독직과 행정직 및 외부 유리청소원 등을 제외한 순수 환경관리자의 수는 13.5명으로 나타나고 있으나 업무빌딩 청소용역회사가 투입하는 청소관리자의 수는 〈표 10-3〉과 같다.(지하 6층, 지상 20층 일반 건물(빌딩)기준)

〈표 10-3〉 업무용 빌딩의 환경미화관리자의 배치현황(예)

(20층, 10,000평 기준)

구 분		성 별	인 원	비 고
상 주	소장(책임자)	남	1	
	감독(반장)	남	1	
	고소 작업원	남	2	
	유리청소	남	3	
	쓰레기처리장	남	2	
	행정서무	여	1	
	계		10	
주 간	19층	여	1	※ • 20층 포함
	18	여	1	
	17	여	1	
	16	여	1	
	15	여	1	
	14	여	1	

1) 김일효, FM 직종별 적정관리인원 산정방안에 관한 연구 2008, p.33
(환경미화직 회귀방정식은 Y=6.707734+0206245X임)
주) X값은 업무용 빌딩 연면적(평당면적)을 m^2로 환산한 후 $1000m^2$단위화한 수치임

구 분		성 별	인 원	비 고
	13	여	1	
	12	여	1	
	11	여	1	
	10	여	1	
	9	여	1	
	8	여	1	
	7	여	1	
	6	여	1	
	5	여	1	
	4	여	1	• 강당 포함
	3	여	1	• 다목적홀 포함
	2	여	1	
	1	여	1	• 지하 3층 포함
	B1	여	3	• 정화조 및 기계식 주차기 포함
	B2	여	1	
		남	2(1)	
	B3	여		
		남	(1)	
	B4	여		
		남	(1)	
	B5	남	(1)	
	B6	여	1	• 지하 4·5층 포함
		남	1	• B5층 중수청소 포함
	계	남	6	( ) 안은 주차장청소 전담요원
		여	16	
		계	22	
야 간	감독(반장)	남	1	
	작업원	남	6	
	작업원	여	10	
	계		17	• 카펫 세탁 4명 별도
합 계		남자	22	
		여자	27	
		계	49	

비고 : 빌딩의 규모, 용도, 평수, 성격, 시설의 종류에 따라 환경미화원의 배치자수는 증감될 수 있다.

6) 예방청소

예방청소란 건물위생환경의 사전적 조성을 위하여 환경오염원을 미리 예방하기 위하여 장비 · 용구 및 이와 관련된 청소활동작업을 말한다. 청소관리에서의 예방청소는 여러 가지 형태로 이루어져 왔으나 예방의 효과를 높이기 위해서는 이러한 제반행위가 의식적 · 조직적으로 진행되어야 하며 그 발생원인별 예방은 다음과 같다.

(1) 먼지와 분진의 예방

먼지란 통상 직경이 500μm 이하의 미세한 입자를 일컫는다. 100μm 이하는 부유분진으로 구분되는데, 통상 폐에 침착률이 가장 높은 먼지의 입자는 0.5~5.0μm인 것으로 알려지고 있다. 화학적인 중독작용이 강하지 않은 입자는 대식세포에 의하여 폐포로부터 기관지에 운반되고 섬모운동에 의하여 처리되지만, 작용이 강한 입자는 대식세포를 파괴 또는 변성시킴으로써 폐포부에 입자가 침착하는 원인이 된다.

따라서 입자상 물질은 미립자가 흡입에 의하여 폐포에 침착하면서 인체에 영향을 미치게 된다. 이러한 먼지는 통상 60~80%가 외부로부터 건물 내부로 날아들어 오는 것이고 나머지는 내부에서 발생한 것이라고 한다.

① 외부먼지 유입예방

먼지의 외부 유입경로는 크게 세 가지 경우로 다음과 같다.

- 사람 · 옷이나 물품에 부착되어 들어오는 경우
- 기류에 의하여 배기구 · 환기구 · 창문 등을 통하여 들어오는 경우
- 출입자 신발의 흙이나 모래 등이 먼지로 변질되는 경우 등

건물이 폐쇄적 구조일수록 주 출입구에서 유입되는 경우가 가장 많으므로 주 유입경로를 사전차단하기 위하여는 주 출입구의 유입을 사전차단해야 하며, 그 방법은 다음과 같다.

첫째, 출입구에 전실을 설치하여 자동문 · 회전문 등에 의하여 외기의 유입을 최소화해야 한다.

둘째, 항상 개방해 놓을 수밖에 없는 출입구에는 에어커튼(air curtain)을 설치한다.

셋째, 물품 등의 먼지털이 장치 또는 간이 구두닦이 장치를 설치하는 방법 등이 있다.

이러한 방법은 빌딩의 구조나 시설개선을 통하지 않고는 현실적으로 행하기 어려운 방법이다. 청소업무에서 간단히 이용할 수 있는 방법으로는 출입구에 구두닦기 매트 또는 먼지털이 매트 등을 설치하여 수시로 청소하는 것이 효과적인 방법일 수 있다.

② **내부먼지 발생차단**

빌딩 내부에서 먼지가 발생하는 원인은 다음과 같다.

- 집무 또는 생산활동 등에 의하여 사용물의 세단분화(細斷粉化)에 의하여 발생하는 경우
- 사람들의 옷에서 작은 먼지를 일으키는 경우
- 건재 또는 기구의 표면이 사람들의 활동으로 마모분화(磨耗粉化)되는 여러 가지 경우

이러한 내부먼지의 발생을 사전차단하기 위하여는 ① 먼지가 발생하기 쉬운 작업을 할 경우에는 사전에 예방대책을 강구해야 하며, ② 폐기물이나 담뱃재 등의 비산을 방지하고, ③ 건물의 내장재 · 집기 등이 가급적 마모되지 않는 것을 사용하는 등의 조치가 필요하다.

이밖에도 빌딩 안에는 구조적으로 먼지가 쌓일 만한 부분을 적게 하며, 먼지가 붙을 만한 건축자재를 피해, 청소하기 쉽게 할 필요가 있다. 그 세부적 방법으로는 책장 등 건물 내부의 가구류는 천장까지 연결시켜 문짝을 달아 두면 판자 위에 먼지가 쌓이지 않아 청소의 횟수를 줄일 수 있다.

또 조각이라든가 돌출부 같은 복잡한 장식이 된 가구 등은 미세한 곳까지 먼지가 끼게 되므로 평소에 깨끗이 손질해두면 청소가 쉬우며, 책장 등의 수납가구는 역시 문짝을 달아 청소를 해야 한다. 또한 가구류는 바닥과 밀착된 것이 좋고, 다리가 붙어 있는 가구류는 청소하기 쉬운 높이로 된 것이 바람직하다.

(2) 때 · 더러움의 예방

때나 더러움은 사람의 활동에 의하여 마감자재 · 가구 등의 표면에 발생하는 것으로 그 원인을 근절한다는 것은 매우 어렵다. 사람이 스스로 더럽히지 않으려는 자발적 노력과 더불어, 더러움을 타지 않고 더럽혀지더라도 제거하기 쉬운 건재로 건물 내부를 장식하는 방법 외에 다른 도리가 없다. 이를 구체적으로 살펴보면 다음과 같다.

① **청소하기 쉬운 내장재**

건물 내부의 내장재와 가구는 표면이 미끄럽고 흡수성이 없는 것이 청소하기 쉬우며 때나 더러움을 사전 차단할 수 있다. 목재도 나무 그 자체만이 아니라(노송나무나 삼나무의 기둥이나 바닥이 때가 쉽게 타고 청소가 어렵다) 도장 등으로 마무리된 쪽이 미(美)를 간직하기 쉽다. 요제(窯製) 타일과 플라스틱 타일 등이 좋은 것은 표면이 미

끈하고 내수성이 있기 때문에 세제 등으로 더러움을 간단히 지울 수 있다.

주생활의 양식화에 따라서 의자 등 가구가 늘어가고 깔개나 커튼 등의 섬유제품도 많이 사용되고 있다. 이들 천 제품의 결이라든가 감촉은 어떤 대용품으로도 얻기 어려운 좋은 점을 가지고 있는데 그것을 원래의 아름다움 그대로 유지하기란 보통 어려운 일이 아니다. 그래서 더러움도 덜 타고, 얼룩도 잘지지 않도록 가공되어 있는 것을 사용하는 경우가 많아지고 있다.

② 표면의 광택처리

금속제품과 거울 등 표면에 광택이 있는 제품이 광택을 늘 그대로 간직한다는 것은 어려운 일이다. 지문과 물방울의 흔적은 물론 먼지가 쌓이면 금방 눈에 띄고 더러워 보인다. 역으로 강제로 윤기를 없앤 것은 지방성분의 때가 두드러지게 나타난다. 윤기 · 광택은 중간 정도의 것이 때가 눈에 잘 띄지 않으므로 좋다.

③ 색채의 선택

때가 타도 눈에 띄지 않는 색은 회색계통의 중간색이다. 흰색에 가까운 밝은 색이 더러워지기 쉬운 것은 당연하지만 검은색 또는 이에 가까운 어두운 색도 의외로 더러움이 쉽게 타는 색이다. 특히 먼지가 있으면 거무튀튀한 색으로 되므로 항시 아름다운 검정색을 유지하기란 어렵다.

또한 표면에 모양이 있는 쪽의 때가 눈에 덜 띈다. 또 규칙적인 것보다는 불규칙적인 무늬가 있는 것이 때를 눈에 띄지 않게 한다. 또, 중간색의 카펫을 깐 바닥이 의외로 더러움이 눈에 띄지 않는 것은 카펫 표면에 있는 실의 그림자로 인하여 모양이 있는 것처럼 보이기 때문이다.

(3) 액체의 오염예방

건물 내부가 내수성이 강한 재료로 되어 있다면 물을 엎지르거나 물이 튀게 되는 것에 그다지 신경을 쓰지 않고 지낼 수 있다. 그런데 액체 중에서도 물은 가장 취급하기 쉬운 것이며, 건물특성에 따라 술 · 커피 · 주스 · 약물 · 잉크 등 여러 가지의 액체가 항상 우리와 밀접한 관계에 있다. 따라서 얼룩이 생길 수 있는 재료는 가능한 한 사용하지 않도록 한다. 내수성이 없는 재료로 만들어진 건물 내부는 아름답게 유지하기 어려울 뿐만 아니라 한번 더러워지면 원래의 상태대로 되돌리기도 어렵기 때문에 건물특성에 따라 재료의 신중한 선택이 필요하다.

(4) 일광에 의한 퇴색

직사광선에 의해 퇴색되는 것도 오염의 일종일 것이다. 직사광선으로 변색하기 쉬운 색과 재료는 가능한 한 사용을 피하거나, 사용되었을 경우 이의 직접적 노출을 피할 수 있는 방지수단이 필요하다.

(5) 흠이 있는 곳과 흠이 생긴 곳

흠이 절대로 생기지 않는 재료는 있을 수 없다. 그러나 흠이 잘 생기지 않는 것이나 흠이 생겨도 수리가 쉬운 것, 눈에 잘 띄지 않는 것이 있다. 그런 것을 염두에 두고 재료를 고르면 건물 내부구조의 청결함을 유지할 수 있다.

① 탄력성이 있는 재료

고무나 코르크는 긁히거나 충격을 쉽게 받지 않아서 흠이 잘 생기지 않는다. 화학섬유를 퀼트 상태로 한 펀치 카펫이라고 하는 바닥재도 최근에는 일반화되어 있다. 이와 같이 흠이나 저항력이 강한 재료를 사용하도록 한다.

② 경질재료

돌과 금속, 플라스틱 등은 좀처럼 흠이 생기지 않는다. 그러나 아주 강한 충격에 흠이 패이기도 하고 갈라지기도 하며 빠지기도 하므로 수리가 상당히 어려워진다. 따라서 딱딱하다고 해서 무조건 좋다고 할 수 없다.

③ 흠이 띄지 않는 목재

목재라고 하는 것은 비록 견목(堅木)이라고 해도 돌이나 금속과는 다르다. 졸참나무 · 느티나무 · 너도밤나무 등 가구재와 바닥재로서 사용되고 있는 나무는 장기간의 사용으로 상처가 나도 그렇게 눈에 띄지 않고, 흠이 패여도 나무를 박아 넣어서 메울 수 있다. 쪼개지더라도 짜맞추어 간단히 수리할 수 있다.

④ 색상과 무늬의 선택

내부마감 무늬의 모양이 자잘한 것은 때를 감추어줄 뿐 아니라 흠을 감싸주는 역할도 한다. 작은 상처 정도는 무늬 속에 감춰지기 때문이다. 큰 무늬에서는 흠이 눈에 금방 띄게 되므로 주의해야만 한다. 또한 색상도 갈색이라든가 회색과 같은 중간색을 이용하고 지나치게 광택이 나지 않는 것을 택한다.

또 바탕의 결이 눈에 띄지 않는 것을 택하여 이를 넓은 부분에 사용하고, 작은 면적에는 액센트로 밝은 색과 어두운 색, 선명한 색과 광택이 강한 것을 사용하면 더러운 곳도 눈에 띄지 않고 생동감 있는 실내 분위기를 연출할 수 있다.

7) 청소작업계획

청소업무는 건물의 구조, 사용용도, 건물면적 등에 따라 작업조건, 작업사양 등이 달라지게 된다. 이는 구획된 건물 내의 사용현황이나 작업시간대의 제한 등으로 청소 작업내용에 직접적 영향을 미치며, 일상청소 · 정기청소 · 특별청소 · 임시청소별로 그 업무는 차이가 상당하며 세부적 분류기준도 모호하다. 또한 그 작업내용에 있어서도 비교적 간단한 것이 있는가 하면 상당히 복잡하고 고도의 기술이 필요한 것도 있다. 이러한 일련의 행위가 복합되어 청소업무 관리가 이루어진다.

따라서 청소를 계획적으로 집행하기 위하여는 각종 청소작업을 작업대상, 장소, 면적, 재질, 작업방법, 사용기자재, 작업빈도에 따라 분류하고 그것을 정리하여 작업사양서를 작성하여 일련의 청소작업이 조직적이고 체계적으로 이루어지도록 해야 한다.

이것은 다음의 기준에 의한다.

① 적시 적소성을 최대한 고려한다.
② 작업수행이 조직적이고 체계적이도록 한다.
③ 업무가 수행되는 데 충분한 시간이 할당되도록 한다.
④ 불필요한 시간의 낭비는 없도록 한다.
⑤ 청소의 경제성을 고려하여 주어진 예산으로 최적화를 이루도록 한다.

이러한 기준하에 종사인원을 산정하게 되는데 이것은 업무계획에 있어서 가장 중요한 요소이다. 이는 건물용도, 건물입지조건, 건물규모 및 구조, 건물 주요 건자재, 건물 사용현황, 요구되는 청결정도에 따라 달라지는데, 우선 이에 대한 사전조사로 당해 건물의 청소에 필요한 작업량을 도출하게 된다.

개략적인 산정방법으로는 청소바닥 면적, 바닥재의 종류, 특수작업 면적(화장실의 수, 창문유리 면적 등)으로 추정할 수는 있다.

표준작업량이 정해져 있다면 상기의 업무계획 수립에 중요한 자료로 이용할 수 있다. 이는 청소종사원이 일정시간 내에 수행할 수 있는 평균적 작업량을 의미하며, 표준작업 시간으로도 이용될 수 있다. 일반적 기준으로 용인되는 표준작업량과 표준작업 시간을 산출할 수 있다면 건물청소의 합리화에 기여할 수 있으나, 이는 작업준비시간, 작업장소의 이동, 대기시간, 공동작업 범위 등에 따라 복잡하다.

따라서 적정인원 배치 또는 어렵게 된다. 통상 유사건물의 작업배치 인원을 참고하여 추후에 수정하는 형태가 일반적으로 통용되고 있다. 향후 이 분야에 대한 보다 체계적 접근과 연구가 수반되어야 할 것이다. 참고로 실무에서 쓰일 수 있는 일반적 작업계획표를 소개한다. 이러한 작업계획표의 용도는 다음과 같다.

① 작업을 예정하고 검토하는 데 편리하다.
② 노동력이나 기계·기구, 자재준비를 빠뜨리지 않게 한다.
③ 종사원에게 업무를 알려주고, 각자의 업무를 스스로 알게 한다.
④ 청소장소, 청소시간 등을 잊지 않게 한다.

8) 청소작업방법

청소작업방법의 사례는 다음과 같다.

(1) 작업방법

공용 부분	• 각 층의 일반공용부분 : 복도, 계단, 화장실 등에 따라 사양 설정관리 • entrance 부분 : 현관, E/L 로비(lobby) 등에 따라 사양 설정관리 → 위의 장소는 공공적 성격이 강한 구역으로 여러 사람이 빈번하게 사용하는 곳이라 쉽게 더러워지기 때문에 청소의 빈도가 많은 곳임 • 주차장 부분 : 면적이 크며 표준적인 사양과는 다른 사양 설정관리 • 관리 space : 중앙관제실, 전기·공조실, 종업원 휴게실, 경비실 등에 따라 사양 설정관리 → 일반인들의 사용이 없어 자칫 청소를 소홀히 할 수 있는 곳이기 때문에 특히 계획적인 청소를 하지 않으면 안된다. • 기타 : 옥상, 건물 외부 등 장소에 따라 사양이 다르므로 필요 사양에 따라 관리 → 일상적인 빌딩 사용과는 거리가 멀지만 창유리, 외벽면 등은 정기적으로 클리닝을 해야 한다.
전용 부분	• 일반 사무실 : 실내 청소사양의 표준관리 및 진공청소관리 • VIP실 : 건축 마감재료, 사용방법 등에 따라 사양 설정관리 • 식당·위생 관계실 : 발생하는 쓰레기의 질·유형에 따라 사양 설정관리 • 휴게실, 외빈실 : 사용자의 특성에 따라 사양의 설정관리 • 정보·방송 관계실 : 섬세한 설비가 설치되어 있으며, 소음·충격장비, 먼지방지 등에 맞는 청소사양 설정관리 → 빌딩 이용상 최고로 중요한 곳이며, 매일 사용되기 때문에 일상적인 청소가 대부분을 차지한다. 또 근무시간에는 업무를 하는 곳이기 때문에 업무에 지장이 없는 야간 또는 이른 아침에 청소를 하도록 관리한다.

(2) 일상작업

① 전용구역

구 분	사무실	임원실	회의실 응접실	OA실	식 당	서 고	점 포
바닥 쓸고, 닦기	1/일	1/일	1/일	1/일	1/일	1/일	임차인 또는 사용인에 의한 수시 청소
타일 카펫 진공청소	1/일	1/일	1/일	1/일		1/일	
타일 카펫 교환	수시	수시	수시	수시	수시	수시	
벽면 먼지 제거	1/주	1/주	1/주	1/주	1/주	1/주	
창틀 먼지 제거	1/주	1/주	1/주	1/주	1/주	1/주	
꽁초의 제거	2/일	2/일	2/일	2/일	2/일	2/일	
쓰레기통 수기청소	2/일	2/일	2/일	2/일	2/일	2/일	
잔반처리					1/일		
출입구 주변 청소	수시	수시	수시	수시	수시	수시	

② 공용구역

구 분	현 관	복 도	계단 응접실	탕비실	화장실	옥상 · 옥외	승강기	재떨이	주차장
바닥 쓸고, 닦기	2/일	2/일	2/일	2/일	2/일	2/일	2/일	2/일	2/일
타일 카펫 진공청소		1/일							
타일 카펫 교환		수시							
벽면 먼지 제거	1/주	1/주	1/주	1/주	1/주		1/주		1/주
꽁초의 제거	2/일		수시		수시		수시	수시	
쓰레기통 수거청소	수시	수시	수시	2/일	2/일			수시	2/일
오물 쓰레기 처리				2/일					
출입구 주변청소	수시	수시	수시	수시	수시		수시		수시
계단난간 닦기			2/일						
위생기기 청소				2/일	2/일				

(3) 정기작업

① 전용구역

구 분	사무실	임원실	회의실 응접실	OA실	식당	서고	점포	비 고
수지계 바닥 청소	1/월		1/월	1/월	2/월	1/월	2/월	카펫 없는 곳
수지계 바닥재 도장	1/년		1/년	1/년	2/년	1/년	2/년	카펫 없는 곳
카펫 전면 클리닝	4/년	4/년	4/년	4/년				별도 운영
바닥 스크람 코팅	1/월		1/월	1/월	1/월	1/월	1/월	카펫 없는 곳
금속장식물 닦기	1/주	1/주	1/주	1/주	1/주	2/월	1/주	
천장, 벽, 높은 곳의 먼지 닦기	1/분기	1/분기	1/분기	1/분기	1/분기	2/년	1/분기	
창유리 닦기	1/월	1/월	1/월	1/월	1/월	1/월	2/월	
문, 칸막이 청소	1/주	1/주	1/주	1/주	1/주	1/주	1/주	
배수구 청소					1/주			
형광등 커버	1/년	1/년	1/년	1/년	1/년	1/년	1/년	
디퓨레이터 라디에이터	1/분기	1/분기	1/분기	1/분기	1/분기	1/분기	1/분기	

② 공용구역

구 분	현관	복도	계단	급탕실	화장실	옥상· 옥외	승강기	재떨이	주차장
수지바닥 청소	2/월	2/월	1/월				2/일		
바닥 스크람 코팅	1/주		1/월		1/주		1/주		
금속장식물 닦기	1/주	1/주	1/주	1/주	1/주	1/주	1/주	1/주	1/주
천장, 벽 등 높은 곳 먼지 닦기	1/분기	1/분기	1/분기	1/분기	1/분기	1/분기	1/일		1/분기
벽 대리석 닦기	2/년								
물 청소						1/월			1/월
창유리 닦기	1/주								
문, 칸막이 청소		1/주		1/주	1/주				
배수구 청소						1/일			1/주
금속 외장 닦기						2/년			
형광등 커버	1/년	1/년	1/년		2/년		1/월		2/년

〈표 10-4〉 요일별 · 지역별 청소작업

구분	공용지역	전용지역(사무실)	비 고
월	각 층 신주광택, 왁스광택, 외곽연결송수관 신주광택, 비상계단, 벽체 먼지, 거미줄 제거	쓸기, 걸레질, 기름마포질	
화	각 층 복도, 벽 및 새시철물 소방기구, 구석 및 천장부위 먼지 제거	내부벽 먼지 제거	
수	각 층 스텐부분 광택, 각 층 화장실의 비눗물 대청소(주차장, 화장실), 현관 및 승강기 입구 대리석, 외곽, 화강석 세척	사무실 커튼, 창, 문틀 걸레질 (일부씩 실시)	승강기 바닥 스크람 및 왁스광택(야간처리)
목	승강기 불순물 제거, 왁스광택	출입문	오염제거(주간에 처리)
금	화장실, 타일벽, 천장먼지 제거, 복도벽, 새시철물, 신주광택	각 층 소방기구 먼지제거	
토	각 층 화장실 바닥의 비눗물 대청소, 현관 로비 바닥세척, 왁스광택, 새시, 유리청소	월중 대청소계획에 의거 왁스광택	
일	복도, 계단, 화장실 쓸고 닦기	월중 대청소 계획에 의거 왁스 광택, 로비 등	

〈표 10-5〉 주간 청소작업

구분	07:00~09:00	09:00~10:00	10:00~12:00	12:00~13:00	13:00~17:00
미화조	① 사무실 출근 전 기본 청소실시(바닥, 쓰레기 수거 등) ② 화장실 및 휴게실 상태 점검, 물품보충 및 화장지, 페이퍼 타월 지입(紙入) ③ 계단쓸고 닦기	휴식	① 화장실 청소상태 확인 후 미비한 곳 즉시 시정 작업 ② 복도 리스킹 작업 ③ 내부유리세척 ④ 계단마포질	중식 시간	① 공용부분 쓸고닦기(리스킹, 마포질 계속 반복 작업) ② 비치된 쓰레기통 및 재떨이 비우고 닦기 ③ 소화기 및 고용비품 손걸레질 하기 ④ 화장실 및 휴게실 청소 상태 확인점검
야간조	21:00~24:00	24:00~01:00	01:00~05:30	05:30~06:00	
	① 20층동 : 18~11층 ② 30층동 : 29~18층	야식	① 20층동 : 11~1층 ② 30층동 : 17~1층	마감 정리	

2 청소용 기자재관리

청소용 기자재는 청소의 고유목적을 능률적·효과적으로 달성할 수 있게 하는 도구와 자재를 의미한다. 오늘날에 와서는 점차 그 도구들이 개량되어 도구는 기계화 되고 자재는 화학물질이 되기에 이르렀다. 우리가 사용하는 청소용 기기와 자재는 이런 과정을 거쳐서 오늘에 이르렀다. 청소수단과 기계·기구·자재를 살펴보면 대체로 〈표 10-6〉과 같다.

〈표 10-6〉 청소수단과 기계·기구·자재

청소수단	도구·기계·자재
① 긁어 모은다.	갈퀴, 레키
② 쓴다.	빗자루, 자동빗자루, 바닥브러시
③ 턴다.	총채, 깃털총채, 브러시
④ 불어서 날린다.	진공청소기(배기를 이용한)
⑤ 바람을 낸다.	마른 걸레, 월스, 마른 마포
⑥ 비벼서 문질러 뗀다.	걸레, 수세미, 브러시
⑦ 빨아들인다.	진공청소기, 흡수진공청소기
⑧ 부착시켜서 거둔다.	젖은 걸레, 다스트크로스, 톱밥
⑨ 물로 씻는다.	물, 덱키브러시, 전기브러시
⑩ 물걸레질한다.	물, 젖은 걸레, 젖은 마포
⑪ 세제로 씻는다.	비누, 세제, 물, 마포, 전기브러시
⑫ 용해시켜서 떼어낸다.	물, 용제
⑬ 거품으로 제거한다.	비누, 합성세제, 물
⑭ 약품으로 제거 또는 해가 없게 한다.	산, 알칼리, 표백제
⑮ 닦아서 없앤다.	바흐, 밧트, 전기브러시
⑯ 깎아서 없앤다.	샌드페이퍼, 스칠월, 가죽 자르는 칼

능률적·효율적으로 건물청소의 목적을 달성하기 위하여는 용구 및 자재의 보조가 필요하다. 청소용구·기자재가 새로이 개발되고, 개량·발전되어 청소용 도구는 점차 기계화되고 자재는 화학물질로 변천되고 있다. 현재 건물청소에서 사용되고 있는 청소용 기자재는 이러한 경로를 거쳐서 오늘에 이르렀으나 청소의 기계화는 의외로 발전되어 있지 않고 자재면에서도 만족을 주고 있다고 할 수 없다.

이것은 청소라는 작업이 매일같이 우리들 주위에서 대량으로 행하여짐에도 불구하고 근대 산업의 대량생산 수법이 적용되지 못하는 것과 건물관리운영자의 보수성과 청소업무 수행인이 청소기법 개발에 등한시한 것이 우리의 청소업무가 후진성을 탈피하지 못하고 있는 주원인이라 할 수 있다.

장비현대화의 필요성이 날로 높아지고 있음에도 불구하고 지연되고 있는 것은 대부분의 청소장비가 외래품으로, 정보에 어두운 건물청소업체 경영자들의 장비에 대한 지식 부족으로 장비선택의 어려움을 겪고 있기 때문이다. 따라서 청소분야의 장비화는 장비성능이나 작업현장조건에 알맞은 장비를 선택할 수 있는 능력과 지식을 가지고 있는 장비수입 판매업자가 근시안적인 영업형태를 지양하고 청소관리 분양의 선진화가 장비업자의 이익과 직결되어 있음을 자각, 장비현대화에 필요한 홍보는 물론 올바른 선택을 계도하는 등 적극 지원을 하여야 할 것이다.

1) 청소용 기계 및 도구

(1) 빌딩청소용 기계의 성격

빌딩 청소작업은 세탁업과 같이 공장 같은 일정한 장소에 모여서 작업하는 것과는 달리, 많은 사람이 사용하고 있는 빌딩이라는 현장에서 장소마다 가진 복잡한 사정에 적응하면서 작업하는 것이 일반적이다. 따라서 그 작업은 넓은 사무실 안을 구석구석 이동하면서 작업할 수밖에 없게 되어 있다.

작업의 실태가 이런 것이므로 빌딩청소에는 대규모의 기계화 · 자동화 같은 근대적인 합리화 수단을 가지지 못하고 있다. 그리하여 현재 상태로서는 자주 이동하면서 사용할 수 있는 소형 기계나 개량된 기구가 사용되고 있을 뿐이다. 따라서 기계라 하더라도 특별한 것이 없고 기구도 대부분이 조잡한 것에 지나지 않는다.

이러한 청소업무를 근대화시키기 위해서는 청소작업 전체를 설비화 · 장치화시키는 방법이 있을 뿐이다. 현재 고층빌딩의 유리창닦기 작업은 '자동 유리창닦기 설비'의 개발로 단번에 근대화되었으며, '곤돌라 설비'의 개발도 유리창닦기 작업의 안전과 능률에 기여하였다.

우리의 현실로서는 이러한 청소작업 설비화를 좀더 연구할 가치가 있다. 선진국에 이미 설비되어 있는 '집중적 진공청소 설비'는 배기를 빌딩 안에 뿜어내지 않는다는 커다란 이점이 있으므로 사용법을 좀더 연구한다면 카펫을 깐 빌딩, 컴퓨터 빌딩, 병원 같은 곳에 청소장비로 보급할 수 있지 않을까 한다.

'에어 커튼'도 빌딩 안에 먼지가 침입하는 것을 막는 에어 도어(air door)로서 더 많이 활용하는 것이 좋을 것으로 생각되고, 이밖에도 '쓰레기 진공운반 설비'를 도입한다거나 복도 바닥을 청소하는 데 로봇을 이용하는 것도 충분히 가능할 것이라 본다.

따라서 이런 종류의 개발은 빌딩설계와 관련시켜서 이루어져야 하며, 건축설계자나 건축설비자의 협력이 필요하다. 물론 이런 연구는 많은 연구비가 소요되므로 지금으로서는 이루기 어려운 일일 것이나 초현대식 빌딩을 관리하는 청소업계가 해결해야 할 앞으로의 과제임에는 틀림없다.

(2) 각종 청소기구

청소작업용 기계는 빌딩 내부가 좁고 내부구조가 복잡하므로 가볍고 소형이며, 사용방법이 간편한 것이 요구되므로 적당한 기구가 쉽게 나타나지 않고 있다. '자동 바닥 세정기'의 경우만 하더라도 몸체가 크고 사용방법이 어려워서 활용하는 데 문제점이 있으며, 청소로봇 개발이 쉽지 않은 이유도 모두 이런 연유에 있다고 하겠다.

최근에 소개되는 수입제품들의 경우 부분적으로 많이 개선되기는 했으나 고가로 인해 실무에서 많이 쓰이지 못하고 있다. 이 책에서 세부적인 장비소개 및 도구들의 소재는 배제하고, 실무에서 쓰여질 수 있는 장비와 도구의 경우 〈표 10-7〉에서 사례를 소개하고자 한다.

〈표 10-7〉 청소장비 및 도구(예시)

번호	품 목	규 격	단위	용 도
1	리스킹카	이탈리아(배터리) / JOLLY-320	대	로비 및 넓은 지역 광택유지 및 청소용
2	자동마루세척기	이탈리아(배터리) / FLOOR-530	대	대리석바닥, 로비, 넓은 공간 청소용
3	자동마루세척기	이탈리아(배터리) / FLOOR-350	대	복도 등 소규모 공간 청소용
4	자동바닥세정기	이탈리아(배터리) / FLOOR-80	대	주차장 바닥 청소용
5	고속마루광택기	미국(배터리) / CLARK-202	대	넓은 공간 광택작업용
6	유압사다리	미국(충전겸용) / AWP-36	대	고소작업용(13m)
7	운반카	미국(배터리) / CLARK-4000	대	다량 폐기물 운반 수거작업용
8	수동마루세척기	미국 / TM-20-TS	대	대청소 및 소규모 수동 세척작업용
9	수동마루세척기	미국 / TM-17-TS	대	대청소 및 소규모 세척관리 및 왁스머신용
10	고속마루광택기	미국(전기식) / TM-20-TS	대	복도 등 공간 광택작업용
11	유리세척기	이탈리아 / UNGER	세트	건물 내부 및 각 층 유리청소용
13	E/S 청소기	미국 40″	세트	에스컬레이터 청소용
14	E/S 청소기헤드	미국 24″	개	에스컬레이터 청소용
15	건습식 진공청소기	이탈리아 / WT-503	대	카펫 부분흡진 청소용
17	물품운반구	국산 75L / 철재롤러	세트	대청소시 물운반 작업용
18	바닥건조기	이탈리아 / PD-250	대	세척 및 왁스코팅 후 건조 송풍용
19	알루미늄사다리	국산 A형 5m	개	작업용
20	알루미늄사다리	국산 A형 2m	개	작업용
21	무전기	국제 PD-2000	대	업무연락 통신용

번호	품 목	규 격	단위	수 량		용 도
				A빌딩	B빌딩	
1	면장갑		켤레	210	186	작업용
2	고무장갑		켤레	156	120	작업용
3	장목비		개	30	26	각 층 청소용
4	대비		개	4	12	외곽 및 주차장 청소용
5	나일롱비		개	30	26	각층 청소용
6	리스킹		세트	30	26	복도계단 먼지제거용
7	마포대		개	30	26	청소작업용
8	마포밥		개	120	104	청소작업용
9	리스킹카밀대		개	15	10	로비 및 지하층 리스킹카 보충용
10	자동마루패드		개	20	20	자동마루청소기 보충용
11	수동마루패드		개	20	20	수동마루청소기 보충용
12	수동홀더		개	3	3	브러시 교체 보충용
13	광택기 패드		개	20	20	광택기 보충용
14	롤브러시	350용	개	3	3	세정기 350용 교체품
15	롤브러시	80용	개	3	3	세정기 80용 교체품
16	세정기 패드	80용	개	3	3	세정기 80용 교체품
17	스퀴지 고무	350용	개	3	6	로비 및 주차장용
18	스퀴지 고무	80용	개	3	6	로비 및 주차장용
19	나프탈렌	정제	정	90	78	소변기 살균용
20	광약		개	76	30	스텐 및 신주광택용
21	방울솔		개	60	52	소변기 청소용
22	변기솔		개	90	78	대변기 청소용
24	유리테라		개	6	6	유리 세척 작업용
25	기계솔		개	9	9	바닥 세척용
26	청수세미		개	208	160	각종 청소작업용
27	철수세미		개	140	124	각종 청소작업용
28	보루	면	관	15	10	청소작업용
29	작업타월	면	개	90	78	청소작업용
30	압축기		개	60	52	변기통수용
31	자동쓰레받기		개	3	7	로비 및 주차장 오물 수거용
32	쓰레받기		개	30	26	각 층 오물수거 작업용
33	양동이	소형	개	15	10	청소작업용
34	수거용봉투	특대	개	300	260	각 층 쓰레기 수거
35	합성세제	12입	포	5	3	걸레 세척용
36	티크리너	20 l	통	3	3	변기 목물제거용
37	락스	12입	BOX	3	3	화장실 청소 살균용
38	바가지		개	52	40	작업용
39	규조토		포	2	2	찌든 때 제거용

청소관리의 일상업무를 수행함에 있어 세제가 차지하는 역할은 대단히 크다. 세제의 좋고 나쁨 또는 사용방법이 적절하지 못하면 청소상태 및 인건비에 많은 영향을 준다.

2) 청소용 세제

(1) 세제의 종류

① 중성세제

② 알칼리성 세제

- 약알칼리성 세제
- 강알칼리성 세제

③ 산성세제

- 약산성 세제
- 강산성 세제

이 두 종류의 세제 강도는 통상 pH로 표시되며, 다음의 수치가 기준이 되고 있다.

① 중성세제(pH7)

② 알칼리성 세제(pH7 이상)

- 약알칼리성 세제 : pH9～10
- 강알칼리성 세제 : pH11 이상

③ 산성세제(pH7 이하)

- 약산성 세제 : pH6～3
- 강산성 세제 : pH2 이하

(2) 세제의 용도

세제의 주원료는 비누와 기타 모든 계면활성제이지만 앞서 말한 종류의 특성을 고려하여 용도·용법을 충분히 이해하지 않고 사용하면 어떠한 양질의 세제를 사용해도 충분한 효과를 발휘할 수 없기 때문에 주의가 필요하다.

① 중성세제

사용방법은 희석도가 30～80배 정도가 좋으며 세제 중에서 가장 용도가 넓다.

② **알칼리성 세제**

- 약알칼리성 세제 : pH9～10의 세제로서 바닥면, 금속집기(철제 책상, 의자, 서고 등) 새시 등 건재(建材)의 더러운 제거에 사용되며, 바닥면의 수지 가공부분을 보수하기 위해 spary-buff 작업을 할 때 50% 정도 희석해서 스프레이액을 사용할 수 있다.
- 강알칼리성 세제 : pH11 이상의 세제로서 강한 유성분(油性分)을 갖고 있는 콘크리트 바닥의 더러움을 세정할 때 사용하지만, 일반 바닥재의 세정에는 사용하지 않는다. 이는 알칼리에 의해서 바닥재가 영향을 받아 표면이 지저분하게 되며, 거칠어져서 변색을 초래하기 때문에 사용할 경우에는 메이커의 표시에 따르는 것이 중요하다.

③ **산성세제**

- 약산성 세제
- 강산성 세제

약산성 세제나 강산성 세제 어느 것도 일반 바닥재에 사용하는 것은 피해야 하며, 도자기에 한한 재질에만 사용하고 메이커의 지시에 따라서 사용하는 것이 중요하다.

(3) 바닥재와 세제

① 나무바닥재 : 중성세제
② 탄성(彈性) 바닥재 : 중성세제, 약알칼리성 세제
③ 돌(石)바닥재 : 중성세제, 약알칼리성 세제
④ 섬유(纖維) 바닥재 : 카펫 항 참조

(4) 바닥 유지제

바닥 유지제를 일반적으로 왁스라고 부르고 있지만 수지 왁스는 양초성분이 없기 때문에 엄밀하게는 왁스가 아니고 바닥씰제라고 말할 수 있다. 그러나 여기에서는 전체를 바닥 유지제라고 나타냈다. 바닥 유지제에는 polish, 씰, finish 등 여러 가지 명칭이 있다. 그림으로 표시하면 [그림 10-2]와 같다.

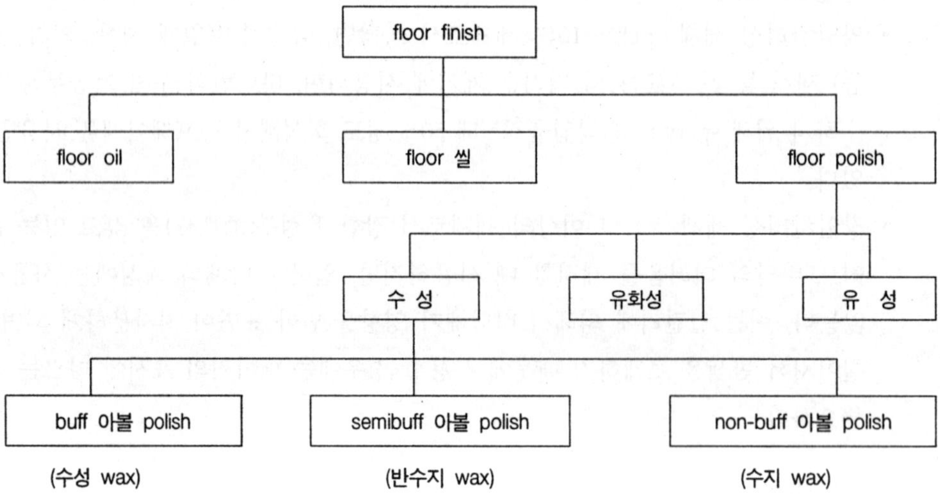

[그림 10-2] 바닥 유지제

바닥 마무리제, 보호제 등 바닥 유지제의 총칭이다.

① floor oil : 광유(鑛油)를 주성분으로 하는 바닥유이다.

현재 빌딩 청소에는 거의 사용되지 않는다.

② floor 씰 : 바닥재의 미세한 구멍이 막히는 것을 방지하는 역할을 한다.

(5) 연마제

연마제로서는 일반적으로 분말 클렌저(마분)가 많이 사용되고 있다.

연마제에는 분말 · 액체 · 입상(粒狀)이 있고, 연마하는 물건의 재질과 상태에 따라 어떠한 연마제를 어떠한 방법으로 사용하는가를 정한다. 분사기를 사용하여 뿌리면서 연마하는 방법도 있다. 연마제의 선택, 잘못된 사용방법으로 연마하면 회복할 수 없으므로 충분한 주의가 필요하다.

① 강연마제

② 중연마제

③ 일반연마제

3 쓰레기 · 오물의 처리

1) 폐기물의 분류체계 및 의의

청소관리의 최종단계는 수거된 쓰레기의 처리과정이다. 일반적으로 폐기물이라 함은 사람의 생활이나 사업활동에 수반하여 발생하는 물질로서 쓰레기, 연소재, 오니, 폐유, 폐산, 폐알칼리, 동물의 사체 등 필요하지 않게 된 물질을 말한다.

그리고 [그림 10-3]과 같이 폐기물은 일반폐기물과 특정폐기물로 구분되며, 일반폐기물은 다시 생활폐기물과 산업체 일반폐기물로 구분된다. 건물의 청소관리에서 다룰 수 있는 분야는 생활폐기물로서 기타 분야의 언급은 피하고자 한다.

1980년대 이후 지속적인 경제성장에 따라 생활폐기물의 발생량이 지속적으로 증가되어 현재 도시행정 부분에서 고형폐기물의 적정처리와 고형폐기물에 의한 2차 환경오염이 시급한 도시환경문제로 제기되고 있다.

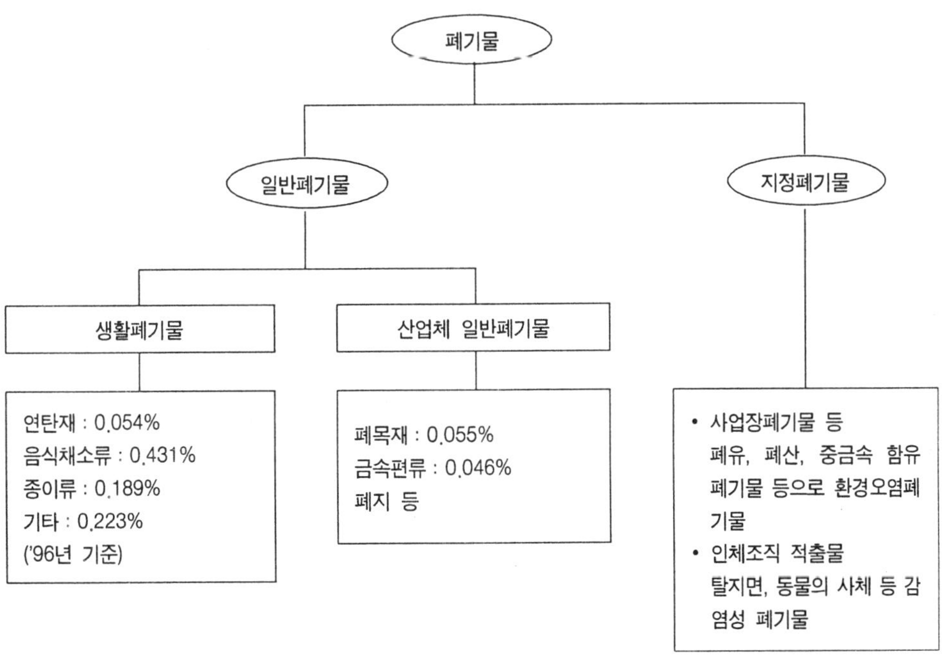

[그림 10-3] 폐기물의 분류체계

〈표 10-8〉 생활쓰레기 발생 및 처리 추이

연도	발생량 (톤/일)	처리방법별 처리량(톤/일)				처리방법별 비중(%)			
		매립	소각	재활용	기타	매립	소각	재활용	기타
1989	78,021	73,294	1,478	2,275	974	93.9	1.9	2.9	1.2
1990	83,962	78,106	1,493	3,900	463	93.0	1.8	4.6	0.6
1991	92,246	82,411	1,497	6,786	1,552	89.3	1.6	7.4	1.7
1992	75,096	66,965	1,132	5,912	1,084	89.2	1.5	7.9	1.4
1993	62,940	54,227	1,480	7,233	0	86.2	2.4	11.5	0.0
1994	58,118	47,166	2,025	8,927	0	81.2	3.5	15.4	0.0
1995	47,774	34,546	1,922	11,306	0	72.3	4.0	23.7	0.0
1996	49,925	34,116	2,725	13,084	0	68.3	5.5	26.2	0.0
1997	47,895	30,579	3,409	13,907	0	63.9	7.1	29.0	0.0

(자료 : 환경부, 전국폐기물발생 및 처리현황 각 연도분)

생활쓰레기 발생량은 연탄재의 감소와 종량제의 시행으로 지속적으로 감소하고 있다. 1991년도 생활쓰레기 발생량이 92,000톤/일으로 1994년에 비해 17.8% 감소했다. 1996년도 생활쓰레기 발생량은 1995년보다 다소 증가한 49,925톤/일이나 1997년도 발생량은 47,895톤/일에 달했다.

그러나 이후 매년 감소하여 1995년 종량제 실시 이후 47,774톤/일로 4% 감소하였다. 생활쓰레기 발생량은 인구증가율이 매우 낮을 것으로 가정하면 크게 증가하지 않을 것으로 전망되고 있다.

국내 쓰레기의 수거는 쓰레기의 생산량에 관계없이 지방자치단체가 수거 및 처리의 책임을 짐으로써 배출자는 폐기물에 대한 2차 환경오염이나 관리비용에 관심을 두지 않아 어떤 물건이든 폐기처분되고 있다.

따라서 폐기물의 양은 급속히 증가되고 이로 인해 환경오염이 증가되고 있어 도시행정에서 폐기물처리 문제는 심각한 고민사항으로 제기되고 있다.

국내 생활쓰레기수거 및 운반체계는 [그림 10-4]와 같다.

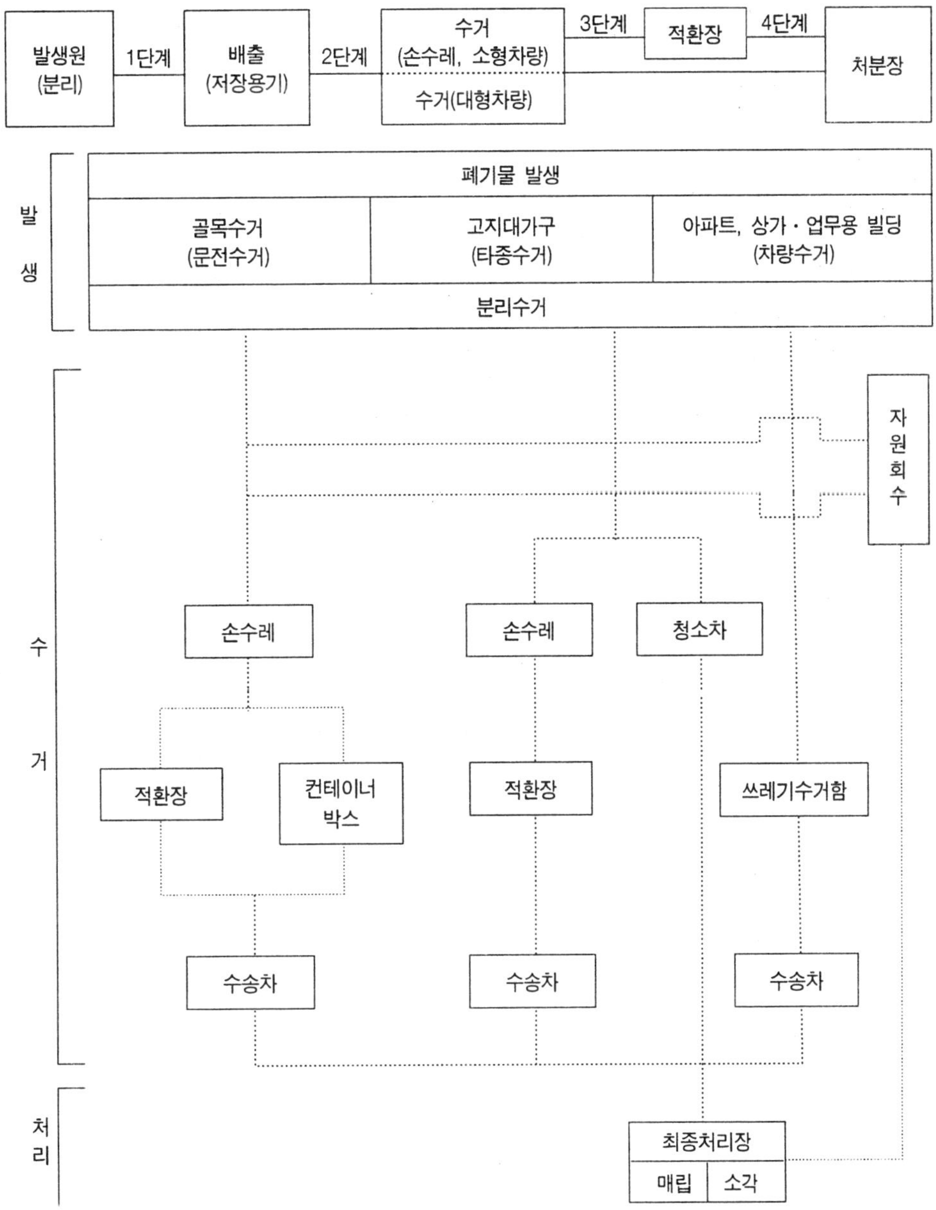

(자료 : 한국환경정책 · 평가연구원, 〈폐기물 관리체계의 경제성 · 환경성 평가 및 개선방안〉, 1997.)

[그림 10-4] 국내 생활쓰레기 수거운반체계

2) 폐기물의 종류와 포장, 배출방법

(1) 일반쓰레기

① 종 류

음식찌꺼기, 비닐코팅된 광고지, 젖은 종이, 창유리, 거울, 전구, 사기그릇, 비닐봉지, 스티로폴, 내부포장제, 딱딱한 플라스틱, 솜, 걸레, 신발, 모자, 벨트류, 정원수, 화초, 전지잔해물, 도배지, 장판지 등 공사잔해물이다.

② 배출방법

- 음식찌꺼기는 물기를 짜서 관급봉투에 넣어 수거함에 버린다.
- 부피가 큰 것은 분해하여서 쌀포대나 세면포대에 묶는 선까지 담은 다음 적환장 등에 집결한다.

(2) 대형 생활폐기물

① 종 류

냉장고, TV, 세탁기, 에어콘, 가스레인지, 탈수기, 공기청정기, 가습기, 대형시계, 벽걸이, 장롱, 서랍장, 신발장, 문갑, 화장대, 장식장, 응접세트, 침대, 매트리스, 침구, 카펫, 장판, 캐비닛, 서류캐비닛, 금고류, 양수책상, 탁자, 쌀통, 피아노, 오르간, 악기류 등이다.

② 배출방법

대형폐기물 운반수수료 부과기준에 의해 신고수수료를 납부한 후 생활쓰레기 분리수거 장소, 적환장 등 지정된 장소에 집결해 배출하도록 한다.

(3) 건물폐재류

① 종 류

목재 · 타일 · 세면기 · 변기 · 욕조 등 도자기류, 보일러, 시멘트덩어리, 폐벽돌 등이다.

② 배출방법

시공업자가 수거해 폐기물관리법에 의거해 처리한다.

(4) 위반시 조치사항

- 관급 규격봉투에 담지 않은 것은 수거하지 않는다.
- 무단 투기행위로 적발시는 100만원 이하의 과태료를 부과한다.

- 일반폐기물의 분리보관 위반시는 50만원 이하의 과태료를 부과한다.
- 규격봉투를 묶지 않고 배출시는 5만원 이하의 과태료를 부과한다.
- 무단투기자를 발견한 후 신고한 사람에게는 3만원에서 7만원 범위 내에서 보상금을 지급한다.

3) 재활용품의 종류 및 배출요령

(1) 종이류

① 신문지일 경우
- 물기에 젖지 않게 한다.
- 반듯하게 펴서 차곡차곡 쌓아서 묶음을 한다.
- 비닐코팅된 광고지, 비닐류 등은 기타 오물과 섞이지 않아야 한다.

② 책자, 노트, 종이, 쇼핑백, 달력, 포장지일 경우
- 비닐코팅 표지, 공책의 스프링 등은 제거한다.
- 비닐포장지는 제외시긴다.

③ 종이컵, 팩일 경우

내용물을 버리고 물로 한번 헹군 후 압착하여 봉투에 넣거나 한데 묶음을 한다.

④ 상자류(과자, 포장상자, 기타 골판지 상자 등)
- 비닐코팅 부분을 제거한다.
- 상자에 붙어 있는 테이프, 철편을 제거 후 압착하여 운반이 용이하도록 묶음을 한다.

(2) 캔 류

① 철캔, 알루미늄캔(음용 · 식용류)일 경우
- 내용물을 비우고 물로 한번 헹군 후 가능하면 압착한다.
- 겉 또는 속에 플라스틱 뚜껑이 있는 것은 플라스틱을 제거한다.
- 봉투(비닐봉투도 가능)에 넣어서 배출한다.

② 기타 캔(부탄가스, 살충제 용기)일 경우

구멍을 뚫어 내용물을 비운 후 배출한다.

(3) 병 류

① 음료수병, 기타 병일 경우

- 병뚜껑을 제거 후 내용물을 비우고 물로 헹구어 비운다.
- 담배꽁초 등 이물질을 넣지 않는다.

② 농약병일 경우

물로 헹군 후 음료수 병 등과 섞이지 않도록 별도 배출한다.

(4) 고철류

고철(공기구, 철사못, 철판 등의 쇠붙이), 비철금속(양은, 스텐류, 전선, 알루미늄 새시류)일 경우 이물질이 섞이지 않도록 한 후 봉투에 넣어 묶어서 배출한다.

(5) 플라스틱류

① PET병, 합성수지 용기류일 경우

뚜껑을 제거한 후 내용물을 비우고 물로 헹구어 배출한다.

② 일부 가정용 생활용품류일 경우(폐유 용기류는 제외)

가능한 한 압착하여 부피를 축소시킨다.

(6) 일회용품

① 기저귀 등의 1회용품

무게에 비해 부피가 커서 매립장의 용적을 많이 차지한다. 1회용품은 생활에 편리하나 토양매립시 분해기간이 100년 이상 걸린다. 특히 토양과 지하수에 의해 각종 질병을 일으킬 수 있다.

- 분해기간은 헝겊기저귀는 6개월에서 1년이며, 스티로폴은 500년, 1회용 컵은 20년, 플라스틱병은 100년, 알루미늄캔은 500년, 양철캔은 100년, 나무젓가락은 20년, 칫솔은 100년이 소요된다.
- 1회용 기저귀 제조를 위한 연간 나무 소모량은 1억 그루가 소비된다.

② 리필 팩(화장품, 세제, 기름)

소비자가 상품용기를 보관하면서 상품의 내용물만을 교환해 쓰는 제품으로 리필 팩 포장비는 상품의 운반비와 포장비용을 절감시키기 때문에 11에서 26% 정도의 가격인하 효과가 있다.

- 비닐봉지가 연간 1,200억 장으로 1가구당 50에서 70장이 소비된다.
- 포장용지가 무게의 16%, 부피의 60%를 차지한다(단, 미국의 포장지는 3분의 1을 차지함).

③ 폐종이

종이의 사용량은 문명의 척도이나 종이의 재활용률은 문화시민 양식의 척도이다.

- 국민 1인당 1년에 35m 두루마리 화장지를 17개 사용한다.
- 국민 1인당 1년에 우유팩 30개(두루마리 화장지 1개 해당)를 사용한다.
- 종이 1톤을 생산하는 데 약 30년생 나무 172그루가 필요하다.
- 국민 1인당 1년 종이소비량은 90kg(원목 22그루)이다.
- 종이봉지는 국민 1인당 700개(15년생 13그루)를 소비한다.
- 폐종이의 회수율은 43.4%(일본 48%), 각 가정 신문지량은 70kg/년으로 1.5그루이다.
- 폐종이의 재이용률은 70%이다(AOC 50% 고지사용시 에너지소비의 30에서 50% 절감과 대기오염을 95% 절감함).

④ 폐 병

오염이 적고 재생률이 높으며, 내용물을 잘 보존해야 한다.

- 재활용률은 1990년 45.7%이다.
- 절약에너지는 병 1개당 0.4kWh이며, 대기 20%, 수질 30%를 개선할 수 있다.
- 유리 용융 에너지 절약은 1톤당 135L(석유)이다.
- 유리 1톤 생산시 163kg의 파유리가 발생하고, 재생유리를 50% 사용한다면 80%가 줄어든 32kg의 파유리가 발생한다.

⑤ 알루미늄 캔(편리한 일상용품)

- 1년간 15억 개를 소비한다.
- 재생 알루미늄 사용시 에너지는 10%만으로 생산이 가능하다.
- 재생 알루미늄 캔은 0.5L가솔린, 3II에 해당되는 에너지이다.
- 대기오염을 95% 개선할 수 있다.

⑥ 음식물

- 전체 음식물의 31%가 버려진다. 연간 약 7~8조원이다.
- 1992년 채소류와 음식물이 29%로서 연간 8백만톤 정도이며, 1993년 국민 1인당 0.52kg으로 연간 19,764톤이다.

- 음식물 찌꺼기의 고속발효기 300kg/day 설치를 의무화해 사료 · 퇴비로 사용한다. 공법은 음식물 찌꺼기, 발효미생물과 수분조정제(왕겨)를 혼합해 3에서 5H, 고온저압 간접 스팀(steam) 고온세균증기 이용(함수율 70～80%의 20kg 음식물과 4H 운전하여 퇴비건조물 4kg으로 발효되는데, 소비전력은 2.35kW와 왕겨 1kg이 부영재로 쓰여짐)
- 국민 1인당 평생 쓰레기 발생량은 1년간 55톤으로 1톤 처리비는 26,118원 정도이다.

4) 건물 내의 쓰레기 수집 · 운반

(1) 수집 · 운반의 업무내용과 작업의 효율화

건물 안에서 발생한 쓰레기는 발생원점에서 사람의 힘으로 수평 이동시키고, 일정한 보관장소에 모으기 위해 수직 이동시킨다. 따라서 쓰레기의 수집과 운반에는 많은 사람의 손이 필요하고, 건물연면적 10,000m^2당 3～5인의 작업원이 필요하다고 말한다.

여기서 수집 · 운반 작업을 합리화, 효율화하기 위해 수집 · 운반 계획을 세울 필요가 있다는 것을 알게 된다.

수집 · 운반 계획은 어떤 구조의 쓰레기통을 몇 개 준비하고, 어디에 둘 것인가, 쓰레기통은 어떤 운반차로 어떤 통로를 이용해서 몇 시쯤에 수집하고, 어디에 모아놓으며, 몇 시쯤 빌딩 밖으로 반출할 것인가를 검토하여 그 작업을 위해 필요한 인원배치, 기구 · 자재의 배치, 중앙처리 설비의 설치 및 종류계획을 세워서 폐기물관리를 합리화할 필요가 있다.

일반적으로 관리라는 측면에서 쓰레기는 수집 · 운반장비의 정기점검, 보수, 부속품 교환과 운반시 용기에 뚜껑을 덮어 쓰레기가 날리거나 찌꺼기와 국물이 새어나오는 것, 더스트 슈트에 정기적으로 살충제를 살포하는 것, 쓰레기 보관실의 청소와 소독 등이 필요하다. 또 장비의 정기점검표를 작성하여 적절한 보수와 점검을 해야 할 것이다.

(2) 쓰레기 수집 · 운반에 합리적인 설비

여기서 제시하는 사례는 인력을 필요로 하는 쓰레기의 수집 · 운반 작업의 효율화를 위해 설비하고 있는 시설을 몇 가지 소개하고, 빌딩 내 폐기물관리의 바람직한 방향을 제시하려고도 한다.

종래 쓰레기 처리와 더스트 슈트의 개선방법으로 슈트 바닥에 종이부대 같은 쓰레기 충진기를 설비한 것, 쓰레기 압축기에 의해 쓰레기를 자동으로 컨테이너에 밀어넣게 만든 것, 내수밀폐형 밸브를 설비하여 외부공기를 차단해버리는 것, 슈트에서 떨어진 쓰레기를 스크류 컨베이어로 슈트 밑바닥에서 반출해버리는 것들이 있다.

(3) 쓰레기의 반출

빌딩에서 나오는 쓰레기는 일반폐기물로 취급하고 있으므로 우기 나라의 경우에는 지방자치단체의 공공기관에 넘겨주면 된다. 쓰레기 보관실에서 덤프트럭이나 청소차에 적재할 때는 쓰레기가 날리는 것을 방지하고 먼지를 일으키지 않도록 주의한다.

5) 오물정화조 관리

하수도 법의 규정에 의한 종말처리장의 처리구역 내의 화장실은 수세식으로 하여야 하며, 화장실에서 배출되는 오물은 종말처리장이 설치되지 않은 곳의 하수도 이외에 방류하고자 할 때에는 위생상 지장이 없는 구조의 오물 정화시설 또는 분뇨정화조를 설치하여야 한다. 정화정도의 기준은 수중물질의 지표치로 BOD(Biochemical Oxygen Demand : 생화학적 산소요구량)을 사용한다.

$$\text{BOD 제거율}(\%) = \frac{\text{유입수 BOD} - \text{유출수 BOD}}{\text{유입수 BOD}} \times 100(\%)$$

(1) 정화조의 구조

일반적으로 정화의 순서는 ① 오수유입 → ② 부패조 → ③ 여과조 → ④ 산화조 → ⑤ 소독조 → ⑥ 방류의 절차를 거친다.

① 부패조

- 2개 이상의 부패조와 예비여과조로 구성되었다.
- 제1, 제2 부패조와 여과조의 용적비는 4 : 2 : 1 또는 4 : 2 : 2가 적합하다.
- 침전 분리가 목적으로 혐기성 미생물에 의해 소화 및 침전작용, 즉 복잡한 유기물을 분자량이 적은 단순물로 변화시킨다.
- 오수유입관은 T자형으로 한다(길이는 조 깊이의 3분의 1).
- 오수 저유 깊이는 1.2m 이상 4m 이내
- 부패조의 유효용량은 오수 유입량의 2일분(48시간) 이상

② **여과조**

- 부패조와 산화조 사이에 설치하여 부유물질 제거
- 쇄석층을 조 길이의 3분의 1 이상 설치
- 아래에서 위로 오수가 흐름

③ **산화조**

- 호기성균에 의해 산화작용, 즉 오수 속에 잔존하는 유기물이나 세균을 분해한다.
- 배기관을 설치하며, 높이는 지상에서 3m 이상으로 한다.
- 밑면은 100분의 1 이상의 구배를 취한다.
- 살수 홈통의 밑면과 쇄석층의 윗면과의 거리는 10cm 이상으로 한다.
- 쇄석층의 밑면과 정화조 바닥의 간격은 10cm 이상으로 한다.

④ **소독조**

- 잔존하는 각종 세균을 멸균 · 소독
- 소독제는 치아 염소산 소다, 표백분을 이용
- 약액의 용량은 25L(10일분) 이상

(2) 정화조 가동

정화조는 여러 가지 방식의 설계 및 기기가 도입되어 설치되고 있어 각기 관리방식이 다르므로 기기 종류에 따른 개별적 설명이 필요하다.

제11장

건물에너지 환경관리

건물의 정상적 사용과 수익은 건물의 정상적 기능과 성능의 유지로부터 얻어진다. 또한 정상적 건물의 기능과 성능은 전기, 가스, 석유, 물 등 이른바 건물사용에너지의 이용을 통하여 이루어진다. 그러나 과도한 건물에너지 사용은 유지관리비의 상승과 CO_2의 과다 배출로 공기오염의 원인이 되고 있다. 이와 같은 건물사용에너지의 현황과 문제점 및 개선대책을 제11장을 통하여 환경측면에서 접근하고 있다.

제 1 절 우리나라 건물에너지환경의 현황

1 에너지 환경의 개요

우리나라는 원입수입량 세계 6위의 국가이자 온실가스배출 세계 10위에 처해 있는 국가로서 기후변화협약에서 규정하고 있는 온실가스 의무감축 국가에 해당하고 있는 국가이다.

특히, 국가 전체 에너지의 약 4분지 1을 소비하는 건축물의 에너지 과다 사용은 지구온난화를 부추기는 한 원인이 되고 있다. 특히, 현대인의 웰빙 문화추구와 자동화와 생활편의 욕구의 증대 및 현대 건축물의 대형화, 고층화, 첨단화, 복합화의 결과로 다소비형 건축물이 증가되고 있는 실정에다가 정부관주도의 에너지 절감대책의 시행은 국토해양부, 지식경제부, 환경부, 에너지 관리공단에서 지속적으로 이루어지고 있으나 에너지 사용자인 건축물의 소유자와 관리자, 가정주부 등 소유주체는 에너지 절감의 필요성을 크게 느끼지 못한 상태에서 건축물의 기획설계 – 시공 – 유지관리 – 폐기 등 출애단계에 걸친 에너지 관리대책이 체계적으로 시행되지 못하고 있는 현실은 에너지 절감의 효과가 가시적으로 나타나지 못하고 있는 실정이다.

정부 관계부처는 건축물의 에너지 절감목표를 2020년까지 현재의 에너지 소비량보다 15% 절감하도록 수집하고 실천하고 있어 건축물의 소유자, 관리자, 사용자나 이용자 모두의 협력이 요구되고 있다.

또한 현대사회는 인구의 폭발적인 증가와 탐욕 중심의 경제활동으로 엄청난 화석연료와 전기에너지를 사용하고 있어 CO_2의 배출로 공기중의 대기오염과 온난화를 조장하고 환경오염을 조장하고 있다. 특히 건물사용에너지와 국내 사용에너지의 4분지 1에 달하여 에너지 비용의 증가와 함께 환경오염의 원인을 크게 제공하고 있다.

건물사용에너지 중 50%가 공기조화시설에 사용되고 약 30%가 조명설비에 사용되고 있음에 비추어 볼 때 공기조화설비와 조명설비의 에너지 절약이 곧 건물에너지의 효율적 사용의 효과를 얻을 수 있어 환경 측면이나 경제측면에서 건물에너지 관리가 크게 요구되고 있다.

이 절에서 설명하는 건물에너지환경이라 함은 건물자산과 건물사용자 등을 중심으로 공기조화 설비와 조명시설 사용에너지의 조건이나 사정 등을 의미하는 것으로서 그 종류에는 전기, 가스, 유류 등이 있다.

본래 에너지(energy)의 의미는 물리학에서 물체가 가지고 있는 것으로 일을 할 수 있는 능력의 양을 말하며 에너지 보존법칙(에너지 불변의 법칙)이 적용되고 있다.

건물의 사용수익을 위하여 요구되는 온도, 습도, 기류, 깨끗한 공기를 위한 급기와 배기 등의 공기조화를 위한 공조와 조도유지를 위한 조명 등에 사용되는 주요 건물사용 에너지에는 주로 전기, 가스, 석유, 물 등이 이용되고 있다.

2 건물에너지관리 관련 정책부처 및 기관현황

우리나라 건물에너지관리 관련 정책부처와 기관은 〈표 11-1〉과 같다.

〈표 11-1〉 국내 건물 주요 에너지 정책부처 및 기관현황

부처 또는 기관명	기관별 역할 및 임무	비 고
건설교통부	• 건축물 에너지 효율적 설계 관련법의 운용 • 친환경건축물 인증제도 운영 • 실내공기질 개선을 위한 환기기준 운영	효율적 제도 추진 및 이행을 위한 부처별 공동 프로그램 운영 진전 기대
환경부	• 친환경건축물 인증제도 운영 • 실내공기질 관리기준 운영 • 생활환경의 질적 제고	
산업자원부	• 에너지 효율제품의 관리 및 보급 활성화 • 에너지 성능등급 인증제도의 운영 • 에너지 효율등급 설정 및 관리 • 한국산업규격 등 제정(기술표준원) • IEA(국제에너지기구) 등 국제 연계정책	
에너지 관리공단	• 산자부소관 정책의 집행 • 에너지 사용계획서 관리 • 신재생 에너지 기술개발 및 보급 • 에너지 효율화 관련 R&D 관리	산자부 에너지 정책의 실행기관
기술표준원	• 제반제품 및 기기의 성능규격, 제조규격, 신기술 인증 • 국제규격(ISO)의 부합화 • 신자재에 대한 규격 제정	제품의 기본 성능확인을 위한 규격관리
한국건설기술연구원, 한국에너지기술연구원, 한국건자재시험연구원, 주택도시연구원 등 연구기관	• 건축물 및 도시의 에너지 효율화, 친환경화를 위한 기술개발 • 정부의 저에너지, 친환경 관련 각종 기술정책개발 및 운영지원	제도개발 및 자재의 평가, 기술개발
환경기술진흥원	• 환경부에서 위임된 정책의 실행 및 운영 • 환경마크 표시제도 관리 및 운영	환경부 위임, 업무의 수행

(자료 : 건설교통부(현, 국토해양부), 건축물에너지절약혁신포럼 2007, p.10. 인용)

3 건물에너지 환경관리정책과 제도현황

우리나라 건물에너지 환경관리정책과 제도현황은 〈표 11-2〉와 같다.

〈표 11-2〉 건물에너지 환경관리법과 정책 및 제도현황

구분	주 관 부 처		
	건설교통부	산업자원부	환경부
건축 자재	• 건설기술관리법 –시공평가시 건설폐자재 사용이 20% 초과시 가산점 부여 • 건축법 – 건설 폐자재의 골조공사 사용비율에 따라 용적율 완화	• 환경친화적 산업구조로의 전환촉진에 관한 법률 –생상공정의 친환경화 –환경친화적 제품개발 –생산공정에서의 온실가스 저감 • 에너지 이용합리화법 –설비기자재의 에너지 효율관리	• 자원의 절약과 재활용 촉진에 관한 법률 –건설공사시 자원절약과 재활용에 대한 사업자의 책무 규정
건축 설계	• 건축법 –열손실 방지규정 –일정규모 이상 건축물의 에너지 절약설계기준 적용 및 절약계획서 제출 –에너지절약적 건축물에 대한 용적률 완화 –친환경건축물 인증제도(환경부와 공동시행) –공동주택의 환기설비 기준 (상시 0.7회 환기유지 의무화)	• 에너지 이용합리화법 –일정규모 이상 단지개발시 에너지 사용계획서 제출 –공공건축물 고효율 에너지 기자재 사용 의무화 • 환경친화적 산업구조로의 전환촉진에 관한 법률 –에너지 사용계획서 제출시 온실가스 저감방안 권고 • 건물에너지 효율등급인증(고시)(예비인증) • 공공발주 건축물 신재생 에너지 이용의무화	• 자원의 절약과 재활용 촉진에 관한 법률 –공동주택의 붙박이장 등 수납공간 설치권고 • 수도법 –중수도설치, 절수설비 등에 관한 규정 • 다중이용시설 공기질관리법 • 친환경건축물 인증제도 (건교부와 공동시행)
건축 시공	• 건축법 –제반 건축허가 사항의 이행여부에 대한 감리 및 확인	• 건물에너지 효율등급인증 (준공 후 본인증 시행)	• 대기환경보전법 –연면적 1,000m² 이상 건설공사시 비산먼지 방지규정
건축 운용	• 건축법 –건축물의 적합한 관리에 대해 명시	• 에너지이용합리화법 –건물에너지 관리기준 –에너지 사용실적의 보고 –에너지 관리진단의 실시 –목표 원단위 이행 권고 –ESCO, 단열개수 지원 등	• 환경개선비용부담법 –연면적 160m² 이상인 시설물에 대하여 환경개선부담금의 징수
건물 해체	–	–	• 대기환경보전법 –연면적 3,000m² 이상 해체공사시 비산먼지방지규정
비고	• 건축물의 설계 및 시공시의 에너지와 환경문제에 대한 사항	• 건축물 관련 자재 및 설비의 효율관리 및 운용시의 에너지 사용관리	• 오염 관련 환경문제에 대한 사항, 재활용 관련사항, 실내 환경기준 등

(자료 : 건설교통부(현, 국토해양부), 상계포럼, p.9. 인용)

제 2 절 건물에너지환경의 문제점과 개선대책

1 건물에너지환경의 문제점

1) 건물에너지환경 문제점의 배경

우리나라 에너지 소비 분포를 구체적으로 살펴 보면 전제 에너지 중 4분지 1에 상당하는 에너지가 건물 부분에 사용되고 있으며 이중 약 50%의 에너지는 공기조화설비부분에 사용되고 약 30%는 조명실비 부분에 사용되고 있는 것으로 조시되고 있다.[1]

특히 공기조화설비에 과다 에너지 사용은 유지관리비용의 비경제화를 초래하고 이산화탄소(CO_2)의 과다배출로 생태계 파괴와 교란, 수자원의 수질악화와 고갈, 해수면 상승에 의한 해안선 침수, 질병증가와 열대성 질병의 이동 및 전염병의 증가로 인간의 건강악화, 생산량 감소 등의 부작용을 낳아 인류위기에 직면하게 만들고 있다.

이와 같은 화석연료의 대량 소비는 급기야 경제활동을 위축시켜 경제난민을 세계 도처에 양산시킬 것으로 예상되며 마침내 환경난민마저 지구 곳곳에 나타나 지구생성 역사 이래 인간 스스로의 탐욕스런 경제활동과 인구폭발로 기인되어 지구온난화는 대재앙을 가져와 지구파멸의 시대를 앞당기게 될 것이 분명하다.

따라서 건물자산 환경관리자는 건물에너지환경의 현황을 조사분석하고 문제점을 도출하여 적절한 에너지 절감방안을 수립하고 이를 강력히 수행해야 할 것으로 크게 인식된다.

2) 에너지 환경 문제점의 종류와 내용

건물에너지환경의 문제점은 에너지 절약의 문제점과 같은 것으로 다음과 같은 여려 측면의 문제점을 노출하고 있다.

(1) 기술적 측면 에너지 절약의 문제점

기술적 측면의 건물에너지 절약문제점에는 첫째, 완공된 기존 건물의 경우 개수나

1) 정광섭, 외국인, 건물에너지관리, 아진, 207.P.머리말

보수 및 정비 등이 현실적으로 어려운 문제점을 안고 있다. 특히 기술적 측면의 에너지 절약은 공기조화설비의 진단과 고효율의 설비와 자동제어설비, 단열재 교체가 관건이나 시설투자비의 고비용과 교체공사의 어려움으로 개선하기가 쉽지 아니하다. 따라서 에너지 진단결과 조명기기나 보일러의 교체 및 노후설비 대체나 운전관리방법의 개선정도에 머물고 있어 기술적 에너지 절약은 미미한 정도에 머무는 문제점을 가지고 있다.

둘째, 현재 기존 건물의 경우 에너지 사용설비가 과다 에너지 사용용량을 가지고 있으며 저부하운전으로 에너지 손실이 가중되고 있다.

셋째, 정부지원으로 에너지 이용합리화 설비와 효율적 에너지 자동설비의 도입을 권장하고 있으나 설치된 이후 잦은 고장과 함께 애프터 서비스의 미흡으로 고가장비가 방치되는 문제점을 안고 있다.

넷째, 건물사용자의 쾌적성 요구와 편리성 등의 욕구증대 등으로 사무자동화기기, 시설과 설비의 첨단화 등의 기기와 설비 설치는 건물부분의 에너지 소비가 지속적으로 증가하는 문제가 나타나고 있다.

(2) 제도적 측면 에너지 절약의 문제점

제도척 측면 건물에너지 절약의 문제점에는 첫째, 건물소유자와 경영자 등의 에너지 절약 필요성과 인식부족 문제를 들 수 있다. 정부지원으로 도입된 고가의 고효율 에너지 설비와 자동제어시스템 등의 비효율성의 노출로 에너지 절약의 관심이 점차 저하되고 있으며 에너지 시설투자 회수기간이 너무나 장기적이여서 이에 대한 매력을 크게 느끼지 못하는 폐단이 일고 있다.

둘째, 불경기의 지속으로 에너지 절감 시설투자의 여력이 없는 것도 하나의 제도적 측면의 문제로 지적되고 있다.

셋째, 하절기 최대 수용전력 부하감소를 위하여 빙축열 냉방설비의 도입과 촉진이 요구되나 계절별 전기요금의 인하와 가스가격의 인화가 현실적으로 어려워 고비용의 에너지 비용구조가 계속적으로 이어져 가고 있다.

(3) 건물소유자와 사용자 이해 측면 건물에너지 절약의 문제점

건물소유자는 소유자 스스로 사용하지 않은 건물에 에너지 절약설비나 시설을 할 필요가 없는 입장에 있으며 사용자 또한 추가 관리비 부담으로 인해 에너지 절약설비나 시설의 도입을 지극히 꺼리고 있는 건물소유자와 사용자 모두의 이해관계 측면 건물에너지 절약의 문제점을 안고 있다.

(4) 에너지 관리자 측면 에너지 절약의 문제점

에너지 관리자 측면의 에너지 관리상의 문제점을 살펴보면 첫째, 오늘날 시설관리 현장(Site of Facility Management)에는 에너지 이용합리화법에 의한 에너지 관리자 선임폐지로 에너지 관리만을 위한 법정 책임담당자나 책임관리자가 없는 실정인데다가 다른 직종의 관리자가 에너지 관리를 담당한다 하더라도 에너지 절약에 대한 전문성과 기술 수준의 문제로 에너지 절약이 현실적으로 추진되지 못하고 있는 실정이다.

둘째, 에너지 절감을 위한 설비와 시설의 관리는 외부에 아웃소싱 형태로 용역업체에 위탁관리되고 있어 수탁 외부용역업체로 하여금 자기재산과 동일한 에너지 절약을 기대하기 어려운 실정에 있다.

2 건물에너지환경 문제점의 개선대책

건물 부분의 에너지 사용현황은 전술한 바와 같이 우리나라 전체 에너지 총량의 약 25%에 달하여 실로 경제적 부담이 매우 클 뿐 아니라 탄소의 과다배출로 대기오염을 유발하고 지구온난화의 주범이 되고 있어 자연환경의 오염은 물론 생태계 교란과 해수의 수면상승으로 해안의 침수와 각종 전염병의 증가를 가져다 주고 있다.

따라서 이에 대한 에너지 절약대책이 범정부 차원에서 수집되고 강력히 시행될 필요가 있다. 다행스럽게도 국토해양부와 지식경제부 및 환경부 등에서 에너지 절약대책을 수립하고 체계적으로 시행하고 있으나 건물에너지환경의 문제점으로 아직까지는 괄목할 에너지 절약효과가 나타나지 않고 있다. 그럼에도 불구하고 건물사용에너지는 절감되어야 하므로 다음과 같은 개선대책에 따라 정부도 민간기업도 가정의 주부나 국민 모두가 건물에너지 절감에 동참해야 할 것으로 판단된다.

특히 시설관리현장의 책임자(관리소장)는 에너지 관리담당자 선임이 에너지 이용합리화법에 의하여 폐지되었다 하더라도 자체적으로 에너지 관리담당자를 선임하고 전문적으로 교육, 훈련하여 에너지 절약을 유도할 필요가 있다. 건물에너지 절약을 위한 대책을 소개하면 다음과 같다.

첫째, 신축건물 설계시공시 에너지 절약형 설계와 시공이 이루어져야 한다. 건축주와 건축설계사와 시공사는 건축물설비 기준 등에 관한 규칙, 공공기관 에너지 절약추진지침 등에 따라 반드시 에너지 절약계획서를 제출하고 사후관리를 강화하여야 하며 신축건물의 설계와 시공시 반드시 고효율 설비의 채택을 의무화하도록 해야 한다.

둘째, 에너지 이용합리화법의 개정으로 법정 에너지 관리담당자 제도가 다시 복원

되어야 한다. 복원될 동안 일정 규모 이상의 건물의 경우 자체 에너지 관리담당자를 시설유지 관리현장마다 선임하고 에너지 절약을 체계적로 실시해야 한다. 또한 선임된 법정 에너지 관리자와 자체 에너지 관리자는 정기적으로 에너지 절약에 관한 기술교육을 실시하여 효율적 에너지 절감이 이루어지도록 해야 한다.

셋째, 고효율 에너지 설비의 연구개발과 경제적 방법으로 확대 보급이 이루어져야 한다. 또한 일정 규모 이상의 신축건물에는 고효율 에너지 설비의 보급이 의무적으로 이루어 져야 한다. 고효율 에너지 설비가 설치되어 운영되는 경우 사후관리와 애프터서비스가 지속적으로 이루어져 설비의 효용이 높게 유지되도록 지원해야 한다.

넷째, 에너지 절약건물의 소유자와 과제 및 고효율 에너지 설비생산자와 사후관리자의 경우 정부의 인센티브 제공이 크게 요구된다.

다섯째, 에너지 절약전문기업(ESO) 양성과 지원이 요구된다. ESO의 양성과 지원으로 건물 소유자의 경제적 부담 없이 에너지 절약 설비의 개발과 보급 및 설치와 사후관리는 결국 건물에너지 절감의 효과가 가시적으로 나타날 수 있기 때문이다.

여섯째, 각 가정의 에너지 절약대책이 다음과 같이 요구되고 있다.

① 고효율 인증 가전기기 구매 및 사용 유도
② 절전형 조명기기와 사무기기 및 주방기기 구매 사용 유도
③ 한 집 한 등 끄기, 사용하지 않는 전기기기전원 차단 등 에너지 절전운동 지속적 전개
④ 심야 전기 최대 활용
⑤ 실내온도 여름 26~28℃ 유지, 겨울 18~20℃ 유지 권장
⑥ 겨울 실내재실자 내복입기운동 권장
⑦ 불요불급한 조명기기 끄기운동 등

일곱째, 이 밖에도 건물에너지 절약을 위하여 다음과 같은 대책이 요구된다.

① 냉·난방 에너지 효율향상 및 고효율 기기 국산화 촉진대책
② 소형 열병합발전기 국산화 촉진대책
③ 가정 난방시 단열처리 등으로 에너지 손실 최소화 대책
④ 신축건물 설계시공시 에너지 절약 강화대책
⑤ 건물에너지 절감을 위한 개보수 정부지원 대책
⑥ 기존 건물 매매거래시 또는 유지관리시 에너지 효율등급 인증제도 실시대책
⑦ 에너지 다소비 건물 일정기간마다(3년 또는 5년) 에너지 진단의무화 대책
⑧ 건물에너지 절약 대국민 홍보대책

제12장

업무 및 생활환경관리

건물은 사람의 삶과 생활과 일의 영위에 기반이 되는 유형물의 재화로서 자산의 가치를 가지고 있다.
따라서 일의 영위로 대표되는 업무와 주거를 중심으로 생활의 기초가 된다. 제12장은 마지막 장으로서 내부환경의 범주에 해당하는 업무환경과 생활환경에 관하여 설명하고 있다.

제 1 절 업무환경관리

1 업무환경의 개념

업무라 함은 날마다 계속해서 하는 공무나 사업 따위에 관한 사무를 말한다. 사무나 생산, 작업 등은 건물을 기반으로 이루어지므로 이를 위한 환경이 존재하는 바 이를 업무환경이라 한다. 다시 말하면 업무환경이란 업무를 중심으로 내둘레나 사정 등을 업무환경이라 한다. 업무환경의 좋고 나쁨에 따라 업무의 생산성이 높고 낮게 나타나므로 업무환경관리는 매우 중요하다. 업무환경관리의 목적은 사무생산성과 공장생산성의 극대화하는 데 있다.

2 업무환경의 요소

업무환경을 이루는 요소에는 심리적 요소와 물질적 요소가 있다.

1) 심리적 요소

심리적 요소라 함은 건물 내에서 업무를 담당하는 근무자가 마음으로 느끼는 쾌적함, 편리함, 깨끗함, 조용함 등의 마음에 작용하는 심적 요소들을 의미한다.

건물 내에 근무하는 재실자가 마음으로 안정되고 편리하고 쾌적하고 조용함과 깨끗함을 느끼게 하여 주관적으로 기분을 좋게 하는데 작용하는 요소들로서 건물자산의 내부환경의 범주에 해당하며 건물의 쾌적성과 편리성, 보건성과 미관성 및 청결성 등이 확보될 때 비로소 재실자의 심리상태가 안정되고 쾌적하게 되며 기분상태가 좋아져 업무성과나 사무생산성이 향상되게 되며 작업이나 사무능률이 높게 나타나게 된다. 실내 쾌적성을 결정하는 실내온도와 습도, 기류와 청정도(부유분진), 소음, 진동 등에 대하여 요구되는 기준을 살펴보면 다음과 같다.

(1) 실내온도와 습도

건물이 쾌적성은 실내의 적정 온도, 습도, 청정도, 기류 등에 의하여 확보된다. 재실자의 출신국의 위도상의 기후와 습관 등에 따라 쾌적성에 요구되는 적정 온도나 습도의 기준을 확정할 수 없으나, 우리나라 사람을 기준으로 여름(6월 1일부터 9월 30일)에는 26~28℃의 온도가 적당하고 겨울에는 18~20℃의 실내온도유지가 건물실내 쾌적성에 유효하다.

습도는 50±10%로 유지함이 쾌적성에 도움이 된다. 겨울의 경우(12월 31일부터 차기년도 3월 31일)에는 실내온도를 18℃~20℃로 설정하고 기준 습도는 40±10%로 함이 적당하다. 실내 쾌적성을 위한 온도의 유지는 여름과 겨울 동안 외부 온도와 실내온도의 차이를 5℃ 이내로 유지하는 것이 바람직하다.

(2) 기 류

기류는 실내공기의 이동을 의미하는 것으로 0.5m/sec으로 유지하는 것이 실내 쾌적성 유지에 유효하다. 실내공기의 이동이 전혀 없는 경우 인체 내에서 발생하는 냄새, 사무집기나 기기에서 나오는 냄새, 실내 마감재의 냄새 등으로 근무자의 심리상태를 나쁘게 만드는 요인으로 작용하며 반대로 기류가 빠른 경우에는 업무에 나쁜 영향을 주게 된다.

(3) 청정도

실내 청정도는 부유분진의 정도와 깨끗한 공기 여부에 따라 결정된다. 실내에는 가시광선의 영향으로 보이지는 않으나 실제로 떠다니는 부유분진은 수없이 존재하며 재실자의 탄산가스 배출과 함께 작용하여 탁한 공기가 존재하게 된다.

따라서 실내 부분 분진의 기준은 0.15mg/m^{3}으로 정하고 실내 청정도를 반드시 유지해야 하며, 실내공기는 기계적 방법에 앞서 하루 5번의 환기로 탁한 공기를 배출하고 깨끗한 외부공기를 들어오게 하여 실내공기를 깨끗하게 유지해야 하며 최종적으로 기계적 환기방법으로 실내공기의 청정도 유지를 위하여 정기적으로 급기와 배기를 반복해야 한다.

(4) 소 음

실내 쾌적성을 유지하려면 소음으로부터 해방되어야 한다. 소음은 사람에게 좋지 않게 들리는 소리로서 도로의 교통, 주변공장, 건설현장, 항공기, 잡상인 등에 의하여 외부요인에 의하여 주로 발생되고 있으나 내부의 사무기기나 작업, 업무 등에 의해서도 발생된다. 지나친 소음은 실내 근무자의 정서를 해치고 난청, 사고기억력, 판단력을 정해하여 건강에 피해를 주며 업무성과나 작업성과를 방해하게 된다.

따라서 실내 쾌적성 유지를 위하여 체계적으로 소음원인을 규명하고 소음원을 방지하여 조용한 실내가 유지되도록 소음을 관리해야 한다. 생활소음을 규제하는 소음규제기준은 〈표 12-1〉, 〈표 12-2〉, 〈표 12-3〉과 같다.

〈표 12-1〉 주건환경을 해치는 소음원과 규제기준

<table>
<tr><th colspan="2" rowspan="2">시간별 / 대상소음별</th><th>조석</th><th>주간</th><th>심야</th></tr>
<tr><th>05 : 00~08 : 00,
18 : 00~22 : 00</th><th>08 : 00~18:00</th><th>22 : 00~05 : 00</th></tr>
<tr><td rowspan="2">확성기 소음</td><td>옥외설치</td><td>70dB 이하</td><td>80dB 이하</td><td>사용금지</td></tr>
<tr><td>옥내에서 옥외</td><td>55dB 이하</td><td>60dB 이하</td><td>50dB 이하</td></tr>
<tr><td colspan="2">공장 및 사업장의 작업소음</td><td>55dB 이하</td><td>60dB 이하</td><td>50dB 이하</td></tr>
<tr><td colspan="2">심야의 계속·반복적 소음</td><td></td><td></td><td>50dB 이하</td></tr>
</table>

비고 : 1. 옥외설치 확성기의 경우 4월 1일부터 9월 30일까지 심야시간대 중 04 : 00부터 05 : 00 사이의 사용은 허용하되, 그 규제기준은 60dB(A) 이하로 한다.
2. 옥외에 설치한 확성기의 사용은 1회 2분 이내로 하며 15분 이상 간격을 두어야 한다.

〈표 12-2〉 일반지역의 소음규제기준

지역의 유형	주간	아침·저녁	야간
AA(주거전용)	45dB 이하	40dB 이하	35dB 이하
A(주거)	50dB 이하	45dB 이하	40dB 이하
B(상공업)	60dB 이하	55dB 이하	50dB 이하

〈표 12-3〉 간선, 청소지역의 소음규제기준

지역의 유형	규제기준
주거지역	70dB
상업지역	75dB

사람은 너무 조용한 곳에서는 심리적으로 불안하게 될 수도 있으나 조용한 사무실의 유지는 능률적인 업무처리를 위하여 바람직하다. 따라서 사무실 내외의 지나친 소음으로 업무수행에 방해받지 않도록 조치하는 것이 필요하다.

소음방지를 위한 요령을 살펴보면 다음과 같다.

- 불필요한 잡담을 억제하며 필요한 대화는 되도록 서로 접근하여 목소리를 작게 한다.
- 사무실 내에서의 보행시나 집기를 사용할 때에는 소리를 내지 않도록 주의하고, 소음이 많이 발생하는 사무기기는 칸막이를 이용하여 소음을 줄인다.

- 사무실 내의 바닥은 되도록 탄력성이 있는 재료를 사용하여 소리가 나지 않도록 한다.
- 외부방문객은 사무실 안까지 깊숙이 출입하지 않도록 별도의 공용응접실을 마련한다.
- 소음이 발생하는 탁상용 기기의 책상에 닿는 접촉부분에는 고무제품을 사용하도록 한다.
- 사무실 배치를 합리적으로 하여 불필요한 보행이나 큰소리가 발생하지 않도록 한다.
- 천장이나 벽 등에 흡음재, 방음재를 사용하여 실내소음을 줄인다.

또한 실내 소음의 방지대책에는 다음과 같은 대책이 있다.

① 차음대책

조용한 실내환경을 얻기 위해서는 외부로부터의 소음을 차단해야 한다. 실내의 차음 성능을 향상시키려면 창을 닫고 틈이 있는 경우에는 틈을 막아 기밀성을 높여 공기가 통과하지 않도록 하여야 한다. 환풍기나 환기구 등이 있는 방에서는 이들을 일시적으로 폐쇄할 수 있는 장치가 있어야 차음의 효과를 얻을 수 있다. 벽은 단일벽보다 이중벽 혹은 다중벽으로 하고 재료도 밀도가 무거운 재질을 선택하며, 발코니 등에 유리창을 설치하는 것도 외부로부터의 소음을 방지하는 효과를 높일 수 있다.

② 흡음대책

흡음이란 실내의 소음을 흡수하는 방법으로 실내에서 다양한 생활소음과 외부로부터 침입한 소음들이 벽 · 바닥 · 천장 그 밖의 가구나 실내 내장물을 통해 흡수되어 조용한 실내 음환경을 획득할 수 있도록 하는 것이다. 이를 위해서는 바닥 · 벽 · 천장 등에 흡음률이 크고 반사율이 적은 재료로 마감하는 것이 바람직하다.

실내에 일반적으로 많이 쓰이는 흡음재료로는 바닥에 카펫을 깔고, 벽에는 벽지나 카페스트리를 설치, 창에는 주름이 많은 커튼을 사용하고, 천장에는 흡음 텍스를 사용하여 각 실마다 소음의 정도를 파악하여 실내 소음원이 많은 방에는 집중적으로 방음계획을 세운다.

③ 기타 대책

- 차도에 인접한 발코니에 벽체와 창문을 설치하여 거실과 도록 사이에 음의 완충지대를 만들면 방음효과를 얻을 수 있다.
- 창을 여는 계절의 차음 및 방음을 위해 차도 또는 어린이 놀이터에 인접한 창문

근처에 나무를 심으면 약 5~10dB까지 방음이 된다.

- 출입문은 변형이 적은 양질의 문을 선택하여 문틀과의 사이가 뜨지 않도록 해야 한다.
- 실 또는 세대 간 경계벽의 소음방지 효과는 조립식 구조가 철근콘크리트 구조보다 우수하다.

(5) 실내색상

색상이란 색이 가지고 있는 물리적 성질과 색이 사람에게 주는 생리적 · 심리적 효과를 주는 색의 상태로서 사무능률과 영향이 있으며 사람의 주관적 기분에 작용하게 된다. 따라서 건물의 외부는 물론 사무실의 천장 · 벽 · 바닥 · 비품의 표면 등이 색상관리의 대상이 된다. 색상이 심리에 작용하는 정도는 〈표 12-4〉와 같으며 색상관리는 책상 · 천장 · 벽 · 바닥 및 사무용품의 색채선정은 색상심리작용표를 참작하여 결정하는 것이 바람직하다.

〈표 12-4〉 색상심리작용표

속성	감각	상징	색 (예시)	감 정	자극 정도	침착 정도	진정 정도
색상	따뜻한 색	적극적 활동적	적색	용기, 권한, 격정, 분도, 환희, 흥분, 열성	대	소	소
			황적색	기쁨, 활발, 원기, 쾌락	대		소
			황색	희망, 유쾌, 향상, 활동, 광명, 명랑	대		소
	중성색	중용	녹색	안식, 평화, 진정, 위안, 관대	중		대
		평정 평범	자색	엄숙, 신비, 불안	중		중
	차가운색	냉정 소극성 침착성	청록색	안식, 청량, 우울, 순정	소	중	대
			청색	침착, 소극, 비애, 진실	소	중	중
			청자색	신비, 숭고, 고독	소	대	소
명도	밝음	양기 명랑	백색	순결, 결백, 존경	대	소	
	중간	침착	회색	침울, 억울	중	대	소
	어두움	음기 중후	흑색	음침, 불안, 엄격	소	중	
채도	높음	신선 발랄	자주색	열렬, 정열	대		
	중간	관대 온화	핑크색	애정, 부드러움	중	중	
	낮음	침착 성숙	다색	침착, 고요	소	대	대

(자료 : 김원규, 사무관리, 남두도서, p.205. 인용)

2) 기술적 요소

업무환경을 형성하는 물질적 요소라 함은 인간의식 바깥에 존재하는 것으로 일정한 공간을 차지하거나 질량을 가지는 것으로서 사무실의 방향과 면적, 배치, 위치 그리고 보조시설, 사무집기비품, 사무설비, 조명, 이동동선, 접근통로 등 업무환경에 영향을 주는 실내의 물질적 요소들을 의미한다.

이와 같은 물질적 요소는 독립된 기능 외에 실내 근무자에게 심리적으로 쾌적함과 편리함 등에 간접적으로 영향을 주고받는 상호관계에 있음을 유의하여 실내 물질적 요소들에 대한 체계적인 관리와 개선으로 업무성과나 사무능률에 도움이 되도록 노력해야 한다. 주요 물질적 요소인 사무실, 집기비품, 조명 등에 대하여 살펴보면 다음과 같다.

(1) 사무실

사무실은 업무나 사무의 중심 공간으로서 업무성과나 사무능률에 지대한 영향을 미치는 물지리적 환경요소이다. 사무실은 배치와 면적산정은 업무나 사람의 편리성, 쾌적성, 경제성, 능률성 등을 고려하여 사무실을 배치해야 하고 면적을 산정해야 한다.

① 사무실의 면적 산정기준

회사나 단체 또는 조직의 성격이나 직책과 직위, 업무의 성격이나 조직체계, 내부의 형편과 사정 등을 모두 고려하여 사무실 면적을 산정해야 한다. 참고 정부청사 관리규정 시행규칙에 따라 일반 사무실과 보조시설의 면적기준을 살펴보면 〈표 12-5〉와 〈표 12-6〉과 같다.

〈표 12-5〉 일반사무실 면적 산정기준(정부조직기준)

계급별	구 분	일반사무실(m^2)	단독사무실(m^2)	비 고
장관급	장관실 · 장관급기관장		165	집무실 · 접견실 · 비서실
	위원실		99	집무실 · 비서실
차관급	차관실 · 처의 차장실		99	집무실 · 비서실
	청장실		99	집무실 · 비서실
	차관급 기관장실		99	집무실 · 비서실
	위원실		66	집무실 · 비서실
차관보급 1급	차과본실		50	집무실
	기획관리실장실		50	집무실
	청의 차장실		66	집무실 · 비서실
	기관장실		66	집무실 · 부속실
	위원실		33	집무실

계급별	구 분	일반사무실(m^2)	단독사무실(m^2)	비 고
2·3급	국장실·담당관실		33	집무실
	기관장실	17	50	집무실·부속실
	위원	17		집무면적
	3급 과장			집무면적
4급	국장·과장	17		집무면적
	서기관	7		집무면적
	기관장실		33	집무실·부속실
5급	과장	17		집무면적
	사무관	7	17	집무면적
	기관장실			집무실
6급 이하	과장	10		집무면적
	일반직원	7		집무면적
	기관장	17		집무면적

〈표 12-6〉 보조시설 면적 산정기준(정부조직기준)

구 분	면적 산정기준
상황실 1. 장관급기관 2. 차관급기관	 165m^2 132m^2
회의실	50m^2 + 0.7m^2(정원 : 20인), 20인 이하는 50m^2
식당(주방포함)	정원 × 1/3 × 1.5m^2
창고·문서고	순사무실 면적 × 7% ※ 일반용도용 창고 및 문서고를 말하며 특수용도용의 창고는 기관별 기준 적용 가능
수위실	근무자수 × 3m^2
당직실	당직자수 × 10m^2
차고	대형차 20m^2/대 중형차 15m^2/대 소형차 13.2m^2/대 + 출입할 수 있는 면적
운전원대기실	1인당 1.65m^2

사무실과 보조시설 면적의 산정에 있어 유의할 점은 일반 사무실과 보조시설의 면적 산정기준은 정부조직 기준으로 정부청사 관리규정 시행규칙에 의하여 산정된 것이므로 정부조직이 아닌 일반기업이나 단체 등의 조직에서 사무실이나 보조시설 면적을 산정할 때는 업무의 성격, 근무자 직위나 직책, 근무 인원, 집기와 장비 그리고 방문객 등을 충분이 고려하여 면적을 산정해야 한다.

② **사무실의 배치**

사무실의 배치 역시 업무성과와 사무능률에 영향을 미치는 요소가 된다. 사무실의 배치는 조직의 배치(사장, 전무, 상무이사, 부장, 과장, 근무자 등)의 배치와 사무실 집기 비품 및 좌석의 배치 등으로 구분하여 편면 Lay out을 마저 작성하고 타당성을 검토한 후에 배치를 추진해야 한다. 사무실 배치의 검토사항은 다음과 같다.[1]

가. 건물사항

건물내부의 모양 · 기둥 · 계단 · 승강기 · 식당 · 화장실 · 방화 및 소화시설 등을 고려하여 배치한다.

나. 조직 · 임무

실 · 국 · 과의 편세와 수, 관리자의 직급 및 수의 인원 및 분장업무 등을 고려한다.

다. 업무흐름

업무의 내용과 서류의 접수 · 전달 · 보관 및 업무상 관련이 깊은 실 · 국 · 과의 상호관계, 조직의 발전성 등을 고려한다.

라. 사무기기와 집기 · 비품

현재 사용하고 있는 사무기기 · 집기 · 비품의 종류 및 소요면적과 장래에 도입될 사무기기 및 비품 등을 고려한다.

마. 회의상황 및 시설이용

회의의 성질 · 참석인원 · 사용빈도수와 방문객의 종류 · 인원 · 방문시간 · 접객방법 등을 고려한다.

바. 사무환경

업무성격에 따른 사무실의 조명 · 온도 · 습도 · 색채 · 환기 · 소음상태 등을 고려한다.

③ **사무실 배치요령**

또한 사무능률과 바람직한 업무성과를 얻기 위한 사무실 배치요령은 다음과 같다.[2]

가. 대사무실주의 채택이 바람직하다.

사무실은 지나치게 세분하여 면적이 좁은 사무실로 사용할 것이 아니라 여러 과를 국(局) 단위 정도로 한 곳에 집중시킴으로써 넓은 사무실을 그대로 사용하는 것이 바

1) 김원규, 「사무관리」 남두도서, p.195 참조
2) 김원규, 상게서 P.196 참조

람직하다. 대사무실주위의 장점은 다음과 같다.

- 실내의 공간이용도를 높일 수 있으므로 [그림 12-1](a)와 같이 여러 사무실로 나누어서 사용하지 않고, (b)와 같이 가 · 나 · 다 · 라의 4개의 사무실을 한 곳에 집중시키면 약 20~30% 정도의 사용면적 증대효과를 가져올 수 있다.

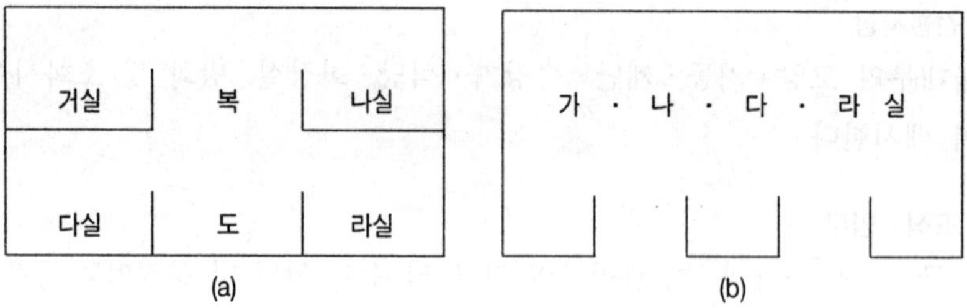

[그림 12-1] 대사무실주위의 사무실 배치 사례

- 문서의 접수 · 발송 등과 같은 각 과의 공통적인 업무를 집중관리하기에 용이하고 사무기기 및 용품의 이용도도 높일 수 있다.
- 실내조명, 온 · 습도조절, 환기, 기타 실내환경관리를 일원화할 수 있어서 관리비가 절감된다.
- 상급자의 입장에서는 감독이 용이할 뿐만 아니라 감독범위도 넓어진다.
- 과별로 직원들 간에 행동비교가 이루어지게 되므로 잡담이나 자리이탈 등을 스스로 억제하게 되어 자율적인 근무자세가 이루어진다.
- 다른 과의 직원과 상명하는 기회가 자연적으로 많아지기 때문에 상호간에 친숙도를 높이고 업무협조에도 도움을 준다.
- 작은 사무실로 세분화함으로써 생길 수 있는 업무의 경직 가능성을 배제할 수 있고 업무처리의 흐름을 직선화하는데 편리하다.

나. 업무처리의 직선화가 요구된다.

업무처리의 흐름이 일정 방향으로 계속 이동할 수 있도록 [그림 12-2]와 같이 사무실을 배치함으로써 업무가 되돌아오거나 Z자형(지그재그식)으로 교차하지 않도록 하는 것이 필요하다.

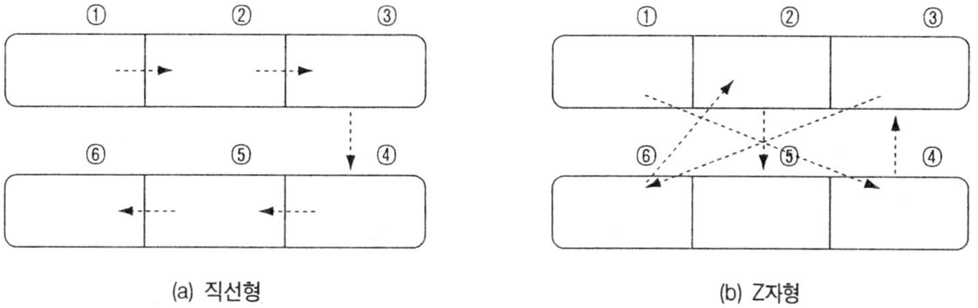

[그림 12-2] 직선형과 Z자형 사무실 배치도

사무실을 직선적으로 배치하기 위해서는 사무실에서 작성되는 문서가 어떻게 흐르고 있는가를 명백하게 파악하여야 하며, 그 외에도 각 국·과 간에 교환되는 문서의 종류와 매일 발생하는 문서의 양도 파악하여야 한다. 이와 같이 업무처리의 흐름이 전방을 향하여 계속 직선적으로 이동할 수 있도록 사무실을 배치함으로써 사무직원의 동선을 최소화할 수 있다.

다. 관련부서의 인접 배치가 바람직하다.

업무진행상 관련이 많은 국·과는 서로간의 업무연락과 업무처리상의 시간절약을 위하여 근접 배치하는 것이 효율적이다. 회의실은 그 사용빈도가 높은 부서 옆에 배치하고, 서류보관실·전자계산실 등 중앙집중 서비스 부서도 그것을 이용하는 빈도가 높은 사무실 근처에 배치하도록 한다.

라. 사무기계화의 고려가 요구된다.

현대사회에서는 각종 정보량이 날이 갈수록 증가하고 있으므로 이러한 대량의 정보는 신속하게 처리하기 위한 각종 사무기기의 도입을 염두에 두고 사무실을 배치한다. 즉, 사무기계화가 예상되는 사무실은 기계설치에 필요한 공간을 확보할 수 있도록 외부의 여유공간이 있는 사무실에 배치하는 것이 좋다.

마. 내방객이 많은 사무실의 배치는 다음 사항을 고려하여 배치해야 한다.

민원인 내방객의 출입이 잦은 사무실은 다른 사무실에 영향을 주지 않으면서 이들 방문객들이 이용하기에 편리한 건물의 출입구 근처에 배치하여 내방객들이 건물 깊숙이 출입함으로써 소음이 발생하거나 근무자의 주의를 분산시키지 않도록 하는 것이 바람직하다. 예를 들면, 민원실·면회실·전시실·홍보실 등은 건물의 1층 출입구 근처에 배치하는 것이 좋다.

- 민원실 배치시 고려사항이다.
  - 편의시설 : 대기의자 · 필기대 · 필기구 · 음료수(자동판매기) · 휴지통 · 흡연실 · 공중전화 · 냉난방시설 등이다.
  - 장애인 시설 : 경사로 · 전용출입구 · 화장실 및 공중전화 등이다.
  - 민원장비 : 복사기 · 인증기 · 팩시밀리 · 컴퓨터 등이다.
  - 환경조성 : 항상 정리 · 정돈하여 청결을 유지하도록 하고 화분 · 꽃병 등을 배치하여 쾌적하고 산뜻한 분위기를 조성한다.
  - 각종 신간 간행물을 비치하여 대기시간을 지루하게 느끼지 않고 즐겁고 유익하게 보낼 수 있도록 하고, 기타 휴게실 · 증지판매소 · 자동판매기 · VTR 등은 각 기관의 실정에 따라 설치하는 것이 좋다.
- 기획실 · 연구실 등의 배치시 고려사항이다.
  - 기획 · 연구 · 계산 · 조사 · 정밀작업을 주로 하는 부서는 성질상 조용한 분위기가 요구되므로 단독 사무실에 배치하되, 단독 사무실 배치가 어려울 경우에는 건물의 상층 · 후면 등에 별도의 사무실을 배치하거나 완전한 칸막이로 분리시키는 것이 좋다.
  - 직급이 낮은 직원이 정신력의 집중을 요하는 직무에 종사하는 경우 청사시설 기준상 단독 사무실 배치가 어렵지만 이 경우에도 시설기준보다는 업무처리의 능률에 중점을 두고 칸막이를 설치하는 등 독립된 사무공간을 배치하는 것이 바람직하다.

(2) 책상 및 사무집기

① 책상배치는 '일중심'의 합리적인 배치가 되도록 해야 한다.

② 과장 등 관리자의 좌석은 일반직원과 대면하는 것보다는 후면에 위치하도록 함으로써 직원의 근무상태를 확인 · 감독하기가 쉽도록 한다. 그러나 이 배치방법은 부하직원들의 입장에서는 별도의 방에 배치하는 것이 근무에 대한 심리적 부담을 덜어준다. 이것은 책상의 동일방향 배치와 관련되는 것으로서 특히 다음과 같은 경우에는 그 필요성이 크다.

- 직원의 사무처리내용이 대부분 표준화되어 있을 때
- 연구 · 조사 · 기획 · 정밀계산 등과 같이 주의, 집중도가 높은 사무일 때
- 결재 · 의사결정의 통보 · 개별적 면담 · 통신연락 등의 DYDAN가 비교적 많은 사무일 때

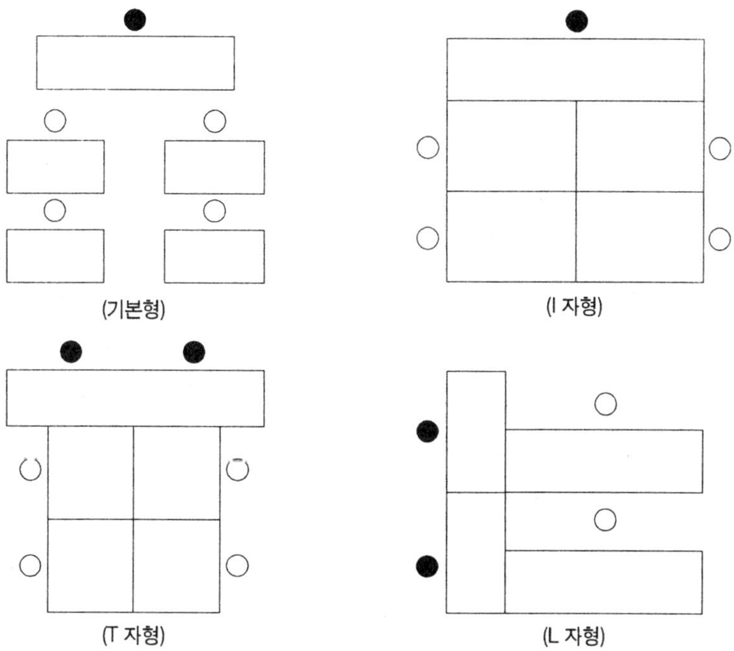

[그림 12-3] 책상배치의 예

가. 일반직원의 배치

일반직원의 책상배열은 사무실의 구조, 업무의 특성 · 흐름 · 협조 관계 등을 고려하여 배치하며 업무의 성질이나 기타 필요에 따라 앞의 [그림 12-3]과 같이 다양하게 배치할 수 있다.

나. 방문객이 많은 직원의 배치

업무수행상 내방객의 접대가 많은 직원과 외래 방문자가 비교적 많은 과장 등 관리자의 좌석도 출입구 근처에 배치하는 것이 다음과 같은 점에서 바람직하다.

- 방문자의 잦은 출입으로 인한 소음을 최소화할 수 있다.
- 면담에서 생기는 대화로 인한 다른 직원의 주의집중 방해를 제거할 수 있다.
- 방문객의 출입편의를 도모할 수 있는 장점이 있다.

다. 사무집기 배치요령

사무집기 등은 다음 요령에 따라 배치해야 한다.

- 어느 한 방향으로 사무집기의 배치가 집중되지 않도록 한다. 즉, 어느 한 쪽에는 넓은 공간을 사용하는데 반하여 다른 한 쪽은 너무 비좁아서 공간 여유가 없는

것은 좋지 않다.

- 크고 작은 규격 및 각종 색깔의 비품이 불규칙적으로 여기저기에 산재하여 비치되지 않도록 한다.
- 주위의 벽을 이용한 각종 게시물의 크기 · 모양 · 색채 · 게시위치 등이 아무런 기준이나 조화감없이 각양각색으로 게시되지 않도록 한다.
- 사무기기는 업무처리 및 기기이용 등을 고려하여 배치하되, 소음 등이 직원에게 미치는 영향을 감안하여 집중배치하거나 칸막이 등을 사용하여 업무수행에 지장을 주지 않도록 한다.
- 비품 기타 각종 사무용품은 사용자의 좌석 근처에 가까이 두고, 여러 직원이 공동으로 사용하는 캐비닛 · 파일링캐비닛 · 책장 등은 사용빈도를 고려하여 가장 가깝고 편리한 장소에 배치하도록 한다. 즉, 사용자의 동선을 최소화하여야 한다.
- 중앙행정기관의 장이 부처규격을 변경 · 폐지한 때에는 이를 조달청장에게 통보하되, 규격을 변경할 때에는 변경된 규격서를 함께 제출하여야 한다.

(3) 실내조명의 조도

사무실이 조도는 주로 작업면(일반적으로 사무실 바닥에서부터 85cm 정도)에 있어서의 수평조도를 나타내며, 설계 · 제도 · 정밀계산 등의 작업을 할 경우에는 국소조명(局所照明)을 병행하는 것이 바람직하다.

사무실의 조도는 산업발전과 생활수준의 향상에 따라 상승하고 있는데 관계법령에서 정한 사무실의 용도에 따른 최저 조도기준은 〈표 12-7〉과 같다.

〈표 12-7〉 사무실 용도에 따른 최저 조도기준(건축법 시행규칙 제30조)

용 도 ＼ 조 도		박닥 위 85cm의 수평면의 조도
집무	설계 · 제도 · 계산 일반사무 기타	700Lux 300Lux 150Lux
작업	검사 · 시험 · 정밀검사 · 수술 일반작업 · 제조 · 판매 포장 · 세척 기타	700Lux 300Lux 150Lux 70Lux
집회	회의 집회 공연 · 관람	300vux 150Lux 70Lux

〈표 12-8〉 산업보건기준에 관한 규칙(제16조)

구 분	조 도
초정밀작업	700Lux 이상
정밀작업	300Lux 이상
보통작업	150Lux 이상
기타 작업	75Lux 이상

사무실 조도의 산업보건기준에 관한 규칙(제16조)은 〈표 12-8〉과 같다.

제 2 절 생활환경관리

1 생활환경의 개념

생활의 사전적 의미는 사람이 살아서 활동하거나 생계를 유지하여 살아감을 의미한다. 또한 생활의 의미는 어느 조직에 딸리거나 소속되어 그 구성원으로 살아감을 의미한다. 제2절에서는 여러 가지 생활의 종류 중 가정생활을 중심으로 살아가는 주거생활이 생활환경의 대종을 이루고 있으므로 주거환경 중심으로 생활환경을 고찰해보고자 한다.

주거의 사전적 의미는 사람이 어떤 곳에 자리 잡고 사는 삶이나 삶을 영위하는 주택 또는 공각을 의미한다. 또한 주거환경이란 '인간의 주생활을 영위하게 할 수 있는 경제사회 물리적 조건들을 포함하는 유형, 무형의 외부적 조건'이라 정의할 수 있다.[3]

주거환경은 주택을 중심으로 하는 경우 주택의 내부환경과 근린환경 및 지역 도시환경의 외부환경으로 구성되며 사람의 생활근거지로 하는 주거 중심의 주거환경은 공간적 의미를 갖는 물리적 실체로서 건축환경요소인 열, 빛, 공기, 음환경을 요소로 하는 물리적 환경과 사람과 사람, 사람과 환경 그리고 환경과 환경 관계를 요소로 하는 사회적 환경으로 크게 대별할 수 있다. 그러나 주거환경의 핵심은 가정과 그 구성원이

3) 윤정숙, 「주건환경학」 문운당, 2004. p.7.

므로 가정과 가족이 삶을 영위해 가는데 내부적 환경의 성격을 가지는 건축환경과 내부적 환경의 성격을 가지는 건축환경과 실내공기환경, 보건위생환경, 에너지 환경 등의 조건을 충족하는 것이 크게 요구된다 하겠다.

2 주거환경의 필요환경조건

건강하고 쾌적하며 안전하고 위생적이면서 깨끗한 환경에서 가정과 그 가족이 삶을 영위하려면 적어도 다음과 같은 쾌적성, 안전성, 보건성, 편리성, 미관성, 청결성, 내구성, 경제성 등 필요환경조건이 충족되어야 한다.

1) 쾌적성

사람이 주택을 중심으로 생활할 때 육체적이나 정신적으로 만족할 수 있는 조건을 주거의 쾌적성이라 하며 넓은 의미의 쾌적성 조건과 좁은 의미의 쾌적성 조건이 있다.

넓은 의미(광의)의 쾌적성은 자연환경, 물리적 인공환경, 사회적 환경 등이 조건 모두가 충족될 때 인간이 육체적이나 정신적으로 느끼는 만족을 의미하나 좁은 의미의 쾌적성은 실내의 온도, 습도, 기류, 청정도, 색상, 소음, 진도, 악취 등에 문제없이 육체적으로나 정신력으로 만족하는 조건을 의미한다.

따라서 주거환경의 쾌적성은 좁은 의미의 쾌적성 개념으로 이해하여 설계해야 하므로 주거공간의 실내환경의 쾌적성 조건은 전술한 건축환경조건, 실내공기환경조건, 위생환경조건, 건물에너지 환경조건을 두루 충족하는 경우 주거생활 환경조건으로서 쾌적성이 확보될 것으로 인식된다.

2) 안전성

사람의 주거생활은 안전하게 영위되어야 함은 재론의 여지가 없는 중요한 주거환경조건이라 할 수 있다. 안전이란 사람의 경우 사망, 상해, 부상, 질병으로부터 자유를 의미하며 재산의 경우 재산의 멸실이나 감손으로부터 자유를 의미한다. 따라서 바람직한 주거생활은 사망이나 상해, 부상, 질병, 재산이 멸실과 감손으로부터 자유할 수 있는 환경조건이 충족될 때 주거안전환경이 이루어지게 된다.

3) 보건성

사람의 주거생활은 전술한 주거안전성에서 살펴 본 바와 같이 질병으로부터 자유로워 가족 모두가 건강생활을 영위할 수 있도록 병원매개체, 바이러스의 번식, 모기, 쥐, 바퀴벌레, 개미, 파리 등을 정기적으로 소독 박멸하여 언제나 질병의 위험이 없도록 보건위생환경이 조성되어야 한다.

4) 편리성

주거환경은 편리성의 조건이 충족되어야 바람직한 주거생활이 영위될 수 있다. 편리성이라 함은 주거생활을 영위하는 주택의 시설이나 설비 등이 사용에 편리하고 이용하기 쉽도록 설계, 시공된 상태로서 만족을 느끼는 마음의 인식을 의미한다. 주거환경이 열악하여 불편한 경우에는 주거생활의 만족도가 크게 저하될 여지가 있다.

5) 미관성

주거의 미관성이란 주거의 장소인 주택 내 · 외의 아름다운 경관과 미적 상태를 의미한다. 주택의 미(美)는 건축이 추구하는 기능적 가치로서 사람의 정신에 아름다움을 제공하여 정신적 만족을 제공하게 된다. 따라서 주택의 미적환경인 미관성의 유지는 주거환경의 필요조건으로서 반드시 유지되어야 한다.

6) 청결성

사람의 주거가 바람직하고 가치 있는 주거가 되기 위해서 또는 건강한 삶과 생활을 영위하기 위해서는 오물, 쓰레기, 먼지 등의 제거와 깨끗한 실내의 환경이 조성되어야 한다. 이와 같이 주택의 청결성은 또 하나의 주거환경의 필요조건이라 할 수 있다.

7) 내구성

사람의 건강하고 안전하게 주택을 중심으로 삶과 생활을 영위해 가려면 주택의 구조나 설비나 시설의 물리적으로 오래 견디도록 내구환경이 조성되어야 한다. 이를 위해서 주택 인근의 심굴방지, 지하수 고갈방지, 적재 하중관리, 풍압, 외압, 적설압 등의 부실사용방지, 부실관리방지, 부실설계와 시공방지, 정기적 점검과 보수 및 정비 등 물리적으로 장기화 저해요소를 미연에 방지하는 관리적 노력과 내구화에 필요한 보수,

보강, 교체 등의 자본적 시설투자가 정기적으로 검토되고 실시되어야 한다.

8) 경제성

주거생활은 경제적 방법으로 영위되어야 한다. 저효율 전기기기 사용이나 과다한 가스, 석유, 물 사용 등의 설비구조는 과감하게 고효율 전기설비, 가스설비, 음용수 시설, 냉·난방시설 등을 개량하거나 교체하여 저비용, 고효율의 주거생활 모델 도입과 시스템화하여 언제나 경제적 방법으로 삶을 영위해 갈 수 있도록 경제환경을 조성해야 한다.

참고문헌

1. 단행본

김강수 · 이승복 · 정대업, 《건축환경학》, 문운당, 2004.
김원규, 《사무관리》, 남두도서, 2004.
김일효, 《건물자산관리학총론》, 남두도서, 2009.
김일효, 《건물자산위험관리론》, 남두도서, 2008.
목진호(편), 《건물환경관리론》, 남두도서, 2004.
윤정숙, 《주거환경관리학》, 문운당, 2004.
이경희 · 윤정숙 · 홍형옥, 《주거학개설》, 문운당, 2004.
이경희, 《건축환경계획》, 문운당, 2005.
정광섭 · 이연생 · 김수빈 · 김영일, 《건물에너지관리》, 아진, 2007.
정완호 · 박국태 · 박태윤 · 이훈정, 《생태와 환경》, 중앙교육진흥연구소, 2005.
최영길 외 14인, 《환경과 인간》, 교학사, 1999.
홍형옥 · 유병선, 《주거관리론》, 교문사, 2003.

2. 정부간행물

건설교통부(현, 국토해양부) · 환경부, ≪친환경건축물인증제도 세부시행지침≫, 2006.
국토해양부, ≪건축물에너지절감혁신포럼≫, 2007.
국토해양부, ≪국토해양통계연보≫, 2009.
정부관계부처합동, ≪실내공기질 관리기본계획≫, 2009.
통계청, ≪통계연감≫, 2009.

3. 연구논문

지식경제부 기술표준원, 〈시설관리서비스표준화연구〉, 2005.
심기용, 〈사무소 건축물의 친환경 성능평가방법에 관한 연구〉, 울산대학교 대학원 공학석사 학위논문, 2004.
안종인, 〈공동주택계획에서의 친환경성 연구〉, 서울대학교 환경대학원 조경학 석사학위논문, 2003.
박상동 · 이승민, 〈친환경건축물 인증제도의 발전방향과 보급촉진방안〉, 2007.
정종대, 〈친환경 건축의 평가지표와 인증체계에 관한 연구〉, 서울대학교 대학원, 공학박사 학위논문, 2004.

찾아보기

저자 약력

■ 김 일 효

〈학력 및 경력〉

- 건국대학교 법정대학 법학과(법학사/법학전공)
- 건국대학교 행정대학원 부동산학과(행정학 석사/부동산경영 전공)
- 극동대학교 대학원(경영학 박사/빌딩경영 전공)
- 풍림산업(주) 사우디얀부 모빌홈 건축현장소장 및 마카타이프 담수처리공장 신축공사현장소장 역임
- 풍림산업(주) 사옥관리부장 역임
- 건국대학교 기성회장 역임
- 한국생산성본부 건물자산관리실무 강사 역임
- 지식경제부 기술표준원 시설관리서비스 KS인증 심사원(현)
- 동원대학 부동산컨설팅과 건물자산관리학 교수(현)
- 사단법인 한국건물관리학회 회장(현)

〈저 서〉

- 《건물자산관리학개론》(남두도서/2007)
- 《건물자산관리학총론》(남두도서/2006)
- 《건물자산경영관리론》(남두도서/2006)
- 《건물자산법률관리론》(남두도서/2006)
- 《건물자산위험관리론》(남두도서/2006)
- 《건물관리실무용어》(남두도서/2004)
- 《건물자산임대관리론》(남두도서/2005)
- 《교회건물관리론》(남두도서/2007)

〈논 문〉

- 〈부동산 거래사고 예방대책에 관한 연구〉(1979)
- 〈집합건물관리기본법의 문제점과 개선대책에 관한 연구〉(2006)
- 〈건물자산관리제도 개선방안에 관한 연구〉(2007)
- 〈FM 직종별 적정인원 산정방안에 관한 연구〉(2008)
- 〈건물유지관리 통합매뉴얼 개발 연구〉(2008)
- 〈대학시설물 유지관리 평가모델 연구〉(2010)
- 〈건물자산관리의 학문적 체계화에 관한 연구〉(2010)

건물자산환경관리론

1판 1쇄 발행 2010년 7월 10일

저 자 김 일 효
발행인 남 승 우

발행처 **남두도서**

서울시 동작구 조흥 1길 4(사당3동 220-43)
TEL : (02)595-1692~4
FAX : (02)595-1394
E-mail : namdoo6@unitel.co.kr
신고 : 5-76호 (1998. 11. 4)

정가 29,000 원

ISBN 978-89-5780-124-6 13320